2320

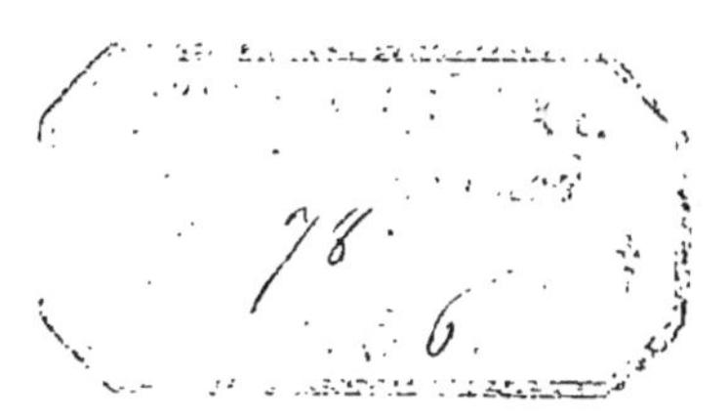

Conseils à Emma

SUR LA

CULTURE DES FLEURS.

C.

CONSEILS A EMMA

SUR LA

CULTURE DES FLEURS

OUVRAGE ENTIÈREMENT NEUF,

TRÈS-UTILE AUX DAMES

Ainsi qu'à

TOUTES LES PERSONNES QUI S'OCCUPENT

D'HORTICULTURE ;

Contenant :

UN CALENDRIER DE FLORE ;
UN PRÉCIS DE PHYSIOLOGIE VÉGÉTALE ;
LES PRINCIPES GÉNÉRAUX D'HORTICULTURE ;
L'HISTOIRE ET LA DESCRIPTION DES PLANTES D'AGRÉMENT ;
LA MANIÈRE DE LES CULTIVER,
DE LES CONSERVER, — DE LES MULTIPLIER,
ETC., ETC. ;

TERMINÉ PAR UN VOCABULAIRE DES TERMES DE BOTANIQUE

EMPLOYÉS DANS L'OUVRAGE,

PAR UN VIEIL AMATEUR.

Oh ! quel que soit son rang, heureux l'ami des plantes :
Il parcourt, il décrit leurs beautés ravissantes ;
Il admire, il adore, il chérit l'éternel,
Et voit dans chaque mousse un chef-d'œuvre du ciel.

DELILLE.

A ROUEN

CHEZ DUBUST, LIBRAIRE-ÉDITEUR, RUE BEAUVOISINE ;
ET CHEZ LES PRINCIPAUX LIBRAIRES.

1856

Darnétal. — Imprimerie de Fauchart.

AVANT-PROPOS.

Ces Lettres, écrites à une amie, n'étaient pas, dans l'origine, destinées à l'impression ; mais plusieurs personnes qui en ont parcouru quelques passages m'ont engagé à les publier, m'assurant que les *conseils* que je donne à Emma pourraient être très-utiles aux dames, ainsi qu'à tous ceux qui s'occupent d'horticulture. J'ai dû céder à leurs désirs, et alors apporter quelques modifications à beaucoup d'articles, donner aussi une plus grande étendue à ces lettres, et entrer dans de plus grands détails sur la manière de cultiver les fleurs.

Amateur des fleurs depuis ma plus tendre enfance, j'ai souvent été embarrassé pour reconnaître, cultiver et conserver beaucoup de plantes, faute de descriptions exactes, de bons renseignements, de détails suffisants : toutes choses qu'on rencontre trop rarement dans la plupart des ouvrages qui traitent spécialement ce sujet ; et, en effet, combien d'autres amateurs se sont-ils trouvés et se trouvent-ils encore tous les jours dans le même embarras que moi? Bien persuadé de cette vérité, j'ai apporté tous mes soins pour épargner de semblables contrariétés à ceux qui pourront prendre ce petit traité pour guide.

La plupart des personnes qui se livrent à la culture des fleurs n'ont aucune notion en botanique; elles ignorent quels sont les organes qui composent un végétal; quelles fonctions ces organes sont appelés à remplir par la nature; comment ils les remplissent, et quels rapports existent entre eux. J'ai donc pensé devoir donner, dans les *Conseils à Emma*, un précis de cette science si aimable, souvent même si utile, et dont il est indispensable d'avoir au moins une légère idée, lorsqu'on s'occupe de la culture des fleurs. Le simple aperçu que j'en donne suffira, j'ose l'espérer, à ceux qui n'ont pas l'intention d'en faire une étude approfondie. En effet, si on n'a pas au moins une faible connaissance de la physiologie végétale, on marche en aveugle, sans pouvoir se rendre compte des phénomènes qui se passent journellement dans la pratique de l'horticulture. Le docteur Bixio, dans son *Annuaire du Jardinier*, dit avec beaucoup de raison : « L'horticulture serait bien » plus avancée, elle serait plus rationnelle, si » tous ceux qui s'y livrent étaient au courant » des phénomèmes qui constituent la vie végé- » tale, et s'ils connaissaient la structure des » plantes qu'ils cultivent. » C'est donc vers cette étude que je leur conseille de porter leurs vues. Ils apprendront ce que c'est qu'une fleur; quels sont les mystères qui se passent dans son sein, pour la reproduction du végétal qui lui a donné naissance. Ils apprendront, de plus, à connaître les amours des plantes, car celles-ci ont aussi leurs amours comme tous les êtres qui respirent. Plus ils avanceront dans cette étude si attrayante, plus ils voudront approfondir ces charmants mystères.

En écrivant ces *Conseils*, je n'ai pas eu l'intention de faire de la science, mais tout simplement de donner un ouvrage utile ; aussi, ai-je fait tous mes efforts pour renfermer, dans un seul volume, tout ce que je crois être indispensable de connaître, en horticulture, pour de simples amateurs qui se contentent de cultiver dans leurs jardins les plantes de pleine terre et d'orangerie.

Le nombre des personnes qui consacrent leurs loisirs à la culture des fleurs augmente tous les jours. Depuis une vingtaine d'années surtout, on voit ce goût se répandre de plus en plus dans toutes les classes de la société. Les *Conseils à Emma*, je le sais, n'apprendront rien aux jardiniers instruits ni aux horticulteurs de profession : aussi n'est-ce pas pour eux qu'ils ont été écrits ; mais ils pourront être très-utiles à toutes les personnes qui désirent acquérir quelques notions sur l'art de cultiver les fleurs.

Ce petit traité étant principalement écrit pour les dames, j'ai dû faire tous mes efforts pour en diminuer, autant que possible, l'aridité et la monotonie, par quelques détails gracieux, citant aussi, de temps à autre, quelques beaux vers inspirés à nos poètes par l'aspect et la beauté des fleurs. Puissent mes aimables et charmantes lectrices les lire avec plaisir !

Obligé de consulter beaucoup d'ouvrages pour

écrire les *Conseils à Emma*, j'ai fait comme l'a-
beille matinale, j'ai butiné un peu partout, sans
cependant suivre les sentiers battus, ainsi que
l'ont fait la plupart de ceux qui ont écrit avant
moi sur cette matière. Guidé par une longue expérience, j'ai pensé, au contraire, devoir ouvrir
une nouvelle route qui, si elle n'est pas plus rationnelle, est du moins beaucoup plus commode
et conduit au même but ; c'est là l'essentiel.
Pour moi, je me trouverai très-heureux,
si les amateurs qui feront usage de ce traité
daignent tenir compte de ma bonne volonté et
des efforts que j'ai tentés pour rendre aussi facile
qu'attrayante la culture des fleurs. C'est, en effet,
dans ces soins que l'on oublie plus facilement les
soucis du monde, les peines de la vie. L'âme
émerveillée de la beauté des formes, de la richesse
des couleurs, du parfum, et en quelque sorte du
langage muet, mais éloquent, de chaque plante,
s'élève avec confiance vers le souverain auteur de
toute chose : elle sent que tout vient de lui, et que
tout doit retourner à lui.

A^{dre} LESGUILLIEZ.

CONSEILS

A EMMA

SUR LA CULTURE DES FLEURS.

Lettre Première.

Puisque vous désirez, mon aimable et bonne Emma, que je guide vos premiers pas dans la culture des fleurs, vous serez obéie ; car, vous le savez, vos moindres désirs sont des ordres pour moi. Je vais donc faire tous mes efforts pour répondre a votre attente ; puissé-je avoir le bonheur de la justifier. S'il en est ainsi et que vous soyez satisfaite de ce petit traité que je suis si heureux d'écrire pour vous, ce sera ma plus douce récompense.

Vous remarquerez dans le cours de ces lettres que Flore voit chaque jour agrandir son vaste et bel empire, et augmenter en même temps le nombre de ses sujets ou plutôt de ses amants. Vous-même, ma gracieuse Emma, dans les moments de loisir que vous laisse votre profession d'artiste, n'êtes-vous pas heureuse de prodiguer vos soins à vos fleurs de prédilection : leur culture fait votre bonheur ; c'est pour vous une charmante distraction.

Pour vous prouver combien je tiens à répondre à votre confiance, je vais, ma bonne Emma, entrer tout desuite en matière. Je pense devoir commencer ce petit traité par vous donner quelques détails sur la nature des diverses terres qui constituent le plus ordinairement le sol de nos jardins, parce que ces connaissances sont indispensables à toutes les personnes qui, comme vous, ont le goût de l'horticulture.

On divise généralement ces terres, en terres *argileuse, franche, legère, sablonneuse, de bruyère et calcaire.*

Tous les végétaux, mon amie, ne croissent pas également bien dans toutes les terres, si bonnes qu'elles puissent être. Les uns demandent une terre forte, les autres une terre franche ; beaucoup d'autres une terre légère, mais toutefois riche en humus; d'autres enfin une terre sablonneuse. Un grand nombre de plantes, plus délicates, ne viennent même bien que dans la terre de bruyère. Vous voyez donc combien il est important pour un horticulteur de bien connaître le sol et le genre de terre qui conviennent à chaque plante.

La terre argileuse ou terre forte est lourde, grasse, compacte, difficile à cultiver, peu fertile, surtout quand l'argile domine. Les eaux pluviales, celles d'arrosements ont de la peine à la pénétrer, mais une fois imbibée, elle conserve longtemps ces eaux , ce qui occasionne une grande humidité, souvent nuisible aux plantes, surtout pendant l'hiver ; dans l'été, au contraire, cette terre a l'inconvénient de se durcir, de se fendiller et de former à sa surface une croûte plus ou moins épaisse, que les plantes naissantes ont toujours de la peine à traverser ; aussi, ne doit-on jamais se servir de cette terre pour les fleurs que l'on cultive en pots, surtout pour les plantes délicates qui n'ont pour racine qu'un simple chevelu.

La terre franche, peut-être la meilleure de toutes, du moins pour beaucoup de plantes, a aussi l'argile pour base, mais elle contient en plus du sable et des détritus de végétaux. Elle est d'autant plus légère, et plus fertile qu'elle en contient une plus grande quantité; c'est celle que l'on appelle terre à blé, et qui constitue une grande partie du sol de notre province. Les arbres fruitiers, la plupart des arbrisseaux, des arbustes, des plantes vivaces et rustiques, se plaisent beaucoup dans cette espèce de terre et y déploient une grande force de végétation.

La terre légère ou terre de jardin est plus ou moins noirâtre, plus ou moins poreuse; elle contient aussi une quantité plus ou moins grande d'humus. Dans l'été, cette terre, à cause de sa grande porosité, demande de fréquents arrosements, sans quoi les plantes ne tardent pas à se faner et leur végétation devient aussitôt languissante; c'est celle que l'on emploie le plus ordinairement pour la culture des fleurs en pots.

L'humus, dont je viens de vous parler, est généralement une matière noirâtre, douce au toucher, légèrement onctueuse, résultat de la décomposition à l'air libre de substances végétales. C'est lui qui porte dans les sols la fertilité qu'il doit à l'air et à l'eau. Aussi plus une terre est riche en humus, plus elle est fertile, plus la végétation y est belle et forte.

La terre sablonneuse, qui en grande partie n'est que du sable, plus une très-petite quantité d'humus, est une terre très-ingrate, peu fertile, surtout dans les années de sécheresse ; les plantes n'y acquièrent jamais une grande force, leur végétation est presque toujours souffrante; mais d'un autre côté, les fruits, les légumes y sont très-bons, ont un goût bien plus savoureux que ceux qui viennent dans une terre forte.

La terre de bruyère n'est qu'un mélange de sable très-fin et de détritus des feuilles, des rameaux, des tiges de l'élégante et charmante petite plante qui lui a donné son nom, et qui pendant une grande partie de l'année fait la parure de nos bois et de nos collines. Vous voyez alors combien il faut d'années, même de siècles pour la produire.

Vous voyez aussi, ma gracieuse amie, que la terre de bruyère, dont on fait aujourd'hui un si grand usage, ne constitue jamais le sol de nos jardins, mais qu'elle y est apportée pour y former des massifs destinés à la culture des plantes qui ne se conviennent bien que dans cette terre. Elle est généralement assez rare, toujours chère, même inconnue dans beaucoup de localités. Il viendra un temps où bien certainement elle finira par manquer tout à fait.

La terre de bruyère convient aux plantes délicates, surtout à celles dont les racines munies d'un faible chevelu auraient beaucoup de peine à traverser une terre plus substantielle. Cependant, je dois vous dire que l'on fait peut-être un usage trop général de cette terre, et que l'on y cultive beaucoup de plantes qui, bien certainement, se plairaient beaucoup mieux dans une terre plus riche en humus, dans laquelle elles trouveraient plus de sucs nourriciers. Il y a déjà longtemps que j'en ai fait l'expérience.

La terre calcaire est la plus mauvaise de toutes; c'est celle qui en grande partie constitue le sol de la plupart de nos collines. Composée principalement de marne et d'autres sels de chaux, elle ne contient que très peu de terre végétale. Toutes les plantes qui croissent naturellement ou que l'on cultive dans ces terrains sont toujours chétives, parce qu'elles ne trouvent pas dans le sol une nourriture suffisante pour pouvoir développer une belle végétation. Cependant, quelques plantes, mais en petit nombre, se plaisent dans ces terrains ingrats.

Voici donc, mon aimable Emma, ce qu'il est essentiel que vous connaissiez sur la nature des terrains. Je dois aussi vous donner une idée des terres artificielles où plutôt des terres composées, nom que l'on donne à des mélanges de plusieurs espèces de terre, qu'une longue expérience a fait reconnaître convenir plus particulièrement à la culture de certains végétaux. Par exemple : on appelle *terre à oranger*, un mélange à parties égales de bonne terre franche, de fumier de cheval à moitié consommé, de terreau ; le tout bien mélangé.

D'autres horticuleurs composent une terre à oranger, en faisant aussi un mélange par parties égales de bonne terre de potager, de terreau peu consommé et de terre de bruyère. Cette terre, ainsi préparée, convient généralement à toutes les plantes d'Orangerie.

Dans les localités où l'on ne trouve pas de terre de bruyère, on en fait une artificielle, ainsi qu'il suit : terreau de feuilles bien consommé, sable très-fin et très-doux, de chacun. partie égale; on mélange bien, on passe au crible; on la met en tas, à l'abri de la pluie ; et on ne s'en sert qu'au bout de plusieurs mois.

On peut aussi préparer une terre de bruyère artificielle, en prenant sable très-fin, terreau de feuilles, de chacun, quarante parties ; carbonate de chaux, cinq, terre de taupinière, quatorze, oxide de fer, une.

Une troisième manière de préparer cette terre, c'est de faire un mélange, à parties égales, de terreau de feuilles, de sable de rivière et de terre franche normale. C'est bien certainement la plus commode à préparer et peut-être aussi la meilleure.

Pour la culture des géraniums, on se sert généralement d'une terre ainsi préparée : terre de bruyère naturelle, terreau de feuilles, terre franche ou de potager, de chaque espèce, un tiers, et on ajoute au mélange une petite quantité de poudrette.

On donne à ces terres composées le nom de *compots* ; je dois vous faire observer qu'avant de se servir de ces terres, on doit les laisser au moins pendant une année en tas, à l'abri des pluies, les remuer souvent à la pelle pour que toute la masse puisse recevoir l'influence de l'air atmosphérique, et aussi pour que leurs principes constituants se mêlent plus intimement.

Si bonne que soit une terre, mon amie, elle finirait par s'épuiser si tous les ans, ou au moins tous les deux ans, on ne réparait, au moyen d'engrais, les pertes qu'elle fait chaque année, surtout dans nos jardins, où nous avons généralement la mauvaise habitude de cultiver presque toujours les mêmes plantes, et presque toujours aussi à la même place. C'est, je dois vous en prévenir, un moyen infaillible pour épuiser la meilleure des terres, ainsi que j'aurai occasion de vous le faire remarquer dans le cours de ces lettres.

Toutes les matières animales et végétales réduites en détritus par le temps sont les meilleurs engrais. Celui provenant de substances animales seules est le plus énergique. La colombine, la fiente de poule, celle de porcs, la poudrette sont, parmi ces substances, celles le plus généralement employées. Ce dernier est le produit des fosses inodores desséché et réduit en poudre. C'est un excellent engrais, mais dont il ne faut user qu'avec beaucoup de précaution ; car, il est tellement actif, lorsqu'il est pur, qu'il peut brûler les racines et faire ainsi périr les plantes.

Les autres substances animales employées aussi comme engrais sont : le sang desséché, les os réduits en poudre grossière, le noir animal , le fameux guano du Pérou, engrais introduit depuis quelques années dans l'agriculture, dont on dit beaucoup de bien et aussi beaucoup de mal, mais dont je ne vous dirai rien, n'en n'ayant point encore fait usage. Le temps fera connaître ceux qui ont raison ou ses partisans ou ses détracteurs. [1]

Le meilleur de tous les engrais , celui qu'on

[1] Le guano pur étant une matière animale desséchée par le temps et par l'ardeur du soleil doit être un excellent engrais, mais malheureusement celui qui arrive en Europe étant déjà falsifié a déjà beaucoup perdu de ses propriétés fertilisantes. Celui qu'on livre aux consommateurs, sauf peut-être quelques exceptions, est mélangé de nouveau avec des substances inertes. C'est le motif pourquoi cet engrais trouve avec raison tant de détracteurs.

La poudrette même qui se prépare sous nos yeux est falsifiée aussi et presque toujours mélangée avec moitié au moins de résidus des cuves des indienneurs. Quand on voit falsifier une telle substance, on serait tenté de croire que maintenant les falsifications sont à l'ordre du jour.

peut toujours employer sans crainte, qui tient en même temps des matières animales et végétales ; c'est celui de nos étables. Ce fumier ne doit être employé comme engrais que lorsqu'il est à moitié consommé; trop nouveau, il n'a pas encore acquis le degré de fermentation nécessaire pour rendre à la terre les sels qu'elle a perdus; trop consommé, il a perdu avec ses parties solubles dans l'eau la plus grande partie de son énergie; ce n'est donc plus que du terreau sans vigueur, qui n'est réellement utile que pour faire des boutures, ou pour la culture des fleurs en pots, soit seul, soit mélangé avec de la terre ordinaire en quantité plus ou moins grande, selon la nature des plantes que l'on veut cultiver.

Le terreau provenant des couches est toujours plus fertile que celui qu'on obtient de la décomposition des feuilles et autres parties des végétaux. Plus un terreau est animalisé, c'est-à-dire plus il entre de matière animale dans sa composition, plus il contient d'azote et d'acide carbonique; plus alors est puissante son influence sur la végétation.

Un excellent engrais encore, mais que l'on ne peut trouver que dans les fermes, c'est l'eau qui coule des fumiers, à la suite des pluies, eau connue dans les campagnes sous le nom *de purin*, mais que la plupart des cultivateurs ont la sottise de laisser se perdre, au lieu de la recueillir avec le plus grand soin et de l'employer à fertiliser leurs terres. C'est la partie la plus précieuse de leurs fumiers; c'est cependant celle dont, par ignorance, ils font le moins de cas.

Le sujet de cette lettre, mon aimable amie, est bien aride, il est vrai, et n'a rien de gracieux,

je le sais ; cependant je ne devais pas vous laisser ignorer ces détails, que j'ai abrégés le plus
possible , parce qu'un horticulteur , même de
simples amateurs comme vous et moi ne peuvent
se dispenser d'avoir ces connaissances, autrement
ils seraient souvent exposés à bien des mécomptes.

Pour terminer cette lettre plus gracieusement,
permettez-moi, mon amie, de vous citer les vers
suivants ; puisque nous nous occupons de fleurs,
ce ne sera pas nous éloigner de notre sujet.

LES FLEURS.

Qui n'aime à promener sa douce rêverie
    Sous les bosquets fleuris ;
A parcourir de la verte prairie
Les frais gazons de fleurs tout embellis.
    C'est là que doucement pénètre
    Un calme heureux en notre cœur ;
    C'est là que l'on se sent renaître
    A l'espoir ainsi qu'au bonheur.

Lettre Deuxième.

Puisque vous avez lu, mon amie, *mes lettres à Louise* sur les fleurs et leurs organes, vous connaissez maintenant ce qu'en botanique on appelle *l'horloge de Flore,* ingénieuse et gracieuse manière de connaître les heures du jour et de la nuit; je ne vous en parlerai donc pas ici. Je vous dirai seulement qu'il y a aussi *le calendrier de Flore,* et que ce calendrier indique les plantes qui fleurissent dans chaque mois de l'année. Je crois utile de vous le faire connaître, puisqu'il vous donnera une idée de ces fleurs et qu'il vous indiquera l'époque où, tous les ans, elles viennent embellir nos parterres.

Les jardins, les terrasses, les balcons, les fenêtres ne sont pas riches en fleurs pendant les mois de novembre, décembre et janvier. Dans ces mois tristes et sombres, la terre privée de sa gracieuse et riante parure, semble être en deuil, surtout quand elle est couverte d'un linceul de neige, linceul qui attriste l'âme et fatigue nos regards. Aussi Parny, dans son poème sur les fleurs, a t-il dit avec beaucoup de raison :

> Du triste hiver, Flore craint la présence,
> C'est au printemps que son règne commence.

Un autre poète a dit aussi :

> Les saisons sont passées, le temps a fait un pas,
> L'hiver avec ses vents, en grondant nous assiège,
> Et déjà, frissonnant dans sa robe de neige,
> Janvier nous apparaît, couronné de frimats.
> Nos champs sont dépouillés et nos arbres jaunissent;
> Mais ils reverdiront aux zéphyrs renaissants;
> Pour nous, pauvres mortels, quand les ans nous flétrissent,
> Hélas ! il n'est plus de printemps.

Si, cependant, à cette époque de l'année, vous désirez voir et admirer les dons de l'aimable et gracieuse amante de Zéphyre, vous devez visiter les serres. C'est dans l'hiver qu'elles brillent de tout leur éclat, qu'elles étalent toutes leurs richesses aux yeux des amateurs.

Au mois de février, lorsque les premiers rayons d'un soleil bienfaisant commencent à réchauffer la terre, déjà l'on voit nos jardins se parer de quelques fleurs, que nous voyons reparaître avec d'autant plus de plaisir que nous en avons été privés pendant plusieurs mois.

Parmi les premières fleurs qui viennent alors nous sourire en étalant à nos regards longtemps attristés par les frimats, leurs gracieuses corolles, je puis vous citer *l'helléborine*, charmante petite plante, appartenant à la famille des renonculacées, qui souvent, dans les derniers jours de janvier, nous montre déjà ses jolies fleurs d'un jaune si tendre; *la perce-neige*, avec sa blancheur virginale; les *crocus*, à qui la nature a donné des couleurs si vives, si variées; *l'hépatique*, simple ou double, rouge ou bleue, rose ou blanche, dont les fleurs sont si gracieuses, surtout celles à fleurs simples, commencent à fleurir dans ce mois ; elles nous apparaissent même quelquefois sous la neige , et prolongent souvent nos jouissances pendant tout le mois de mars.

Le mois de mars nous ramène avec lui l'humble et suave *violette*, fleur si aimée des femmes; les jolies *primevères*, les *tulipes* de *Thol*, la gentille et gracieuse *véronique à feuilles de consoude*, que beaucoup de personnes confondent avec le myosotis ; *l'iris naine, les oreilles d'ours, le bois-gentil*, charmant arbuste de nos forêts, mais transporté dans nos jardins à cause de ses jolies fleurs roses ou blanches, et du suave parfum qu'elles exhalent. Fleurissent aussi *le romarin*, *le poirier du Japon*, dont les grandes fleurs rouges produisent un si bel effet et lui ont fait donner le nom *de buisson ardent*; *l'érine des Alpes* avec ses jolies grappes de fleurs pourpre rose; et enfin *la paquerette* commence aussi à tapisser nos prairies et nos pelouses de ses jolies petites fleurs.

A cette époque de l'année, le soleil prend chaque jour de la force, la terre s'échauffe, devient peu à peu amoureuse; les premières feuilles commencent à paraître et nos regards peuvent se reposer avec bonheur sur des rideaux de verdure; enfin, mon amie, le printemps approche et déjà sa douce haleine se fait sentir.

N'est-ce pas avec raison que Parny a dit aussi:

Printemps chéri, doux matin de l'année,
Console-nous de l'ennui des hivers;
Reviens enfin, et Flore emprisonnée
Va de nouveau s'élever dans les airs.
Qu'avec plaisir je compte tes richesses!
Que ta présence a de charmes pour moi!
Puissent mes vers, aimables comme toi,
En les chantant te payer tes largesses!
Déjà Zéphire annonce ton retour,
De ce retour modeste avant-courrière
Sur le gazon la tendre primevère
S'ouvre, et jaunit dès le premier beau jour.
A ses côtés la blanche paquerette
Fleurit sous l'herbe, et craint de s'élever.
Vous vous cachez, timide violette,
Mais c'est en vain, le doigt sait vous trouver;
Il vous arrache à l'obscure retraite
Qui récelait vos appas inconnus;
Et, destinée aux boudoirs de Cythère,
Vous renaissez sur un trône de verre
Ou vous mourez sur le sein de Vénus.

Au mois d'avril, vous le savez, mon amie, la température devient douce, le ciel serein; le soleil brille d'un vif éclat, les prairies commencent à se couvrir de fleurs, le retour des hirondelles nous annonce celui du printemps.

Déjà dans ce mois nos parterres s'enrichissent de jour en jour des plus jolis dons de Flore ; la violette exhale encore son doux parfum ; les *pensées* si variées de forme, de couleur, de grandeur, brillent alors de tout leur éclat ; les primevères, qui dès le mois de mars commencent à se montrer, ne sont réellement dans toute leur beauté que dans les mois d'avril et de mai ; *la tulipe,* qu'on peut avec raison appeler la reine des fleurs inodores, attire nos regards dès la mi-avril par la grandeur, la beauté, la fraîcheur de sa corolle ; *les jacinthes,* fleurs si jolies, simples ou doubles, de couleurs si variées, viennent nous enivrer de leurs suaves et doux parfums ; *l'orobe printanier,* avec ses fleurs purpurines et blanches ; *le lamier orvale, la linaire , le muscari odorant, la verveine de Miquelon, le trollius d'Europe, la couronne impériale,* plante d'un si joli port et qui produit un si bel effet dans nos jardins ; *la pivoine en arbre,* fleur beaucoup plus belle encore, sont dans tout leur éclat pendant tout le mois d'avril ; *les anémones,* à qui la nature a donné des couleurs si vives, si variées ; *le cerisier à fleurs doubles,* si remarquables par leur blancheur ; *l'alysse saxatille,* plus connue sous le nom de *corbeille d'or,* charmante petite plante qui produit un si joli effet dans nos parterres jusqu'à la fin de mai, surtout lorsqu'elle est alternée avec *l'arabette printanière, l'ibéride vivace,* et même avec *la drave des Pyrénées,* dont la couleur d'un rose violet, tranche et se marie si bien avec la sienne. Nous voyons encore fleurir dans ce mois, *la fumeterre bulbeuse*, quelques espèces *d'iris* plus précoces que les autres; divers *saxifrages*, *la nivéole* ou *perce-neige à bouquets* ; *l'anémone sylvie*, qui, dans cette saison, fait aussi la plus gracieuse parure de nos bois ; *la giroflée jaune*, connue de tout le monde, et dans notre province, sous le nom de *ravenelle*, dont l'odeur est si suave, surtout la simple ; nous en possédons depuis quelques années un grand nombre de variétés, qui toutes se font remarquer par la diversité de leurs couleurs, ainsi que par la grandeur de leurs pétales.

Voici, mon amie, comme un poète moderne annonce le retour du printemps ; on ne peut l'annoncer d'une manière plus gracieuse.

PREMIER SOURIRE DU PRINTEMPS.

Tandis qu'à leurs œuvres perverses
Les hommes courent haletans,
Mars, qui rit malgré les averses,
Prépare en secret le printemps.

Pour les petites paquerettes,
Sournoisement, lorsque tout dort,
Il repasse des collerettes
Et cisèle des boutons d'or.

La nature au lit se repose ;
Lui, descend au jardin désert,
Et lace les boutons de rose
Dans leur corset de velours vert.

Puis, lorsque sa besogne est faite
Et que son règne va finir,
Au seuil d'avril tournant la tête,
Il dit : « Printemps, tu peux venir. »

Théophile GAUTHIER.

Le mois de mai, ma bonne et gracieuse Emma, est, comme toutes les femmes le savent, le mois des amours, mais aussi celui des fleurs les plus jolies, les plus variées. On dirait qu'elles se donnent rendez-vous dans nos parterres, comme les femmes dans une soirée, pour disputer entr'elles le prix de la grâce, de la fraîcheur, de la beauté. Oui, mon amie, c'est dans ce mois, qu'on regarde avec raison comme le plus beau de l'année, que la nature déploie toute sa force végétative, tout son luxe. Nos parterres étalent avec complaisance toutes leurs richesses; nos prairies émaillées de mille couleurs répandent un suave parfum, qui donne un nouveau charme à la fraîcheur de l'atmosphère, et à la fin d'une belle journée, le ciel pur et serein nous fait jouir de l'influence de cette température douce et caressante qui fortifie et réjouit tous les êtres animés. Oui, les cœurs et les fleurs s'épanouissent en même temps sous le souffle de Zéphyr. Plus d'une fois, mon aimable Emma, vous avez dû éprouver ce bonheur; à votre âge, on est encore si riche d'avenir, on est si heureux d'être, notre cœur est si disposé à s'ouvrir au doux sentiment de l'amour, on a tant de bonheur d'aimer et d'être aimé, que le vôtre n'a pas dû rester muet.

Pendant le mois de mai, nos massifs, nos bosquets voient fleurir *les lilas*, *l'amandier de Perse*, *le corchorus*, *le pavier nain*, *le marronier d'Inde*, dont les fleurs en thyrse, roses ou blanches, produisent un si bel effet ; *l'aristoloche syphon*, arbuste grimpant, remarquable par ses fleurs d'un pourpre obscur, ayant la forme d'une pipe. Nous voyons aussi fleurir dans ce mois, *le pommier de Sibérie*, plusieurs variétés de *spirées*, les *kalmias* dont les fleurs si mignonnes, si gracieuses, font dans cette saison un des beaux ornements de nos parterres et de nos serres tempérées ; les *azalées*, que vous aimez tant et que vous avez bien raison d'aimer, car ce sont de charmants arbustes ; *la coronille* avec ses fleurs jaunes ; *la boule de neige* dont les fleurs ont une blancheur éclatante ; *les cytises, les épines doubles, le jasmin jaune*, arbuste fort gentil et qui se plait dans tous les terrains ; *l'ébénier* dont les fleurs en grappes et pendantes sont si gracieuses ; *les chèvre-feuilles* qu'on rencontre dans tous les jardins, fleurissent aussi à cette époque. Je ne vous parle pas des *rosiers* ; car, qui ne sait que les roses sont le plus bel ornement de nos parterres et de nos massifs pendant le mois de mai.

Outre ces arbustes, ma gracieuse Emma, beaucoup de plantes aussi fleurissent dans ce mois. *Le muguet* ou *lis des vallées* dont les fleurs si mignonnes, si gracieuses plaisent tant aux femmes à cause de leur douce et suave odeur; *les ancolies*, si variées de forme et de couleurs ; *la gaillarde*, de pleine terre; *la bugrande*, avec ses jolies fleurs roses ; *l'asphodèle jaune*, ou *verge de Jacob* ; *l'asphodèle* rameux, surnommée *la fleur des tombeaux* ; *l'aspérule odorante*, qui, lorsqu'elle est desséchée, sert aux bonnes ménagères a donner une odeur agréable à leur linge, en en mettant quelques poignées dans leur armoire. *Les pivoines*, fleurs si jolies, si nombreuses, et dont cependant le nombre des variétés augmente tous les ans; *le lis de Saint-Jacques, celui de Saint-Bruno, les hémérocalles, la scille du Pérou, la jacinthe de mai, l'épervière orangée, les boutons d'or, la véronique des jardins, la valeriane rouge*, qui fleurit pendant plusieurs mois ; *les semi-doubles, la staticée* ou *gazon d'Olympe, les belles juliennes* violettes et blanches, *les narcisses*, qui presque tous sont si odorants ; *la pervenche*, plante si aimée de Jean-Jacques Rousseau ; *les polémoines* bleues et blanches; *les lychnis laciniés*, roses ou blancs. Toutes ces plantes montrant leurs fleurs pendant le mois de mai, concourent par la variété de leurs couleurs, de leurs formes, à donner à nos jardins l'aspect le plus enchanteur.

Pendant le mois de juin, mon amie, l'ardeur du soleil augmente de jour en jour ; sous ses rayons bienfaisants tout s'anime et respire. Nous voyons encore une grande partie des fleurs du mois précédent, mais nos parterres s'enrichissent *du lis blanc*, le symbole de la candeur et de la modestie, et de plusieurs autres espèces de lis, plus beaux les uns que les autres. *Le muflier*, dont quelques variétés sont fort jolies; *la gesse odorante*, plus connue sous le nom *de pois de senteur*; diverses *companules*, *l'ail doré*, *le carthame des teinturiers*, connu aussi sous le nom *de safran bâtard*; *l'œillet de poète*, appelé vulgairement *bouquet tout fait*; celui de *Chine* avec ses jolies fleurs veloutées; *les ornithogales* à épis ou à ombelles, *le sainfoin d'Espagne*, quelques *glayeuls* plus précoces que les autres, viennent jeter une grande variété dans nos parterres.

Dans ce mois, *l'œillet des fleuristes* brille de tout son éclat, et procure de bien douces jouissances aux fleuromanes amateurs de cette fleur. L'on voit fleurir aussi *la mignardise*, *le souci des jardins*, *le pied d'alouette vivace*, *les achyllées*, les diverses variétés de *matricaires*, *les pélargoniums* enfin *le jasmin blanc*, dont l'odeur si douce plait tant aux femmes ; *le laurier rose*, *les lychnis*, qui produisent un si charmant effet lorsqu'ils sont alternés avec *la julienne blanche* ; *la croix de Jérusalem*, double ou simple, rose ou blanche; *les amethistes bleues, les amaranthes* empourprées, les divers *astragales*, plusieurs espèces *d'immortelles, les lupins vivaces*. Enfin, dans le mois de juin, les roses brillent encore de tout leur éclat et s'empressent de s'épanouir sous les derniers baisers du printemps qui va bientôt finir, pour faire place à l'été et à ses chaleurs dévorantes.

Flore, ma bonne Emma, devient un peu avare de ses dons dans le mois de juillet. Les fleurs du printemps sont passées en grande partie; l'été en donne peu, et celles de l'automne ne sont pas encore arrivées. Aussi, dans ce mois, ne voyons-nous généralement que très peu de fleurs dans nos parterres ; c'est-à-dire de fleurs de plantes vivaces. Parmi celles qui viennent les embellir, nous remarquons principalement *la clématite à fleurs bleues*, simples ou doubles, inodores, il est vrai, mais se succédant pendant près de deux mois; elle est sous ce rapport, très convenable pour couvrir les berceaux; et *la maurandie*, plante grimpante aussi et dont les fleurs bleues, roses ou blanches, sont si gracieuses. Nous voyons encore fleurir en juillet, *la monarde*, plante si aromatique, *la phalangère, les sauges, le rudbeckia, la tubéreuse bleue*, plus connue sous le nom *d'agapanthe ombellifère; la trachélie*, beaucoup de variétés *de Phlox, la saponaire, le galega*, bleu ou blanc, celui *d'Orient*, quelques *hélianthèmes*, *l'épervière orangée*, *la fraxinelle*, rose ou blanche, *l'échinope* ou *boulette azurée, la cupidone*, plusieurs *asters*.

Le mois d'août, ma gracieuse amie, est plus riche en fleurs que le mois de juillet. La plus grande partie de celles du mois précédent existent encore. Apparaissent en plus, dans tout leur éclat, *les roses trémières* qui, par leur port, par la grandeur et la variété de leurs fleurs, produisent un très-bel effet dans les massifs. *La clématite odorante*, plante grimpante, connue de tout le monde, employée souvent pour couvrir et embaumer nos berceaux. *Les iris xiphioïdes*, celles d'*Espagne*, plantes bulbeuses, fort jolies, très variées de couleurs, et qui, dans nos jardins, semblent se disputer le prix de la beauté et de la fraîcheur. *Les iris germaniques*, si remarquables pour la grandeur et les nuances si délicates de leurs fleurs; *le yucca filamenteux*, *l'épilobe*, *la verge d'or*, *la brunelle*, *les mimules*, *les belles de nuit* qui n'ouvrent leurs corolles dans le jour que lorsque le temps est couvert ou qu'il pleut. Nous voyons aussi beaucoup d'*asters*, quelques *phlox* tardifs, *les lysimachies thyrsiflore* et *verticillée*, *la cinéraire maritime*, *le chrysocome doré*, *les lantana*, plusieurs *hibiscus*, *la ptarmique double*, enfin *les dalhias* qui, dans ce mois, sont dans toute leur beauté, ainsi que *les scabieuses*, mais surtout *les hortensias*, qui semblent étaler avec orgueil leurs belles ombelles roses. Vous le savez, c'est aussi pendant le mois d'août que les roses remontantes commencent à reparaître et que les amateurs les voient refleurir avec le plus grand plaisir.

Au mois de septembre, nous voyons encore, fort heureusement pour nous, beaucoup de fleurs qui embellissaient nos parterres en août; mais, nous voyons en plus fleurir *l'amaryllis belle dame*, *l'amaryllis jaune*, *le safran oriental*, celui dont les stigmates servent en médecine et qu'il ne faut pas confondre avec le *safran printanier; le colchique d'automne*, plante bulbeuse qui montre toujours ses fleurs avant les feuilles ; *le jasmin d'Espagne,* celui des *Açores.* Pendant ce mois, les rayons du soleil commencent à être moins ardents, la végétation se ralentit peu à peu, on s'aperçoit enfin que l'automne arrive à grands pas.

Au mois d'octobre, la température baisse de jour en jour; le soleil se lève beaucoup plus tard; se couche de plus bonne heure; ses rayons pâlissent; les feuilles jaunissent insensiblement et commencent à tomber. Dans ce mois, l'orgueil de nos parterres réside bien certainement dans *les chyrsanthémes,* dont les fleurs si belles, si variées de couleur, de forme, de grandeur, jettent un si vif éclat et prolongent souvent nos jouissances jusqu'à la fin de novembre, si, pendant ce mois, le froid n'est pas trop rigoureux. On voit aussi fleurir les derniers *asters. Le colchique d'automne,* qui apparaît dès le mois de septembre, est alors dans toute sa beauté. *Les dalhias* sont encore en pleines fleurs ; mais celles-ci commencent à montrer leur cœur, surtout si le temps est à la pluie. Si au contraire les premières gelées se font sentir, une seule nuit suffit pour les faire périr.

Au mois de novembre, adieu les fleurs, adieu la parure de nos jardins, adieu le feuillage de nos bosquets. La terre s'engourdit, la végétation est presque nulle, ce n'est plus que dans les serres que l'on peut voir des fleurs et respirer leur doux parfum. Le chantre des mois n'a-t-il pas raison, ma bonne Emma, de nous dire dans son chant du mois de novembre :

> Au lieu de cette aimable et paisible rosée,
> Dont la terre au printemps brillait fertilisée,

> Le brouillard s'épaissit et se glace en frimats ;
> La pluie à longs torrents inonde nos climats ;
> Tout nage ; et cet aspect de plaines désolées,
> Le fleuve avec fracas roulant dans les vallées,
> Et noircissant ses eaux, et jusqu'au flanc des monts
> S'élevant, prêt à rompre et ses bords et ses ponts,
> Les bois sans ornement, les oiseaux sans ramage,
> Tout d'un monde veilli nous peint la sombre image
> Tout de pensers de mort conspire à me nourrir.
> Je lis autour de moi : Ce qui naît doit mourir.
> Mais j'y peux lire aussi : Ce qui meurt doit renaître.

Oui, mon amie, ce qui meurt doit renaître. sans cet espoir consolant, que serait la vie?

En novembre et décembre, deux plantes seules osent braver le froid glacial qui règne presque toujours pendant ces deux mois, ainsi que la neige et les frimats sous lesquels à cette triste époque de l'année la terre semble être ensevelie, pour nous montrer leurs fleurs, qui nous paraissent d'autant plus jolies qu'elles n'ont pas de rivales pour leur disputer le prix de la beauté. L'une de ces plantes est *l'ellébore noir*. plus connue sous le nom vulgaire de *rose de noël*; l'autre *l'héliotrope d'hiver*, ainsi nommée à cause de sa suave odeur, mais pour le botaniste, c'est le *tussilage odorant*.

En chantant ce mois, ma bonne et gracieuse Emma, Roucher a dit :

> Sur un char paresseux, le soleil tristement
> Se lève, enveloppé d'un sombre vêtement.
> Quelle affreuse pâleur deshonore sa face ?
> Comme rapidement sa lumière s'efface !
> De l'empire des Airs n'est-il donc plus le Roi ?
> Qu'a-t-il fait de ses traits ? Où sont-ils ? Et pourquoi
> Si longtemps à la nuit abandonner son trône ?
> Est-ce là ce vainqueur que la flamme couronne?
> Est-ce lui, qui naguère ardent, ambitieux
> Franchissait tous les jours l'immensité des Cieux,
> De torrents de lumière inondait les campagnes,
> Et dardant ses rayons jusqu'au flanc des montagnes,
> Empreignait le rocher de germes créateurs ?

Vous avez dû remarquer, mon amie, que parmi les fleurs dont je vous ai cité les noms dans ce calendrier de Flore, je ne vous en ai donné aucun de plantes annuelles. Si je l'avais fait, j'aurais pu vous induire en erreur, parce que la fleuraison de ces plantes est presque toujours déterminée par l'époque du semis. Si l'on sème de bonne heure, si on sème tard, si l'on sème tous les mois, l'on voit toujours les plantes fleurir d'après l'époque où l'on a fait les semis. Je puis encore ajouter que les plantes fleurissent quinze à vingt jours plus tôt ou plus tard selon la nature et l'exposition du terrain. Ainsi vous voyez que pour la fleuraison des plantes annuelles, il n'y a pas d'époque bien certaine.

Maintenant que vous connaissez une partie des fleurs que chaque mois ramène avec lui, vous pourrez cultiver celles pour lesquelles vous avez plus de prédilection. Si grand que puisse être un jardin il est impossible de pouvoir y cultiver les milliers de plantes dont chaque année Flore vient embellir nos parterres. Il faut donc faire un choix, mais c'est à notre goût à le déterminer.

En cultivant vos fleurs vous-même, ma bonne Emma, je ne dois pas vous dissimuler que vous éprouverez quelquefois des contrariétés, de petits chagrins même, surtout quand vous viendrez à perdre une plante chérie à laquelle vous aurez donné des soins pendant des mois entiers, des années entières; mais aussi d'un autre côté, que de vives, que de douces jouissances vous éprouverez en contemplant chaque jour votre parterre émaillé de fleurs plus jolies les unes que les autres, fleurs que vous aurez élevées vous-même et auxquelles vous porterez l'attachement d'une mère pour ses enfants.

Lettre Troisième.

Jusqu'à présent, mon aimable et gracieuse Emma, n'ayant pas eu le loisir de vous occuper de botanique, vous ne connaissez les plantes, les fleurs, que de nom, que de vue. Vous ignorez quels sont leurs organes, quelles sont les fonctions de ces organes, quels sont les phénomènes qui se passent dans le grand acte de la fécondation. Peut-être même ignorez-vous que les plantes ont des sexes, qu'elles ont comme nous leurs amours, leurs passions ; ce qui a fait dire à Castel, dans son poème des jardins :

> Otez la jalousie et les autres chagrins,
> L'on aime chez les fleurs, comme chez les humains.

Delille a dit depuis :

> La plante à son hymen, la plante à ses amours.

Avant donc d'entrer dans quelques détails sur la culture des fleurs et commencer la description des plantes dont j'ai l'intention de vous parler dans ces lettres, je crois utile, indispensable même, de vous donner quelques notions sur la physiologie des végétaux ; car si vous n'aviez pas au moins une légère connaissance de leurs organes et des fonctions qu'ils sont appelés à remplir, vous seriez comme l'aveugle qui marche dans les rues sans son bâton, soutien sans lequel il ne peut se conduire, et qui pour lui, si je puis m'exprimer ainsi, est un guide avec lequel il va et vient aussi sûrement que si Dieu ne l'avait pas privé de la lumière.

Ainsi donc, mon aimable amie, je vais commencer à vous initier dans ces charmants mystères; plus nous avancerons dans cette étude, plus vous vous applaudirez d'y avoir consacré quelques instants.

La botanique est la partie de l'histoire naturelle qui a pour objet de nous faire connaître les rapports et les différences qui existent entre les végétaux, et de leur assigner des caractères distincts, sans lesquels il nous serait impossible de pouvoir les classer et de leur donner les noms qui nous servent à les distinguer les uns des autres.

L'étude de la botanique est peut-être la plus aimable et en même temps l'une des plus utiles. Non seulement les végétaux dont elle s'occupe embellissent la terre dont ils sont la plus belle parure, mais ils fournissent aussi à l'homme, ainsi qu'à la plupart des animaux, leur nourriture de tous les jours. Ne servent-ils pas encore à l'homme pour mettre sa tête à l'abri des injures de l'air? car si nous autres, peuples civilisés, nous élevons des maisons à notre usage, combien de peuplades sauvages n'ont encore que des cabanes, des huttes construites avec de simples feuillages pour y naître, y vivre et y mourir!

Sachez donc, mon amie, que les végétaux sont des êtres organisés qui naissent, croissent, s'unissent, se fécondent et meurent comme tous les êtres qui respirent, mais auxquels cependant, il manque le sentiment de la sensibilité ; étant de plus dépourvus de la faculté de se mouvoir à volonté, ils meurent attachés au sol qui les a vus naître.

Les végétaux puisent dans le sol, ainsi que dans l'atmosphère, les éléments nécessaires à leur développement, au moyen d'organes poreux qu'ils tiennent à cet effet de la nature, éléments à l'état liquide ou gazeux.

Vous avez sans doute remarqué que les végétaux n'ont ni la même consistance, ni la même durée. Aussi les distingue-t-on en plantes *herbacées*, en *arbustes*, en *arbrisseaux*, en *arbres*. Quant à leur durée, elle offre aussi des différences bien tranchées. Les uns sont annuels, les autres bisannuels ou trisannuels, et, le plus grand nombre, vivaces. Dans une autre lettre, je vous ferai connaître toutes ces différences.

La plus simple inspection d'un végétal nous montre qu'il est composé de différentes parties, qui, n'ont entre elles, aucune ressemblance :

1° De racines,
2° De tiges,
3° De feuilles,
4° De fleurs,
5° De fruits,
6° De semences.

Les racines, les tiges, les feuilles servent à la nutrition, à l'accroissement et à la conservation des végétaux. Les fleurs, les fruits, les semences, à leur reproduction.

Un examen plus attentif vous fera reconnaître que ces organes eux-mêmes sont composés d'organes plus simples ; tels que *l'épiderme, la moelle, la sève*, et quelques autres encore qu'il est indispensable de connaître, lorsqu'on veut faire une étude approfondie de la botanique. Mais comme ce n'est pas votre intention, il devient inutile de vous en parler. Je me contenterai même de ne vous donner qu'un simple aperçu de ceux que je viens de vous nommer, suffisant cependant, pour que vous en ayez au moins une légère idée.

L'épiderme, mon aimable amie, est une membrane plus ou moins mince, sèche, aride, luisante, quelquefois terne, et toujours transparente, qui sert d'enveloppe interne et générale aux différentes parties des végétaux depuis la racine jusqu'aux fruits.

Cette membrane est très-mince sur les fleurs, sur les fruits ; mais elle est plus ou moins épaisse sur les tiges et le tronc des arbres. Je dois vous faire remarquer qu'elle se déchire longitudinalement dans *la vigne* ; circulairement dans *le cerisier* ; qu'il tombe par plaques dans *le platane, le sycomore* ; que ces plaques ou lames restent les unes sur les autres dans *le bouleau*.

L'épiderme est ordinairement lisse sur le tronc et les branches des jeunes arbres ; mais il devient raboteux, cassant, crevassé à mesure que ces arbres avancent en âge. C'est, si je puis m'exprimer ainsi, les rides de la vieillesse. Vous pouvez le remarquer tous les jours sur le tronc des vieux arbres.

Vous savez que *la moelle* est une substance légère, plus ou moins spongieuse, qui occupe toujours le centre du corps ligneux. On peut la regarder comme la partie la plus essentielle des végétaux, puisqu'elle est à l'arbre, ce que le cœur est à l'animal.

Le tissu de *la moelle* n'est pas le même dans tous les végétaux. Par exemple : il est très-serré dans *le sureau*, tandis qu'il est très-lâche dans

les chardons. Généralement la moelle est blanche :
cependant, il y a des arbres, tel que *le noyer*, où
elle est plus ou moins brune ; dans quelques-uns
elle est rougeâtre, dans d'autres elle est jaune ;
mais je dois vous dire que ce sont là des exceptions.

La moelle n'est pas également abondante dans
tous les végétaux. On en trouve beaucoup dans
le soleil des jardins, le sureau, le corchorus ; très-
peu dans *le chêne, le buis, l'orme, le frêne* ; disparaissant insensiblement chaque année, elle est
remplacée par la substance ligneuse.

La sève est un fluide transparent, limpide, légèrement visqueux, inodore, sans saveur, que les
racines puisent et absorbent dans le sein de la
terre et les feuilles dans l'atmosphère, pour le
faire servir à la nutrition du végétal. Des botanistes ont comparé les fonctions de la sève dans
les végétaux à celles que remplit le sang chez les
animaux ; d'autres ont dit, peut-être avec plus
de raison : « La sève est à la plante ce que les
fluides animaux sont à l'animal ; c'est la lymphe
avec laquelle elle a quelques rapports considérés
sous quelques points de vue ; ces traits approxi-
mitatifs de similarités lui ont mérité le nom de
lymphe végétale. »

La sève est indispensable à la végétation, puisqu'une plante qui en est privée ne tarde pas à
périr ; ce qui doit vous prouver que, sans ce fluide,
il n'y a pas de végétation possible. Nous devons
donc la regarder comme un des agents les plus
nécessaires, non seulement à l'accroissement des
végétaux, mais encore à leur conservation pendant toutes les phases de la vie végétale.

C'est au moment où le soleil commence à réchauffer la terre ; où la nature bienfaisante se dispose à nous prodiguer ses dons ; que la sève, suc vivifiant des végétaux, ainsi que je viens de vous le dire, coule à grands flots dans leur tissu interne. Qui de nous n'a pas remarqué dans les premiers jours du printemps, surtout au moment où l'on taille la vigne, combien celle-ci pleure, pour me servir de l'expression reçue ? Hé bien ! mon amie, c'est de la sève surabondante qu'elle perd ainsi.

La sève étant toujours beaucoup plus abondante au printemps et à l'automne que dans les autres saisons, ce sont donc ces deux époques de l'année que l'on doit choisir pour écussonner ou pour greffer.

Ne faisant pas un cours de botanique, je ne vous parlerai point de quelques organes secondaires, tels que les glandes, les tissus cellulaires, les utricules, les poils, etc. ; je me contenterai de vous dire quelques mots sur les sucs propres.

On nomme ces sucs ainsi parce qu'ils varient suivant les végétaux qui les produisent ; ces sucs sont contenus dans des vaisseaux particuliers que l'on appele *les vaisseaux propres*, dont la direction est toujours longitudinale.

Le plus ordinairement, le suc propre est inodore et a la limpidité de l'eau ; mais quelquefois aussi il est coloré ; il est blanc comme le lait dans les tiges de *la laitue montée*, dans *les euphorbes*, dans *la thytimale*, dans *l'épurge* ; jaune dans *la chétidoine*, plante connue de tout le monde sous le nom *d'éclaire*; vert dans *la pervenche*; rouge dans *le sang de dragon* ou *patience sanguine*. Le suc propre est de nature gommeuse dans *l'abricotier*, *le cerisier*; résineux dans *le pin*, *le sapin* et autres arbres du Nord ; mucilagineux et acide dans *la cerise, la groseille*; sucré dans *la pèche*, etc.

C'est dans le suc propre que réside la saveur et les propriétés médicinales des plantes. Celles qui n'en contiennent pas sont généralement insipides et n'ont aucune vertu. Ces sucs sont toujours beaucoup plus abondants pendant les grandes chaleurs que par un air frais et humide. Leur cours se trouve suspendu pendant les temps froids.

Maintenant, mon amie, je vais entrer dans quelques détails sur les principaux organes des végétaux, organes dont je ne vous ai encore donné que les noms.

La racine est la partie du végétal qui, le plus généralement , s'enfonce perpendiculairement dans le sol et sert à l'y fixer. On doit la considérer comme l'organe le plus important à la nutrition des végétaux, puisque c'est par elle qu'ils puisent dans le sein de la terre les sucs nourriciers qui doivent alimenter les tiges, les feuilles, les fleurs, les fruits. L'eau et les divers aliments des plantes, absorbés par les bouches inhâlantes des racines, sont donc portées dans toutes les parties du végétal, et concourent ainsi à opérer leur nutrition de concert avec l'humidité et les divers gaz que les feuilles absorbent dans l'atmosphère, comme nous le verrons lorsque je vous parlerai des feuilles et de leurs fonctions.

La racine, ainsi que je viens de vous le dire, sert donc à fixer la plante au sol, et à puiser dans la terre la nourriture dont elle a besoin. C'est l'organe le plus durable des végétaux. Les feuilles tombent chaque année ; beaucoup de plantes perdent aussi leurs tiges pendant l'hiver pour reparaître au retour du printemps, il est vrai : mais la racine survit aux feuilles, aux tiges, aux fleurs, aux fruits.

Cependant, mon amie, je dois vous prévenir que toutes les racines ne sont pas toujours fixées dans la terre. Les plantes parasites, les orchidées, font exception à cette loi de la nature ; celles-ci vivent pour la plupart sur d'autres végétaux, principalement sur des troncs d'arbres. Je puis vous citer pour exemple le gui de chêne, cette plante si vénérée des anciens Druides, à laquelle ils accordaient de si grandes propriétés, bien imaginaires, il est vrai, mais auxquelles nos ancêtres croyaient comme à des articles de foi.

Nous devons aussi considérer la racine comme l'organe le plus important des végétaux; car lorsqu'elle périt, ils meurent aussi. Vous savez que si elle n'existe pas, il n'y a pas de végétation possible.

Une particularité que vous n'avez sans doute pas remarquée, c'est que les racines n'ont jamais une couleur verte; qu'elles ne verdissent jamais, même lorsqu'elles se trouvent exposées au contact de l'air et de la lumière ; qu'elles n'ont pas non plus de canal médullaire ; que leurs sucs propres, lorsqu'elles en contiennent, ont aussi presque toujours des propriétés différentes des mêmes sucs des autres parties de la plante.

On distingue dans les racines trois parties bien différentes :

1° Le corps ou la partie moyenne de la racine;

2° Le collet, d'où part la tige ;

3° La radicule, composée de petites fibres.

Le collet est le point de séparation de la tige et de la racine. C'est du collet, pour les plantes hertracées et vivaces, que partent chaque année les bourgeons des nouvelles tiges.

Le chevelu est la vraie racine du végétal. Il se compose d'une grande quantité de fibres, plus ou moins déliées, qui adhèrent soit au corps de la racine, soit au collet ; fibres auxquelles l'on donne le nom de *radicelles* ; c'est à leur extrémité que se trouvent les spongioles par lesquelles se font l'absorbtion des sucs nutritifs.

Les *spongioles*, ma gracieuse amie, par lesquelles les racines absorbent les sucs nourriciers contenus dans la terre pour les transmettre à la plante, sont formées de tissu cellulaire qui remplit le même rôle qu'une éponge dans l'eau ; d'où leur est venu leur nom du latin *spongiola*, qui veut dire éponge.

Les racines, ainsi que vous avez pu le remarquer, affectent diverses formes, que l'on rapporte à trois principales ; mais chacune comprend de nombreuses subdivisions établies par les botanistes, pour pouvoir procéder avec plus de méthode dans la description des plantes.

On désigne donc les racines sous les noms de racines *fibreuses, tubéreuses et bulbeuses.*

Les racines fibreuses se composent d'un grand nombre de fibres, quelquefois épaisses et ramifiées comme celles des arbres de nos vergers, de nos forêts ; bien souvent grêles et capillaires. Dans ce dernier cas, on distingue celles-ci par l'épithète de chevelu, telles sont par exemple les racines de *fraisier*, de *benoite*, de l'*hépatique*, de l'*asclépiade*, etc.

Les racines bulbeuses, que l'on désigne aussi sous les noms de bulbes, d'oignons, ont un corps tendre, succulent, une forme ovale ou arrondie ;

elles sont composées de plusieurs tuniques qui se recouvrent les unes les autres, et terminées à leur partie inférieure par une portion charnue, que l'on appelle la couronne, d'où partent des radicelles ou petites racines fibreuses : je puis vous citer pour exemple *le lis, la tulipe, la jacinthe, le narcisse, le crocus*, etc.

Les racines tubéreuses ou tubériformes présentent un corps arrondi, charnu, contenant plus ou moins de fécule amylacée, duquel partent souvent latéralement de petites racines fibreuses. Dans leur enfoncement on voit des *turions* ou espèces de bourgeons qui, plus tard, se développent et reproduisent la plante. C'est ce que nous voyons dans les racines *de pivoine, de dalhia, de la pomme de terre, du topinambour*.

Il est temps, mon amie, de nous occuper des tiges. En botanique, on donne ce nom à la partie du végétal qui s'élève au-dessus du sol. C'est la tige qui porte les feuilles et les organes de la fructification. Elle se divise souvent en branches, et celles-ci en rameaux. Pour les arbres de nos vergers, de nos parcs, de nos forêts, la tige porte le nom de *tronc*.

La tige ou le tronc est une partie organique, qui elle-même est composée de plusieurs parties distinctes; telles que l'écorce, le liber, l'aubier ou bois imparfait, et le bois parfait dans le centre duquel est contenue la moelle, comme dans un canal, auquel pour ce motif on donne le nom de *canal medullaire*.

Vous savez que l'on donne le nom *d'écorce* à la partie végétale qui enveloppe les racines, les tiges, les pétioles de toutes les plantes, soit herbacées, soit ligneuses.

La structure de l'écorce n'est pas la même dans lesplantes herbacées et les plantes arborescentes.

Pour les premières, l'écorce n'est formée que d'un épiderme très-mince qui recouvre un tissu cellulaire plus ou moins épais et succulent.

Dans les arbres, l'écorce est formée de fibres et de rangées d'utricules distinctes et presque parallèles. C'est une peau épaisse, composée de plusieurs couches. La plus extérieure est l'épiderme; on trouve ensuite l'enveloppe cellulaire ou le parenchyme; puis les couches corticales ou le liber, dont je vous parlerai dans quelques instants.

L'écorce est un des organes les plus importants du végétal. On y trouve les vaisseaux qui contiennent les sucs nécessaires à la conservation et à l'accroissement de l'individu. Un arbre dépouillé de son écorce périt presque toujours en peu de temps ; ou, s'il résiste à cette cruelle épreuve, il souffre beaucoup et languit jusqu'au moment où une nouvelle écorce recouvre la nudité de son tronc.

Les botanistes donnent le nom d'*aubier* à la partie de l'arbre placée entre l'écorce et le bois. C'est le nouveau bois qui se fait chaque année sur le corps ligneux. L'aubier diffère de l'écorce en ce qu'il est plus blanc, plus dense, plus dur : il diffère du bois par sa pesanteur et sa dureté qui sont moindres, par sa couleur moins brune; par l'eau et les autres fluides qu'il contient en plus grande abondance.

Ainsi que vous le voyez, ma bonne Emma, l'aubier n'est donc qu'un bois imparfait, destiné à devenir bois parfait lorsque, par succession du temps, de nouvelles couches l'auront développé. C'est l'aubier que les vers et d'autres insectes attaquent

et rongent de préférence. Il n'est très-apparent
que dans les arbres dont le bois est très-dur tels
que le chêne, l'orme, le frène, etc. ; mais il l'est
beaucoup moins dans ceux dont le bois est tendre
et poreux, comme vous pourrez vous en assurer
en examinant avec attention celui de tilleul, de
peuplier, de bouleau, tous bois que l'on appelle
bois blancs.

L'aubier ne diffère donc du bois proprement
dit que par son âge moins avancé. C'est du bois
qui n'a pas encore acquis la dureté qu'il doit avoir
plus tard.

On donne le nom de *liber* aux couches les plus
intérieures de l'écorce, c'est donc la partie qui se
trouve le plus près de l'aubier. Pour vous donner, mon amie, une idée du liber, faites macérer pendant quelques heures un morceau d'écorce
du premier arbre venu dans de l'eau chaude,
vous verrez les couches du liber se séparer les
unes des autres comme les feuillets d'un livre.
C'est ce qui lui a fait donner le nom de liber,
mot latin qui veut dire livre.

On trouve dans le liber des fibres longitudinales,
ou des vaisseaux dont les uns contiennent la sève;
les autres les sucs propres.

Le liber est la partie la plus essentiellement
vivante et organique du végétal ; c'est par lui que
se fait tout accroissement. Toute couche soit du
corps cortical, soit du corps ligneux a d'abord
été liber.

Ainsi, vous voyez que le liber est d'une nécessité indispensable pour la végétation. Un arbre
qui en serait privé ne tarderait pas à périr. C'est
par lui que se fait la cicatrice des plaies, ainsi
que la soudure des greffes; car une greffe ne re-

prend bien que lorsque le liber se trouve bien en contact avec celui du sujet sur lequel on l'insère.

Je vous l'ai déjà dit, ma bonne et gracieuse Emma, la tige est la partie du végétal qui croît en sens inverse de la racine ; elle recherche avidement l'air et la lumière, sans lesquels elle ne pourrait croître.

On distingue les tiges, en tiges herbacées, ligneuses, sous-ligneuses ou frutescentes. Les premières sont ordinairement vertes, d'une consistance plus ou moins tendre, plus ou moins aqueuse et meurent dans l'année. Les secondes offrent la dureté du bois, et sont persistantes. Les tiges frutescentes participent des deux espèces précédentes en ce que leur base est persistante, tandis que les rameaux se renouvellent tous les ans.

On distingue plusieurs sortes de tiges; savoir : le tronc, le stipe, le chaume et la tige proprement dite.

On donne le nom de *tronc* à la tige de tous les arbres, soit forestiers, soit fruitiers, appartenant à la grande famille des dycotilédones. Sa force ou son volume varie beaucoup suivant l'âge et la nature du sujet : elle devient souvent prodigieuse. Le tronc s'élève toujours verticalement, mais arrivé à une certaine hauteur, il se divise en branches, et, celles-ci en rameaux. Sa circonférence est toujours plus grande à sa partie inférieure qu'à son sommet.

Le stipe est la tige particulière des végétaux monocotylédones, tels que les *palmiers, les aloès, les yucca, les dracœna*, etc. ; elle est herbacée ou ligneuse, et porte tout à la fois les feuilles et les fleurs. Le stipe est formé par une sorte de colonne cylindrique, d'un diamètre égal dans toute son étendue ; c'est-à-dire aussi grosse à son sommet qu'à sa base; quelquefois même plus renflé au milieu qu'aux extrémités. Le stipe est rarement ramifié ; il se termine par un bouquet de feuilles, d'où partent les pédoncules des fleurs.

Les tiges de plusieurs familles, appartenant aux végétaux monocotylédones, portent le nom *de chaume*. C'est une tige simple, rarement ramifiée, le plus souvent creuse à l'intérieur, et séparée de distance en distance par des nœuds desquels partent des feuilles alternes et engaînantes. Ces feuilles poussent toujours seule à seule et sont roulées en espèces de gaînes autour de la tige par leurs parties inférieures. On donne particulièrement le nom de chaume aux tiges des graminées, famille à laquelle appartiennent le *blé*, l'*orge*, l'*avoine*, le *riz*, etc.

Les botanistes donnent le nom commun de tiges, à celles qui, différant des espèces précédentes, ne peuvent être rapportées à aucune d'elles. Aussi le nombre des végétaux pourvus d'une tige, proprement dit, est-il beaucoup plus nombreux que ceux qui ont un stipe, un chaume, un tronc.

Il ne faut pas confondre avec la véritable tige *la hampe*. Celle-ci est un pédoncule floral nu, c'est-à-dire ne portant ni rameaux, ni feuilles. Ce pédoncule part directement du colet de la racine et se termine par la fleur. Les *tulipes*, le *pissenlit*, les *narcisses*, les *glaïeuls*, la *crépide* peuvent vous servir d'exemples pour vous donner l'idée d'une hampe.

On donne le nom de *rhizôme* à des espèces de tiges souterraines et horizontales, rampantes sous terre, souvent très-près du sol, et que l'on a confondues longtemps avec les racines. Ce qui le distingue des racines, c'est qu'il donne naissance à des feuilles, et qu'il offre toujours sur quelques points de son étendue des traces des feuilles des années précédentes, ou des espèces d'écailles qui en tiennent lieu. La *fougère mâle*, le *sceau de Salomon*, les *iris germaniques*, ont des rhizômes pour tiges.

Quant à sa direction, on dit qu'une tige est rampante ou traçante, quand elle est couchée sur terre et qu'elle s'y attache au moyen de racines adventives : le *lierre terrestre*, la *pervenche*, la *nummulaire* nous en fournissent des exemples.

Elle est *stolonifère* lorsqu'elle pousse du pied principal de petites tiges latérales, nommées *stolons* par les botanistes, *coulans* par beaucoup de personnes, et susceptibles de s'enraciner et de produire de nouveaux pieds : c'est ce que nous voyons tous les jours pour les *fraisiers*.

Procombante ou couchée, lorsqu'elle ne s'élève pas, mais se couche au contraire sur la terre sans s'y enraciner : le *serpolet*, la *mauve*.

Grimpante, quand les tiges sont minces proportionnellement à leur longueur, et qu'elles s'attachent à l'aide de vrilles aux corps environnants : la *capucine*, la *clématite*.

Volubile, quand elle tourne en spirale, soit à droite, soit à gauche, autour des corps après lesquels elle se soutient : les *convolvulus*, le *chèvrefeuille*.

Nous allons maintenant, ma gracieuse amie, nous occuper d'un autre organe ; il est bien important aussi de connaître les fonctions qu'il remplit dans les diverses phases de la vie végétale. Parure moins brillante, mais aussi beaucoup moins fugitive que les fleurs ; les feuilles sont un des organes des végétaux où la nature se montre peut-être la plus variée.

Les feuilles sont des organes planes, généralement minces, membraneux, étendus horizontalement dans l'atmosphère ; presque toujours de couleur verte, couleur qui se nuance à l'infini ; naissant le plus souvent sur la tige et ses ramifications ; mais partant aussi quelquefois du collet de la racine.

Relativement au lieu où elles naissent, on dit que les feuilles sont *séminales*, lorsqu'elles sont formées par le développement des cotylédons. Ce sont les premières qui paraissent après qu'une semence, mise en terre, germe et lève ; il n'en existe-jamais qu'une ou deux selon que cette semence appartient à l'une des deux grandes divisions des plantes monocotylédones ou dicotylédones. Nous verrons plus loin, mon amie, sur quoi sont établies ces deux divisions.

On appelle feuilles *primordiales*, les premières qui se développent après les feuilles séminales ; elles sont formées par les deux folioles extérieures de la gemmule.

Les feuilles *radicales* sont celles qui naissent immédiatement du collet de la racine.

Les feuilles *caulinaires* et les feuilles *ramaires* ou *raméales* appartiennent, les premières à la tige, les dernières aux rameaux.

Les feuilles présentent toujours deux surfaces qui diffèrent beaucoup l'une de l'autre ; l'une supérieure, celle qui regarde le soleil, est ordinairement lisse, d'un vert plus ou moins foncé et dont les nervures sont peu saillantes ; la face in-

férieure, celle qui regarde la terre, est pleine
d'aspérités ou de poils presque toujours visibles à
l'œil nu ; les nervures sont plus saillantes, mais
la couleur est plus pâle que celle de la surface
supérieure et n'en n'a pas généralement le lustre
ou le brillant. La disposition de ces deux faces
est constante et invariable.

Les nervures que l'on remarque sur les feuilles
ne sont qu'un prolongement du pétiole. Parmi
ces nervures, il en est une qui partage le limbe
de sa base au sommet en deux parties égales.
Cette nervure, presque toujours très-saillante,
porte le nom de *nervure médiane*.

Je dois vous faire remarquer, mon amie, que
la disposition des nervures est fort différente dans
les végétaux dicotylédones et monocotylédones.
Pour les premiers, ces nervures sont ramifiées
et pour ainsi dire anastomosées entre elles jusqu'à l'infini, et représentent assez bien un réseau
à mailles très-fines. Pour les plantes monocotylédones, au contraire, elles sont parallèles entre
elles et généralement simples. Ainsi, à la simple
inspection de la disposition des nervures, il vous
sera facile de reconnaître à laquelle de ces deux
grandes divisions appartient la première plante
venue.

En botanique, tous les végétaux qui couvrent
la surface du globe sont partagés en trois grandes
divisions. C'est sur l'absence ou la présence des
cotylédons, ainsi que sur leur nombre, que sont
établies ces divisions.

La première comprend toutes les plantes privées de cotylédons et que, pour ce motif, on désigne sous le nom *d'acotylédonées*. Les plantes
monocotylédones ou unilobées n'en ont qu'un

seul, tandis que les dicotyéldones ou bilobées en ont toujours deux.

On appelle en botanique *cotyledons*, les lobes charnus ou lobes séminaux qu'on remarque dans le plus grand nombre des semences prêtes à lever lorsque leur tunique propre est enlevée.

Pour vous donner, mon amie, une idée des végétaux qui composent ces trois grandes divisions, je vais vous indiquer quelques plantes appartenant à chacune d'elles.

La première division du règne végétal renferme tous les végétaux dépourvus des organes de la génération, du moins chez lesquels ces organes ne sont pas visibles ; ce sont les cryptogames de Linnée, tels que les *champignons*, les *algues*, les *fucus*, les *fougères*, les *mousses*.

Les *iris*, les *narcisses*, les *tulipes*, les *hyaciuthes*, les *crocus*, les *lis*, plantes que vous voyez tous les jours et que vous connaissez, appartiennent à la seconde division et sout des plantes monocotylédones.

Les *camélias*, les *rosiers*, les *giroflées*, les *pensées*, le *réséda*, etc., font partie de la nombreuse famille des dicotylédones qui compose la troisième division. Vous voyez donc bien que les feuilles de ces végétaux ne présentent à nos yeux aucune ressemblance entre elles.

Toute feuille est composée de deux parties ; du *limbe* ou *disque*, qui est la feuille proprement dite, et du *pétiole*.

Les feuilles sont sessiles ou pétiolées ; *sessiles* lorsqu'elles tiennent immédiatement à la tige ou aux rameaux ; *pétiolées* quand elles ont un support plus ou moins long, support que vulgairement on appelle *queue*, mais qu'en botanique on nomme *pétiole*.

Le vert, avec toutes les nuances dont il est susceptible, est la couleur la plus ordinaire des feuilles.

Cependant, ma bonne Emma, vous avez pu remarquer que quelques végétaux ont des feuilles rouges ou panachées ; telles, par exemple, sont celles de *l'atriplex rubra*, de *l'amarante tricolore*, etc. ; mais, en général, toute autre couleur que le vert doit être considérée comme une exception ou comme un état maladif de la plante.

Les feuilles sont simples ou composées; *simples*, lorsque le pétiole ne se ramifie pas en d'autres petits pétioles ; *composées*, quand le pétiole porte lui-même d'autres pétioles plus petits ; on donne alors au pétiole principal le nom de *pétiole commun*, et aux autres, celui de *pétioles partiels*. Les feuilles que portent ces derniers ont reçu le nom de *folioles* ; ces petites feuilles sont quelquefois sessiles, d'autrefois *pétiolulées* ; c'est-à-dire supportées chacune par un petit pétiole très-court. *Le rosier*, *l'acacia*, *la sensitive*, *l'ébénier*, etc., ont des feuilles composées.

Avant d'entrer dans quelques détails sur les fonctions générales des feuilles, je dois, ma bonne Emma, vous donner au moins une idée de leur forme et de leur disposition naturelle sur les tiges et les rameaux ; ces connaissances vous sont indispensables pour bien comprendre les descriptions que je vous donnerai lorsque je traiterai de la culture des plantes dont j'ai l'intention de vous parler.

Quant à la forme d'une feuille, on dit qu'elle est *reniforme*, quand elle est un peu plus large que longue, arrondie du côté opposé au pétiole et échancrée à son insertion sur le pétiole; *oblongue*, quand son diamètre est plus large que long; *orbiculaire*, lorsqu'elle présente une forme à peu près ronde; *lancéolée*, lorsque sa largeur diminue insensiblement de la base au sommet et représente un fer de lance; *linéaire*, quand elle est étroite et d'une égale largeur dans toute son étendue. excepté au sommet où elle se termine en pointe; *cordiforme*, quand elle est ovale, échancrée vers son insertion et que les lobes des échancrures sont arrondis; *sagittée*, lorsque les lobes de l'échancrure sont droits et triangulaires; *elliptique*, quand elle est allongée et rétrécie insensiblement vers ses extrémités; *ensiforme*, quand elle est allongée, un peu épaisse dans sa partie moyenne, amincie et un peu tranchante sur les bords, rétrécie vers son sommet et de manière à représenter une espèce de glaive; *cunéiforme*, lorsqu'elle est rétrécie vers son insertion, dilatée et tronquée au sommet comme un coin; *spatulée*, quand elle est rétrécie vers son insertion, élargie et arrondie vers son sommet, et ayant la forme d'une spatule. Les feuilles, mon amie, présentent encore beaucoup d'autres formes; mais je ne vous indique ici que celles qu'on rencontre le plus souvent dans nos jardins.

Je vais maintenant vous présenter les feuilles d'après leur disposition naturelle, c'est-à-dire d'après la manière dont elles naissent sur les tiges. On dit donc qu'elles sont *opposées*, si elles sont placées par paires à la même hauteur et qu'elles partent de deux points opposés de la tige ou des rameaux; *verticillées*, quand, étant nombreuses, elles sont placées à la même hauteur de la tige et qu'elles l'entourent comme un anneau;

elles sont *éparses*, lorsqu'elles n'affectent aucun ordre particulier ; *fasciculées*, si elles partent en faisceaux d'un même point de la tige ; *amplexicaules*, quand elles embrassent étroitement la tige sans l'environner de toutes parts ; *peltées*, lorsque le pétiole s'insère sur le disque de la feuille au lieu de s'insérer sur les bords ; *perforées*, quand elles semblent enfilées par la tige à leur base ; *engaînantes*, lorsqu'elles sont roulées et prolongées autour de la tige ; *connées*, quand elles sont réunies comme une seule par leur base.

On dit encore qu'une feuille est *dentée*, quand son bord porte de petites dents, droites, aiguës, et qui ne sont pas dirigées vers le sommet; *crénelées*, lorsque les dents sont arrondies ; *serrées* ou *dentées en scie*, quand elles sont dirigées vers le sommet comme les dents d'une scie ; *lobée*, lorsqu'elle est fendue en plusieurs parties peu profondes et arrondies ; *sinuée*, quand les échancrures sont peu profondes, arrondies et très-ouvertes ; *palmée*, lorsqu'elle est divisée en cinq ou sept segments qui ont quelque ressemblance avec des doigts et qui se réunissent à un centre commun, représentant la paume de la main.

Quant à la durée des feuilles, on dit qu'elles sont *caduques*, lorsqu'elles tombent peu de temps après leur apparition, mais c'est le plus petit nombre ; *décidues* ou *tombantes* , quand elles tombent chaque année à la fin de la belle saison ; *persistantes*, celles qui restent plus d'une année sur l'individu, telles sont les feuilles de buis, de petit houx, du laurier rose, du camélia, du lierre, etc. Tous les arbres appartenant à la famille des conifères, connus sous le nom *d'arbres verts*, ont aussi des feuilles persistantes.

Il me reste encore, ma charmante amie, à vous parler des *stipules* et des *bractées*; ensuite nous passerons aux fonctions générales des feuilles. On doit considérer comme appendice des feuilles les *stipules*, qui sont de très-petites feuilles ou folioles, de formes variables, souvent écailleuses, qui en réalité ne sont que des prolongements foliacées qui se trouvent à la base de certaines feuilles, auxquelles même elles adhèrent quelquefois, ainsi que vous pouvez le voir dans le tilleul, le rosier, et dans les plantes de la famille des légumineuses, comme les pois et autres.

Les *bractées* ou feuilles florales sont de petites feuilles, souvent d'une autre forme, toujours plus ou moins coloriées, qui se trouvent dans le voisinage de certaines fleurs; c'est surtout dans les sauges, plantes très-connues et dont quelques-unes sont le plus bel ornement de nos parterres dans la belle saison, que vous remarquerez de ces feuilles florales.

Les feuilles conservent ordinairement leur couleur jusqu'à l'automne; à cette époque, elles se décolorent, se fanent et tombent; exposées alors à toutes les intempéries de l'air, elles se décomposent et se convertissent insensiblement en humus ou terreau végétal. Les feuilles pétiolées se détachent plus tôt de la tige que celles qui sont sessiles, à plus forte raison que celles qui sont amplexicaules. Pour les plantes herbacées annuelles ou vivaces, elles meurent avec la tige sans s'en détacher.

Maintenant, ma gracieuse amie, je passe aux fonctions générales des feuilles, fonctions qu'il est utile de connaître en horticulture. Les feuilles, sont indispensables à la végétation, à l'accroissement et à la conservation de l'individu ; quelques botanistes les regardent comme les poumons des végétaux.

« Les feuilles, dit Achille Richard dans ses nouveaux éléments de botanique, sont avec les racines, les organes principaux de l'absortion et de la nutrition dans les végétaux : en effet, elles absorbent dans l'atmosphère les substances nutritives qui peuvent servir à l'accroissement ; elles remplissent encore d'autres usages d'une haute importance dans l'économie végétale ; elles servent à la transpiration et à l'exhalaison des fluides devenus inutiles à la végétation, et c'est par elles que la sève se dépouille des sucs aqueux qu'elle contient et qu'elle acquiert toutes ses qualités nutritives. »

« C'est principalement par les pores situés à la face inférieure de la feuille des plantes ligneuses que les fluides vaporeux et les gaz répandus dans l'atmosphère sont absorbés ; cette face inférieure, en effet, est plus molle, moins lisse, et présente presque toujours un duvet léger qui favorise cette absorption ; leur face supérieure, au contraire, plus lisse, plus souvent glabre, sert à l'excrétion des fluides inutiles, à la nutrition du végétal ; c'est ce qui constitue la transpiration dans les végétaux. »

Les feuilles des plantes herbacées, plus rapprochées du sol, plongées en quelque sorte dans une atmosphère humide, absorbent également par leur face supérieure et leur face inférieure.

Les feuilles contribuent essentiellement à l'ascension de la sève, et par suite à sa nutritiou et à son accroissement ; en effet, si l'on effeuille entièrement un arbre dans le moment de la sève, l'écorce, qui s'en détachait facilement, adhère alors au bois et la sève cesse de couler. C'est pour ce motif, quand on est forcé de transplanter un arbre, un arbuste dans l'été, qu'on commence par le défeuiller entièrement avant de le replanter ; si par ce procédé l'on ne sauve pas toujours l'individu, c'est cependant le meilleur moyen à employer. Les jardiniers le font très-souvent, mais beaucoup d'entre eux n'étant que des routiniers ne se doutent pas pourquoi ils emploient ce moyen.

Les feuilles transpirent aussi beaucoup plus que les autres parties du végétal. Si cette transpiration se trouve arrêtée par une circonstance quelconque, elles commencent par jaunir, noircissent ensuite, et finissent par mourir. Souvent la plante meurt quelque temps après.

Outre la transpiration aqueuse, les feuilles dégagent de l'air vital pendant le jour, du gaz acide carbonique dans l'obscurité et pendant la nuit. Comme ce gaz est mortel pour les animaux qui le respirent, vous voyez, mon amie, combien il est imprudent, dangereux même, de conserver pendant la nuit des plantes dans un appartement où l'on couche. Si jamais vous avez commis cette imprudence, maintenant que vous en connaissez le danger, vous ne la commettrez plus. Beaucoup de personnes pensent, peut-être le pensez-vous aussi, que les fleurs odorantes peuvent seules produire un semblable effet ; c'est une erreur que l'on doit combattre. Inodores ou odorantes, elles présentent toutes le même danger.

Pour que le dégagement de l'oxigène ait lieu, il faut que les feuilles soient saines, vertes, dans toute leur force. Celles des jeunes végétaux, à surface égale, en dégagent beaucoup moins que les feuilles plus avancées en âge. Celles étiolées, malades ou panachées (quand ces panachures sont le résultat de la maladie de la plante) n'en donnent que fort peu, souvent même pas du tout.

Ici, ma bonne et gracieuse Emma , je termine ce que j'ai à vous dire sur les feuilles. De plus grands développements dépasseraient le but que je me suis proposé. Vous ayant donné une légère idée des organes qui servent à la nutrition, à l'accroissement et à la conservation des végétaux, je terminerai cette lettre par vous donner aussi quelques détails sur ceux qui servent à leur reproduction.

Nous voici arrivés à la fleur, partie la plus gracieuse, la plus séduisante des végétaux, presque toujours la plus remarquable par sa beauté ; par le coloris que la nature lui a donné pour nous séduire ; par la variété de ses couleurs, plus jolies les unes que les autres ; par le suave parfum que la plupart exhalent, parfum qui embaume l'air, qui enivre nos sens, et qui, souvent, décèle de loin leur présence.

La fleur, ma gracieuse amie, est donc l'ensemble des parties qui composent le lit nuptial des végétaux. Une fleur est composée de plusieurs organes. Ces organes portent le nom de *calice*, de *corolle*, d'*étamine*, de *pistil*, d'*ovaire*, de *fruit*, de *semence*.

Pour les végétaux, les organes de la génération se composent, comme pour les amimaux, d'un organe femelle et d'un organe mâle. Il y a, ainsi que vous le voyez, une grande ressemblance entre les êtres organiques du règne végétal et ceux du règne animal, puisque la plus importante des fonctions. celle de la fécondation, se fait de la même manière. C'est la réunion des organes sexuels des végétaux qui constitue la fleur pour le botaniste. Les personnes étrangères à la botanique ne voient dans les fleurs que la corolle, qui, pour beaucoup de végétaux, brille de couleurs si vives, si séduisantes ; mais, ne l'oubliez pas, je vous prie, les enveloppes florales ne sont que des organes accessoires dont la présence n'est nullement indispensable pour que la fécondation ait lieu.

Pour la plupart des végétaux, les fleurs sont hermaphrodites ou bissexuelles; c'est-à-dire que les organes mâles et les organes femelles se trouvent réunis dans la même fleur. Le *réséda*, la *giroflée*, le *pied d'alouette*, l'*œillet*, le *fuschia*, la *capucine*, la *pensée*, la *primevère*, etc., ont des fleurs hermaphrodites.

On appelle *diclines*, celles dont les organes sexuels existent séparément dans diverses fleurs; on les nomme aussi *unisexuelles*. On dit que ces fleurs sont mâles. quand elles ne contiennent que des étamines ; si elles ne renferment que des pistils, ce sont des fleurs femelles. Les fleurs diclines se divisent en fleurs *monoïques* et en fleurs *dioïques*.

Les fleurs monoïques existent sur le même individu, mais l'organe mâle forme une fleur et l'organe femelle en forme une autre. C'est ce que nous voyons pour le *concombre*, le *melon*, le *coudrier*, l'*ortie grièche*, la *pimprenelle*, le *bouleau*, le *hêtre*, le *charme*, etc.

Pour les fleurs dioïques, au contraire, les organes mâles sont sur un individu, les organes

femelles sur un autre. Le *saule*, l'*osier*, la *mer-*
curiale, le *datier*, l'*épinard*, le *houblon*, le *chan-*
vre, etc., ont des fleurs dioïques.

Il arrive quelquefois que des fleurs hermaphrodites se trouvent sur le même individu avec
des fleurs unisexuelles, soit mâles, soit femelles.
On donne aux plantes sur lesquelles se rencontre
ce mélange de fleurs le nom de *polygames*, ce
qui veut dire plusieurs noces.

Les principaux organes d'une fleur sont le pistil et les étamines. Les autres, ainsi que je viens
de vous le faire observer, ne sont que des organes
accessoires.

Le PISTIL, organe femelle, occupe constamment
la partie centrale de la fleur. Il se compose de
trois parties bien distinctes : de l'ovaire, du style,
du stigmate. L'ovaire et le stigmate en sont les
parties essentielles.

L'OVAIRE, partie essentielle du pistil, ordinairement renflé, renferme les ovules ou rudiments
des semences, ainsi que les organes qui servent
à leur nutrition. Lorsque l'ovaire a été fécondé,
les ovules deviennent plus tard des fruits. Sa
forme est généralement ovoïde ou sphérique. Sa
coupe transversale laisse voir une ou plusieurs
cavités où les graines sont renfermées et où
elles acquièrent leur maturité.

Le STIGMATE, partie supérieure du pistil, ordinairement tuméfié, visqueux, destiné par la
nature à recevoir l'action fécondante du pollen,
couronne le style ; mais lorsque celui-ci n'existe
pas, le stigmate repose immédiatement sur l'o-
vaire ; on dit alors qu'il est *sessile*.

Parvenu à l'âge adulte, le stigmate est enduit
d'une liqueur plus ou moins visqueuse, souvent

visible à l'œil nu, et qui est pompée par le style aussitôt que la poussière fécondante lancée par les anthères sous forme de globules, s'y est agglutinée ; ces globules en s'ouvrant laissent s'échapper le pollen ou fluide spermatique ; la partie la plus subtile de ce fluide traverse les vaisseaux du style, pénètre jusqu'aux ovules, et leur donne réellement la vie ; leur existence devant être regardée comme un état d'inertie dont ils ne peuvent sortir que par l'influence de la poussière fécondante.

Le STYLE, plus ou moins allongé, est la partie moyenne, qui porte le stigmate, et qui, ordinairement, est inséré au sommet de l'ovaire, quelquefois aussi sur ses côtés ou à sa base ; c'est un filet creux ou spongieux dans l'intérieur.

L'existence du style n'est pas rigoureusement nécessaire, puisque beaucoup de fleurs en étant dépourvues, parcourent de même toutes les phases de la fructification. Quand le style manque, le stigmate, ainsi que je viens de vous le dire, repose immédiatement sur l'ovaire.

L'organe mâle, ma bonne Emma, porte le nom d'ÉTAMINE. Cet organe se compose d'un filet ou filament et d'une anthère.

LE FILAMENT est une espèce de support, plus ou moins allongé, sur lequel repose l'anthère ; son existence n'est pas d'une nécessité absolue, puisqu'il manque dans beaucoup de fleurs, et que ces fleurs accomplissent comme les autres les mystères de la fécondation.

L'ANTHÈRE, partie supérieure de l'étamine, est presque toujours colorée en jaune et formée de deux espèces de bourse ou de sachet, accolés l'un à l'autre, et contenant le pollen ou poussière fécondante. Au moment marqué par la nature le pollen s'échappe, soit par une légère explosion, soit par la dilatation de l'anthère, se porte sur le stigmate, et, ainsi que je vous l'ai fait remarquer pour le pistil, pénètre insensiblement le style jusqu'à l'ovaire qu'il féconde.

Ainsi, mon amie, vous voyez que les anthères sont destinées par la nature à élaborer le pollen qu'elles contiennent, et qui plus tard doit féconder l'ovaire ; elles ne paraissent pas avoir d'autres fonctions ; mais celles-ci sont bien importantes, puisque sans cette élaboration, il n'y aurait pas de fécondation possible.

Le POLLEN est la matière fécondante renfermée dans les loges de l'anthère, sous forme de petits grains très-tenus, quelquefois agglomérés, et que l'on ne peut bien distinguer qu'à l'aide du microscope ou d'une forte loupe.

Chaque grain de pollen paraît être composé d'une petite vessie ou membrane vesiculeuse unie, lisse, rugueuse ou mammelonée, quelquefois recouverte d'un enduit visqueux.

Pour vous familiariser avec les organes sexuels des végétaux, je vous engage, ma bonne Emma, à prendre une fleur de lis, dans laquelle ces organes sont très-prononcés. En l'examinant avec attention, vous remarquerez que le pistil occupe le centre de cette fleur, tandis que les étamines sont placées à la circonférence et entourent ainsi le pistil. Il en est de même pour toutes les fleurs. Maintenant, il vous sera facile, d'après les détails que je viens de vous donner, de reconnaître et d'étudier chaque partie de ces organes.

En examinant de même diverses autres fleurs, vous remarquerez aussi que le nombre des organes mâles est toujours ou presque toujours supérieur à celui des organes femelles; sage prévoyance de la nature, car souvent beaucoup d'étamines étant impuissantes, sont pour lors impropres à la fécondation.

Maintenant, mon amie, que vous avez une idée des organes sexuels des végétaux, nous allons nous occuper des enveloppes ou parties accessoires des fleurs, connues sous le nom de calice et de corolle.

Le calice et la corolle sont donc regardés par les botanistes comme des parties accessoires des fleurs, parcequ'elles sont entièrement étrangères à l'acte de la fécondation des végétaux, dont la reproduction est le seul but que se propose la nature. Toutes les fleurs n'ont pas deux enveloppes ; pour quelques-unes c'est le calice qui manque, pour d'autres c'est la corolle.

On nomme *fleurs complètes*, celles qui, avec les organes sexuels, ont ces deux enveloppes florales ; *fleurs incomplètes*, celles qui n'en ont qu'une ou même qui n'ont ni l'une ni l'autre, ce qui existe pour un certain nombre de plantes ; une fleur est incomplète encore, lorsqu'elle ne possède qu'un des deux organes sexuels, telles sont les fleurs monoïques et dioïques.

Le calice, partie la plus extérieure de la fleur, est formé par le prolongement et l'épanouissement du pédoncule ; il est ordinairement verdâtre, rarement coloré. On appele pédoncule la tige particulière des fleurs et des fruits.

Les fonctions du calice paraissent consister principalement à protéger la corolle des atteintes extérieures et à doubler pour ainsi dire l'espèce de rempart que celle-ci forme autour des organes de la génération.

Le calice est donc la partie la plus extérieure de la fleur, souvent d'une seule pièce, souvent divisé en plusieurs folioles, auxquelles l'on donne le nom de *sépales*, qui soutient et embrasse par le bas la corolle, et l'enveloppe tout entière avant qu'elle soit épanouie. Au moment où je vous écris, mon amie, vous avez sur votre balcon deux jolis rosiers du roi, couverts de fleurs ; en les examinant avec un peu d'attention, surtout celles qui ne sont encore qu'en boutons, vous reconnaîtrez facilement le calice.

Lorsqu'un calice est composé d'une seule pièce, on dit qu'il est *monosépale* ; il est *polysépale*, quand il est formé d'un nombre plus ou moins grand de pièces distinctes, que l'on peut séparer les unes des autres, sans les déchirer et sans déchirer aussi la base du calice.

Nous voici arrivés, ma bonne Emma, à la corolle, cette partie si gracieuse de la fleur et celle des enveloppes florales, qui se trouve la plus rapprochée des organes sexuels ; sa consistance est molle, sa couleur variable, sa texture très-délicate ; elle présente souvent les nuances les plus variées, les plus brillantes ; souvent aussi elle exhale les parfums les plus doux, les plus suaves.

On nomme *pétale*, chaque pièce dont une corolle est composée.

Chaque pétale est formé de deux parties distinctes, de *l'onglet* et de la *lame*. L'onglet est la partie inférieure par où le pétale est fixé au receptacle. La lame est la partie supérieure, libre, élargie, de forme très-variable, qui surmonte l'onglet.

Une corolle peut-être *monopétale* ou *polypétale* ; c'est-à-dire composée d'une seule ou de plusieurs pièces.

Une corolle monopétale se compose de trois parties, *le limbe, le tube, la gorge.*

Le limbe est le bord supérieur de la corolle ; — le tube est la partie cylindrique, plus ou moins allongée, tubuliforme, qui part depuis le point d'insertion de la corolle jusqu'à celui où elle s'élargit ; — la gorge est la partie intermédiaire ; c'est-à-dire qui sépare le tube du limbe.

Ainsi, l'on donne le nom de *corolle monopétale* à toute corolle formée d'une pièce unique, dont les divisions, s'il en existe, ne se prolongent pas jusqu'à sa base, et qu'on peut alors enlever en entier du point de son insertion. *Les convolvulus, les petunias, les campanules, les lavatères, les malopes, les fuschias, le jasmin,* etc., toutes jolies fleurs que vous connaissez et que vous aimez, ont une corolle monopélate, avec ou sans division.

L'on donne le nom de *corolle polypétale* à celles composées de plusieurs pièces faciles à détacher du point de leur insertion sans déchirer la corolle. Vous voyez alors, ma bonne Emma, que les *pensées,* les *roses,* les *giroflées,* les *géraniums,* les *chrysanthèmes,* les *lis,* les *tulipes,* sont des plantes à fleurs polypétales.

L'on appele fleurs *apétales,* c'est-à-dire sans pétales, toutes celles qui sont privées de corolle ; telles sont les fleurs du *saule,* du *noisetier,* du *froment,* etc.

Maintenant, que vous connaissez ce que c'est qu'une fleur, je vais vous dire quelques mots sur les fruits.

Le FRUIT n'est autre chose que l'ovaire fécondé, qui a survécu aux autres organes de la fructification, et que la maturité a grossi et développé.

La grosseur des fruits n'est pas toujours proportionnée à celle des végétaux qui les produisent. La *courge*, plante herbacée, rampante, annuelle, donne cependant des fruits énormes et pulpeux ; tandis que les arbres de nos forêts, si remarquables par la beauté de leur port et qui vivent des siècles, ne produisent que des fruits secs dont la petitesse nous étonne. Vous vous rappelez la fable du bonhomme : — *Le Gland et la Citrouille.* — Cette fable nous prouve que tout ce que Dieu a fait est bien fait.

Dans les fruits, on distingue l'enveloppe extérieure et les semences destinées par la nature à reproduire des individus semblables à celui qui leur a donné naissance; l'enveloppe se nomme *péricarpe*.

Ainsi, mon amie, le péricarpe est la partie du fruit qui enveloppe et garantit les semences ; il varie dans sa forme, dans sa substance. Dans les poires, les pêches, les prunes, les cerises, enfin dans tous les fruits de table, celle-ci est charnue et pulpeuse, tandis qu'elle est membraneuse, coriace, sèche, dans le *haricot*, le *pois*, le *lupin*, quand ils sont en pleine maturité.

On compte au moins une vingtaine d'espèces de péricarpes, qui, chacune, porte un nom différent; mais je ne vous parlerai ici que de nos fruits de table, désignés en botanique sous les noms suivants :

La *baie* est un fruit indéhiscent, charnu ou à péricarpe mou dans sa maturité, renfermant une ou plusieurs semences éparses dans une pulpe succulente, sans aucune cloison : tels sont les fruits du *mûrier*, du *cacis*, du *framboisier*, du *groseiller*, etc.

On appelle péricarpe indéhiscent celui qui, arrivé à sa maturité, n'a pas la faculté de s'ouvrir spontanément.

Le *drupe* est un péricarpe charnu, renfermant un seul noyau adhérent à la pulpe qui l'entoure. Il a beaucoup de ressemblance avec la baie ; mais il en diffère, parce qu'il ne contient jamais qu'une seule semence, et que cette semence est toujours osseuse. Vous voyez alors, mon amie, que nos *pêches*, nos *abricots*, nos *cerises*, nos *prunes* sont des drupes, et vous voudrez bien convenir avec moi que les drupes sont d'excellents fruits.

La *pomme*, ce fruit connu de tout le monde depuis la plus haute antiquité, puisque, d'après ce que nous dit l'écriture sainte, le pommier était cultivé dans le jardin de l'éden, porte le nom générique de *fruit à pepins*; car, en botanique, l'on ne connaît pas les poires. Ainsi, la pomme est un péricarpe formé d'une pulpe charnue, renfermant au centre plusieurs cloisons membraneuses qui contiennent les semences, que vulgairement on appelle pepins; tels sont les fruits du *poirier*, du *pommier*, du *cognassier*, etc.

La *noix*. Botaniquement parlant, ce fruit est un péricarpe plus ou moins dur, d'une seule pièce, quelquefois coriace, comme la *faine*, le *gland*, le *marron*, la *châtaigne* ; quelquefois ligneux, comme l'*aveline*, la *noisette*. Vous voyez donc qu'il ne faut pas vous former l'idée de la noix sur le fruit du noyer, auquel nous donnons tous ce nom ; pour le botaniste, le fruit du noyer est un véritable drupe.

L'*hespéridie* est un fruit charnu, dont l'enveloppe est très-épaisse, divisé intérieurement en plusieurs loges par des cloisons membraneuses, qu'on peut séparer sans aucun déchirement, comme dans l'*orange*, le *citron*, la *grenade*, le *limon*, etc.

Ici, mon amie, je termine cette lettre ; dans la suivante, j'entrerai dans quelques détails sur le grand acte de la fécondation des végétaux. Tout le monde connaît les fruits ; mais tout le monde ne connaît pas les moyens employés par la nature pour arriver à son but.

Lettre Quatrième.

Dans ma lettre précédente, mon aimable amie, je vous ai fait connaître les organes qui servent à la reproduction des végétaux. Nous allons nous occuper dans celle-ci de leurs diverses fonctions, ainsi que des mystères de la fécondation ; vous verrez que ce sujet est digne de fixer votre attention.

Avant de vous parler de la fécondation des végétaux, je dois vous faire remarquer combien la nature est sage et prévoyante dans tous ses ouvrages, pour atteindre le but qu'elle se propose.

Tout le monde sait que les animaux sont doués de la faculté de se mouvoir; pouvant alors se diriger dans tous les sens et se porter à volonté d'un lieu à un autre , la nature a placé les organes de la génération chez deux individus. Le mâle, à des époques déterminées, pour obéir aux lois de la nature, recherche la femelle, s'en rapproche et la féconde; mais les végétaux, étant privés de la faculté locomotive ; attachés irrévocablement au sol qui les a vus naître; devant y croître et y mourir, ont généralement les deux organes sexuels sur le même individu; le plus souvent dans la même fleur. Si la nature n'avait pas eu cette sage précaution, les espèces n'auraient pu se perpétuer, du moins que très-difficilement, et alors, dans un temps donné, plus ou moins long, elles auraient fini par disparaître entièrement de la surface du globe.

Quelques familles de végétaux ne sont pas, il est vrai, dans des circonstances aussi favorables : telles sont les plantes monoïques et les plantes dioïques, dont la fécondation paraît au premier abord avoir été abandonnée aux chances du hasard ; puisque pour les premières, les organes sexuels ne se trouvent pas réunis dans la même fleur ; et que pour les secondes, ces organes sont placés sur des individus séparés, souvent éloignés les uns des autres par une distance quelquefois considérable. Mais ici, nous devons encore admirer la sagesse divine, au lieu de l'accuser d'avoir laissé un de ses ouvrages imparfaits ; si, dans les végétaux, la substance fécondante eût été de même nature que celle des animaux, nul doute que, pour ces plantes, la fécondation n'eût éprouvé les plus grands obstacles ; mais, chez les végétaux, cette substance est sous la forme d'une poussière, dont les molécules, légères et presqu'imperceptibles, se trouvent transportées à de grandes distances par l'air atmosphérique ou par les vents, ainsi que nous le verrons plus loin.

Je dois, mon aimable amie, vous faire remarquer encore une sage prévoyance de la nature : c'est que le plus souvent, pour les fleurs monoïques, les fleurs mâles sont placées vers la partie supérieure de l'individu, en sorte que la poussière fécondante tombe naturellement par son propre poids, si léger qu'il soit, sur les fleurs femelles qui, placées au-dessous des premières, se trouvent ainsi fécondées.

Le mystère des sexes et de la fécondation des plantes, connu depuis longtemps, mais mis au grand jour et proclamé par le célèbre Linné, est bien certainement le phénomène le plus intéressant de la vie végétale ; il répand un charme inexprimable sur l'étude des plantes en les rapprochant des êtres animés, sous le point de vue le plus touchant, le plus aimable : sous celui de leurs amours.

La fécondation des fleurs, mon amie, est l'acte par lequel les ovules sont vivifiés. Les ovules contenus dans l'ovaire d'une fleur ne se développent en semences fertiles, qu'autant que le pistil a été fécondé par les étamines. Cet acte, si important pour la fécondation, ne peut avoir lieu que lorsque la fleur est épanouie et arrivée au moment marqué par la nature pour le grand acte de la reproduction ; il s'opère, comme vous le savez, au moyen de la poussière fécondante des anthères qui, portée sur le pistil, s'attache au stigmate, ordinairement humide, et répand alors le fluide seminal qu'elle contient ; ce fluide traverse le style par des pores invisibles jusqu'à l'ovaire, et porte ainsi aux ovules le principe de vie nécessaire à la maturation des semences et à leur germination.

Vous savez, maintenant, que les ovules renfermés dans l'ovaire d'une fleur ne peuvent se développer et passer à l'état de graine, que lorsqu'ils ont été vivifiés par la matière prolifique contenue dans le pollen et les anthères.

La manière dont s'opère la fécondation des plantes est, comme vous le voyez, l'une des plus belles et des plus mystérieuses opérations de la nature.

Vous voyez aussi, mon aimable amie, qu'il existe une grande ressemblance entre les végétaux et les animaux ; puisque les uns et les autres sont pourvus d'organes destinés à la reproduction et à la conservation des espèces. Sous ce rapport, l'analogie la plus complète existe entre eux; pour les uns comme pour les autres, c'est de l'action que l'organe mâle exerce sur l'organe femelle, que résulte la fécondation. Vous savez comment celle-ci s'opère pour les végétaux ; cependant, je dois vous faire remarquer les modifications que la nature a imprimées à ces deux grandes classes d'êtres organisés.

En naissant, les animaux apportent avec eux les organes qui un jour doivent servir à les reproduire ; mais il n'en est pas de même pour les végétaux. A leur naissance, ceux-ci sont dépourvus d'organes sexuels ; la nature ne les développe chez eux, qu'au moment fixé par elle pour servir à leur reproduction.

Je dois encore vous faire remarquer une autre dissemblance entre les animaux et les végétaux ; c'est que chez les premiers les organes sexuels peuvent servir un grand nombre de fois, et pendant de longues années, à la même fonction ; qu'ils naissent et qu'ils meurent avec l'individu qui les porte ; tandis que pour les végétaux, ces organes n'ont qu'une existence passagère ; ils paraissent pour accomplir le but de la nature, et, lorsque celui-ci est rempli, ils se fanent, se dénaturent complètement et meurent.

Vous connaissez maintenant, ma gracieuse Emma, comment s'opère la fécondation des végétaux. Des botanistes observateurs prétendent qu'au moment où s'accomplit l'acte de la géné-

ration, l'organe femelle éprouve aussi un sentiment de volupté ; ils affirment, qu'en ce moment
l'on voit cet organe donner des signes de con-
traction, ou de spasmes nerveux, si je puis m'exprimer ainsi.

Je n'ose vous affirmer que leurs observations
soient marquées au coin de la vérité ; je n'ose non
plus vous dire qu'elles ne le sont pas ; parce que,
pour les animaux comme pour les végétaux, le
grand acte de la génération sera toujours un
mystère dont Dieu s'est réservé à lui seul la
connaissance. Ce qu'il y a de certain, c'est que,
dans beaucoup de fleurs, des mouvements très-
remarquables des organes sexuels signalent l'instant de la fécondation ; je puis vous affirmer
l'avoir moi-même observé plusieurs fois. On voit
donc souvent les étamines se pencher vers le
stigmate, pour répandre leur pollen ; puis, sur-
le-champ, reprendre leur première position. D'un
autre côté, comme si la pudeur était inséparable
du sexe féminin, on a remarqué que le mouve-
ment du pistil vers les étamines était beaucoup
plus rare, quoique cependant il ait lieu aussi,
surtout pour certaines fleurs. Quand nous voyons
de semblables phénomènes devant nos yeux, il y
a vraiment de quoi, mon amie, confondre l'esprit humain. Que nous sommes petits, auprès
du créateur de l'univers ! Que les hommes, dans
leur orgueil, sont insensés de vouloir pénétrer de
tels secrets !

Voici, mon aimable amie, comment les fleurs
sont fécondées par les lois qui régissent l'univers ; mais il arrive souvent qu'elles le sont aussi
par des moyens étrangers à ces lois. Les papillons,
ces jolis insectes que la nature a doués d'une pa-

rure si riche, si brillante, et qui, dans les beaux jours du printemps et de l'été, viennent récréer si agréablement notre vue, en voltigeant sans cesse dans nôs parterres ; eh bien ! je dois vous l'apprendre , ces insectes sont des messagers d'amour. Pendant tout le temps que le soleil éclaire et réchauffe notre horizon, ils apportent d'une fleur à une autre la poussière fécondante qu'ils recueillent sur les anthères, et qu'ils emportent avec eux. S'ils n'allaient que d'une plante à une autre plante de même espèce , ils serviraient les amours légitimes ; mais dans leur inconstance, comme beaucoup d'hommes qui voltigent de belle en belle, eux aussi voltigent de fleur en fleur ; de là proviennent ces mariages adultérins , mais qui, fort heureusement pour nous, produisent nos plus belles variétés de fleurs et ces jolies hybrides, qui font l'admiration et le bonheur des amants de Flore. Aussi, loin d'en vouloir à ces charmants insectes de leur inconstance, de leurs goûts volages, nous devons, au contraire leur savoir gré des jouissances qu'ils nous procurent, et dont nous serions privés, s'ils ne suivaient pas l'instinct que leur a donné la nature.

D'autres insectes tels que les mouches à miel, les bourdons, les guêpes, concourent aussi au même but ; surtout les abeilles, qui, depuis le lever de l'aurore jusqu'au coucher du soleil, vont butiner d'une fleur à l'autre.

Les vents , dans leur impétuosité , peuvent aussi, ma gracieuse amie, enlever le pollen d'une fleur, et, le portant souvent à des distances très-éloignées, le déposer sur des fleurs d'une autre famille ; alors, ainsi que les papillons, ils deviennent aussi à leur tour des messagers d'amour. Plus d'une plante, je puis vous l'assurer, doit sa fécondation à cet agent invisible. Vous savez que les amants aiment le mystère. Peut-être leur devons-nous quelques-unes de ces belles variétés, qui font l'ornement de nos parterres.

Il y a encore, mon aimable amie, un agent invisible de ces amours clandestines, si nombreuses parmi les filles de Flore ; agent que vous connaissez et que vous aimez sans doute, puisque toutes les femmes aiment et subissent avec bonheur sa douce et timide influence : c'est Zéphire, fils d'Eole et d'Aurore, qui, comme vous le savez, n'a pas les emportements ni les fureurs de son père. Oui, quand il abandonne furtivement la couche nuptiale pour venir dans les journées brûlantes de l'été rafraîchir l'atmosphère de sa molle et douce haleine, et rendre ainsi la vie aux fleurs, aux plantes desséchées par les ardeurs d'un soleil dévorant, lui aussi se moque des lois de l'hyménée. Se glissant furtivement à travers le feuillage de nos bosquets, il vient couvrir les fleurs de nos parterres de ses nombreux baisers ; et, portant de l'une à l'autre leurs tendres et douces caresses, sert leurs amours en rapprochant ainsi les distances. Mais Flore, bien loin de s'en plaindre, se réjouit, au contraire, des infidélités de son volage époux, puisque ces infidélités viennent chaque année augmenter le nombre de ses sujets et embellir de plus en plus son bel et vaste empire.

On rapporte dans les ouvrages de botanique plusieurs faits qui prouvent que la fécondation des plantes dioïques peut avoir lieu à des distances plus ou moins considérables. Entre autres faits, je puis vous citer celui-ci : On cultivait depuis fort longtemps, au Jardin-des-Plantes de Paris, deux pieds de pistachier femelles qui, chaque année, se couvraient de fleurs, mais ne produisaient jamais de fruits. Jugez, mon amie, de l'étonnement du célèbre Bernard de Jussieu, directeur de ce jardin, quand, une année, il vit ces deux arbres se couvrir de fruits qui murirent parfaitement. Dès-lors, il conjectura avec beaucoup de raison qu'il devait y avoir, à Paris ou dans les environs, quelques pistachiers mâles portant des fleurs. Ses conjectures étaient vraies. A force de recherches, ce savant botaniste apprit qu'à la même époque, dans le jardin des Chartreux, près le Luxembourg, il existait un pistachier mâle qui avait fleuri. Il avait fallu que le pollen, porté par les vents, fût venu féconder les pistachiers femelles, en passant sur les édifices de Paris, qui séparent le Luxembourg du Jardin-des-Plantes.

Je puis vous citer un exemple plus frappant encore de la fécondation des plantes dioïques par les vents. Dans les environs d'Otrante en Italie, on cultivait depuis longtemps un datier femelle, qui chaque année restait stérile, mais qui se mit à porter des fruits aussitôt qu'un datier mâle, cultivé à Brindes, eut donné ses premières fleurs. La distance entre ces deux villes étant de soixante kilomètres, il n'y a donc que les vents qui puissent transporter aussi loin le pollen, et devenir ainsi un des agents de la fécondation.

C'est à l'aide de la fécondation artificielle, en transportant le pollen d'une fleur, sur une fleur d'un autre genre, que nos plus célèbres horticulteurs obtiennent ces belles variétés, ces hybrides qui, tous les ans, viennent embellir nos parterres et nos serres de ces fleurs plus jolies les unes que les autres, et nous procurer ainsi les plus douces jouissances. C'est une opération très-délicate à faire ; il faut, mon aimable amie, une bien grande habileté pour saisir le moment propice d'opérer cette fécondation, et surtout beaucoup d'adresse pour la pratiquer avec succès. L'opération, faite seulement une heure trop tôt ou une heure trop tard, peut manquer.

L'abbé Delille, dans son poème des *Trois Règnes*, en parlant des amours des plantes, les décrit ainsi dans les beaux vers suivants. Comme je sais, ma bonne Emma, que vous aimez tout ce qui est beau, tout ce qui est gracieux, je suis persuadé que vous les lirez avec plaisir.

Pour offrir à leurs feux une pudique image,
Chastes sœurs d'Hélicon, épurez mon langage ;
Que mon style ressemble au nuage doré
Qui, sur ce mont fameux des Troyens adoré,
Cachait l'amour des dieux à des regards profanes !
Des deux sexes divers, de leurs divers organes,
Ces peuples végétaux jouissent comme nous :
L'œil distingue d'abord et l'épouse et l'époux.

Le pistil, où la graine a choisi son asile,
L'étamine enfermant la poussière fertile,
Les distinguent aux yeux. Dans la saison d'amour,
Si l'épouse et l'époux ont le même séjour,
Le signal est donné : l'aurore matinale
Vient frapper de ses feux la couche nuptiale ;
Le couple est éveillé, l'amant brûle, et soudain
Les esprits créateurs s'échappent de son sein.
Dans l'organe secret dont l'ardeur les seconde
Son amante attendait cette vapeur féconde ;
Elle entre, et le pistil avec avidité
Ouvre sa trompe humide à la fécondité,

La graine en se gonflant boit le suc qui l'arrose :
C'est un œillet naissant, c'est un lis, une rose ;
Et l'organe qui verse ou reçoit ce trésor,
D'un doux tressaillement frémit longtemps encor,
Cependant autour d'eux s'embellit la nature :
Le papillon folâtre, et le ruisseau murmure ;
Les essaims bourdonnants voltigent à l'entour,
Et les oiseaux en chœur chantent l'hymne d'amour.

Mais si les deux époux habitent sur deux tiges,
Quels spectacles nouveaux et quels nouveaux prodiges !
Réunis par l'amour, séparés par les lieux,
L'amant darde dans l'air les gages de ses feux :
Les vents les ont reçus ; leur aile officieuse
Porte à l'objet chéri la vapeur précieuse,
L'hymen est consommé ; des zéphyrs complaisants
L'épouse avec transport reçoit ces doux présents,
Et se reproduisant dans des fils dignes d'elle,
A son époux absent se montre encor fidèle ;
Ils naissent vêtus d'or, de pourpre et de saphir,
Ce n'est donc pas en vain qu'on nomma le zéphyr
Le favori de Flore : et dans cette imposture
L'esprit avec plaisir reconnaît la nature.

Je terminerai cette lettre, mon amie, par vous donner quelques mots sur l'inflorescence.

En botanique, on donne le nom d'*inflorescence* à la disposition générale des fleurs, par rapport à la tige qui les supporte. Les fleurs, vous le savez, sont la parure des végétaux. La disposition constante et régulière que leur a donné le créateur semble encore en augmenter l'éclat et ajouter à l'intérêt qu'elles nous inspirent.

On dit qu'une fleur est en *ombelle*, lorsque les pédoncules égaux entre eux partent tous d'un même point de la tige, divergent et se ramifient en pédicelles ou pédoncules partiels, qui partent tous également de la même hauteur ; en sorte que l'ensemble des fleurs représente une surface bombée comme un parasol lorsqu'il est ouvert. Telles sont les fleurs de l'*angélique*, de la *carotte*, de la *ciguë* et des autres plantes de la famille des ombellifères.

Une fleur est en *corymbe*, quand les pédoncules, placés comme par hasard le long de la tige ou des rameaux, arrivent néanmoins à la même hauteur, comme on le voit dans les *achyllées*, la *boule de neige*.

En *cime*. Une fleur en cime est celle dans laquelle les pédoncules partent d'un même point, les pédicelles étant inégaux et partant de points différents, mais élevant toutes les fleurs à la même hauteur ; telles sont les fleurs du *sureau*, du *cornouiller*.

Les fleurs sont *verticillées*, lorsqu'elles sont disposées en anneaux autour des tiges et des branches, ainsi que nous le voyons dans les *menthes*, le *marrube blanc*.

On compare au thyrse des bacchantes les fleurs dont la disposition forme une pyramide, dans laquelle les pédoncules inférieurs s'étendent horizontalement, et sont plus longs que les supérieurs. Les fleurs du *lilas*, du *pavier*, du *marronier* sont des fleurs en thyrse.

Les fleurs sont dites *axillaires*, quand elles naissent dans l'angle formé par l'insertion d'une feuille sur la tige, ou sur la branche, comme dans les *pervenches*.

La *panicule* est un assemblage de fleurs portées sur des pédoncules grêles, inégaux, qui les étalent confusément et sans ordre déterminé ; telle est l'*avoine*. Beaucoup d'autres plantes de la famille des graminées peuvent aussi vous servir d'exemple pour une fleur en panicule. Les graminées sont les plantes qui servent à faire nos gazons, et qui font la richesse de nos prairies.

En *épi*, lorsque les fleurs sont attachées immédiatement, ou par le moyen d'un pédicelle très-court, sur un axe commun, allongé, raide, non ramifié. Le *blé*, le *plantain*, le *liatris spicata*, la *lavande*, ont des fleurs en épi.

L'épi est *unilatéral*, lorsque les fleurs naissent d'un seul côté du pédoncule, comme cela existe pour beaucoup de glaïeuls.

Quand les fleurs sont attachées par des pédoncules à un axe commun, droit ou penché, on dit que la fleur est en *grappe*.

La grappe est simple quand les pédicelles ne se ramifient pas ; telles sont celles des *ribes*, de l'*épine-vinette*, du *groseiller* ; elle est composée ou rameuse, lorsque les pédoncules sont divisés.

Le *chaton* est un assemblage d'un grand nombre de petites fleurs incomplètes, unisexuelles, très-serrées les unes contre les autres, attachées à un pédoncule commun, long, flexible. Cette inflorescence est ainsi nommée à cause de sa ressemblance avec la queue d'un jeune chat, ou chaton, ainsi qu'on l'appelle familièrement.

Le *capitule* est aussi l'assemblage de petites fleurs sessiles, réunies sur un réceptacle commun, plus ou moins aplati. La *scabieuse*, le *coréopsis*, le *carthame*, les *centaurées*, en fournissent des exemples.

Une fleur est dite *solitaire*, quand elle naît seule de différents points de la tige, à des distances plus ou moins éloignées les unes des autres.

Les fleurs sont *terminales*, quand elles sont situées au sommet de la tige.

Aujourd'hui, mon aimable et gracieuse Emma, nous allons nous occuper particulièrement des soins à donner aux plantes que l'on cultive en pots. Ces soins, je dois vous le dire, sont de tous les jours, même pour quelques-unes plus délicates, presque de tous les instants ; mais ces dernières ne sont généralement cultivées que par les horticulteurs de profession, qui, par état, consacrent tout leur temps, donnent tous leurs soins à la culture de ces fleurs.

A moins d'avoir une exposition exceptionnelle comme celle que vous avez, où aucune habitation ne vient, ne peut même venir masquer vos appartements, les plantes cultivées sur les fenêtres, sur les balcons, sur les terrasses, se plaisent toujours beaucoup mieux dans les rues larges, bien aérées, que dans les rues étroites et aux étages supérieurs qu'aux étages inférieurs, parceque l'air y est plus vif, plus pur, qu'elles peuvent y recevoir plus facilement l'influence de la lumière, ainsi que la douce et bienfaisante chaleur du soleil.

Sauf quelques exceptions, que je vous indiquerai dans le cours de ces lettres, les plantes cultivées en pots ne demandant pas une très-grande chaleur, ne se conviennent pas au midi. Cependant, l'exposition du nord leur convient moins encore. Le levant ou le couchant sont donc celles que l'on doit préférer, surtout la première quand on le peut. Votre balcon, mon amie, étant au plein sud, vos plantes, dans l'été, sont exposées pendant une grande partie de la journée à la chaleur dévorante du soleil. Vos plantes souffrent, leurs fleurs se fanent, passent promptement, tombent au bout de quelques jours et vous donnent à peine le temps de jouir de la beauté de leurs corolles et de vous enivrer matin et soir de leur suave parfum, seuls instants de la journée où les fleurs, ainsi que vous le savez, embaument l'air de leurs douces émanations. Vous devez donc, chaque jour, depuis onze heures jusqu'à quatre ou cinq de l'après-midi, les rentrer dans vos appartements, ou, pour vous épargner cette peine, leur procurer, au moyen d'une tente, un abri artificiel. Ce moyen bien simple prolongera vos jouissances, puisque vos plantes acquerront plus de force, que vos fleurs seront plus nombreuses, plus belles et qu'elles dureront plus longtemps.

Pendant l'hiver, au contraire, toutes les fois que la température le permet, vous devez laisser vos plantes exposées à l'air libre le plus longtemps possible, c'est-à-dire tant que la gelée ne se fera pas sentir, pour qu'elles puissent recevoir la douce et bienfaisante chaleur du soleil, si nécessaire à leur santé, à leur vie même. Quant à vos plantes d'orangerie, il faut chaque soir avoir l'attention de les rentrer, même lorsqu'il fait doux ou que le temps est à la pluie, autrement vous vous exposeriez à les perdre. Je vous parle par expérience. Rappelez-vous qu'un jour, je vous ai dit avoir perdu dans une nuit de novembre, cent et quelques pots de géranium et un grand nombre de fuschias. Je n'avais pas oublié de les rentrer ; seulement, trop confiant dans la douceur de la température, je ne pensais pas qu'il y eût du danger à laisser ces pots dehors. Mais , hélas ! qui, dans l'hiver, peut se fier au temps ? Trois à quatre degrés de froid survenus pendant la nuit, m'ont prouvé qu'il vaut toujours mieux prendre une précaution inutile que de s'exposer à des regrets.

Quant à la culture et aux soins à donner à ces plantes, nous nous en occuperons dans une autre lettre.

Tous les jours, ma bonne Emma, lorsque vous êtes encore dans votre négligé du matin, avant de vous occuper de votre toilette, occupation qui, généralement, plait tant aux personnes de votre sexe, vous devez penser à faire celle de vos plantes. C'est peut-être un grand sacrifice que je vous impose, car les femmes aiment toujours à être sous les armes, c'est-à-dire à être parées, et à relever, par leur toilette, les charmes que la nature leur a donnés. Cependant, vous le savez mieux que moi, elles ne sont jamais plus dangereuses pour notre repos, que lorsqu'elles veulent bien recevoir nos hommages dans un négligé simple et galant. Quoiqu'il en soit, je vous engage, chaque jour, à enlever les feuilles mortes tombées qui salissent vos pots et votre balcon, de faire tomber avec vos jolis doigts celles qui sont jaunes ou gâtées, parce qu'elles déparent le sujet, que, de plus, elles font du tort à sa végétation, en lui enlevant une nourriture utile pour lui, mais inutile pour elles, puisque d'un moment à l'autre elles doivent tomber d'elles-mêmes. Vous devez aussi, de temps en temps, enlever le bois mort de vos arbustes, parce que ce bois nuit aux branches qui se portent bien, qu'il peut même les faire mourir aussi, et que, de plus, il donne à l'arbuste un aspect désagréable.

Un soin bien essentiel, que je dois vous recommander, mon aimable amie, si vous tenez à avoir des plantes, des arbustes bien faits, c'est de les pincer de temps en temps. Pincer une plante, c'est couper avec les ongles l'extrémité de la tige principale. Cette petite opération très-simple, très-facile à faire, ainsi que vous le voyez, pratiquée journellement par les horticulteurs de profession, a pour but de forcer les arbustes, les plantes à pousser des branches latérales. Si celles-ci prennent trop d'extension, ce qui arrive quelquefois, souvent même, pour certains arbustes, on les pince comme on l'a fait pour la branche mère. Par ce moyen, vous donnez à vos plantes, à vos arbustes un joli port ; vous leur faites une jolie tête, ce qui les rend toujours plus gracieux que si vous les abandonniez à eux-mêmes. Vous savez par vous même que tout ce qui est gracieux plaît à tout le monde ; car, ne plaisez-vous pas à tous ceux qui ont le bonheur de vous connaître.

Cependant, un simple pincement ne suffit pas toujours pour arriver à donner une forme gracieuse à de certains arbustes, surtout à ceux qui s'emportent trop. Dans ce cas, on doit faire plus que de les pincer, on doit les rabattre plus ou moins, selon la force du sujet et la forme qu'on désire lui donner. Quand vous rabattez un arbuste quelconque, il faut toujours avoir le soin de couper la branche immédiatement au-dessus d'un œil. Si, au contraire, vous la coupez au-dessous, la partie intermédiaire entre les deux yeux finit souvent par mourir, ce qui produit non-seulement un vilain effet, mais peut encore quelquefois faire mourir aussi la branche entière surtout si c'est un arbuste nouvellement planté.

Un soin bien utile encore à prendre, mais cependant que beaucoup de personnes négligent trop souvent ou prennent trop tard, c'est de donner un tuteur aux plantes dès leur jeune âge, surtout à celles qui doivent acquérir une certaine élévation. Lorsqu'on néglige cette précaution, les plantes prennent en poussant de fausses directions, de vilaines formes ; leurs tiges, s'étalant par terre, se trouvent salies par les eaux pluviales, ce qui produit toujours un mauvais effet et montre le peu de soin que l'on apporte à la culture de ses fleurs. Pour éviter ce désagrément, il faut donc de bonne heure donner aux plantes un tuteur ; leur faire prendre peu à peu une forme gracieuse ; augmenter la force et la hauteur du tuteur à mesure que la plante se développe. C'est là, mon amie, tout le secret des jardiniers. Maintenant que vous le connaissez, vous devez toujours faire comme eux. Dans ce cas, comme dans bien d'autres, croyez-moi : vouloir c'est pouvoir.

Je dois encore vous dire que toutes les fois que vous mettez un tuteur à une jeune plante, il faut le tailler en pointe, afin qu'il ne fasse pas un trou trop grand dans la terre, et l'enfoncer jusqu'au fond du pot pour qu'il tienne bien. Il faut aussi le planter avec précaution à une certaine distance de la tige, pour ne pas altérer les racines, et l'attacher avec beaucoup de soin, pour ne pas briser non plus les petites branches toujours très tendres, très fragiles lorsqu'elles sont jeunes, ce qui, lorsque cela arrive, dépare le sujet. On se sert maintenant de fils de plomb de différentes grosseurs, selon la force de la plante ou de l'arbuste, fils très-commodes et en même temps très-économiques puisqu'on peut s'en servir plusieurs fois.

Il y a bien encore d'autres soins à donner aux plantes. Un jour, ma bonne Emma, que j'avais le bonheur de causer avec vous sur votre balcon, je vous fis remarquer combien vos plantes, vos arbustes étaient chétifs, souffrants, pleins de bois mort. Pouvait-il en être autrement, puisque depuis plusieurs années que vous aviez ces fleurs, vous me dites ne les avoir encore ni changées de pots, ni avoir renouvelé la terre. Beaucoup de personnes, il est vrai, font comme vous, mais aussi, comme vous, permettez-moi de vous le dire, elles n'ont jamais de jolies fleurs. Lorsqu'on cultive des plantes en pots ou en caisse, si l'on veut avoir des plantes bien portantes, d'une belle végétation, donnant de belles fleurs, il faut faire un rempotage chaque année ou au moins tous les deux ans. Maintenant que vous savez ce qu'il faut faire, je suis persuadé que vous suivrez mes conseils.

Le rempotage est une opération assez délicate, ou du moins qui demande un peu d'habitude pour la bien faire. Cette opération consiste à donner aux plantes que l'on cultive en pots des vases proportionnés à leur force et au développement qu'elles ont pris pendant l'année, et, en même temps, à remplacer par une terre neuve celle qu'elles ont épuisée. Non seulement quand une terre ne contient plus de sucs nourriciers, les plantes, les arbustes deviennent languissants, mais ils finissent presque toujours par périr faute d'une nourriture suffisante, indispensable même à leur végétation et à leur conservation.

Tous les ans, à l'entrée de l'automne ou mieux au commencement du printemps, on laisse une journée ou deux, sans les arroser, les pots dont on veut renouveler la terre. Ensuite on les renverse en tenant le bas de la plante entre ses doigts; on frappe un petit coup sur le fond du pot avec la paume de l'autre main : la plante alors se détache avec toute sa terre. On ébarbe la motte circulairement avec une serpette ou même un couteau, pour retrancher les racines qui tapissent le fond et même souvent le tour du pot. On retire avec les mains la terre à la superficie, ainsi qu'autour de la motte; on retranche toutes les racines chancies qui sont attaquées par le blanc, maladie grave qui, si l'on n'y remédie promptement, occasionne la mort de la plante. On remet le sujet dans un nouveau pot, un peu plus grand que celui dans lequel il était; on le place bien dans le milieu ; on introduit tout autour de la terre neuve et convenable ; car, ainsi que je vous l'ai dit dans ma première lettre, tous les végétaux ne croissent pas également bien dans toutes les terres, quelque bonnes qu'elles soient. On égalise d'abord la terre en frappant légèrement le pot sur le sol, ensuite pour ne point laisser de vide entre les racines et le pot, on la tasse très-doucement avec un petit instrument plat en fer fait exprès, ou tout simplement avec un morceau de latte. Enfin, quand la terre est bien introduite autour de la motte, on arrose convenablement et l'on place les plantes ainsi rempotées à l'ombre pendant quelques jours, pour en faciliter la reprise : voilà en quoi consiste le rempotage.

Quoique beaucoup d'horticulteurs soient dans l'usage de faire ces rempotages à l'automne, je dois vous dire que le retour du printemps est le moment que l'on doit choisir de préférence pour faire cette opération. C'est en effet l'époque que semble indiquer la nature, puisque c'est celle où les plantes commencent à rentrer en végétation, qu'elles font de nouvelles racines et qu'elles poussent avec une nouvelle vigueur. A l'automne, au contraire, la végétation sommeillant pendant plusieurs mois, une plante nouvellement rempotée ne peut, après une semblable opération faite dans cette saison, que souffrir du repos que prend la nature, et si l'hiver est long et rigoureux, quelques-unes, plus délicates que les autres, sont exposées à mourir, ce qui, en effet, arrive quelquefois.

Je dois vous faire observer encore que, lorsque vous rempoterez vos plantes, il faut, ainsi que je viens de vous le dire, augmenter la grandeur du vase, mais cependant vous devez bien vous garder de leur donner des pots trop grands, parce que vos plantes trouvant une nourriture surabondante, pousseraient trop en bois, et quand il en est ainsi, elles donnent toujours beaucoup moins de fleurs. Vous avez dû remarquer souvent que toutes celles qui sont vendues par les jardiniers sont presque toujours dans des pots d'une grandeur petitement relative à la force et au volume de la plante ; c'est encore là un de leurs secrets.

A la fin de cette lettre, lorsque je vous parlerai de la manière dont généralement on fait encore les plantations, je vous expliquerai pourquoi les plantes fleurissent mieux et donnent plus de fleurs dans de petits pots que dans de grands. Beaucoup de jardiniers le font ainsi, mais par routine, sans en connaître le motif; les jardiniers instruits le connaissent.

Je dois, ma bonne et gracieuse Emma, vous faire une observation essentielle, c'est que, pour faciliter l'écoulement des eaux pluviales et celles d'arrosements, il faut toujours avoir le soin de mettre au fond des pots soit un lit de petits cailloux, soit quelques tessons placés sur le trou. Cette opération très-simple, mais cependant très-utile, a pour but, en empêchant les pots de se boucher avec la terre, de faciliter non seulement l'écoulement des eaux, mais aussi d'empêcher les vers de s'introduire dans les pots, et les racines de passer à travers les trous, ce qu'elles font souvent, surtout quand ceux-ci sont placés directement sur le sol. Pour que cela n'arrive pas, beaucoup de personnes ont de plus la bonne habitude de placer les pots sur des ardoises ou sur des briques; je vous engage à faire de même.

Quand l'eau des arrosements séjourne dans les pots, l'humidité continuelle qu'elle y entretient est très-nuisible aux plantes, peut même les faire pourir, surtout celles qui, étant aqueuses de leur nature, contiennent ainsi beaucoup d'eau de végétation. Si elles ne périssent pas, les pots finissent avec le temps par se couvrir de mousse, plante qui, vivant aux dépens de celle que vous cultivez, ne peut que l'altérer et nuire à son développement.

Lorsque la pluie tombe abondamment et long-temps, elle bat quelquefois tellement la terre des pots, que celle-ci ne laissant plus écouler les eaux pluviales, elles restent à sa surface. Venant de vous dire combien l'eau stagnante est nuisible aux plantes, quand vous vous apercevez que cela arrive, il faut tout simplement mettre les pots sur le côté et les laisser ainsi jusqu'au retour du beau temps.

La présence des vers est toujours nuisible aux plantes que l'on cultive en pots, parce qu'ils épuisent promptement la terre des sucs nutritifs qu'elle contient et dont ils font leur seule nourriture. Les lombrics (c'est ainsi que se nomment ces vers), pour se procurer plus facilement leur subsistance, fouillent continuellement la terre à l'aide de leur mâchoire supérieure, et rejettent les déblais sous forme de cordons entortillés, qui annoncent toujours leur présence soit en pleine terre, soit dans les pots.

En vous promenant dans les jardins, vous avez dû, mon amie, remarquer plus d'une fois ces déblais. Lorsqu'on s'aperçoit qu'il y a des vers dans un pot, il faut s'empresser de les en retirer en le renversant comme on le fait pour le rempotage, et en suivant leur trace dans la terre.

Vous pouvez encore facilement vous débarrasser des vers qui se trouvent dans vos pots, en frappant légèrement pendant quelques instants sur un des côtés avec votre serpette. Au bout d'une minute à peine, vous les verrez monter à la surface et alors il vous sera facile de les prendre et de les détruire.

Un autre moyen de faire périr ces lombrics, c'est d'arroser vos plantes avec une décoction d'absinthe ou de tanaisie, plantes très-communes, que l'on trouve dans presque tous les jardins. Comme ces plantes sont de puissants anthelmintiques, ce moyen est immanquable.

Maintenant, ma gracieuse Emma, je vais vous parler de l'arrosement des plantes. Ces détails vous paraîtront peut-être minutieux, cependant soyez bien convaincue qu'il est très-utile de bien connaître la manière de les faire et de bien connaître aussi les eaux dont on doit faire usage, puisque ces connaissances sont le fruit d'une bonne théorie et d'une longue pratique.

L'eau la plus pure est toujours la meilleure pour les arrosements. C'est pourquoi l'eau de pluie mérite la préférence sur toutes les autres. Mais dans les villes, il n'est pas souvent facile de s'en procurer, surtout lorsqu'on n'occupe que des appartements. Au moins, dans les campagnes, on a des mares, des citernes, des viviers. Ces eaux étant stagnantes, sont très-bonnes pour les arrosements, principalement celles des mares, qui contiennent toujours une quantité plus ou moins grande de détritus végétaux. Vous devez vous rappeler que je vous ai dit, dans une précédente lettre, que ces détritus sont un excellent engrais, et que, plus les terres en contiennent, plus les végétaux qui croissent dans ces terres ont une belle végétation ; mieux ils prospèrent.

Après les eaux du ciel, celles des fleuves, des grandes rivières sont bien certainement les meilleures, parce que dans leur long parcours elles sont journellement frappées des rayons du soleil, qu'elles entraînent aussi avec elles des matières animales et végétales en décomposition, et que ces matières sont, comme vous le savez, les meilleurs engrais que l'on puisse employer pour rendre à la terre les sucs nutritifs qu'elle a perdus. Viennent ensuite les eaux des petites rivières, des sources ; ces dernières étant froides, très-crues, ne doivent jamais être employées qu'après avoir séjourné un certain temps à l'air dans des vases convenables.

Les plus mauvaises de toutes les eaux, mais cependant dont on fait un très-grand usage, surtout dans les villes, ce sont les eaux de puits. La plupart de ces eaux contenant presque toujours du carbonate ou du sulfate de chaux, sels nuisibles à la végétation, ne conviennent pas sous ce rapport à l'arrosement des plantes.

Toutes les fois, ma bonne Emma, qu'une eau ne fait pas bien l'eau de savon, que les légumes y cuisent mal, durcissent en cuisant, c'est qu'elle contient une quantité plus ou moins grande des sels calcaires dont je viens de vous parler. Elle est donc impropre aux usages culinaires et mauvaise pour rendre à la terre desséchée par les ardeurs du soleil l'humidité nécessaire à la conservation et à la végétation des plantes.

Je dois aussi vous faire observer qu'il est essentiel pour la plupart des plantes, surtout pour celles qui sont en pots et qui sont délicates, que l'eau qui doit servir à leur arrosement soit toujours, autant que possible, au même degré de température que celui dans lequel se trouvent ces plantes, soit qu'elles soient exposées à l'air extérieur ou qu'elles soient renfermées dans un appartement. Si, par exemple, mon amie, vous alliez arroser dans une serre chaude les plantes qu'elle renferme avec de l'eau sortant d'un puits ou d'une source, vous vous exposeriez à voir périr ces plantes au bout de quelques jours, et leur mort serait occasionnée par le changement trop brusque de température. Pour qu'une semblable mortalité ne vienne pas attaquer vos plantes, ayez donc le soin, pendant l'été, de faire mettre chaque matin sur votre balcon la quantité d'eau suffisante pour leur arrosement, et ne faites cet arrosement qu'après le coucher du soleil, ou du moins quand ses rayons ne viennent plus frapper vos appartements, seul moment favorable pour rendre à la terre l'humidité qu'elle a perdue et qu'elle conserve jusqu'au lendemain, tandis que, si vous arrosiez pendant la chaleur du soleil, l'eau s'évaporerait promptement, et, quand la terre est sèche, les plantes souffrent.

Je ne dois pas vous laisser ignorer, mon amie, que les arrosements doivent être plus ou moins abondants, selon l'intensité de la chaleur, le besoin de la terre, le volume des plantes. En donnant trop d'eau à la terre, on empêche, on ralentit du moins l'action de la végétation, et souvent les plantes, surtout celles qui sont jeunes ou nouvellement transplantées, périssent par trop d'humidité. Il faut donc, ainsi que vous le voyez, savoir se tenir dans un juste milieu ; c'est ce que vous apprendrez facilement avec un peu de pratique.

D'un autre côté, une sécheresse prolongée est l'ennemie mortelle des plantes. Vous concevez que lorsque la terre a perdu toute son humidité, la sève, qui est la vie des végétaux, venant à s'arrêter, parce qu'elle ne trouve plus la nourriture nécessaire à son élaboration, la plante dépérit visiblement et finit par mourir. Voilà pourquoi nous perdons tant de plantes dans nos appartements. Il en est de même pour celles de pleine terre plus exposées pendant l'été à l'ardeur dévorante du soleil, et qui, par conséquent, demandent de fréquents arrosements qu'on n'a pas toujours la possibilité de leur donner.

Encore une recommandation que je crois nécessaire de vous faire, c'est d'arroser vos pots plutôt à plusieurs reprises, avec peu d'eau chaque fois, que de leur en donner de suite une grande quantité. Trop d'eau versée à la fois bat la terre ou la délaye, ce qui nuit toujours aux plantes : de plus, se perdant en totalité par les trous des pots, elle entraîne avec elle une partie de l'humus que contient la terre. Au lieu qu'en les arrosant peu à peu, mais suffisamment pour entretenir une légère humidité, elles s'en porteront toujours mieux. Il faut aussi toujours proportionner l'arrosement des plantes aux progrès de la végétation, c'est vous dire qu'une plante qui commence à végéter n'a pas autant besoin d'eau que celles qui sont en vigueur et en fleurs.

Je dois aussi vous dire qu'il y a des plantes qu'il ne faut jamais arroser pendant l'hiver et toujours fort peu pendant l'été. Ce sont les plantes grasses, telles que les cactus, les aloës, les ficoïdes, les yuccas, etc. Généralement les plantes demandent peu d'arrosements pendant l'hiver, car trop d'humidité les fait périr, surtout celles qui sont jeunes ou qui contiennent beaucoup d'eau de végétation, c'est-à-dire qui ont une substance charnue, spongieuse, plus ou moins aqueuse. Dans cette saison, on doit se contenter de maintenir la terre légèrement humide, plutôt moins que trop.

Je vous ai dit, mon amie, et j'ai dû vous dire que l'heure la plus favorable pour arroser vos plantes était après le coucher du soleil ; cela est vrai pendant les chaleurs de l'été, mais au printemps, à l'automne, les nuits étant souvent froides, les arrosements ne doivent plus avoir lieu que le matin, même pour les plantes de pleine terre. Il faut, autant que possible, chercher à conserver pendant la nuit la chaleur que dans le jour le soleil a communiqué à la terre et qu'elle perdrait si les arrosements avaient lieu le soir.

Pour arroser vos plantes, je dois vous recommander aussi de vous servir d'arrosoirs proportionnés à la grandeur de vos pots, c'est vous dire qu'il vous en faut de plusieurs dimensions. Vous rappelez-vous qu'un jour vous me dites sérieusement : — Voyez donc comme toutes les nuits les souris viennent faire des trous dans les pots où j'ai semé mes graines. — Je vis tout de suite que les souris étaient bien innocentes du crime dont vous les accusiez, et que ces trous provenaient tout simplement de ce que vous arrosiez vos plantes avec un arrosoir trop grand, que vous aviez la mauvaise habitude de verser l'eau de trop haut, et que vous ne vous serviez jamais de la pomme, ce que l'on doit toujours faire quand ce sont des semis que l'on arrose.

Lorsque vous vous apercevez que quelques-unes de vos plantes souffrent, que leur végétation est languissante, que les feuilles jaunissent et tombent avant le temps, c'est qu'elles sont malades. Je vous conseille alors de les arroser de temps en temps avec de l'eau dans laquelle vous aurez ajouté un peu de noir animalisé ou de poudrette, même à défaut de ces substances stimulantes, du simple crottin de cheval. Cette eau, que l'on doit préparer d'avance, redonne presque toujours la vie aux plantes malades, mais il ne faut en user que modérément, car, ainsi que je vous l'ai fait remarquer lorsque je vous ai parlé des divers engrais, le remède pourrait être pire que le mal.

Une eau très-bonne aussi pour l'arrosement des plantes, mais dont on se sert très-peu, qu'on jette même tous les jours à la rue, c'est l'eau de vaisselle. Cette eau n'étant jamais crue, contenant une quantité plus ou moins grande de matières animales, convient donc très-bien pour fertiliser la terre et lui rendre son humidité. Les personnes qui ont leur jardin sur leurs fenêtres, sur leurs balcons, devraient toujours s'en servir de préférence à celles dont elles font journellement usage.

Je dois aussi vous recommander, lorsque vous arrosez vos plantes, surtout celles qui sont délicates, de ne jamais, autant que possible, mouiller les feuilles, surtout le cœur de la plante, par ce que le soleil peut les brûler et les faire périr si ses rayons viennent à frapper directement sur les gouttes d'eau restées sur le feuillage ou sur la fleur. Vous voyez, mon amie, qu'ici ces gouttes d'eau font l'effet d'un verre ardent sur lequel le soleil vient darder ses rayons.

Un autre inconvénient, pour le moins aussi grave, de mouiller les fleurs en arrosant la plante, c'est d'abord de flétrir leur beauté et s'exposer aussi à les rendre stériles ; parceque l'eau peut enlever avec elle la poussière fécondante.

J'ai oublié de vous dire que, lorsque vous rempotez vos plantes, il ne faut jamais emplir vos pots entièrement de terre, ainsi que le font tous les jours la plupart des personnes qui cultivent les fleurs sur leurs fenêtres. Vous devez au contraire laisser un vide d'un à deux centimètres entre la terre et les bords du pot, sans quoi l'eau des arrosements se perdant en grande partie, en tombant sur le sol, la terre se trouve à peine humectée à sa superficie. Comme cela se répète chaque fois que vous arrosez vos plantes, il arrive enfin un moment où celles-ci meurent faute de l'humidité nécessaire à leur conservation. Quand maintenant cela vous arrivera, dépotez votre plante, vous verrez presque toujours qu'elle est morte parce que ses racines se sont desséchées, ce qui vous donnera la preuve que l'eau des arrosements n'a pas pénétré jusqu'au fond des pots. C'est ainsi, mon amie, que beaucoup de personnes perdent une partie de leurs plantes. A l'avenir, lorsque vous en verrez une des vôtres malade, commencez par vous assurer de l'état des racines ; si vous reconnaissez que c'est par sécheresse, empressez-vous d'y remédier ; n'attendez pas qu'il n'en soit plus temps.

Une excellente manière de maintenir la terre de vos pots dans une humidité convenable, pour la conservation de vos plantes, c'est de placer ceux-ci dans des assiettes en terre ou en zinc, faites pour cet usage, dans lesquelles vous mettrez chaque jour la quantité d'eau nécessaire pour humecter suffisamment la terre. Celle-ci aspirant l'eau peu à peu et par en bas, vous êtes certaine, en employant ce moyen, que jamais les racines de vos plantes ne pourront se dessécher. Cependant il ne faut pas non plus leur donner trop d'eau, car vous vous exposeriez à les faire périr, surtout celles qui sont délicates et qui ont pour racines un chevelu très-fin, telles sont par exemple les bruyères du Cap.

Trop souvent, ma bonne Emma, les fleurs que nous achetons en pots et que nous plaçons dans nos appartements périssent pour la plupart au bout de quelques mois, presque toujours par notre faute. Cependant nous accusons les jardiniers de mélanger de la chaux à la terre pour hâter non-seulement la floraison des plantes qu'ils nous vendent, mais encore pour qu'elles périssent quelque temps après. Cette accusation, soyez-en bien convaincue, n'est pas fondée. Si les jardiniers employaient un semblable moyen, ils en seraient bien certainement les premières victimes, car ne vendant pas toujours toutes les plantes qu'ils apportent sur les marchés aux fleurs, ils verraient ces mêmes plantes mourir chez eux comme elles meurent chez nous.

Il est bien vrai que quelques horticulteurs mêlent quelquefois un peu de cendres de chaux, même de la chaux éteinte dans leur terre, pour activer la végétation, mais c'est dans des proportions minimes et lorsqu'ils font des compots. Elle se trouve alors tellement mélangée avec les autres substances, qu'il est impossible de la reconnaître. Ce que l'on prend souvent pour de la chaux sont de vieux platras placés au fond des pots pour faciliter l'écoulement des eaux.

Vous le savez maintenant, une terre substantielle, l'air, la lumière, la chaleur modérée du soleil, un peu d'humidité sont indispensables pour la végétation et la conservation des végétaux. Les plantes que nous cultivons dans nos appartements, ne pouvant pas toujours réunir ces conditions nécessaires à leur existence, s'étiolent souvent, deviennent maladives, ne fleurissent pas ou fleurissent mal, perdent peu à peu leurs feuilles ; enfin finissent par mourir.

Voilà les causes par lesquelles nous en perdons un grand nombre. Lorsque l'on connaît la cause d'un mal, il est toujours facile d'y remédier. Toutes les fois que la température le permet, exposez donc vos plantes à l'air extérieur, au moins pendant quelques heures de la journée et toute la nuit dans l'été, saison pendant laquelle les gelées blanches ne sont plus à craindre. C'est, mon aimable et gracieuse amie, le seul moyen de conserver en bon état vos plantes et vos fleurs, et de prolonger ainsi vos jouissances.

Je dois ajouter ma bonne Emma, que pour une plante, un arbuste, la lumière artificielle ne peut jamais remplacer celle du soleil. Quand les feuilles et les autres parties d'un végétal sont privées de cette lumière, elles s'étiolent, s'allongent beaucoup, jaunissent ou blanchissent et meurent; leur tissu cellulaire étant très-développé et rempli de suc aqueux, la plante ne transpirant plus suffisamment meurt comme hydropique.

La lumière, ainsi que vous le voyez, est donc un aliment nécessaire, indispensable même à la vie des végétaux ; ils en sont tellement avides qu'ils s'inclinent toujours de son côté et semblent aller au-devant d'elle. On observe tous les jours ce fait dans les serres. Vous-même, vous pouvez en faire la remarque pour les plantes, les arbustes que vous cultivez dans vos appartements; soyez une quinzaine de jours sans les exposer à l'air extérieur, vous verrez que leurs tiges se tourneront insensiblement vers les fenêtres ; il en est de même pour les plantes de pleine terre que l'on cultive en pots dans les jardins ; il faut donc avoir le soin tous les trois ou quatre jours de tourner les pots vers le soleil, afin que toutes les parties des plantes puissent recevoir tour à tour son influence. Si l'on néglige cette précaution, la partie de la plante ou de l'arbuste qui reste constamment tournée vers le soleil tendant toujours a s'en rapprocher, leurs tiges poussent démesurément de son côté, ce qui donne un port disgracieux à la plante ou à l'arbuste.

Lorsque vous vous apercevez que la terre de vos pots se durcit, qu'elle forme une espèce de croûte à sa surface, il faut avoir le soin de la remuer légèrement à cinq ou six centimètres de profondeur, pour faciliter l'eau des arrosements à pénétrer jusqu'aux racines et celles-ci à recevoir l'influence de l'air atmosphérique, influence indispensable à une bonne végétation. Cette opération très-simple, mais cependant très-utile, peut, à défaut d'instruments de jardinage, se faire avec une petite truelle, même avec un couteau non pointu. Il y a un moyen bien simple, bien facile pour empêcher la terre de vos pots de se durcir, moyen que l'on s'applaudit toujours d'employer, c'est de les couvrir pendant les chaleurs de l'été avec de la mousse mouillée. Cette mousse entretenant une humidité suffisante, vous dispensera d'arroser vos plantes aussi fréquemment.

Souvent, par suite d'une humidité trop prolongée, quelquefois aussi d'un trop long séjour dans un lieu peu aéré, privés des rayons solaires et de lumière, il pousse à la surface des pots de la mousse qui, en peu de temps, finit par les tapisser entièrement. Cette végétation étrangère à la plante que l'on cultive, lui est très-nuisible, puisque, vivant à ses dépens, elle lui enlève une grande partie de sa nourriture. Quand cela vous arrivera, il faut enlever cette mousse, remuer légèrement la terre , ou mieux renouveler en partie celle qui est à la surface du pot.

Toutes les fois, mon amie, que dans le mois d'avril, même dans les premiers jours de mai, vous verrez une superbe journée ; qu'il fera très-chaud au soleil, mais froid à l'ombre ; que le ciel sera pur, sans aucun nuage, ayez l'attention dans la soirée de rentrer vos arbustes , vos plantes d'orangerie, car, bien certainement, il y aura pendant la nuit quelques degrés de froid ou au moins une forte gelée blanche. Ce sont ces gelées tardives, malheureusement si fréquentes à cette époque dans nos contrées, qui font tant de mal aux fleurs de nos arbres fruitiers et qui excitent trop souvent nos regrets.

A l'approche de l'hiver, beaucoup de personnes ont la bien mauvaise habitude de descendre leurs plantes à la cave, pour les préserver de la gelée, et ensuite de les abandonner à elles-mêmes jusqu'au retour de la belle saison. Vous même, sans nul doute, vous l'avez fait aussi plusieurs fois. Maintenant, vous le savez comme moi, il n'y a pas de meilleur moyen pour les perdre ; c'est aussi ce qui arrive souvent. Les personnes qui agissent ainsi ignorent bien certainement qu'il faut aux plantes pour vivre, même pendant l'hiver, de l'air, de la lumière, du soleil ; toutes choses qui leur manquent dans une cave. Ces plantes ne gèlent pas, il est vrai , mais elles s'étiolent d'abord , et comme aussi on oublie presque toujours de les arroser, elles finissent par périr, tout comme si on les avait laissées à la gelée.

Cependant, ma bonne Emma, si quelques cir- constances vous obligeaient aussi de conserver vos plantes à la cave, il ne faut jamais le faire que pendant les grands froids. Alors, toutes les fois que la température le permet ou qu'il tombe une pluie douce, il faut les exposer au grand air, mais ne pas oublier chaque soir de les rentrer dans un appartement fermé, à l'abri de la gelée. Si vous faites ce que je vous conseille, vous aurez chaque année, au retour du printemps, le plaisir de voir vos plantes prospérer et vous donner des fleurs à la saison.

Quelquefois nous perdons, pendant l'hiver, lorsque nous les cultivons en pots, des plantes, des arbustes rustiques qui, en pleine terre, ne craignent pas les froids les plus rigoureux. Ce fait tient à ce que les pots, les caisses reçoivent l'influence de la gelée sur toutes les faces, tandis que dans nos jardins la terre ne la reçoit qu'à la superficie. Ainsi, quand les froids sont rigoureux, qu'ils se prolongent longtemps, il est toujours prudent de mettre pendant quelques jours à l'abri du froid extérieur, les pots, les caisses des plantes qui ne gèlent jamais en pleine terre. Dans les hivers ordinaires, cette précaution est inutile.

Quand chaque jour, mon amie, l'on fait vos appartements, je ne puis trop vous recommander de mettre vos plantes à l'abri de la poussière, re- commandation que vous trouverez peut-être bien minutieuse, mais que, cependant, je ne puis me dispenser de vous faire. Les feuilles, ainsi que nous l'avons vu lorsque nous nous sommes occupés de la physiologie végétale, étant des organes destinés par la nature à la respiration et à la transpiration des végétaux, vous concevez que si leurs pores, qui sont imperceptibles à l'œil nu, se trouvent bouchés par des corps étrangers, elles ne peuvent plus alors remplir leurs fonctions : dès que celles-ci cessent, c'est la mort de l'individu.

Nous avons vu aussi que les végétaux ne se nourrissent pas seulement des sucs pompés par les racines dans le sein de la terre, mais qu'ils s'alimentent encore par les divers gaz répandus dans l'atmosphère, et que ces gaz sont aspirés par les feuilles.

Il est bien reconnu, il est vrai, que d'autres parties des végétaux concourent aussi à la respiration et à la transpiration ; mais ces deux fonctions, les plus importantes de la vie végétale, s'exécutant principalement par les feuilles, les ont fait regarder par les botanistes comme les poumons des plantes, ainsi que je vous l'ai dit, dans ma troisième lettre, lorsque nous nous sommes occupés de la physiologie végétale.

Quand vous vous apercevrez que vos plantes sont couvertes de poussière, soit qu'elle provienne de vos appartements ou de celle que, dans les temps secs, le vent fait voler sur la voie publique, il faut vous empresser de les laver. Ce lavage se fait ordinairement avec une petite pompe à main, mais à défaut de cette pompe, vous pouvez vous servir d'un arrosoir dont la pomme a les trous très-fins, et verser l'eau d'un peu haut. Quand on n'a qu'un petit nombre d'arbustes et que ces arbustes surtout ont un feuillage épais comme l'est celui des orangers, des lauriers, des pistosporum, des camélias, etc., il convient mieux de faire ce lavage feuille à feuille avec une petite éponge imbibée d'eau.

Maintenant, nous allons nous occuper un instant de la manière de faire les plantations. Généralement on croit que plus une plante, un arbuste, un arbre, sont enfoncés en terre, plus ces végétaux ont de chance de reprendre lors de leur transplantation. C'est une grande erreur encore beaucoup trop répandue parmi les jardiniers et les cultivateurs, du moins parmi ceux qui n'ont aucune connaissance en horticulture et en agriculture. Pour qu'une plante reprenne bien, il suffit que l'extrémité de ses racines plonge dans une bonne terre et que celle-ci soit dans un état d'humidité suffisant. Ainsi, il ne faut pas oublier qu'un arbre pousse d'autant mieux, produit d'autant plus de fleurs et dans la suite plus de fruits, qu'il est planté plus superficiellement, pourvu, toutefois, qu'il le soit dans un terrain qui lui convient. Pour obtenir donc une belle végétation, il est nécessaire, indispensable même, que les racines reçoivent journellement l'influence du soleil et de l'air atmosphérique, ce qui ne peut avoir lieu lorsqu'elles sont enfoncées trop profondément dans le sol.

Vous le savez comme moi, mon amie, il faut souvent bien des années pour que la science s'infiltre même peu à peu dans l'esprit des hommes et prenne enfin la place de la routine, de cette éternelle ennemie de tout progrès. Ne voyons-nous pas encore tous les jours faire des trous d'à peu près un mètre de profondeur pour planter nos arbres frutiers. Aussi, lorsque ces arbres devenus grands devraient être en plein rapport, on est tout étonné de voir qu'ils ne donnent pas de fruits, ou, du moins, qu'ils ne rapportent pas ce qu'on en devait espérer.

Quand un fait est acquis à la science, pourquoi donc s'obstiner à marcher dans le sentier de la routine, au lieu de s'éclairer du flambeau de l'expérience, et, ce flambeau à la main, faire faire de nouveaux progrès à cette science ?

Lorsqu'un arbre est planté trop profondément, ses racines, ainsi que je viens de vous le dire, ne peuvent recevoir l'influence des rayons solaires, ni celle des divers gaz répandus dans l'air si nécessaires à la nutrition de toutes les parties des végétaux. Se trouvant ainsi constamment dans un trop grand état de fraîcheur, souvent même d'humidité, elles ne peuvent pas élaborer les sucs nécessaires à la formation des fleurs et des fruits. Ces arbres vivent longtemps, poussent plus ou moins vigoureusement, mais ils ne produisent pas ou ils produisent peu.

Cependant, ma bonne et gracieuse Emma, il ne faut pas se jeter dans l'extrémité contraire ; il faut toujours que le raisonnement nous guide dans nos actions. Si nous faisons des plantations dans des terrains légers, arides, dans des terres sablonneuses, comme sont celles du jardin que vous aviez il y a quelques années, nous devons alors planter plus profondément, sans quoi l'extrémité des racines ne trouvant pas assez d'humidité à la surface du sol pour pouvoir bien végéter, seraient exposés à périr de sécheresse pendant les chaleurs dévorantes de l'été.

Ainsi, en résumé, vous voyez qu'en horticulture comme en beaucoup d'autres choses, il faut savoir se tenir dans de justes bornes. Vous pouvez appliquer aux plantes tout ce que je viens de vous dire pour les arbres ; le principe est le même. Quant à celles que nous cultivons en pots, il faut qu'ils ne soient ni trop grands ni trop petits, mais proportionnés à leur force et au développement qu'elles doivent prendre pendant l'année. Trop petits, la végétation est languissante, parce que les racines, se trouvant gênées par les parois des pots, ne peuvent pas prendre la nourriture nécessaire pour l'accroissement de la plante. Trop grands, au contraire, celle-ci pousse plus vigoureusement, il est vrai, mais ses racines naturellement plus enfoncées en terre, se trouvant par conséquent plus éloignées de la surface du pot, l'air, le soleil, si utiles à toute végétation, ne peuvent plus agir sur ces racines et les fluides qu'elles absorbent, non plus que sur la terre où ces fluides sont contenus.

D'un autre côté, si la plante est petite, faible, souffrante comme cela arrive quelquefois, la végétation restant languissante pendant quelque temps, elle ne peut, si elle est plantée dans un pot trop grand pour son volume, absorber toute l'humidité que contient la terre de ce pot. Aussi arrive-t-il souvent que la plante meurt parce que ses racines pourrissent à cause de cette humidité surabondante. Il en est de même lorsque nous faisons des boutures, dont nous perdons un grand nombre par ce motif.

Vous voyez donc, mon amie, qu'il faut toujours modérer les arrosements dans les premiers jours de la plantation, car, en général, nous perdons plus de plantes, plus de boutures par suite d'une trop grande humidité que par sécheresse.

Les plantes vivaces, les arbustes, les arbres

mêmes ne sont jamais aussi vigoureux, ne donnent jamais d'aussi belles fleurs la première année de leur plantation que les années suivantes. Cela tient à une cause très-simple, très-naturelle, c'est que leur végétation étant arrêtée ou du moins languissante pendant plusieurs mois, ils ne commencent réellement à bien pousser que lorsque leur reprise est assurée. Ainsi donc, mon amie, généralement ce n'est pas la première année de sa plantation que vous pouvez bien juger du mérite, de la beauté d'une fleur, d'un arbuste, soit en pot, soit en pleine terre.

Lorsque vos plantes sont défleuries, si vous ne tenez pas à en récolter les graines, je vous engage à couper de suite la sommité des tiges qui ont porté les fleurs. Vos plantes auront alors un port plus gracieux, pousseront avec plus de vigueur et jetteront au bout de quelques temps de nouvelles branches, ce qu'elles ne feront pas si vous laissez mûrir les graines ; car, pour mûrir, celles-ci enlèvent les sucs nutritifs de la plante ; les fruits arrivés à l'état parfait de maturité étant le seul but que se propose la nature, puisqu'ils sont le principal moyen employé par elle pour la reproduction des espèces.

D'un autre côté, les semences prises sur des plantes cultivées en pots ne sont et ne peuvent être jamais aussi bonnes que celles récoltées sur des plantes de pleine terre. Elles ne mûrissent jamais aussi bien et n'acquièrent jamais non plus le même développement. Plus une graine est nourrie, plus on a d'espoir d'obtenir de beaux sujets ; c'est à quoi doivent tendre tous nos efforts chaque fois que nous faisons un semis.

Ainsi, lorsque dans un parterre on aperçoit

une fleur qui n'a pas la beauté qu'elle doit avoir ou qui est dégénérée, il faut s'empresser de l'arracher, non seulement pour n'en pas récolter la graine, mais aussi pour l'empêcher de féconder les autres plantes. C'est surtout pour celles avec lesquelles on fait des massifs, telles que les anémones, les renoncules, les reines-marguerites, les balsamines, les petunias, etc., qu'il faut avoir cette précaution. Puisque vous connaissez maintenant comment les végétaux se fécondent et comment s'opère le grand acte de la reproduction, vous voyez donc combien il est important de ne pas laisser opérer de mariages qui, plus tard, au lieu de vous donner des fleurs de choix et de belles variétés, ne vous donneraient que des fleurs communes, qui, alors, ne vaudraient pas la peine d'être cultivées.

M'apercevant, mon amie, que cette lettre est un peu longue, je vais la terminer par un dernier conseil. Vous rappelez-vous d'un joli petit camélia blanc que je vis un jour sur la cheminée de votre chambre ? Il avait une fleur épanouie très-belle, une autre près d'éclore, et sept ou huit boutons plus ou moins avancés. Vous étiez enchantée de voir tant de boutons, et pensant qu'ils viendraient tous à bien, vous jouissiez d'avance du plaisir de voir ces fleurs se succéder. Moi qui savais bien que ce petit arbuste n'était pas assez fort pour amener à bien tant de fleurs, je vous engageai à faire tomber la plus grande partie des boutons, afin de donner plus de force aux autres. Vous eûtes beaucoup de peine à vous décider à faire ce sacrifice, que j'appelais en riant le sacrifice d'Abraham, et même je ne pus obtenir qu'il fût entier. L'ex-

5

périence vous a prouvé que j'avais eu raison de vous donner ce conseil, puisque quinze jours n'étaient pas écoulés, que la plupart des boutons que vous aviez conservés étaient desséchés ou tombés ; que les deux qui auraient dû vous donner de belles fleurs s'ils avaient été seuls, ont mal fleuri et trompé ainsi votre attente, faute d'avoir trouvé une nourriture suffisante pour venir à bien et pouvoir s'ouvrir. De plus, votre camélia avait tant souffert que, depuis, vous l'avez perdu. Ce fait, ma bonne Emma, doit être pour vous une preuve convaincante qu'il ne faut jamais laisser a une plante, à un arbuste, plus de fleurs qu'ils n'en peuvent porter, surtout lorsqu'on tient à avoir de jolies fleurs. Pour un véritable amateur, la qualité vaut mieux que la quantité, car l'une est toujours aux dépens de l'autre.

Ainsi donc, pour les rosiers, les camélias, les rhododendrons, les pivoines, les œillets, les dalhias, les pélargoniums, etc. , ayez toujours le soin, quand ces plantes, ces arbustes sont près de fleurir, de ne laisser sur chaque tige qu'une fleur principale et deux ou trois boutons selon la force du sujet, surtout s'il est en pot. En pleine terre vous pourrez leur en laisser un plus grand nombre, parce que les plantes trouvant plus de nourriture, y acquièrent plus de développement et sont alors plus en état de porter une plus grande quantité de fleurs.

Vous vous rappelez sans doute aussi d'un charmant camélia rose et blanc, qui avait remplacé sur votre cheminée celui dont je viens de vous parler. M'étant aperçu un jour qu'un gros bouton, aux trois-quarts épanoui, se flétrissait, je vous engageai à le supprimer. Comme l'expérience est une bonne conseillère, cette fois vous ne fîtes aucune difficulté de consommer ce petit sacrifice : m'ayant prêté vos ciseaux pour l'accomplir, mais ne pouvant y parvenir, je m'accusai d'abord mentalement de maladresse, ensuite j'accusai à tort les ciseaux ; enfin, trouvant la résistance par trop forte, je m'écriai : « C'est donc une » fleur attachée avec une épingle ! » Au premier moment vous ne pouviez le croire, mais quand je remis celle-ci dans vos mains, il ne vous fut plus possible de douter de cette supercherie. Nous en rîmes beaucoup, c'est ce que nous avions de mieux à faire.

Maintenant, mon amie, que vous connaissez ces supercheries, malheureusement trop fréquentes chez quelques jardiniers, je vous engage à y faire attention lorsque vous achetterez des fleurs, pour, si je puis me servir d'une expression vulgaire, ne plus être *refaite*, ce qui, je ne sais pourquoi, est toujours désagréable, même pour les choses les plus simples.

En suivant exactement les conseils que je vous donne dans cette lettre, ma bonne Emma, vous vous en applaudirez, puisque vous aurez le plaisir de voir vos plantes prospérer, et dans la saison vous donner des fleurs aussi jolies, aussi fraîches que vous. C'est du moins mon espoir, et j'aime à croire qu'il se réalisera.

Vous ayant indiqué, ma bonne et gracieuse Emma, dans la lettre précédente, les soins à donner aux fleurs cultivées en pots, nous allons aujourd'hui commencer à nous occuper de la description et de la culture des plantes, et des arbustes de pleine terre, champ beaucoup plus vaste, et, sous ce rapport, beaucoup plus intéressant à parcourir.

On ne trouve pas toujours dans les ouvrages d'horticulture les renseignements que l'on désirerait y rencontrer. Donnant généralement trop peu de détails sur la culture des fleurs, on est souvent embarrassé sur ce que l'on doit faire. Quelques-uns sont peut-être trop scientifiques ; les autres ne le sont pas assez. Plusieurs laissent beaucoup à désirer sous plus d'un rapport. Ayant reconnu depuis longtemps l'insuffisance de la plupart de ces traités, j'ai dû, mon amie, suivre une autre marche.

Le Bon Jardinier, qui compte près de cinquante ans d'existence, est bien certainement le meilleur de tous ces ouvrages, et celui que l'on consulte toujours avec le plus de fruit. Cependant la première partie étant entièrement consacrée à la grande culture et à la culture maraîchère est, sous ce rapport, de peu d'utilité à la plupart des amateurs ; elle ne convient qu'aux grands propriétaires et aux jardiniers de profession ; c'est-à-dire au plus petit nombre. La seconde partie, traitant spécialement de la culture des fleurs, est donc la plus utile pour ceux qui s'occupent d'horticulture.

Paraissant chaque année, *le Bon Jardinier* peut donner et donne en effet quelques détails sur les plantes nouvelles introduites en France dans l'intervalle d'une année à l'autre. Ce que l'on doit peut-être reprocher à cet ouvrage, c'est que la description qu'il donne sur chaque plante est trop succincte ; elle peut suffire aux horticulteurs, aux fleuristes de profession ; mais elle est souvent insuffisante pour les simples amateurs. Sous ce rapport, les premières années de cet ouvrage ne laissent rien à désirer ; les nouveautés qui tous les ans viennent embellir nos parterres ne s'y trouvent pas, il est vrai, mais au moins les plantes qui y sont décrites, le sont avec une certaine étendue ; l'on peut y puiser d'excellents renseignements pour la culture des fleurs de son jardin.

Les plantes, vous le savez maintenant, se divisent sous le rapport de leur durée en plantes annuelles, bisannuelles, trisannuelles et vivaces. Dans les ouvrages d'horticulture, vous trouverez la description de ces plantes, soit par ordre alphabétique, soit par famille. La première manière est bien certainement la plus commode pour les personnes étrangères à la botanique ; mais elle n'est nullement méthodique, et oblige d'ailleurs à beaucoup de redites. La description par famille étant la plus rationnelle devrait sous ce rapport être préférée, surtout si les horticulteurs étaient d'accord sur les caractères des familles ; ce qui n'est pas, puisque les uns placent une plante dans une famille, et les autres dans une autre. Cependant, je dois vous le dire, je n'ai adopté ni l'une ni l'autre de ces manières, du moins entièrement. Ne voulant pas, mon amie, faire de la science avec vous, mais désirant seulement vous guider dans l'art de cultiver les fleurs d'une manière plus facile et peut-être aussi plus naturelle, je pense donc devoir suivre une autre marche.

Voici, ma bonne Emma, comment j'établis mes divisions :

1° Plantes annuelles qui ne peuvent supporter la transplantation ;

2° Plantes annuelles que l'on peut repiquer ;

3° Plantes bisannuelles et trisannuelles ;

4° Plantes vivaces , que je subdivise en : plantes bulbeuses ; plantes herbacées ; arbustes et sous-arbrisseaux de pleine terre ; plantes et arbustes d'orangerie.

Je vais donc commencer ces descriptions par les plantes annuelles , ainsi nommées , parce qu'elles accomplissent toutes les phases de la vie végétale dans le cours d'une année : elles lèvent, croissent, fleurissent, donnent leurs fruits, mûrissent leurs graines et meurent.

La plupart de ces plantes, vu le peu de durée de leur existence, qui, généralement, ne dépasse pas quatre à cinq mois, n'ont que des tiges herbacées ; cependant quelques-unes font exception à la règle ; parmi celles-ci je puis vous citer les *ibérides*, les *hélianthèmes*, le *ricin*, la *persicaire d'Orient*, les *lavatères*, les *malopes*, etc., dont les tiges, par leur consistance, se rapprochent plus ou moins des tiges ligneuses ou au moins des tiges frutescentes.

Je divise les plantes annuelles en deux sections : la première comprend celles que l'on peut repiquer, et que l'on sème ordinairement sur couche ou sur terreau. La seconde se compose des plantes qui ne peuvent supporter la *trans-plantation*, ou du moins qui ne croissent jamais bien lorsqu'elles ont été repiquées ; et qui, pour ce motif, doivent être semées sur place.

On nomme *repiquage*, l'opération de trans-planter des plantes annuelles. Il n'est jamais déterminé par la saison, mais par l'âge et la force de la plante. C'est quand le semis a cinq ou six feuilles, qu'on est dans l'usage de le transplanter.

Autant que possible, il faut toujours choisir un temps pluvieux, ou au moins un temps couvert, pour repiquer vos plantes, parce que leur reprise est plus assurée. Si, avant cette reprise, le temps revient au beau, il faut avoir soin de les abriter du soleil, sans cela elles se fanent, languissent, se dessèchent, et finissent même par mourir au bout de quelques jours.

Une très-bonne méthode, que je vous engage à toujours suivre, c'est de repiquer d'abord votre jeune plant en pepinière, un peu à l'ombre, et de l'y laisser jusqu'au moment où les plantes commencent à marquer, c'est-à-dire, lorsqu'on peut reconnaître les fleurs qui sont doubles de celles qui sont simples, principalement pour les *quarantaines*, les *balsamines*, les *reines-marguerites*, les *roses d'Inde*, etc. Lorsque le plant est assez fort pour être mis en place, il faut, autant que possible, enlever chaque pied avec sa motte. Dans tous les cas, la plante ayant acquis plus de vigueur, est plus en état de résister aux ardeurs du soleil ; sa reprise est donc plus assurée.

Les plantes annuelles, une fois mises à demeure dans les massifs, dans les bannettes, ne demandent plus d'autres soins que de fréquents arrosements pendant les premiers jours de leur transplantation. Une fois bien reprises, on doit modérer ces arrosements ; ne leur donner même de l'eau que lorsque la terre en a absolument besoin. Il faut aussi, de temps en temps, donner un léger binage, tant pour empêcher les mauvaises herbes de pousser, que pour tenir la terre constamment meuble ; afin que les racines puissent profiter aussi de l'influence de l'air atmosphérique, influence si utile, indispensable même à la vie des végétaux.

Cependant, je dois vous dire que les plantes vivaces supportent toujours mieux les grandes sécheresses que les plantes annuelles ; parce que la plupart de celles-ci n'ont que de très-petites racines, souvent même qu'un simple chevelu, pour puiser dans le sein de la terre l'humidité et les sucs nourriciers sans lesquels elles ne peuvent vivre. Mais la nature, cette bonne mère, cette mère si prévoyante, ne place-t-elle pas auprès d'elles, pendant la saison brûlante de l'été, deux génies bienfaisants pour veiller à leur conservation. Ces deux génies, ma charmante Emma, nous les appelons ZÉPHIRE et ROSÉE. Sans eux, les plantes de nos jardins, annuelles ou vivaces, périraient par l'ardeur dévorante du soleil ; sans eux, les fleurs les plus jolies, les plus délicates, auraient à peine quelques heures d'existence. Le jour. Zéphire vient rafraîchir leurs corolles de sa douce et molle haleine ; le soir, la rosée semble descendre du ciel pour rendre leur vigueur aux plantes fanées par la chaleur du jour, et qui, penchées vers la terre, en aspirent avidement l'humidité, si nécessaire pour leur rendre la vie prête à leur échapper.

Les plantes annuelles périssant chaque année, aussitôt que vous voyez que leurs fleurs sont passées, vous devez vous empresser, ma bonne Emma, de les faire enlever de vos massifs ; car alors leur aspect devient aussi désagréable à la vue, qu'il était attrayant lorsqu'elles étaient dans l'éclat de leur beauté. Vous ne devez y conserver que celles destinées à vous donner les semences ; cependant, je vous dirai que, lorsqu'on tient à récolter de bonnes graines, il vaut toujours mieux les recueillir sur des individus plantés à cet effet dans une autre partie du jardin. Ces pieds, ainsi isolés, trouvant une nourriture plus abondante, ont une plus belle végétation et donnent conséquemment de plus belles fleurs ; leurs graines mûrissent mieux, et sont aussi mieux nourries ; d'un autre côté, les fleurs, n'ayant pu être fécondées par des fleurs d'une beauté inférieure, on est plus certain d'obtenir l'année suivante de plus beaux individus ; c'est à quoi doivent tendre tous les efforts des amateurs.

On sème ordinairement les plantes annuelles sur couche chaude, au mois de mars ; mais si l'on fait ce semis sur couche et sous chassis, on peut semer dès février. Dans tous les cas, on ne doit repiquer en pepinière que lorsque le jeune plant a quatre ou cinq feuilles.

Si vous voulez prolonger vos jouissances et avoir des plantes annuelles en fleurs pendant toute la belle saison, rien ne vous est plus facile : c'est de faire un nouveau semis tous les mois, depuis mars jusqu'en juillet. Seulement, je dois vous en prévenir, les plantes semées dans les deux derniers mois fleuriront encore, il est vrai, mais elles n'auront pas le temps de donner leurs graines; c'est-à-dire que celles-ci n'auront pas le temps de parvenir à leur maturité.

Je dois vous dire aussi, mon amie, que, pour beaucoup de plantes annuelles, surtout pour celles que l'on ne peut pas repiquer, il vaut mieux les semer à l'automne qu'au printemps. Les plantes deviennent plus fortes, fleurissent plus tôt; leurs fleurs sont toujours mieux nourries, par conséquent plus belles. Parmi ces plantes, je dois vous citer principalement les *pavots*, les *coquelicots*, les *ibérides*, les *cheveux de Vénus*, le *clarkia*, le *coréopsis*, le *pied-d'alouette*, les *silènes*, les *bluets*, la *giroflée de Mahon*, etc. Si le semis d'automne vient à perir par le froid, ou qu'il soit dévoré par les insectes, ce qui arrive assez souvent, on a toujours la ressource de pouvoir en faire un nouveau au printemps, pour réparer ses pertes.

Vous savez maintenant, ma gracieuse Emma, que tous les végétaux répandus sur la surface du globe ont été partagés, par les botanistes modernes, en trois grandes divisions, auxquelles ils ont donné, ainsi que je vous l'ai dit dans une autre lettre, les noms d'*acotylédones*, de *monocotylédones*, de *dicotylédones*.

Ces trois grandes divisions sont elles-mêmes partagées en classes; celles-ci en familles; les familles en genres; les genres en espèces; les espèces en variétés.

Les *classes* sont donc de grandes et premières divisions de végétaux, ayant entre eux des rapports généraux.

On donne le nom de *famille* aux groupes de végétaux que des rapports ou des caractères communs font réunir dans une même classe ; les familles sont quelquefois divisées en tribus, mais toujours en genres, sous lesquels viennent se ranger les espèces, que rapprochent des caractères analogues plus frappants. C'est sur cette disposition, la plus naturelle de toutes, que le célèbre Bernard de Jussieu a fondé sa méthode, développée et perfectionnée depuis, par son neveu, Antoine-Laurent de Jussieu, botaniste non moins célèbre.

Les *tribus* sont des divisions que l'on établit dans les familles, pour indiquer des groupes de genres auxquels certains caractères sont communs.

Le *genre* est une réunion d'espèces qui ont entre elles certains rapports, moins généraux, il est vrai, que ceux qui constituent les familles, mais aussi plus marqués et moins partiels que ceux qui font les espèces.

On entend par *espèces*, une plante provenue de tout temps de plantes semblables, et qui, elles-mêmes, produiront des individus aussi ressemblants. Les différences que le sol, le climat, la culture, et d'autres circonstances dont on ne peut pas toujours se rendre compte, peuvent apporter aux espèces, font les variétés.

On donne donc le nom de *variété* à une plante qui diffère des individus de son espèce, soit par son port, soit par la forme ou la panachure de ses feuilles, soit par le nombre ou la couleur de ses pétales. Ces différences légères ou fugaces peuvent être dues, ainsi que je viens de vous le dire, à la culture, à la nature du sol, à une fécondation adultérine. Ainsi, mon amie, les variétés dans les plantes, sont, vous le voyez, un jeu de la nature, l'effet du hasard ou de l'art de l'horticulteur. Beaucoup de personnes confondent assez souvent les espèces avec les variétés, ou celles-ci avec les espèces; le crime n'est pas grand, car les différences sont quelquefois si peu tranchées, que l'on peut s'y méprendre.

Maintenant, ma gracieuse Emma, nous allons nous occuper de la description et de la culture des plantes annuelles, ce que je ferai le plus succintement possible, en vous donnant toutefois assez de détails pour vous les faire bien connaître, et pour vous indiquer la manière de bien les cultiver. Je vais commencer par celles qui supportent difficilement la transplantation, en suivant l'ordre alphabétique, comme étant le plus simple et le plus commode pour vous.

PLANTES ANNUELLES

Qui ne peuvent supporter la transplantation.

Adonide d'été (Adonis estivalis). Syn. : *OEil-de-perdrix*, *renoncule des blés*. De nos champs où il croît naturellement, cet adonide a été depuis longtemps transporté dans nos jardins. — Tige de 30 à 40ᶜ, très-rameuse, formant buisson. — Feuilles finement découpées. — En juillet et août, fleurs polypétales, petites, d'un rouge vif, pourprées de noir à leur base. — Culture très-facile; tout terrain, toute exposition. Cette petite plante offre une particularité que je ne dois pas vous laisser ignorer, c'est que le nombre de ses pétales n'est pas constant; il varie

de six à dix. L'adonide vient moins bien quand
on le sème, que lorsqu'il se ressème de lui-même ;
il en est de même pour beaucoup de plantes.

Vous voyez, mon amie, que le nom d'adonide, donné à cette plante, est poétique, puisqu'il rappelle celui du jeune et bel Adonis, a-
mant chéri de Vénus. Ayant été tué à la chasse
par un sanglier, cette déesse, selon la fable, inconsolable de sa perte, fit naître l'adonide de
son sang.

Améthyste bleue (AMÉTHYSTEA COERULEA).
Cette jolie plante étant originaire de la Sibérie,
c'est vous indiquer que dans nos jardins nous
devons la placer au Nord, où au moins à une
exposition ombragée. — Tige quadrangulaire,
de 30 à 35ᶜ, à rameaux opposés. — Feuilles
simples, les supérieures trilobées. — Fleurs axillaires, petites, d'une odeur agréable, d'un très-
beau bleu d'améthyste, ce qui a fait donner à
cette plante le nom qu'elle porte. — Fleurit en
juin – juillet. — Semer au printemps. — Se
convient dans la plupart des terrains, mais elle
a une plus belle végétation dans une bonne terre
substantielle.

Bluet (CENTAUREA CYANUS). SYN. : *Barbeau
des blés, centaurée-bluet, aubifoin, casse-lunettes,
baréole, bouquet-bleu, pérole, chevalet.* Tout le
monde connaît cette gracieuse plante qui croît
abondamment dans les moissons, et qui, pendant
l'été, fait la parure de nos champs, et souvent
aussi celle des jeunes filles de la campagne.
C'est donc avec raison qu'on l'a transportée
dans nos jardins, où elle produit un charmant
effet. Par la culture, ses fleurs gagnent beaucoup ; elles sont plus grandes, plus belles que

celles qui croissent naturellement dans les blés. — Tige légèrement velue, rameuse, de 50 à 60°. — Feuilles alternes, celles de la base, pinnatifides, les supérieures, sessiles, lancéolées, aigües, étroites, velues sur la face supérieure ; souvent marquées de trois nervures longitudinales. — Fleurs terminales, très-élégantes, découpées ; d'un joli bleu tendre, ou blanches, ou roses, selon les variétés. — Semer à l'automne ; éclaircir le plant au printemps, s'il est trop dru. — Toute terre, mais de préférence une terre légère ; toute exposition.

Les fleurs de cette plante qui jouissent d'une assez grande réputation comme ophthalmiques, doivent bien plutôt à l'éclat dont elles ornent nos moissons la faveur d'être citées, qu'à cette vieille opinion qu'elles sont efficaces pour guérir l'affaiblissement de la vue, propriétés bien reconnues aujourd'hui tout-à-fait illusoires.

Brachycome à feuilles d'ibéride (BRACHYCOMA IBERIDIS FOLIA). Jolie petite plante de la Nouvelle-Hollande, cultivée seulement en France depuis une vingtaine d'années, mais encore très-peu répandue dans les jardins. *Le Bon Jardinier* la décrit ainsi : « Jolie petite plante annuelle, légère, à rameaux, menus et divariqués; feuilles découpées, à divisions linéaires ; capitules terminaux, radiés, d'un beau bleu. » — Semer en place au printemps.

M. Jacques, dans son *Manuel général des plantes*, ne fait nullement mention de cette plante ; il ne parle que du brachycome hétérophyle, bisannuel, et de serre tempérée.

Campanule de Lore (CAMPANULA LOREI). Importée d'Italie en France, en 1824. Tiges diffuses, très-rameuses, hautes de 25 à 35°, quelquefois plus élevées, selon la nature du terrain. — Feuilles lancéolées. — Fleurs très-abondantes, d'un bleu violacé, assez grandes. Variété à fleurs blanches. — Semer en avril et mai. — Fleurit depuis juin jusqu'en septembre.

Capucine commune. (TROPŒOLUM MAJUS). SYN. : *Grande capucine, cresson du Mexique, cresson de l'Inde, capucine à grandes feuilles.* Tout le monde connaît cette charmante plante, originaire du Pérou, apportée en Europe en 1684. Vivace dans son pays natal, elle est annuelle sous notre climat, et périt aux premières gelées, auxquelles elle est fort sensible. Longtemps en France, l'on n'a connu que la grande et la petite capucine ; mais aujourd'hui, nous en possédons un grand nombre de variétés, toutes fort jolies, parmi lesquelles se fait surtout remarquer celle à fleurs pourpre, appelée *capucine d'Alger.* — Tiges grimpantes, de plusieurs mètres, flexibles, très-cassantes, cylindriques, succulentes, plus ou moins longues, suivant la variété ; tombant à terre si elles ne trouvent un appui pour grimper et s'y attacher. — Feuilles nombreuses, alternes, orbiculaires, plates, veinées, attachées dans leur milieu par un pétiole long et flexueux, se tortillant autour des treillages, des rames. — Fleurs axillaires, d'un aurore vif, d'un beau jaune-orange, pourpre ou simplement jaune, selon la variété ; grandes, ouvertes en entonnoir, à cinq pétales aboutissants à un éperon, ce qui donne à cette fleur l'air d'un capuchon, d'où lui vient son nom de *capucine.* — Fleurit depuis juin jusqu'aux premières gelées ; mais périt aux premiers froids. — Semer au printemps, en place, en bonnne terre substantielle et à bonne exposition ; elle lève ordinairement au bout de huit à dix jours.

Vous savez, mon amie, que l'on est dans l'usage de confire dans du vinaigre affaibli de moitié eau, les boutons de capucine avant leur développement, ainsi que les graines avant leur maturité.

Capucine naine (T. minus). Syn. : *Petite capucine, capucine à petites feuilles.* Originaire du Pérou, cette variété est connue en Europe depuis 1580, plus d'un siècle avant la grande capucine. Elle ressemble en tout à celle-ci, mais elle est plus petite dans toutes ses parties ; fleurs d'un jaune-orange pâle, lavées de rouge en dehors. Même culture. On possède depuis quelques années une variété à fleurs doubles, mais qu'on rentre l'hiver en serre chaude, et que l'on multiplie de boutures.

Je ne dois pas vous laisser ignorer, mon amie, un phénomène très-singulier que présente la grande capucine, et qui a été observé pour la première fois par la fille de Linnée, le célèbre botaniste Suédois. Dans les journées chaudes de l'été, principalement au mois de juillet, vers le soir, il sort de ses fleurs une lumière vive comme l'éclair, et qui ressemble à une étincelle électrique. On ne peut l'apercevoir qu'en fermant un peu l'œil, comme lorsqu'un éclat trop vif nous y oblige. On n'a pas encore observé ce phénomène sur la petite capucine. Ce fait est cité par Dutour, à l'article capucine du *Nouveau Dictionnaire d'histoire naturelle (1803).*

Vous-même, ma bonne Emma, vous avez sans doute remarqué que les feuilles de cette plante ont la singulière propriété de rester sèches après avoir été arrosées.

Capucine laciniée (T. PEREGRINUM). SYN. : *Pagarille, capucine étrangère.* Indigène du Pérou, importée en Europe en 1775. Tige grimpante, de trois à quatre mètres, glabres. — Feuilles petites, divisées en lobes profonds, arrondis, presque digitées. — De juin-octobre, pedoncules grêles, solitaires dans l'aisselle de chaque feuille, portant des fleurs jaune-serein, à éperon recourbé; les deux pétales supérieurs découpés et frangés, relevés et étendus comme les ailes d'un oiseau. — Multiplication de graines; terre franche, légère et humide. — Plante curieuse et élégante, dit le *Bon Jardinier (1855).*

Cléome piquante (CLÉOME PUNGENS). SYN. : *Mozambé piquant.* De l'Amérique méridionale, son pays natal, cette plante, assez jolie, nous a été importée en France, en 1812. Le *Bon Jardinier* de 1855 n'en parle pas; celui de 1847 la décrit ainsi : « Plante haute d'un mètre, très-rameuse, épineuse; feuilles caulinaires digitées à 5-7 folioles, les florales simples; fleurs violacées, en longue grappe terminale. » — Pleine terre, légère, substantielle; semer en mars, en place, ou sur couche, en petits pots, qu'on replante avec la motte en avril ou mai. Arrosements soutenus, surtout pendant la floraison, qui a lieu en juillet et août. — D'après le *Bon Jardinier* et M. Bréant, dans son *Traité de la culture des fleurs,* cette plante est annuelle et de pleine terre. M. Jacques, auteur du *Manuel général des plantes,* dit qu'elle est bisannuelle et de serre chaude. Les autres traités d'horticulture que j'ai consultés n'en parlent pas. N'ayant jamais cultivé cette plante, je ne puis vous dire, ma charmante amie, qui a tort ou raison. Malheureusement, on rencontre trop souvent de sem-

blables contradictions dans les ouvrages des horticulteurs.

Collinsie bicolore (Collinsia bicolor).
Syn. : *Collinsie de deux couleurs*. Charmante
petite plante de la Californie, introduite dans nos
parterres depuis à peu près une vingtaine d'années. — Tige de 25 à 30ᶜ, droite, légèrement
purpurine, rameuse. — Feuilles sessiles, opposées, ovales-oblongues. — En juin et juillet,
fleurs verticillées, tubuleuses, irrégulières,
striées de rose : lèvre supérieure blanche, lèvre
inférieure d'un rose-violacé. — Semer à l'automne
en terre légère et fertile, en bordure ou en petits
massifs. Cette plante produit un charmant effet ;
mais cultivée en pots, elle produit un effet plus
agréable encore et se conserve plus longtemps en
fleurs.

Collinsie à grandes fleurs (C. grandiflora). Cette espèce est fort jolie aussi ; ne s'élève
pas à plus de 12 à 15ᶜ. — Touffe bien garnie. —
Fleurs terminales, nombreuses, d'un beau bleu-
vif foncé.

Ces deux espèces de collinsie ornent très-bien
les parterres, ne demandent aucun soin particulier, peuvent se cultiver en pleine terre ou en
pots. Vous pouvez semer aussi au printemps, et,
si vous semez de mois en mois, vous pouvez prolonger les fleurs jusqu'à la fin de septembre.

Collomie à grandes fleurs (Collomia
grandiflora). Syn. : *Collomier*. Originaire de la
Colombie, cette plante, très-rustique, n'est
connue en France que depuis 1826. — Tige effi-
lée, droite, peu rameuse, de 60 à 70ᶜ. — Feuilles
linéaires-lancéolées, les supérieures entières, les
inférieures dentées. — Tout l'été, fleurs en tête

terminale, d'abord jaunâtres, puis rouges. — Pleine terre légère; semer plutôt à l'automne qu'au printemps : arroser fréquemment pendant les grandes chaleurs.

Collomie écarlate (C. COCCINEA). SYN. : *Collomie coccinée.* Cette espèce, qui nous vient du Chili, est cultivée en France, depuis 1833. — Tige droite, de 40 à 50ᶜ. — Feuilles alternes, éparses, ovales-lancéolées. En juin, fleurs d'un rouge-écarlate, disposées en capitules serrés. — Même culture.

Collomie grêle (C. GRACILIS). Tige de 15 à 20ᶜ, très-rameuse.— Feuilles linéaires-obtuses ; les inférieures opposées, ovales-oblongues.—Tout l'été, fleurs rosées, disposées en cimes : on peut en faire de petits massifs. — Même culture. — Importée de la Californie, en 1826. — Les collomiessont des plantes rustiquesqui viennent dans tous les terrains, mais qui, cependant, paraissent se plaire mieux dans les terres légères ; peu dif-ficiles sur l'exposition.

Convolvulus (PHARBITIS PURPUREA). SYN. : *Pharbitis pourpre, volubilis des jardiniers.* Il est peu de plantes, ma bonne Emma, plus jolies, plus gracieuses, qui produisent un plus bel effet, comme plantes grimpantes, que les convolvulus, généralement plus connus sous le nom de *volu-bilis,* avec lesquelles on fait souvent de charmants berceaux. — Tiges flexibles, cylindriques, s'é-levant à plusieurs mètres, ayant besoin d'un appui. — Feuilles alternes, d'un vert foncé, cor-diformes, pétiolées, de consistance molle. — Fleurs nombreuses, réunies sur le même pédon-cule, monopétales, infundibuliformes, grandes, axillaires, inodores, blanches, roses, bleues,

bleues pâles, rose tendre, selon les variétés. — Fleurit depuis juin jusqu'aux premières gelées, auxquelles cette plante est fort sensible. — Semer en avril, au levant ou au couchant, contre un treillage ou au pied de jeunes arbres, pour que les tiges puissent s'y entortiller. A l'exposition du midi, les fleurs durent à peine quelques heures.

Coquelicot (Papaver rhœas). Syn. : *Pavot-coq, ponceau*. Rien de plus joli, rien de plus gracieux qu'une bannette de coquelicots en pleines fleurs, lorsqu'elles sont bien variées en couleurs, et dont on peut jouir longtemps, puisqu'elles se succèdent pendant six semaines ou deux mois. — Tige de 40 à 50°, droite, rameuse, velue, cylindrique. — Feuilles ailées, profondément découpées, dentées, velues. — Fleurs simples ou doubles, blanches, roses, rouges et leurs nuances, ou panachées. — Semer à la volée au printemps, mais mieux à l'automne, dans une terre bien meuble, bien fumée ; recouvrir très-légèrement la semence ; éclaircir le plant, s'il est trop dru ; arracher les simples, ou du moins ne récolter la graine que sur les doubles.

Coquelourde rose du ciel (Agrostema cœli rosa). Syn. : *Lichnide rose du ciel*. Charmante petite plante, originaire du Levant, et cultivée en France, depuis le commencement du siècle dernier ; désignée depuis quelques années, dans le *Bon Jardinier*, sous le nom de *viscaria rose du ciel*, sans qu'il nous donne le motif de ce changement de nom. — Tige de 30°, droite formant buisson, glabre. — Feuilles nombreuses, solitaires, terminales, d'un beau rose, quelquefois rouges, à pétales bilobées. — Semer au commencement du printemps, sur place, en terre légère ; mieux, aussitôt la maturité des graines.

Cosmanthe visqueux (Cosmanthus vis-cidus). — Tige de 30 à 45ᶜ, rameuses, touffues, visqueuses, à duvet rougeâtre.—Feuilles ovales, échancrées en cœur à la base, dentées, incisées, brièvement pétiolées. — En juillet, fleurs bleues, en épi unilatéral. — Terre de bruyère ou terre légère.— Semer en place au printemps.

Cosmanthe à petites fleurs (C. parvi-flora). Syn. : *Phacélie à petites fleurs.*—Tige de 20 à 25ᶜ, diffuse, pubescente.— Feuilles presque ses-siles, pennatifides.— Fleurs d'un bleu-pâle, dis-posées en grappes solitaires. — Même culture. Importée de la Pensilvanie, en 1826.

Crépide rose (Crépis rubra). Syn. : *Bork-hausie rouge*, *fuselée rouge*, *anisodéris rouge.* Petite plante originaire d'Italie, assez gracieuse, produisant un assez bel effet dans les bannettes, et dont vous pouvez faire aussi de jolies bordures ; qui a, de plus, l'avantage de donner des fleurs jusqu'aux premières gelées, si, dans la belle saison, on a le soin de faire un nouveau semis tous les mois. Le *Bon Jardinier* et M. Jacques, dans son *Manuel des plantes*, donnent à cette plante le nom un peu barbare de *borkhausie* ; M. Bréant, dans son *Traité des fleurs*, celui d'*aniso-déris*, noms qui n'ont aucune ressemblance entre eux ; les autres ouvrages d'horticulture lui ont conservé son ancien nom, c'est ce que je fais aussi.— Tige de 15 à 20ᶜ, striée, simple, peu ra-meuse, peu feuillée.— Feuilles roncinées, pinna-tifides, avec un grand lobe terminal, ressem-blant beaucoup à celles de la chicorée sauvage, — Fleurs solitaires, grandes, terminales, d'un rose-tendre, ou d'un blanc pur, selon la variété.

Crépide jaune (C. barbata). Syn. : *Crépide barbue, torpille, drépanie barbue.*— Tige de 30 à 40°, divisée en rameaux nombreux, tombant à terre, s'ils ne sont pas soutenus par un tuteur. — Feuilles lancéolées, pointues, un peu larges, dentées, rudes au toucher. — En juin et juillet, fleurs terminales, d'un jaune-souffre, avec un disque noir, qui fait ressortir la couleur jaune des pétales; se succédant assez longtemps. Variété à fleurs d'un jaune-pâle.

Les crépides, mon aimable amie, sont des plantes peu délicates, et d'une culture très-facile. Elles se plaisent dans presque tous les terrains, à presque toutes les expositions ; mais elles viennent toujours beaucoup mieux, et leurs fleurs sont toujours plus belles dans les terres légères et fertiles, que dans les terres lourdes et compactes.

Cynoglosse à feuilles de lin (Cynoglossum linifolium). Syn. : *Nombril de Vénus, grand cotylédon, écudes, écuelle commune, omphalode à feuilles de lin.* — Tige de 25 à 30°, glabre, rameuse. — Feuilles lancéolées, étroites, molles, glauques et lisses en dessus, velues en dessous. — En juin, fleurs blanches, réunies en grappes lâches, terminales et pendantes. — Semer en avril, en terre légère et à bonne exposition. — Cette plante, originaire du Portugal, produit un assez bel effet en bordure et en massifs.

Dracocéphale de Moldavie (Dracocephalum Moldavica). Syn. : *Moldavique ponctuée, moldavique, mélisse de Moldavie, mélisse turque.* Tige de 40 à 60°, droite, rameuse, rougeâtre, quadrangulaire. — Feuilles opposées, lancéolées, crénelées. En juillet, fleurs blanches ou bleues,

quelquefois purpurines, disposées en verticilles.
— Terre légère, substantielle, à bonne exposition. — Semer au printemps. — Cette plante
répand une légère odeur de mélisse.

Eucharidie élégant (EUCHARIDIUM CONCIN-
NUM). SYN. : *Eucharidium à grandes feuilles,
eucharidie agréable, eucharidion élégant.* Très-
jolie plante, importée de la Californie en France,
en 1842. — Tige rameuse, de 50 à 60°. —
Feuilles ovales ou ovales-oblongues, entières,
pétiolées, éparses, les inférieures opposées. De
juin en août, fleurs axillaires, nombreuses, à
quatre pétales d'un rouge foncé, tachetées et veinées de lignes blanches.—Semer en place à l'automne, en terre légère et bien terreautée, à
bonne exposition.

Même culture pour l'eucharidie à grandes fleurs
(E. GRANDIFLORUM), plante très-jolie aussi.

Eutoque de Menzies (EUTOCA MENZIESSII).
Charmante petite plante, originaire de la Californie, introduite en France, en 1836, mais peu
connue encore et peu répandue dans les jardins.
— Tiges droites, touffues. — Feuilles hispides,
entières , quelquefois découpées en lobes peu
nombreux, inégaux. — En juin et juillet, fleurs
bleues, presque sessiles, campanulées, fort jolies
et d'un bel effet. — Terre légère, bonne exposition, arrosements soutenus pendant les grandes
chaleurs. Semer en place au printemps.

L'eutoque multiflore, l'eutoque de Wrangel, sont
aussi deux fort jolies plantes, et qui se cultivent
de même.

Fumeterre du Canada (FUMARIA SEMPER
VIRENS). SYN. : *Corydale glauque.* D'après son
nom spécifique, on pourrait croire que cette

plante est vivace, tandis qu'elle n'est qu'annuelle. C'est sans doute par erreur que Linnée lui a donné ce nom, et c'est à tort qu'on le lui conserve dans la plupart des ouvrages d'horticulture. Quelques botanistes donnent aujourd'hui à cette plante celui de *fumaria glauca*, ou de *corydalis glauca*, noms plus rationnels, et qui n'induisent pas en erreur. — Tiges de 60 à 70°, formant des touffes bien garnies de rameaux de couleur pourpre. — Feuilles finement découpées, molles, petites, glauques en dessous. — De mai à septembre, fleurs nombreuses, purpurines, à limbe jaune, en épis courts. — Peu difficile sur la nature du terrain et de l'exposition. Semer en mars ; mais très-souvent cette plante se ressème d'elle-même. — Quoique cette fumeterre soit connue en France, depuis 1683, on la voit rarement dans les jardins.

Galéopside versicolore (GALEOPSIS VERSICOLOR). Les galéopsis sont des plantes annuelles, appartenant à la grande famille des labiées, et assez communes dans nos champs, surtout dans les terrains calcaires et incultes. On ne cultive dans les jardins que le *versicolore*. — Tige de 60 à 80°, quadrangulaire, rameuse. — Feuilles ovales-aigües, dentées. — En août et septembre, belles fleurs, grandes, la lèvre supérieure jaune, l'inférieure pourpre. — Culture facile, tout terrain, mais de préférence une terre légère, à bonne exposition.

Gesse odorante (LATHYRUS ODORATUS). SYN.: *Pois de senteur, pois à fleurs*. Originaire de la Sicile, et introduite en France au commencement du dix-huitième siècle, cette plante est connue de tout le monde et cultivée dans tous les jardins.

C'est aussi une des plantes que l'on cultive le plus ordinairement en pots, pour placer sur les balcons, sur les fenêtres. Je crois donc inutile de vous en donner la description. Vous savez, ma gracieuse amie, que ses fleurs sont toujours deux à deux ; qu'elles sont blanches, roses ou violettes, selon les variétés ; qu'elles répandent une odeur suave, odeur que beaucoup de personnes comparent à celle de la fleur d'oranger. —. Culture très-facile ; toute terre, toute exposition. Semer en février ou mars, et ensuite de mois en mois, pour avoir des fleurs jusqu'au milieu de l'automne.

Gesse d'Abyssinie (L. Abyssinicus). Cette gesse n'est connue en France, que depuis 1844. — Tiges de 60 à 90°, anguleuses, couchées. —. Feuilles à deux folioles lancéolées, étroites. — En mai et juin, jolies et grandes fleurs bleu d'azur. — Culture de la gesse odorante.

Gesse de Tanger (L. Tingitanus). Le nom spécifique de cette espèce vous indique, ma bonne Emma, qu'elle est originaire de Barbarie. Elle est aussi fort jolie. — Tiges grimpantes, d'à peu près un mètre, ailées, diffuses. — Folioles ovales, obtuses, mucronées. — De juillet en octobre, fleurs grandes, inodores. d'un rouge pourpre foncé. — Semer en avril ou mai, au plus tard. — Même culture du pois de senteur.

Gilie à fleurs en tête (Gilia capitata). Syn. : *Gilie capitée*. Jolie petite plante, importée de la Californie en France, en 1826, et qui commence enfin à se répandre dans les jardins. C'est surtout cultivée en pots qu'elle produit un charmant effet. — Tige de 40 à 50°, rameuse, cylindrique, très-tendre. — Feuilles pinnatifides, très-finement découpées. — Fleurs petites, nombreuses, d'un joli bleu, disposées en tête terminale ; en fleurs tout l'été. — Semer en bordure ou en petites touffes à l'automne ou au printemps, en terre légère et substantielle, à toute exposition, excepté celle du Nord. — Variété à fleurs blanches.

Gilie tricolore (G. TRICOLOR). — Tiges droites, glâbres, de 40 à 50ᶜ. — Feuilles deux ou trois fois pennatisequées, à segments étroitement linéaires. — De juillet à septembre, fleurs nombreuses, tricolores, en corymbe, ne s'épanouissant que vers le milieu de la journée, corolle à tube jaune très-court, à gorge pourpre, à limbe bleuâtre, découpé en lobes obovales obtus. — Variété à fleurs blanches (ALBI-FLORA), à fleurs blanches et blueues (ALBA COE-RULEA, à fleurs roses (FL. ROSEA), carnée (CARNEA).

Gilie à feuilles d'achyllée (G. ALCHIL-LEÆ FOLIA). SYN. : *Gilie à feuilles de millefeuille.* — Tige de 40 à 50ᶜ, rameuse, légèrement velue, à rameaux diffus au sommet. — Feuilles pinnatifides, à segments très-fins. — Fleurs d'un bleu violacé, rapprochées au sommet des rameaux.

Gilie androsacée (G. ANDROSACEA). — Tiges de 25 à 30ᶜ, à rameaux droits, simples ou bifurqués. — Feuilles palmatisequées, à 5-7 segments, les inférieurs oblongs linéaires, les supérieurs à segments subulés. — D'août en octobre, fleurs à tube pourpre, à limbe blanc, lilacé ou pourpré. — Variétés à fleurs blanches, lilacées, pourprées.

Gilie laciniée (G. LACINIATA). — Tiges de 20 à 30ᶜ, dressées, légèrement pubescentes. —

Feuilles pennatiséquées, à segments étroits, linéaires, entiers ou incisés. — En juillet, fleurs
bleues ou rosées, solitaires, souvent en cîmes irrégulières.

Toutes les gilies, ma bonne Emma, sont de
gracieuses et de charmantes plantes, qui produisent un très-bel effet dans nos parterres lorsqu'elles y sont semées, soit en touffes un peu
fortes, soit en massifs, soit même en bordure.
Cultivées en pots, ces plantes font pendant l'été
l'ornement de nos appartements, et se font remarquer par leur élégance parmi toutes celles
que l'on met dans les jardinières. Leur culture
est facile. On les sème sur place à l'automne ou
au printemps, en terre légère, bien terreautée.
Les expositions du levant et du midi sont celles
qu'elles préfèrent, mais, autant que possible, il
vaut mieux les semer au levant, parce qu'elles
se conservent plus longtemps en fleurs. Les gilies sont originaires, les quatre premières de la
Californie, la cinquième du Chili ; elles ont été
importées en France, en 1826, 1833, 1835, 1833
et 1834.

Giroflée de Mahon (Cheiranthus maritimus)
Syn. : *Gazon de Versailles*. Charmante petite
plante basse connue de tout le monde, très-propre
à faire des massifs ou des bordures, dont les fleurs
durent très-longtemps, et si vous semez tous les
mois, vous pouvez en avoir jusqu'aux premiers
froids. — Fleurs couleur lilas, mais changeant
souvent de nuance et devenant rouges, bleues ou
violettes ; d'une charmante odeur; fleurissant
de bonne heure, si elle a été semée à l'automne:
Vous devez semer très-dru, autrement, lorsque
le plant est trop clair, la plante s'élevant trop

haut, n'a plus de soutien et tombe à terre. Quelques personnes ont l'habitude de la tondre, pour la forcer à donner plus de rameaux, par suite plus de fleurs ; c'est un très-bon usage. Semée en pots, cette petite plante est d'un effet gracieux et orne très-bien les appartements.

Glaucienne de Perse (GLAUCIUM PERSICUM). SYN. : *Glaucie de Perse.* Cultivée en France, seulement depuis 1837. — Tige de 40 à 45°, rameuse, faible. — Feuilles sessiles, glauques, incisées, oblongues, légèrement velues, de forme et de couleur très-élégantes. — Tout l'été, fleurs d'un ponceau tirant sur l'écarlate. — Semer en place au printemps, en terre légère ou sablonneuse, à bonne exposition.

Glaucienne corniculée (G. CORNICULATUM). SYN. : *Glaucie à fleurs rouges.* Plante du midi de la France. — Tige de 30°, rameuse. — Feuilles amplexicaules, pennatifides. — En juin-juillet, fleurs d'un rouge écarlate. Variété à fleurs pourpres. — Même culture.

Haricot d'Espagne (PHASEOLUS COCCINEUS). Importé de l'Amérique méridionale en Europe, en 1633. Plante grimpante, s'élevant au moins à trois ou quatre mètres. — Tige glâbre. — Feuilles à trois folioles, ovales, acuminées. — Tout l'été, fleurs en longues et belles grappes d'un très-beau rouge écarlate. — Terre légère, substantielle, au midi, contre un treillage, ou donner un appui avec des volettes. — Ne semer que lorsque les gelées ne sont plus à craindre. Les semences de ce haricot sont elles-mêmes fort jolies ; elles sont d'un joli violet parsemé de taches ou lignes plus foncées.

Variété à fleur bicolore (rose et blanche), fort jo-

lie aussi, et une autre à fleurs blanches qui produisent beaucoup moins d'effet.

Ibéride de crête (Iberis umbellata). Syn. :
*Ibéride ombelliforme, thaspi d'Espagne, thaspi
des jardiniers.* — Tige de 35 à 40°, droite, corymbiforme à son sommet. — Feuilles éparses,
lancéolées, pointues, glabres, les supérieures entières, les inférieures dentées. — Fleurs blanches,
à quatre pétales, en corymbes terminaux. Fleurit
depuis juin ou juillet jusqu'aux gelées. — Variété
très-jolie, à fleurs violettes ; une autre à fleurs
couleur lilas. — Plante très-rustique, d'une culture facile ; toute terre, toute exposition. Semée
à l'automne, elle fleurit beaucoup plus tôt, les
plantes sont plus fortes, les fleurs plus belles.
On peut semer aussi au printemps.

Depuis quelques années, nous possédons une
charmante variété de l'ibéride de crête, c'est
l'*ibéride julienne*, à grandes fleurs blanches, disposées en grappes bien serrées, d'un très-bel
effet. C'est cette variété, mon amie, que je vous
engage de semer de préférence.

Ipomée écarlate (Ipomœa coccinea). Syn. :
*Jasmin rouge de l'Inde, quamodit écarlate, jasmin
d'Amérique.* — Plante grimpante de la famille
des convolvulacées, qui, pendant tout l'été, produit un très-bel effet par le grand nombre de ses
fleurs et par leur belle couleur rouge. — Tiges
de 2 à 3 mètres, volubiles, ayant besoin d'un
treillage ou d'un appui pour s'y entortiller. —
Feuilles cordiformes, pointues à leur sommet. —
de juin en octobre, fleurs axillaires campanulées, nombreuses pas très-grandes, monopétales,
de couleur écarlate. Terre substantielle, légère ;
exposition du midi ; semer en avril.

Leptosiphon androsace (LEPTOSIPHON ANDROSACES). Petite plante très-distinguée et fort jolie. — Fleurs de la forme de celles du jasmin, en tête, très-nombreuses, de diverses nuances, du blanc au lilas, se renouvelant pendant deux ou trois mois. — Plante très-propre à faire de charmantes bordures. Semer au printemps.

Leptosiphon à fleurs denses (L. DENSIFLORUS). Ne connaissant nullement cette plante, j'emprunte au *Bon Jardinier* de 1845, la description que je vous en donne : — « Tige diffuse, rameuse, par trichotomies, formant une touffe haute et large de 30 à 35^c. — Feuilles opposées, divisées jusqu'à la base en 6-12 parties subulées divergentes en éventail, longues de 25 à 35^{mil}.— Tout l'été, Feurs terminales, larges de 3^c, d'un rose-clair d'abord, et passant ensuite au bleu-clair. Semer en pot sur couche, au printemps, ou immédiatement en place. »

Linaire à fleurs d'orchis (LINARIA BIPARTITA). Orignaire de la Mauritanie, ce n'est que depuis 1815 que nous possédons cette charmante petite plante, propre surtout à faire de jolies bordures ou de gracieux petits massifs, de place en place, dans les plates-bandes du jardin.—Tige droite, très-rameuse, s'élevant de 40 à 45^c. — Feuilles linéaires, d'un beau vert, peu nombreuses, espacées. — Fleurs petites, réunies en grappes vers le haut des rameaux, ayant pour la forme quelque ressemblance avec celles des mufliers, d'un bleu-violet, à palais blanchâtre, à gorge safranée. — Cette gracieuse petite plante reste en flenrs pendant plusieurs mois. Semée en pots, elle produit aussi un effet charmant.

Linaire à trois feuilles (L. TRIPHYLLA).

De la France méridionale. — Tige de 40 à 60°, droite, glâbre. — Feuilles ordinairement verticillées par trois, ovales, glauques, sessiles. — De juin à septembre, fleurs bleuâtres, panachées de blanc, à palais jaune, alternes, sessiles.

Linaire reticulée (L. RETICULATA). Importée du Portugal, en 1788. — Tige de 30 à 50°, dressée, glauque. — Feuilles linéaires ou subulées. — En mai-juillet, fleurs pourpres, marquées de lignes pourpre-foncé, disposées en grappes pubescentes (Jacques).

Les linaires sont d'une culture très-facile. — Semer en place à l'automne ou au printemps, en terre légère et à bonne exposition ; éclaircir le plant s'il est trop dru. Ces plantes préfèrent les terrains secs et pierreux aux terres fortes et argileuses, et demandent peu d'arrosements.

Lonas inodore (LONAS INODORA). Cette plante, du midi, de l'Europe, appartient à la nombreuse famille des composées. — Tige de 30 à 45°, rameuse. — Feuilles glauques, pinnatifides. — Tout l'été, fleurs jaunes en capitules disposés tantôt en cîme, tantôt presque solitaires sur les rameaux latéraux. Semer sur couche et repiquer avec la motte, ou, ce qui vaut mieux, semer en place au printemps. — Terre légère, substancielle; bonne exposition.

Lupin changeant (LUPINUS MUTABILIS). De tous les lupins annuels, celui à fleurs changeantes est bien certainement le plus gracieux et celui qu'on doit cultiver de préférence, surtout à cause de sa suave odeur. Ce n'est qu'en 1819 que cette jolie plante a été introduite en Angleterrre, d'où, quelques années plus tard, elle s'est répandue en France. — Tige rameuse à son sommet, glabre, haute de 80 à 90°. — Feuilles digitées, de 6 à 9 folioles, d'un vert un peu glauque, oblongues-lancéolées, arrondies à leur sommet. — Fleurs blanches d'abord, assez grandes, d'un bel effet, passant ensuite au violet, verticillées, formant de petites grappes lâches. terminales, d'une odeur suave, se rapprochant beaucoup de celle de la fleur d'oranger. — Fleurit depuis juillet ou août jusqu'en novembre. Semer au printemps dans des petits pots, et, lorsque les gelées ne sont plus à craindre, dépoter pour mettre en pleine terre ; ou semer en place à la fin d'avril, mais, quand le jeune plant est levé, avoir soin de le couvrir avec des pots renversés, si l'on craint une gelée blanche pendant la nuit. — Terre légère , sablonneuse ou de bruyère, à bonne exposition, peu d'arrosements. Une terre forte, froide et humide ne convient pas à cette plante.

Lupin jaune (Lupinus luteus) Après le lupin à fleurs changeantes, de toutes les espèces annuelles anciennement connues, c'est le plus agréable à cultiver, à cause de la douce odeur que répandent ses fleurs. — Tige de 30 à 40°, très-branchue. — Feuilles alternes, pétiolées, de 7 à 9 folioles, étroites, un peu velues. — Fleurs jaunes, disposées en épis courts au sommet des branches; verticilles distants les uns des autres, formés chacun de quatre à cinq fleurs. Fleurit aussi en juin et juillet.

Lupin blanc (Lupinus albus).—Tige droite, rameuse, de 40 à 50°, cylindrique, recouverte, ainsi que les feuilles, de poils doux et argentés. — Feuilles alternes, pétiolées, de 5 à 7 folioles oblongues, lancéolées, divergentes en forme d'é-ventail. — Fleurs blanches assez grandes , en grappes, au sommet des tiges et des rameaux, inodores.

Lupin bleu (LUPINUS PILOSUS). SYN. : *Lupin velu*. Jolie plante remarquable par l'élégance de son port et de son feuillage, ainsi que par ses belles fleurs bleues. — Tige de 60 à 80°, forte, ferme, rameuse à son sommet, cannelée, couverte d'un duvet mou et brunâtre.— Feuilles alternes, de 7 à 10 folioles spatulées et portées sur un long pétiole.— Fleurs au sommet des branches, sur de courts épis composés de quatre ou cinq verticilles formés chacun de cinq à six fleurs d'un beau bleu. — Ces trois espèces de lupins sont plus rustiques que le mutabilis, se cultivent de même, mais sont moins difficiles sur la nature de la terre. Tous les quatre demandent une exposition chaude, c'est-à-dire le plein midi, autant que possible ; à une exposition ombragée et dans un terrain humide, ils souffrent, viennent mal et finissent par périr.

Les lupins appartenant à la famille des légumineuses, ont pour fruit des gousses de 3 à 5°, contenant chacune quatre à cinq semences, rondes, un peu applaties, de la grossseur d'une fève naine.

Je dois encore vous dire, mon amie, que les lupins sont du nombre des plantes dans lesquelles fut d'abord reconnu le phénomène que l'illustre botaniste suédois a désigné si ingénieusement sous le nom de sommeil des plantes. En effet, tous les soirs, leurs folioles se replient et s'inclinent vers la terre lorsque le soleil est sur le point de se coucher. Vous devez vous rappeler que, dans mes *Lettres à Louise*, je suis entré dans quelques détails sur ce phénomène.

Madarie élégante (MADARIA ELEGANS). Plante de la Californie, importée en France, en 1831, et propre à orner les grands parterres. — Tige d'un mètre, droite, pyramidale, à rameaux divergents, légèrement velue. — Feuilles sessiles, linéaires, lanceolées. — Pendant tout l'été et le commencement de l'automne, fleurs jaunes, en capitules longuement pédonculés, disposés en corymbes lâches, à rayons profondément trifides au sommet, et rougeâtre à la base. — Semer en mars, en terre légère, substantielle ; mieux à l'automne et à bonne exposition.

Némésie à fleurs nombreuses (NEME-SIA FLORIBUNDA). SYN. : *Némésie floribonde*. Petite plante basse qui nous vient du Cap, et connue en France seulement depuis 1832. — Tige de 20 à 25°, droite, glâbre. — Feuilles linéaires-lanceolées ; les inférieures pétiolées; les supérieures peu nombreuses, presque sessiles. — En juin, fleurs petites, blanchâtres, à palais jaune, en petites grappes lâches.

Némophile auriculaire (NEMOPHILA AURITA) Herbe annuelle, couchée, à tiges un peu charnues, fragiles ; feuilles alternes ou opposées, sessiles. auriculées, obtuses, semi-amplexicaules, pennatifides, poilues, un peu scabres, longues de 4 à 6°, à 5-7 lobes oblongs. aigus ; pédoncules solitaires ou géminés de la longueur des feuilles. — En juin-juillet, fleurs violet-pourpré, larges de 20°. — Nouvelle Californie, 1831. (Jacques, *Manuel général des plantes*).

Némophile phacéloïde (N. PHACELOÏDES). SYN. : *N. faux phacelia*. — Tiges ascendantes, de 30 à 35°, glâbres. — Feuilles alternes, pinnatifides, ciliées, quelquefois légèrement poilues sur la face supérieure. — Tout l'été fleurs d'un bleu pâle, disposées en grappes unilatérales et terminales. Originaire de l'Amérique méridionale, on cultive cette plante en France depuis 1822.

Némophile remarquable (N. INSIGNIS . SYN. : *Némophile brillant*. Charmante et gracieuse petite plante des bois de la Californie, importée en France, en 1832, très-propre à faire de jolies bordures ou de charmants massifs. — Tige de 15 à 20°, rameuse, diffuses. — Feuilles inférieures, alternes ; les supérieures, opposées, oblongues, pennatipartites.— En juin et juillet, fleurs monopétales axillaires, solitaires, d'un bleu tendre, portées sur des pédoncules plus longs que les feuilles.

On cultive encore le **Némophile ponctué** (N. ATOMARIA), à fleurs blanches, ponctuées de petites taches brunes ou noires; **le Némophile maculé** (N. MACULATA), à fleurs blanches aussi, mais ornées, au sommet de chaque lobe, d'une tache en forme de coing, d'un bleu violet ou d'un beau bleu d'azur ; **le Némophile à petites fleurs** (N. PARVIFLORA), à fleurs blanchâtres, petites, produisant peu d'effet. — Tous les trois, de la Californie, introduits en France, en 1834, 1840, 1830.

Les némophiles, mon aimable amie, sont de charmantes plantes qui, ainsi que l'indique leur nom, habitent les bois dans leur pays natal, (némophile vient du grec *némos*, bois, forêt, et de *philos*, ami). En Europe, elles font l'ornement de nos parterres et de nos appartements. C'est principalement le *némophilla insignis*, le plus gracieux de tous, que l'on cultive en pots.

Les némophiles sont des végétaux de pleine terre, qui se plaisent à l'air libre, et plutôt à une exposition demi-ombragée qu'en plein soleil, qui ne tarde pas à faire passer leurs fleurs si tendres, si délicates. Ils demandent une terre légère, substantielle, mais bien meuble, et comme ils craignent l'humidité, il faut les arroser rarement pendant leur végétation. On les sème en place, au printemps ; en pots, on peut les semer à la fin de l'automne, les plantes n'en deviendront que plus belles, et mûriront plus sûrement leurs graines.

Nigelle de Damas (NIGELLA DAMACENA). SYN. : *Barbiche, Cheveux de Vénus, Patte d'araignée, Nielle à fleurs bleues.* Cette plante produit un assez bel effet en massif. Sa culture est facile, puisqu'elle vient bien dans toute terre, à toute exposition, et qu'il suffit de semer ses graines à l'automne ou au printemps en place, à la volée. Seulement quand elle a quelques centimètres de haut, il faut éclaircir le plan s'il est trop dru. — Tiges de 50 à 60 centim., rameuse, striée, garnies de feuilles très-finement découpées. — Fleurs polypétales, d'un bleu très-tendre, simples ou doubles, entourées et mêlées de fils verts, formant une espèce de collerette, fils qui, ayant quelque ressemblance avec des cheveux, ont fait donner à cette plante le nom vulgaire de *cheveux de Vénus.* — Fleurit de juin à septembre. Se sème souvent d'elle-même. Variété à fleurs blanches.

Pavot somnifère (PAPAVER SOMNIFERUM). SYN. : *Pavot blanc.* — Tige d'un mètre, cylindrique, presque simple, glabre et glauque. — Feuilles alternes, glauques comme la tige, ses-

siles, semi-amplexicaules, allongées, aigues, incisées et dentelées sur les bords. — En juin et
juillet, fleurs polypétales, simples, grandes, solitaires, terminales, d'un beau blanc pur, quelquefois bordées d'un liseret rose. Ce pavot cultivé
dans les jardins, comme fleur d'agrément, est
cultivé aussi en grand dans quelques départements, principalement dans celui du Nord, culture
qui a deux objets : l'un, de produire les graines
dont on tire l'huile connue dans le commerce
sous les noms d'*huile blanche*, d'*œillette* ou de
pavots ; l'autre, de fournir les têtes de pavots
employées journellement en médecine. Semer
plutôt à l'automne qu'au printemps. Terre ordinaire. Bonne exposition.

Pavot des jardins. Ce pavot, mon aimable
amie, n'est d'aucune utilité dans les arts ni en
médecine ; il sert seulement à la décoration de
nos jardins. Rozier, dans son *Cours d'agriculture*,
le décrit ainsi : « Le pavot des jardins a une
figure pittoresque et un port superbe ; ses fleurs
sont doubles, et varient dans toutes les nuances,
à partir du blanc-rose le plus tendre, jusqu'au
rouge le plus vif et le plus foncé. Il ne manque
plus que d'avoir des pavots à fleurs jaunes, bleues
et vertes, pour rassembler à la fois toutes les
couleurs. Avant l'épanouissement, les boutons à
fleurs sont penchés ; mais aussitôt que leur calice s'ouvre, que leurs pétales se développent, ils
se redressent comme pour mieux offrir à la vue
l'éclat des couleurs de la fleur et la beauté de sa
forme. Chaque fleur dure peu ; le même jour la
voit naître et la voit presque flétrir. On est dé-
dommagé de cette jouissance qu'on regrette, par
le développement successif des autres fleurs por-

tées sur la même tige. Aucune fleur ne décore mieux ni plus agréablement un grand parterre ou de vastes plates-bandes. »

Depuis Rozier, on a obtenu par les semis un grand nombre de variétés à fleurs simples ou doubles, de toutes les couleurs, ou panachées, si ce n'est cependant le bleu, et dont l'ensemble produit un très-bel effet.

Phacélie bidivisée (PHACELIA BIPINNATI-FIDA). SYN. : *Phacélie bipennée, phacélie bipenna-tifide.* Plante assez élégante de la Caroline du Nord, importée en France en 1824, et qui s'est répandue promptement dans les jardins. — Tige de 30 à 40ᶜ, très-rameuse, formant touffe, pubescente.— Feuilles bipennées, lyrées.—Tout l'été, petites fleurs bleues, contournées comme celles de l'héliotrope ; étamines saillantes.

Phacélie à feuilles de tanaisie (P. TA-NACETIFOLIA). Cette espèce, qui nous vient de la Californie, n'est connue en France que depuis 1832.—Tige de 30 à 40ᶜ, hispide, grêle.—Feuilles pennées avec impaires, à folioles incisées. — En juin-juillet, fleurs unilatérales, d'un bleu clair, en épis terminaux, roulés en crosse.

Phacélie à fleurs serrées (P. CONGESTA). Tige de 30 à 40ᶜ, rameuse dès sa base, flexueuse, pubescente, blanchâtre. — Feuilles irrégulière-ment lyrées, à segments obtus et incisés. En juin-juillet, fleurs d'un bleu pâle, disposées en co-rymbes lâches. — Importée du Texas en France, en 1835. — Semer les phacélies sur place au printemps, en terre légère ; mais de préférence en bonne terre de bruyère. Peu d'arrosements, mais tenir constamment la terre bien meuble, par de légers binages faits de temps en temps.

Pied d'alouette (Delphinum Ajacis). Syn. : *Dauphinelle des jardins, fleurs d'Ajax.* Cette plante si élégante, si gracieuse, si répandue dans tous les jardins, est originaire de la Suisse, et cultivée en France depuis 1573. — Tige de 80 à 90°, même quelquefois plus élevée, selon la nature du terrain ; rameuse à son sommet. — Feuilles alternes, pétiolées, découpées en lanières fines et presque filiformes. — Rameaux alternes, nombreux, étalés, axillaires. — Fleurs en épi, éparses, nombreuses, éperonnées, simples ou doubles, inodores, blanches, violettes, bleues ou roses, selon la variété, ou panachées ; quelquefois, on voit sur le même pied des fleurs roses et blanches, bleues et roses, blanches et bleues. C'est, mon amie, ce que l'on appelle des jeux de la nature. Ces jeux ne se reproduisent pas toujours. — Fleurit tout l'été, souvent même une grande partie de l'automne. — Semer en octobre, en terre légère, substantielle, un peu profonde, parce que la racine étant pivotante, s'enfonce plus ou moins dans le sol ; toute exposition ; peu d'arrosements.

La fleur du pied d'allouette, surtout la variété à fleurs bleues, offre une particularité que je ne dois pas vous laisser ignorer. Les anciens poètes ont imaginé de dire, d'après la fable, qu'Ajax, fils de Télamon, avait été métamorphosé en cette plante, parce que l'on voit à la base des pétales quelques lignes plus foncées en couleur, représentant assez bien les lettres A I A, par lesquelles commence le mot Ajax.

Pied d'alouette pyramidal (D. A. pyramidale). Syn. : *Pied d'alouette nain, pied d'alouette julienne.* De toutes les plantes annuelles qui, chaque année, viennent embellir et faire l'ornement de nos jardins, pendant la belle saison, il en est peu qui offrent un aussi joli coup-d'œil que celle-ci. L'élégance de son port, la découpure de ses feuilles, d'une finesse extrême, mais surtout la beauté de ses fleurs simples ou doubles, disposées en longues pyramides touffues ; leur grand nombre, la variété des couleurs dont elles se peignent et qui sont à l'infini, tout, mon amie, oui, tout concourt à rendre cette plante charmante à voir, agréable à cultiver. Malheureusement elle est inodore. Même culture ; mais arrosements dans les grandes sécheresses.

Je vous engage à toujours semer le pied d'alouette à l'automne, même dans les premiers jours d'octobre, afin que la plante ait le temps de prendre assez de force avant les gelées, pour pouvoir les supporter plus facilement. Si vous ne le semez qu'au printemps, il fleurira, il est vrai, presqu'aussitôt, mais ses tiges seront plus faibles, ses grappes moins garnies de fleurs et celles-ci seront moins belles. Il faut semer sur place, très-clair, sur terre, et se contenter de recouvrir très-légèrement la graine avec le rateau. Je vous engage aussi à le semer dans une terre bien meuble, bien terreautée et bien exposée, soit que vous le semiez en bordures, soit que vous le semiez en massifs. Je dois encore vous faire une recommandation bien essentielle, c'est que, pour avoir de bonne graine, vous ne devez la récolter que sur des fleurs très-doubles, ne conserver sur chaque pied qu'un petit nombre de capsules, et toujours les plus belles et les premières formées.

Platystémon de Californie (PLATYSTÉMON CALIFORNICUS). Connue en France seulement depuis 1838, cette petite plante n'est pas encore très-répandue dans les jardins. — Tige rameuse de 20 à 30°, hérissée de poils. — Feuilles entières, linéaires-lancéolées, ciliées sur les bords, d'un vert glauque. — En juillet, fleurs terminales, à six pétales oblongs, d'un jaune très-pâle, mais plus foncé au sommet, portées sur des pédoncules solitaires.—Semer en mars, en terre légère et substantielle, à bonne exposition.

Platystigma à feuilles linéaires (PLATYSTIGMA LINEARE). Importée aussi de la Californie en France, en 1833. — Tige de 13 à 15°, rameuse, poilue et formant touffe. — Feuilles linéaires-lancéolées, sessiles, glabres, d'un vert glauque. — En juillet et août, fleurs à six pétales, dont les trois extérieurs sont d'un jaune-clair, et les trois intérieurs d'un beau blanc.—Même culture.

Réséda (RESEDA ODORATA). SYN. : *Amourette d'Egypte, gaude odorante.* Quelle est la femme, ma gracieuse amie, qui ne connaît pas le réséda? Quelle est celle qui n'aime pas cette fleur, souvent même avec passion ? Quel est le bouquet dans lequel il n'entre pas? N'ayant pas même le simple éclat de beaucoup de plantes de nos champs, de nos bois, c'est donc sa suave odeur seule qui le fait rechercher de tout le monde, mais principalement des personnes de votre sexe. Aussi, cette plante si simple, si modeste, a-t-elle inspiré les vers suivants à un poète moderne :

> Plante verdelette,
> Ta modeste fleur
> De la violette
> N'est-elle pas sœur ?
> Charmante comme elle,
> Avec moins d'éclat,
> Ta grâce rappelle
> Son port délicat,
> Et plus frêle encore,

Si rien ne décore
Ton calice obscur,
Il s'en évapore
Un parfum bien pur.

Si ces vers n'étaient pas signés *Eugène Ville-
min*, on pourrait les croire sortis de la plume
d'une femme, tant ils sont gracieux.

Le réséda est aussi une des plantes que l'on
cultive en pots, pour placer dans les appartements. Dans les jardins, on sème en mars ou
avril, dans une terre substantielle, bien fumée ou
bien terreautée. Souvent il se ressème de lui-
même. Cette plante ne se plait pas dans les terres
humides ni dans les terrains lourds et compacts.

Pour que les plantes s'étalent bien et donnent
alors plus de rameaux, par suite plus de fleurs,
il faut pincer la tige principale, même, mieux,
la supprimer en partie.

Quoique le réséda soit une plante annuelle, on
peut cependant la rendre vivace et en faire un
petit arbrisseau. On ne conserve alors que la plus
belle tige de la plante; on lui donne un tuteur;
on supprime les branches latérales d'en bas; on
conserve celles d'en haut, et on la laisse pousser
jusqu'à 60 à 70° de hauteur. A ce moment, on pince
la tige, on raccourcit un peu les branches latérales, et par la taille on donne à la plante la forme
d'un petit arbrisseau. Ainsi traité et rentré pendant l'hiver dans un appartement où la température ne soit jamais au-dessous du tempéré, le
réséda devient ligneux, fleurit tout l'hiver, et
peut se conserver ainsi pendant plusieurs années.

Silène rose (SILENA BIPARTITA). Syn. : *Silène divisé*. Le nom que porte cette gentille petite plante, vous indique, ma bonne Emma,

qu'elle est connue depuis une haute antiquité, puisqu'elle a été dédiée dans le temps à Silène, que la fable donne pour père nourricier à Bacchus, et qui, ainsi que vous le savez, aimait un peu, même peut-être un peu trop, le doux jus de la treille. — Tige de 25 à 30ᶜ, pubescente, noueuse, droite, rameuse. — Feuilles opposées; les inférieures, spatulées, obtuses ; les supérieures, lancéolées, sessiles. — Fleurs solitaires dans les bifurcations et à l'extrémité des rameaux, à cinq pétales, d'un rose foncé, dont le limbe est divisé en deux parties, droites, obliques, obtuses, avec un appendice à l'onglet et au sommet. — Fleurit en juin et juillet, souvent même jusqu'à l'automne.

Silène fasciculé (S· ARMERIA). — Tige de 40 à 50ᶜ, rameuse à sa base. — Feuilles assez larges, ovales, glâbres, d'un vert glauque. Fleurs rouges ou blanches, selon la variété, bien ouvertes, en faisceaux corymbifères, terminaux, pétales entiers, en cœurs renversés. — Fleurit tout l'été.

Silène attrape-mouche (S. MUSCIPULA). — Tiges droites, glâbres, à rameaux alternes. — Feuilles inférieures, linéaires, lancéolées, spatulées ; les supérieures simplement linéaires. — Fleurs rouges, en panicules, pétales bifides.— Fleurit une partie de l'été.

Silène panaché (S. QUINQUE VULNERA). SYN.: *Silène à cinq taches ou à cinq plaies*. — Tige de 20 à 25ᶜ, droite. —Feuilles un peu rudes au toucher. — Fleurs blanches, maculées de pourpre noirâtre, droites, en épi unilateral, pétales entiers.

Silène compacte (S. COMPACTA). Cette plante,

originaire du Caucase, n'est connue en France que depuis 1832. C'est, je pense, la *Revue horticole* qui, la première, en a donné la description : « Tige droite, ferme, lisse, géniculée, haute de 40 à 50°, avec des rameaux alternes, érigés, qui deviennent aussi hauts que la tige principale et forment une sorte de corymbe. Les mérithalles, ou entre-nœuds, ont une partie visqueuse comme dans quelques autres espèces de silènes, et de lychnis. Les feuilles sont sessiles, opposées, ovales, longues de deux pouces, à nervures parallèles, un peu épaisses et charnues couvertes d'une poussière glauque, ainsi que la tige et les rameaux, qui se terminent chacun par un gros bouquet hémisphérique de jolies fleurs rose foncé, un peu odorantes et d'un très-bel effet. » Ce silène donne beaucoup de graines.

Silène élégant (S. ELEGANS). Originaire du Portugal, ce n'est que depuis 1819 qu'il est cultivé dans nos jardins. - Tiges courtes, légèrement pubescentes, portant une ou deux fleurs. — Feuilles radicales, linéaires-lancéolées, aiguës ; les caulinaires très-courtes. — Fleurs blanches, pétales bifides ; fleurit tout l'été.

Silène nocturne (S. NOCTURNA). Tige de 30°, rameuse, velue à sa partie inférieure. — Feuilles pubescentes, ciliées ; les inférieures spatulées, les supérieures linéaires-lancéolées. — En juillet où août, fleurs blanches ou roses, en épi serré unilatéral ; pétales étroits, bifides. Ce silène, ainsi que l'indique son nom spécifique, n'ouvre ses corolles que le soir, sur les huit ou neuf heures, et les referme quelque temps après le lever du soleil.

Tous les silènes ont leurs feuilles opposées et

connées. La plupart ont sur leurs tiges un enduit
visqueux, où les insectes restent attachés, surtout
le *muscipula*. Ces plantes restent en fleurs une
partie de l'été ; elles aiment une terre légère,
sablonneuse et chaude, une bonne exposition, et
ne se plaisent pas dans les lieux humides ou
ombragés. Cependant, dans l'été, elles demandent
de fréquents arrosements. Semer en place au
printemps, mieux à l'automne.

Spéculaire (CAMPANULA SPECULUM). SYN. :
Miroir de Vénus, campanule doucette. Gentille et
gracieuse petite plante, indigène, qui croît naturellement dans les champs cultivés, et dont on
fait de jolies et de charmantes bordures dans les
jardins. — Tige de 12 à 15ᶜ, basse, diffuse, rameuse à son sommet. — Feuilles petites, sessiles,
ovales, crénelées—En juin-juillet, fleurs bleues, en
roue, terminales, pédonculées, nombreuses ; la
corolle, dont le limbe est découpé jusqu'à moitié,
en cinq parties, se ferme le soir, et forme alors
un pentagone à angles tranchants. — Semer
sur place et autant que possible, aussitôt la maturité des graines ; bonne exposition, terre meuble,
arrosements modérés.—Variété à fleurs blanches.

Zœgea à fleurs jaunes (ZOEGEA LEPTAUREA).
Tige herbacée, rameuse, dressée, de 20 à 30ᶜ. —
Feuilles inférieures lyrées, à lobe terminal plus
grand, oblong, un peu denté ; les supérieures
oblongues ou linéaires, entières, mucronées. —
En juillet et août, fleurs en capitules terminaux,
jaunes, larges et très-élégants. Semer au printemps en place, en terre légère.

Zœgea pourpre (Z. PURPUREA). Tige herbacée très-grêle, haute de 20 à 30ᶜ. — Feuilles li-

néaires. — En juillet et août, fleurs blanches.— Même culture.

Ces deux plantes, mon aimable amie, sont peu connues et rarement cultivées dans nos jardins. La première, originaire de l'Orient, a été apportée en France, en 1779 ; la seconde nous vient de l'Arabie pétrée, et n'est connue que depuis 1845.

Je termine ici, mon amie, ce que j'ai à vous dire sur les plantes annuelles qui supportent mal la transplantation. Vous voyez que le nombre n'en est pas grand. Presque toutes ces plantes peuvent être semées en octobre. Ce semis, ainsi que je vous l'ai déjà dit, vaut toujours mieux que celui fait au printemps. Si le semis d'automne vient à périr, soit par la rigueur de l'hiver, soit par des insectes qui, quelquefois, dévorent le jeune plant, on a toujours le printemps pour réparer ces petites contrariétés. Quand on sème à l'automne, on ne risque rien de semer dru, sauf, à la belle saison, à éclaircir le plant. Une recommandation que je ne dois pas omettre de vous faire, c'est de toujours supprimer les fleurs simples qui peuvent se trouver dans vos massifs de pieds d'alouettes, de balsamines, de coquelicots, de reines-marguerites, de pavots, etc., pour qu'elles ne fécondent pas les fleurs doubles.

Lettre Septième.

PLANTES ANNUELLES
QUE L'ON PEUT REPIQUER.

Dans cette lettre, mon aimable amie, nous allons nous occuper des plantes annuelles que l'on peut repiquer, c'est-à-dire, qui peuvent supporter la transplantation sans en souffrir, et qui n'éprouvent qu'un léger retard dans leur végétation, car celle-ci se ralentit toujours, plus ou moins longtemps, suivant que la plante repiquée met de temps à reprendre.

Amarante des jardiniers (Celosia cristata). Syn. : *Crête de coq, célosie à crête, passe-velours.* Cette fort jolie plante demande beaucoup de soins pour sa culture. L'on ne réussit pas toujours à obtenir de beaux individus. Il faut semer de bonne heure, sur couche, sous cloche et sous chassis. Lorsque la plante a quelques centimètres, on la repique séparément dans des petits pots, dans de la terre légère, bien terreautée. Ensuite, on place ces pots sur une couche chaude, sous chassis. La nuit, on a soin de les préserver de la gelée au moyen de paillassons ; on les préserve aussi de la trop grande ardeur du soleil pendant le jour. C'est quand ces plantes ont acquis une certaine force, qu'on les met dans des pots un peu plus grands, ou qu'on les place en pleine terre, mais toujours à l'exposition du midi, car les amarantes étant originaires de l'Inde, demandent beaucoup de chaleur pour fleurir. Autant que possible, lorsque l'on fait cette transplantation, il faut les dépoter avec leur motte ; car, lorsqu'on les repique au plantoir, elles reprennent plus difficilement, et leur floraison se trouve retardée plus ou moins longtemps. — Tige rameuse dans le haut, assez grosse, le plus souvent plate. — Feuilles ovales, oblongues, aigues, pedoncules cylindriques, légèrement striés. — Fleurs nombreuses, très-petites, en épis oblongs, très-souvent applatis, ressemblant à une crête de coq ou à un morceau de velours épais, ce qui lui a fait donner les deux noms vulgaires qu'elle porte : *crête de coq, passe-velours*. Ses fleurs sont d'un rouge-pourpre, blanches, jaunes ou panachées. Quelquefois on trouve ces trois couleurs sur le même épi. Celles de couleur pourpre sont les plus jolies et les plus recherchées. Cette plante, mon aimable amie, produit toujours beaucoup plus d'effet en pots qu'en pleine terre.

Cultivée en pots, cette amarante conserve ses fleurs une partie de l'hiver, si on a soin de la mettre à l'abri du froid ; ce qui a fait dire à Constant Dubos, dans son *Poème sur les fleurs* :

> Je t'aperçois, belle et noble amarante !
> Tu viens m'offrir, pour charmer mes douleurs,
> De ton velours la richesse éclatante ;
> Ainsi la main de l'amitié constante,
> Quand tout nous fuit, vient essuyer nos pleurs.
> Ton doux aspect, de ma lyre plaintive
> A ranimé les accords languissants :
> Dernier tribut de Flore fugitive,
> Elle nous lègue avec ta fleur tardive
> Le souvenir de ses premiers présents.

Amarante à fleurs en queue (AMARANTUS CAUDATUS). SYN. : *Queue de renard, amarante* à longs épis, *discipline de religieuse, roupie de dinde, amarante caudifère, amarante à queue.* Cette plante se ressemant toujours d'elle-même, souvent même d'une manière incommode, sa culture ne demande aucun soin. — Tige d'un mètre à peu près, rameuse, assez grosse, cylindrique. — Feuilles très-grandes, ovales, oblongues, rougeâtres, marquées de nervures blanches en dessous. — Tout l'été, fleurs en grappes pendantes, nombreuses, d'un rouge foncé ou plutôt couleur de sang, de 40 à 50° de longueur. — Variété à fleurs jaunes. — Cette amarante, ayant un port très-pittoresque, produit un très-bel effet dans les grands jardins. — Culture facile. — Semer sur couche en mars, et repiquer en pleine terre en avril.

Amarante tricolore (A. TRICOLOR). Plante d'ornement, beaucoup plus jolie par son feuillage que par ses fleurs. Ses feuilles sont vivement panachées de vert, de jaune, de rouge, et disposées en grand nombre le long d'une tige de 50 à 60° de hauteur. — Même culture.

Amarante sanguine (A. SANGUINEUS). Syn. : *Amarante couleur de sang.* — Tige de 60 à 80°, rameuse. — Feuilles larges, arrondies, quelquefois échancrées, d'un vert mêlé de rouge, à nervures purpurines. — De juillet en septembre, fleurs de couleur pourpre, à petites grappes axillaires ou terminales. — Même culture.

Amarante élégante (A. SPECIOSUS). *Amarante pourpre, amarante agréable, amarante gigantesque.* Cette espèce, fort jolie, nous vient du Népaul, et n'est connue en France que depuis 1813. — Tige d'un à deux mètres, droite, sillonnée, pubescente, rougeâtre. — Feuilles grandes, ovales, lancéolées, longuement pétiolées, d'un vert foncé tirant sur le pourpre. — De juin en septembre, fleurs d'un beau rouge pourpre cramoisi, très-serrées, disposées en panicules composées de longs épis. — Même culture.

Il y a beaucoup d'autres espèces d'amarante, mais comme elles sont rarement cultivées comme plantes d'ornement, il est inutile que je vous en parle.

Les amarantes, ma gracieuse amie, quelques vives que puissent vous paraître leurs couleurs, ne sont cependant jamais très-brillantes. La plupart ont une teinte sombre et des feuilles souvent marquées de taches livides, comme si ces plantes étaient malades ; c'est pourquoi les anciens, parmi les plantes qu'ils consacraient aux morts, y mêlaient toujours une amarante ; ils la portaient en signe de deuil dans les cérémonies funèbres ; ils en placaient aussi quelques branches autour des tombeaux.

Amaranthine globuleuse (GOMPHRENA GLOBOSA). SYN. : *Gomphrène globuleuse, toïde, immortelle violette.* Cette plante, originaire des Indes-Orientales, est connue en France depuis 1714. — Tige de 30 à 45ᶜ, droite, rameuse, articulée, cylindrique, un peu poilues. — Tout l'été, fleurs d'un beau rouge violacé, en capitules globuleux. — Variété à fleurs blanches, à fleurs panachées, à fleurs carnées. — Semer sur couche ou sur terreau, et quand le plant est assez fort, repiquer en place, en bonne terre et à bonne exposition.

Anthadénie à port de sésame (ANTHA-DENIA SESAMOÏDES). SYN. : *Anthadénie faux sé-*

same, sesame du Brésil. Très-jolie plante indigène dans l'Afrique occidentale, introduite en France depuis 1844, figurée dans la *Flore* de Wanhoute, année 1846 ; mais jusqu'à présent encore peu connue et peu répandue dans les jardins, quoiqu'elle soit d'une culture facile. Ne la connaissant pas moi-même, j'emprunte, ma bonne Emma, la description que je vous donne *au Manuel général des plantes*, excellent ouvrage que nous devons à M. Jacques, alors jardinier en chef du domaine de Neuilly, sous Louis-Philippe. — Plante annuelle, herbacée, haute de 80° à un mètre, hérissée de poils visqueux, répandant une odeur grasse. — Tiges presque quadrangulaires, couvertes de poils simples cristallins. — Feuilles opposées, molles, lancéolées, bordées de grosses dents révolutées. — En juin-septembre, fleur rose violacé, à lèvre inférieure jaune pâle, bordé de rose, insérées à l'aisselle des feuilles, et accompagnées d'autres petites fleurs avortées. — Culture des plantes annuelles. — Semer au printemps sur couche chaude, repiquer en place avec la motte, autant que possible ; terre substantielle, bonne exposition, arrosements fréquents pendant la belle saison.

Arctodide fastueuse (ARCTOTIS FASTUOSA). Du Cap. — Tige droite ; feuilles hérissées, oblongues, dentées ; en août-octobre, fleurs à disque, d'un pourpre noirâtre ; rayons orangés, d'un rouge sanguin à leur base. Pleine terre franche, légère, à exposition chaude ; multiplication de graines ; semer au printemps, en pots enfoncés dans une couche chaude ; dépoter et mettre en place quand le plant est assez fort. (Breant).

Astère de la Chine (Aster sinensis). Syn.: *Reine-marguerite, callistème des jardins, callistèphe de la Chine.* Peu de personnes connaissent cette plante sous ses noms scientifiques ; mais tout le monde la connaît sous celui de *reine-marguerite*, qui lui a été donné lors de son introduction en France, en l'honneur, dit-on, de Marguerite de France, reine de Navarre, **qui**, ainsi que vous le savez, aimait et cultivait les fleurs aussi bien que la poésie. D'autres pensent qu'on lui a donné ce nom, parce qu'elle est la plus belle des marguerites ; cela me paraît plus vraisemblable.

Cette jolie plante, ma gracieuse Emma, a été cultivée pour la première fois au Jardin-des-Plantes de Paris, en 1730. Ses fleurs alors étaient simples, blanches, ressemblaient beaucoup à notre grande marguerite des champs ; mais l'on ne tarda pas à obtenir, par les semis quelques variétés assez jolies. Ce succès encouragea les amateurs à cultiver cette plante, dans l'espoir d'en obtenir, avec le temps, de plus belles encore ; leur espoir n'a pas été trompé.

Oui, mon amie, grâce aux soins intelligents, à la persévérance de nos habiles horticulteurs, de nos jardiniers fleuristes, grâce aussi aux nouvelles espèces introduites en France, depuis quelques années, nous possédons aujourd'hui un grand nombre de variétés, non seulement à fleurs doubles plus jolies les unes que les autres, et dont les nuances varient à l'infini, mais encore dans leur port, dans leur stature, dans leurs formes.

Parmi les belles variétés que nous possédons, je vous engage à cultiver principalement : 1° la reïne-marguerite double, à pétales plats, à disque jaune et à rayons nuancés de diverses couleurs ; 2° la double à tuyaux,, nommée *reine-marguerite anémone*; 3° la *pyramidale*, d'un port très-élégant, s'élevant plus haut que les autres variétés. dont les rameaux droits. élancés, forment avec la tige un bouquet tout fait : belle variété qui, dans l'origine, ne donnait que deux ou trois couleurs, mais qui offre aujourd'hui toutes celles des autres variétés ; 4° la *naine hative*, plante basse, plus hative, s'étalant peu, propre surtout à faire des bordures ; 5° enfin, la *malingre*, superbe variété obtenue par l'horticulteur dont elle porte le nom.

Pour jouir de toute la beauté des reines-marguerites, lorsqu'elles sont en fleurs, il faut les cultiver en massifs, en bannettes ou en plates-bandes. Chaque variété doit seule former un massif, afin qu'une variété n'en féconde pas une autre. Pour ce motif, je vous engage, mon amie, de toujours isoler dans différentes parties du jardin, éloignées les unes des autres, les pieds que vous destinez à porter la graine ; c'est le seul moyen de conserver pure chaque variété. Malheureusement, les papillons, les abeilles rendent quelquefois cette précaution inutile.

Je puis vous assurer, ma charmante amie, mais vous avez dû le remarquer vous-même quelquefois, qu'il n'y a rien de plus joli, de plus gracieux, de plus séduisant, qu'un massif ou une bannette de reines-marguerites de premier choix, en pleines fleurs. Oui, quand elles sont bien doubles, bien nuancées, qu'elles sont toutes de la même hauteur, c'est bien certainement l'une des plus riches et des plus gracieuses parures de Flore.

La plus belle tulipe plantée isolément frappe peu les regards; il en est de même des plus jolies reines-marguerites ; mais en massifs elles se font valoir les unes par les autres, par la diversité de leurs formes, par le contraste des couleurs.

Cependant, mon amie, si vous ne tenez pas à conserver intacte la pureté des variétés de vos reines-marguerites, vous pourrez composer vos bannettes d'une toute autre manière. Vous les planterez en amphithéâtre, comme les amateurs le font pour les tulipes, en plaçant au premier rang la variété qui s'élève le moins, et en continuant ainsi graduellement de rang en rang jusqu'au dernier. En les plantant de cette manière, vous pourrez, quand elles seront en fleurs, voir d'un coup-d'œil toutes vos richesses, et jouir ainsi chaque jour de la beauté que vous offre chaque variété.

Les reines-marguerites commencent généralement à fleurir dans le courant du mois de juillet, du moins dans notre département, et leur floraison dure cinq à six semaines. Mais en faisant des semis successifs en avril, en mai, en juin, vous pourrez facilement prolonger vos jouissances jusqu'aux premières gelées. Seulement, les plantes du dernier semis seront moins vigoureuses, les fleurs seront moins doubles, moins fortes, et ne donneront pas de graines, du moins celles-ci n'auront pas le temps ds venir à maturité.

La reine-marguerite est une plante rustique, d'une culture facile, peu sensible aux froids du printemps, et qui, généralement, exige peu de soins pour se bien développer et donner une belle fleuraison. Elle se plait à toute exposition,

excepté celle du nord, mais elle aime l'air libre
et ne déploie jamais une belle végétation sous
des arbres, ni dans les lieux ombragés. Elle est
peu difficile sur la nature du terrain ; cependant
elle viendra toujours mieux dans une terre substancielle bien fumée, que dans une terre argileuse ou calcaire. Les semis doivent être faits dans
les premiers jours de mars, sur couche tiède, sous
cloche ou sous châssis. En avril, vous pouvez
semer sur terreau, ou au moins sur une terre
légère, bien meuble et bien terreautée, au pied
d'un mur exposé au midi ; le plan n'en sera que
plus fort et plus beau.

Au bout de quatre ou cinq semaines, quand
les jeunes plantes ont quatre ou six feuilles, il
faut les repiquer en pepinière, à quelques centimètres l'une de l'autre, dans une terre bien
meuble, plutôt au levant qu'au midi, si c'est possible. Dans le cas contraire, il faut donner au
jeune plant un ombrage artificiel, et ne pas le
laisser exposé à l'ardeur dévorante du soleil. Arroser pendant quelques jours, modérer ensuite
ces arrosements, et donner de temps en temps un
léger binage pour empêcher les mauvaises herbes
de pousser, et pour entretenir la terre meuble.
Il vaut peut-être mieux *pailler* le terrain ou vous
avez opéré le repiquage ; cela dispense de le
biner.

Quand vos reines-marguerites sont assez fortes,
vous pouvez les mettre à demeure fixe ; mais si
vous désirez n'avoir que des plantes à fleurs
doubles, vous devez attendre, pour faire cette
nouvelle transplantation, que le premier bouton
du sommet commence à fleurir. Vous serez sûre
alors qu'aucune fleur simple ne viendra déparer

vos massifs, vos corbeilles. De plus, vous pourrez nuancer leurs couleurs, de manière à les faire valoir l'une par l'autre, et à former ainsi un ensemble charmant et digne d'un véritable amateur.

Pour faire cette dernière transplantation, vous devez, mon amie, ainsi que je vous l'ai recommandé, lorsque je vous ai parlé de la culture des plantes annuelles en général (sixième lettre), vous devez, dis-je, choisir un temps de pluie ou au moins un temps sombre et couvert. Il vaut mieux retarder cette opération de quelques jours que de la faire dans un temps de sécheresse ou pendant l'ardeur du soleil.

Si vous pouvez transplanter vos reines-marguerites avec leurs mottes (ce qu'il n'est pas toujours facile de faire, si elles ont été repiquées en terre légère), la reprise n'en sera que plus assurée ; les plantes deviendront plus fortes ; elles fleuriront plus tôt ; les fleurs seront plus belles. Quoiqu'il en soit, la plantation une fois faite, il faut arroser fortement ; arroser même tous les jours, si le besoin s'en fait sentir, car ces plantes n'aiment pas la sécheresse.

Quand vous transplantez vos reines-marguerites, vous devez laisser entre chaque pied une distance de 10 à 12 centimètres, et chaque rang à 30 de distance l'un de l'autre, pour permettre la libre circulation de l'air entre eux et entre chaque pied. C'est le moyen d'avoir toujours de belles plantes, bien trapues, bien touffues, surtout si vous pincez en temps la tige de celles qui s'emportent trop. Quand les reines-marguerites sont plantées trop près les unes des autres, que les rangs sont trop serrés, elles se gênent mutuellement, s'étiolent, ne prennent aucun développement, et finissent par présenter un aspect désagréable à l'œil.

Une bonne précaution à prendre, lorsqu'elles sont sur le point de fleurir, pour les empêcher de tomber et de se mêler les unes avec les autres, ce qui détruit le coup-d'œil, c'est de les soutenir par une ficelle tendue le long de chaque rang, ou, ce qui vaut mieux encore, de donner à chaque plante un tuteur qui ne dépasse pas les deux tiers de la hauteur de la plante. C'est surtout pour les pyramidales que je vous engage à prendre cette précaution.

Plusieurs ouvrages d'horticulture donnent le conseil, pour obtenir des capitules à fleurs très-doubles, de ne recueillir les graines que sur les petites têtes tardives qu'on trouve au bas des plantes. J'ai suivi ce conseil pendant plusieurs années ; j'ai fait même des essais comparatifs en prenant sur le même pied des semences sur les premières fleurs, qui sont toujours les plus belles ; mais je dois vous dire que le résultat a toujours été à peu près le même, et que je n'ai jamais trouvé une assez grande différence pour préférer un mode à l'autre.

De toutes les plantes annuelles qui, pendant l'automne, viennent étaler à nos regards les plus riches dons de Fore, la reine-marguerite est bien certainement l'une des plus jolies et en même temps l'une des plus répandues. Si elle forme de grands et beaux massifs dans les parterres de la grande propriété, des jardins publics, on la voit aussi faire la parure des plus simples jardins, même des plus petits jardinets, dont elle dispute l'étroit espace à la balsamine et aux autres fleurs de la saison. Cultivée en pots, ne tient-elle pas une des premières places dans les élégantes et riches jardinières qui ornent les boudoirs, les salons de nos petites-maîtresses, de nos femmes à la mode? Ne la voit-on pas aussi briller de tout son éclat sur les terrasses, sur les balcons des vastes et somptueux hôtels qui attestent l'opulence de leurs propriétaires? Quand nous parcourons les quartiers populeux de la ville, si nos regards se portent sur les fenêtres des plus simples, des plus modestes demeures, presque toujours on y voit quelques fleurs, et, parmi celles-ci, l'on est certain d'y apercevoir quelques pots de reines-marguerites. Ainsi, ma charmante amie, vous voyez, toujours, et partout cette fleur. C'est l'éloge de sa beauté, car, soyez-en bien convaincue, le public n'aime que ce qui est réellement beau.

Les noms scientifiques de *callistème*, de *callistèphe*, donnés depuis quelques années à la reine-marguerite, viennent du grec et signifient l'un et l'autre *belle couronne*. Pourquoi changer son nom, connu de tout le monde, pour lui substituer ceux-ci, que l'on pourrait, avec autant de raison, donner à cinquante autres plantes, et qui sont employés seulement par quelques horticulteurs? La reine-marguerite appartenant à la famille des astères, et nous venant de la Chine, était beaucoup mieux désignée sous son nom vulgaire et sous celui d'*astère de la Chine*, que sous celui de *belle couronne*. Nous n'approuvons pas ces dénominations nouvelles, qui ne peuvent que jeter de la confusion dans la nomenclature horticole, et surcharger inutilement la mémoire des personnes qui se livrent à la culture des fleurs.

Balsamine des jardins (IMPATIENS BAL-
SAMINA. SYN. : *Balsamine de Chine.* Cette jolie
plante, originaire des Indes-Orientales, est connue en France depuis 1596. Elle fait pendant
l'automne la parure de nos parterres, souvent
même ses fleurs commencent à se montrer dans
le mois d'août, et se prolongent jusqu'aux premières gelées, auxquelles cette plante est fort
sensible. — Tige à rameaux alternes, grosse,
épaisse, rougeâtre, très-aqueuse, très-cassante,
ainsi que les rameaux. — Feuilles lancéolées,
finement dentées, d'un beau vert, brièvement
pétiolées, molles. — Fleurs axillaires, nombreuses, simples ou doubles, unicolores ou panachées, inodores. Celles à fleurs doubles sont
seules estimées. C'est sur celles-ci, mon amie, que
vous devez récolter les graines, et cela un peu avant
qu'elles soient mûres, parce qu'elles sont renfermées
dans des capsules à valves longitutinales très-
élastiques qui, s'enroulant subitement sur elles-
mêmes, comme si elles étaient mues par un res-
sort, les lancent au loin dès qu'elles commencent
à approcher de leur maturité. — Culture des
reines-marguerites. — La balsamine aime une
terre légère bien fumée, une exposition chaude, et
quoiqu'elle ne se plaise pas dans une terre humide
et compacte, elle demande de fréquents arrosements pendant les chaleurs de l'été. — Parmi les
nombreuses variétés de cette jolie plante, on
distingue *la balsamine à rameaux* et *la balsamine à fleurs de camélia.*

Balsamine des bois (I. NOLI ME TANGERE).
SYN. : *Balsamine jaune, herbe impatiente, herbe
de Sainte-Catherine.* Cette balsamine, généralement peu cultivée dans les jardins, quoiqu'elle

soit assez curieuse, croît naturellement dans les
bois ombragés, un peu humides. — Tige de 50 à
60°. — Feuilles ovales, obtuses. — En juillet et
août, fleurs assez grandes, d'un jaune pâle ponctué de pourpre, portées sur des pédoncules axillaires et solitaires. — Même culture, mais terre
fraîche et ombragée.

Balsamine glandulifère (I. GLANDULI-
FERA). SYN. : *Balsamine de Royle, balsamine glanduleuse.* Ce n'est qu'en 1841, que cette nouvelle
espèce, qui nous vient de Cachemire, a été cultivée pour la première fois à Paris, d'où elle s'est
répandue promptement dans tous les jardins. —
Tige d'un mètre et demi à deux mètres, très-rameuse, à rameaux assez longs. — Feuilles lisses,
longues, pointues, dentées, longuement pétiolées ; chaque pétiole portant à sa base une glande
pédicellée, brune, d'où lui est venu le nom spécifique sous lequel elle est connue. — De juillet
en octobre, fleurs en panicule corymbiforme,
grandes, d'un rouge vif, teinté de violet, tirant
un peu sur la couleur vineuse. — Culture très-
facile ; semer en mars, en pleine terre, et repiquer en avril ; terre légère, mais riche en humus ; arrosements fréquents pendant les chaleurs
de l'été. — Cette plante a un assez joli port,
mais généralement on lui trouve un aspect triste.

Balsamine à trois cornes (I. TRICORNIS).
Originaire de l'Inde, son introduction en France
remonte aussi en 1841. — Tige de 70 à 80°, rameuse, ponctuée de brun aux articulations. —
Feuilles ovales-oblongues, acuminées, dentées en
scie ; pétiole muni d'une glande noire à sa base.
— Tout l'été, grappe axillaire de 4 à 6 fleurs
jaunes ponctuées de pourpre, en casque, dont le

pétale inférieur est terminé postérieurement en corne, et le pétale supérieur muni sur le dos de deux autres petites cornes, ce qui lui a fait donner son nom spécifique. — Même culture.

Balsamine écarlate (I. COCCINEA). SYN. : *Balsamine coccinée.* Originaire aussi de l'Inde, et importée en France en 1808. — Tige de 60 à 70ᶜ. — Feuilles alternes, ovales-oblongues, dentelées, pétiole glanduleux. — De juillet en septembre, fleurs rouges, aggrégées, à éperon plus long que la fleur.

Balsamine de Perse (I. MASTERSIANA). *Balsamine de Master.* — Feuilles opposées, linéaires, lancéolées, sessiles, dentées en scie. — En juillet-octobre, fleurs penchées, grandes, pourpres, solitaires. — Connue en France depuis 1838.

Quelques amateurs cultivent aussi la **Balsamine à trois pétales** (I. TRIPETA); **à trois fleurs** (I. TRIFLORA); **candide** (I. CANDIDA); **réticulée** (I. RETICULATA).

Basilic commun (OXYMUM BASILICUM). Les fleurs de cette petite plante n'ont rien de remarquable, puisqu'elles sont très-petites ; mais on la cultive dans les jardins à cause de son odeur suave et de sa forme gracieuse. Originaire des Indes-Orientales et de la Chine, elle demande beaucoup de chaleur. On la sème au commencement du printemps, sur couche et sous chassis. Quand le plant est assez fort, on le repique en pots, que l'on tient à l'ombre jusqu'à ce que sa reprise soit assurée, et qu'ensuite on place à bonne exposition. Cette petite plante demande une terre sablonneuse et de fréquents arrosements, jusqu'à ce qu'elle ait acquis tout son développement. — Plus souvent cultivée en pots qu'en pleine terre, du moins dans notre département.

Belle de jour (CONVOLVULUS TRICOLOR). SYN. : *Liseron de Portugal, Liseron belle de jour, liseron tricolore, liseron à trois couleurs.* Très-jolie plante, originaire de l'Europe méridionale, répandue dans tous les jardins, et cultivée en France depuis plus de deux siècles. — Tiges de 40 à 50", tombantes, et ayant besoin d'un tuteur. — Feuilles alternes. sessiles, ovales-lancéolées, ou presque spatulées, d'un vert tendre, d'une consistance molle, quelquefois ciliées à leur base. — De juin en octobre, fleurs nombreuses, monopétales, solitaires, pedonculées, pedoncules légèrement velus, plus longs que les feuilles, d'un vif éclat, offrant trois couleurs bien tranchées ; d'un beau bleu sur les bords du limbe, blanches au milieu, d'un jaune-souffre à la gorge. — Variétés à fleurs blanches, panachées. — On donne à ce charmant liseron le nom de *belle de jour*, parce qu'il ouvre ses corolles dès le matin, et qu'il ne les ferme qu'entre cinq et six heures du soir, à peu près à l'heure où la belle de nuit ouvre les siennes. — Culture facile ; terre meuble, bien fumée ; bonne exposition. Arrosements modérés pendant le printemps ; plus fréquents pendant les chaleurs de l'été. Semer sur couche ou en place sur terreau. — Si on coupe cette plante près de terre au mois d'août, elle remonte et donne de nouvelles fleurs jusqu'aux gelées.

Belle de nuit (MIRABILIS JALAPA). SYN. : *Merveille du Pérou. nictage des jardins, belle jalape.* Cette belle plante, dont nous possédons tant de variétés, fait à l'automne la parure de nos jardins. — Racine fusiforme, pivotante, noire en dehors, blanches en dedans. — Tige de 50 à 60°, rameuse, noueuse, cassante. — Feuilles nombreuses, en cœur, molles, d'un beau vert, glabres, opposées, pointues. — Fleurs terminales en bouquet, monopétales, nombreuses, axillaires. inodores, rouges. blanches, jaunes, panachées et leurs nuances intermédiaires. — Les belles de nuit, ainsi que l'indique leur nom, semblent, ma charmante amie, être les fleurs des crépuscules et des temps nébuleux. Oui, ma bonne Emma, la pudique belle de nuit voile son lit nuptial aussitôt que le soleil montre ses rayons ; mais si un nuage vient la dérober à ses regards, vous la verrez à l'instant même ouvrir sa corolle. C'est surtout pendant la nuit et dans les temps de pluie, que, sans crainte d'être troublée dans ses amours, elle aspire l'air frais de la rosée, et que s'opèrent pour elle les mystères de la fécondation. — Leurs fleurs se succèdent depuis le mois de juillet jusqu'à la fin de l'automne. — Plante rustique, de culture facile, ne demandant que quelques arrosements pendant la sécheresse, se convenant dans tous les terrains, mais demandant une bonne exposition.

Dans son pays natal, la belle de nuit est une plante vivace ; mais sous notre climat on la traite comme plante annuelle. Cependant on peut, en conservant pendant l'hiver ses racines, ainsi que l'on conserve les tubercules de dalhias, les remettre en terre au printemps ; mais les plantes et les fleurs ne sont jamais aussi belles que celles obtenues de semences.

C'est de la belle de nuit qu'un poète a dit :

Lorsque l'aube vient éveiller
Les brillantes filles de Flore,
Seule tu sembles sommeiller
Et craindre l'éclat de l'aurore.
Quand l'ombre efface leurs couleurs,
Tu reprends alors ta parure :
Et de l'absence de tes sœurs
Tu viens consoler la nature.

Belle de nuit à longues fleurs (M. LONGIFLORA). Quoiqu'appartenant aussi à la famille des nictaginées, cette jolie plante, originaire du Mexique, n'a aucune ressemblance avec la belle de nuit ordinaire, ni par son port, ni par son feuillage, ni par ses fleurs ; elle s'en rapproche seulement par ses caractères botaniques. — Tige d'un mètre, grêle, fistuleuse, cassante, légèrement velue, à rameaux diffus, ayant besoin d'un tuteur. — Feuilles cordiformes-lancéolées, entières, d'une consistance molle, très-écartées les unes des autres, enduites, ainsi que la tige, d'un suc visqueux, odorant, les supérieures sessiles ou brièvement pétiolées, les inférieures sur un pétiole assez long. — De juin à septembre, fleurs blanches, à limbe rose, à tube étroit, légèrement pourprées à la gorge du tube, terminales, un peu penchées, longues de 10 à 12^c ; répandant, surtout le soir, une odeur très-agréable, se rapprochant beaucoup de celle de la fleur d'oranger. — Même culture.

Broualle élevée (BROWALIA ELATA). SYN. : *Violette bleue.* Plante originaire de Panama, assez jolie, dédiée par Linné à l'évêque suédois Browal, son ami, mais jusqu'alors peu répandue dans nos jardins, quoiqu'elle soit connue en France depuis 1735. — Tiges de 60 à 70^c, très-rameuses. — Feuilles lancéolées, pointues, légèrement pubescentes. De juillet en septembre, fleurs axillaires, solitaires, d'un beau lilas bleu, à tube long et d'un jaune doré.— Terre légère et substantielle ; exposition chaude ; semer sur couche et sous chassis ; repiquer en pleine terre. Arrosements fréquents en été. Comme les graines mûrissent difficilement, il faut laisser quelques pieds sur la couche et sous chassis, pour hâter leur maturité. — Variété à fleurs blanches.

Broualle à tige tombante (B. DEMISSA). SYN. : *Broualle à tige couchée, broualle petite.* — Tige de 30 à 35ᶜ, tombante. — Feuilles ovales-aigues, entières, pétiolées, alternes, légèrement velues. — Fleurs axillaires, solitaires, à tube cylindrique, d'un violet-bleuâtre, tachetées de jaune à la base de la division supérieure. — Même culture.

Broualle à grandes fleurs (B. GRANDI-FLORA). Plante originaire du Pérou, importée en France en 1829, mais encore peu répandue dans les jardins.—Tiges de 30 à 45ᶜ, ainsi que les feuilles, glabres ou légèrement pubescentes, visqueuses, dans leur partie supérieure. — Feuilles ovales ; les inférieures pétiolées, les supérieures presque sessiles, souvent échancrées en cœur à leur base. — De juin à septembre, fleurs blanches ou d'un bleu pâle, disposées en grappes lâches, revêtues d'un duvet blanchâtre. — Même culture.

Bugrane à queue de renard (ONONIS ALOPECUROÏDES). SYN. : *Bugrande à queue de renard.* C'est du Portugal, où elle croît naturellement, que nous vient cette jolie petite plante, qui produit un bel effet dans nos parterres, et qui fut importée en France en 1696. — Tige unique, droite, de 20 à 25ᶜ au plus, légèrement velue. —

Feuilles ovales, obtuses, dentées, à stipules. — En juillet et août, fleurs purpurines, en épis, denses, terminaux, longs de 6 à 8ᶜ. — Semer sur couche, repiquer en place, en plein midi autant que possible ; bonne terre substantielle, plutôt sèche qu'humide ; peu d'arrosements.

Bugrane à stipules blanches (O. MITIS-SIMA). SYN. : *Bugrane très-douce.* Cette espèce nous vient aussi des pays méridionaux de l'Europe, mais son introduction en France ne date que de 1732. — Tiges de 30ᶜ, droites, velues. — Feuilles à trois folioles, ovales, petites, dentées, d'un beau vert.—En juin-juillet, fleurs purpurines, en épis allongés, très-serrés, et qui semblent panachés à cause de leurs stipules blanches.—Même culture.

Bugrane pubescente (O. PUBESCENS). Herbe annuelle de 30ᶜ, dressée, pubescente-visqueuse ; feuilles supérieures simples ; les autres à trois folioles ovales-oblongues, dentelées, stipules amples, entières, acuminées ; en juillet-août, fleurs à étendard pourpré ; pedoncules mutiques, uniflores, plus courts que la feuille ; calice largement strié. Eurepe méridionale, 1680 (Jacques).

Bugrane de Sicile (O. SICULA) Herbe annuelle pubescente-visqueuse, de 15ᶜ, diffuse ; feuilles supérieures simples ; les inférieures à trois folioles linéaires-oblongues, aigues, dentelées supérieurement ; stipules presque entières, lancéolés, égalant le pétiole ; fleurit en juin-juillet ; pedoncule ariste ; corolle et gousse plus courtes que le calice. 1817 (*Idem*).

Cacalie à feuilles de laitron (CACALIA SONCHIFOLIA). SYN. : *Cacalie à feuilles sagittées, cacalie hastée.* Cette petite plante, originaire des Indes-Orientales, fait depuis longtemps la parure de nos jardins. — Tige menue, herbacée, de 25 à 30°. — Feuilles amplexicaules, en forme de lyre, dentées, légèrement velues. — En juillet-août, fleurs jolies, abondantes, terminales, d'un beau rouge-aurore, en capitules disposées en grappes paniculées, dépourvues de feuilles : pédoncules pubescents. — Semer sur couche ou sur place, en avril ; bonne exposition ; terre légère et substantielle ; peu d'arrosements. Cette plante ne se plait pas dans un terrain humide et compacte.

Calandrine gracieuse (Calandrina speciosa). Syn. : *Calandrine élégante*. Importée de la Californie en Angleterre, cette jolie petite plante s'est promptement répandue en France. — Tige simple, cylindrique, dépourvue de feuilles. — Feuilles charnues, ovales-oblongues, obtuses, glauques, disposées en rosette au bas de la tige. — En mai et juin, fleurs pourpre-violet, longuement pédicellées, pendantes, disposées en grappes simples, lâches. — Semée en mars sur couche, et repiquée en place de bonne heure, elle fleurit en juin et juillet ; si vous la semez plus tard, elle fleurira en septembre et octobre. Vous voyez, mon aimable Emma, que pour jouir plus longtemps de cette charmante fleur, il faut faire deux semis par an. Il en est de même pour beaucoup d'autres plantes annuelles. — Terre substantielle bien fumée, exposition du midi, arrosements modérés pendant l'été.

Calandrine à ombelles (Calandrina umbellata). Originaire du Chili, comme la calandrine gracieuse, mais d'un port plus petit. — Feuilles linéaires-lancéolées. — Fleurs d'un beau rose-violet, disposées en grappes ombelliformes au sommet des rameaux. — Même culture. — Ces deux plantes font de charmantes bordures ou de jolis petits massifs, repiquées de distance en distance dans les plates-bandes.

Calliopside de Drummond (CALLIOPSIS DRUMMONDII). SYN. : *Anacide de Drummond.* Importée du Texas, en 1837. — Tige de 45 à 50ᶜ, pubescente, rameuse. — Feuilles pennées. — Fleurs à disque, d'un pourpre violet ; rayons jaunes, portant à leur base une tache d'un pourpre brunâtre. Fleurit une grande partie de l'été. — Semer en septembre sur couche, repiquer en pots pour passer l'hiver sous chassis, et au printemps mettre en place en pleine terre.

Campanule du Cap (CAMPUNA CAPENSIS). Quoique cette petite plante soit cultivée en France depuis 1819, elle n'est pas encore très-répandue dans les jardins. — Tiges de 15 à 20ᶜ, dressées, simples ou rameuses, poilues à leur base. — Feuilles aussi poilues, ovales-lancéolées, irrégulièrement dentées. — En juillet et août, fleurs bleues, à lobes violets, maculés de noir entre chacun d'eux. — Bonne exposition, peu difficile sur le terrain. Semer aussitôt la maturité des graines.

Carthame des teinturiers (CARTHAMA TINCTORIUS). SYN : *Safran bâtard, faux safran, quenouillette lagineuse, safranum, carthame commun, safran d'Allemagne.* Cette plante, cultivée en grand en Egypte, son pays natal, et dans quelques contrées de l'Europe pour l'usage de la teinture, est assez jolie, et on la voit souvent dans les jardins comme plante d'ornement. — Tige de 50 à 60ᶜ, droite, lisse, blanchâtre, ramifiée à son sommet. — Feuilles simples, ovales, sessiles, alternes, dentées, épineuses, aigues, glâbres et rudes. — Fleurs en capitules terminaux, solitaires, d'un beau rouge safrané, d'un très-bel effet. — Culture facile. Semer au printemps sur couche, ou même tout de suite en place, à bonne exposition ; peu difficile sur la nature du terrain. — C'est avec les fleurs de carthame. mon amie, ou plutôt avec les étamines, que l'on prépare un beau rouge qui sert aux peintres et aux femmes, appelé *rouge végétal, laque de carthame* ou *vermillon d'Espagne.*

Centaurée odorante (CENTAUREA SUAVEOLENS). SYN.: *Fleur du grand seigneur, barbeau jaune, sultan doux, ambrette jaune.* Grande et belle plante, d'un joli port, importée de l'Orient en France, en 1683. — Tige de 50 à 60°, droite, rameuse. — Feuilles larges, dentées, pétiolées, grandes, les supérieures pinnatifides. — En juillet et août, gros capitules de fleurs d'un beau jaune-serin, répandant une odeur agréable.

Centaurée musquée (C. MOSCHATA). SYN. : *Bluet du levant, bluet musqué.* — Tige de 40 à 50°, cylindrique, cannelée, peu rameuse. — Feuilles en lyre, dentées. — De juin à septembre, fleurs solitaires, blanches ou légèrement purpurines : quelquefois roses et frangées , répandant une odeur de fourmis écrasées, odeur qui se rapproche un peu du musc.

Centaurée du Nil (C. CROCODILIUM). Cette centaurée, qui nous vient d'Egypte, est aussi une fort jolie plante d'ornement , produisant un bel effet dans nos parterres — Fleurs grandes, blanches en dedans , purpurines en dehors.

Centaurée mignonne (C. PULCHELLA). — Tiges presque dressées , rameuses, diffuses. —

Feuilles légèrement dentées : les radicales pétiolées, oblongues ; les caulinaires sessiles, lancéolées, presque linéaires. — Fleurs pourpres, en
capitules oblongs.

Centaurée d'Amérique (C. AMERICANA).
SYN. : *Plectocéphale d'Amérique.* Celle-ci est bien
certainement la plus belle de toutes les centaurées annuelles que nous cultivons dans nos jardins, par la beauté et la grandeur de ses fleurs,
d'un bleu-lilas, et larges au moins de 4 à 5°.

Les centaurées, mon aimable amie, sont de
jolies plantes, qui, pendant une grande partie de
l'été, font l'ornement de nos jardins. Le nom que
portent ces plantes nous rappelle, comme vous le
voyez, celui du fameux centaure Chiron, à qui
on les a dédiées. Ces espèces annuelles fleurissent
à peu près à la même époque, de juillet à septembre ; sont d'une culture facile, et se cultivent
de la même manière. — Semer au printemps, sur
couche ou sur terreau ; repiquer le jeune plant
en bonne terre substantielle, à bonne exposition,
ces plantes mûrissant assez difficilement leurs
graines et n'aiment pas l'humidité ni une terre
lourde et compacte.

Si vous semez à l'automne, ce qui vaut mieux,
il faut semer sur place, en terre bien meuble et
bien amendée, mais avoir soin, pendant les
grandes gelées, de couvrir les semis avec une
cloche ou avec un peu de litière.

Charieïde hétérophyle (CHARIEIS HETE-
ROPHYLLA). SYN. : *Charieïde à feuilles diverses,
charieïde à feuilles variées.* Très-jolie petite
plante du Cap, propre à faire de charmantes
bordures ou de jolis petits massifs. Cultivée pour
la première fois en France, en 1819. — Tige

rameuse, de 20 à 25ᶜ, légèrement velue. —
Feuilles inférieures roncinées, les supérieures
ovales-lancéolées, trinervées à leur base. — En
juillet-septembre, capitules de fleurs grandes,
terminales, d'un bleu d'azur. — Terre légère ;
mieux, terre de bruyère fraîche ; exposition un
peu ombragée. — Semer sur couche, pour être
repiquée en pots ou en touffes dans les plates-
bandes ou en bordures. On peut aussi semer
sur place en avril.

Chrysanthème des jardins (CHRYSAN-
THEMUM CORONARIUM). SYN. : *Chrysanthème à couronne, glebione des jardins, grisaine.* Cette plante,
originaire du Levant, croît cependant naturellement dans nos départements méridionaux. —
Tiges droites, rameuses, de 60 à 70ᶜ. — Feuilles
amplexicaules, luisantes, profondément pinnatifides.— Tout l'été, Fleurs simples ou doubles,
en capitules solitaires, blanches ou jaunes. -
Culture facile ; se plait dans tous les terrains, à
toutes les expositions ; mais ses fleurs seront toujours plus belles dans un terrain léger, et à une
bonne exposition.

Chrysanthème caréné (C. CARINATUM).
SYN. : *Isménie panachée.* — Tiges de 30 à 40ᶜ, rameuses, diffuses, traînantes. — Feuilles charnues,
très-découpées, exhalant, comme toute la plante,
une odeur de géranium. — De juillet à septembre,
fleurs en gros capitules, à disque brun, à rayons
blancs au sommet, jaunes à la base, s'étalant au
soleil, et se couchant en dehors, à l'ombre ou le
soir. — Semer sur couche et repiquer ; ou au
printemps semer en place, en terre légère, à bonne
exposition. Ces deux plantes sont rustiques et
produisent un assez bel effet dans les parterres.

Clarkie jolie (CLARKIA PULCHELLA). SYN. : *Clarkie à pétales découpés, clarkie gentille.* Petite plante très-élégante, d'un port gracieux, d'une culture facile, originaire de la Californie, introduite dans nos jardins depuis 1826, et donnant des fleurs une grande partie de la belle saison. — Tige droite, rameuse, de 40 à 50°. — Feuilles d'un beau vert, linéaires-lancéolées ; la nervure médiane fortement prononcée. — Fleurs nombreuses, axillaires et terminales, d'un lilas-pourpre, à quatre pétales formant la croix, divisés en trois lobes; celui du milieu plus large que les deux autres, finement dentés. — Récolter les semences aussitôt que les siliques commencent à s'ouvrir ; autrement on s'expose à les perdre, ce qui arrive assez souvent, faute d'attention. — Semer sur couche en février, ou sur du terreau en mars, pour repiquer en avril ou mai. Mieux, semer à l'automne, sur place, dans une terre bien meuble. Les semences étant très-fines, ne les recouvrir que très-légèrement. — Variété à fleurs blanches.

Clarkie élégante (C. ELEGANS). SYN. : *Pheostome élégant, clarkie à pétales entiers.* — De la même contrée et importée en France en 1830. — Tige de 60 à 70°, rameuse dès sa base, à rameaux grêles. — Feuilles inférieures ovales, les supérieures ovales-lancéolées, glauques, légèrement dentées, pétiolées, mais pétioles très-courts. Tout l'été, fleurs axillaires, solitaires, de couleur lilas ; pétales entiers, à onglet très-grêle, non denté. — Même culture.

Les clarkies sont de très-jolies plantes, très-gracieuses, d'un très-bel effet dans les massifs. Lorsque le semis d'automne résiste bien aux froids de l'hiver, le plant devient toujours beaucoup plus beau que celui fait au printemps.

Cléonie rose (CLEONIA ROSEA). Cette plante, originaire du Brésil, introduite en France depuis 1825, ne paraît pas encore être répandue dans les jardins. La *Revue horticole*, dans son numéro de septembre 1841, nous en donne la description suivante : « Tige haute de plus d'un mètre, droite. Feuilles de 15 à 18ᶜ, lancéolées, luisantes, veinées en dessus ; en août, fleurs roses en grappe magnifique, durant plus de six semaines. Semer sur couche chaude, en mars, et repiquer en pleine terre. »

Cléonie de Portugal (PRUNELLA LUSITINACA). SYN. : *Brunelle odorante*. Le nom spécifique de cette petite plante nous indique son pays natal. Importée depuis plus de cinquante ans, elle est encore bien peu connue, si ce n'est de quelques amateurs, et alors rarement cultivée dans nos jardins, où, cependant, elle mériterait bien de venir prendre sa place. — Tige de 18 à 20ᶜ, rameuse dès sa base, velue. — Feuilles inférieures atténuées en pétioles, longuettes, obtuses, dentées ; les supérieures semi-pinnatifides.—En juin-juillet, fleurs violettes, assez grandes, odorantes, parsemées de points blancs, et disposées en corymbes terminaux. Bonne terre ; exposition au midi ; semer sur couche au printemps ; repiquer en place en avril.

Clintonie élégante (CLINTONIA ELEGANS). Charmante petite plante importée de la Colombie en France, en 1827.— Tige de 15 à 20ᶜ, couchée, rameuse. — Feuilles inférieures ovales, sessiles ; les supérieures ovales-lancéolées, aigues. — En juillet et août, fleurs d'un beau bleu, axillaires, terminales, à gorge blanche maculée de jaune.

Clintonie gracieuse (C. PULCHELLA). SYN. : *Clintonie jolie.* Originaire aussi de la Colombie, et importée en France, en 1832. — Tige de 25 à 30°, rameuse, flexueuse. — Feuilles ovales-lancéolées, obtuses. — En juillet, fleurs bleues, très-jolies, marquées d'une tache centrale, d'un jaune d'or. — Variété à fleurs blanches. — Ces deux jolies plantes sont bien dignes, ainsi que l'indique leur nom spécifique, de venir chaque année embellir nos parterres, et, cependant, elles sont jusqu'à présent encore bien peu répandues dans nos jardins. Semer de bonne heure au printemps, sur couche tiède, ou en avril, sur terre legère et meuble, un peu humide, à mi-ombre ; arrosements fréquents pendant les chaleurs de l'été.

Commeline commune (COMMELINA COMMUNIS). Plante qui nous vient de l'Amérique, et qui, malgré son nom spécifique, est encore fort peu répandue dans les jardins. M. Bréant la décrit ainsi : « Tige de 60°, rampante ; feuilles ovales-lancéolées ; en juin et juillet, fleurs bleues. Pleine terre légère, à exposition très-chaude. De graines semées au printemps sur couche chaude. Il faut laisser sur couche les pieds dont on veut obtenir de la graine. Les autres se repiquent en place. »

Coréopside à couronne (C. CORONATA). SYN. : *Coroépsis couronné.* Originaire du Texas, et cultivé en France depuis 1835. — Tige de 20 à 25°, grêle, glabre, rameuse.—Feuilles entières, molles, ovales, spatulées ou oblongues, ciliées sur les bords.—De juillet en octobre, fleurs à disques jaunes, à rayons tachetés de blanc, en capitules terminaux portés sur de longs pedoncules.— Semer sur couche en septembre ; repiquer en pots; conserver le jeune plant sous chassis pendant l'hiver, et mettre en place au printemps suivant, en terre légère et à bonne exposition.

Coriope élégant (CORÉOPSIS TINCTORIA). SYN.: *Coréopside élégant, coriope des teinturiers, calliopse* ou *calliopside des teinturiers.* Plante d'un port très-gracieux, importée de l'Amérique du nord, et qui, pendant l'été et une grande partie de l'automne, fait la parure de nos jardins depuis à peu près un demi-siècle. Tige de 60 à 80^c, rameuse, grêle. Feuilles composées, à folioles linéaires, très-élégantes. — Fleurs en capitules terminaux, d'un jaune éclatant, à disque d'un brun foncé. — Semer sur couche en mars ; repiquer en mai, en pleine terre, et faire de petits massifs de distance en distance dans les plates-bandes, dans les bannettes. — Terre légère ; bonne exposition. Cette plante se ressème souvent d'elle-même, mais elle ne lève jamais qu'au printemps. — Variétés à fleurs plus ou moins grandes.

On cultive encore, comme fleur d'agrément : le **coréopsis filiforme** (C. FILIFOLIA); le **coréopsis à longs pieds** (C. LONGIPES).

Cosmanthe frangée (COSMANTHUS FIMBRIATUS). SYN. : *Phacélie à fleurs frangées.* Charmante petite plante, indigène à la Caroline, et que l'on ne connaît en France que depuis 1840. — Tiges de 20 à 25^c, rameuses, grêles, diffuses. — Feuilles auriculées, lobées ; les inférieures pétiolées, les supérieures sessiles. En mai et juin, fleurs d'un blanc-violacé, bordées de cils blancs, en épi. Semer sur couche tiède, et repiquer en terre légère ou en terre de bruyère ; arrosements modérés ; mais comme cette plante ne supporte pas très-bien la transplantation, il vaut mieux la semer sur place à l'automne.

Cosmidie à feuilles filiformes (COSMIDIUM FILIFOLIUM). — Tige d'un mètre, très-rameuse. — Feuilles opposées, découpées en cinq ou six lobes filiformes, sétacés, canaliculés, glabres.— En été, fleurs d'un beau jaune-doré, en capitules portés sur de longs pedoncules. — Semer en place à l'automne, ou sur couche au printemps, et repiquer avec la motte. Cette plante, originaire du Texas, n'est cultivée en France que depuis quelques années.

Cosmos élégant (COSMOS BIPINNATUS). SYN. : *Cosmos bipenné.* Originaire de la Californie, l'introduction de cette plante en France remonte à la fin du siècle dernier. — Tige d'un mètre à un mètre et demi. — Feuilles finement découpées, se rapprochant beaucoup de celles du fenouil. — A la fin de l'été, fleurs grandes, en capitules, à rayons d'un rose-violacé, à disque jaune, à anthères noires. — Semer en février ou en mars, sur couche et sous chassis ; repiquer à l'air libre, en terre légère et à exposition très-chaude, sans quoi, cette plante fleurit difficilement, et ses graines ne mûrissent pas.

Craniolaire odorante (CRANIOLARIA FRAGRANS). — Du Mexique. — Tiges très-touffues. — Feuilles grandes, à trois lobes arrondis, sinués, blanchâtres en dessous. Tout l'automne, grappes terminales de grandes fleurs pourpre-violacé, répandant une douce odeur de vanille. — Semer en avril, sur couche chaude, et dans le courant

de mai repiquer le plant en terre légère et très-
substantielle.

Cyanopside radiée (Cyanopsis radiatissi-
ma). Espagne. — Tige de 60°, rameuse ; feuilles
inférieures pinnatifides ; fleurs terminales ,
grandes, pourpres à la circonférence, jaunes au
centre. Culture de la centaurée musquée (Bréant).

Daléa à fleurs pourpres (Dalea purpurea). Syn. : *Pétalostème violacé, Dalée pourpre.*—
Plante de l'Amérique du Nord, que l'on rencontre
encore très-rarement dans les jardins, quoiqu'elle
soit connue depuis fort longtemps, qu'elle soit
assez jolie, et d'une culture facile. Dans plusieurs
ouvrages d'horticulture, je la trouve placée parmi
les plantes vivaces ; d'autres , au contraire, en
font une plante annuelle. Le *Bon Jardinier*, guide
ordinairement très-sûr, n'est pas d'accord avec
lui-même, puisque dans ses premières années,
même encore en 1840, il en fait une plante vivace, tandis que, depuis, il l'a classée parmi les
plantes annuelles. N'ayant jamais cultivé le
daléa, j'ignore, ma charmante amie, de quel
côté est la vérité ; mais pour moi, ce fait et beaucoup d'autres semblables, que je pourrais vous
citer, me prouvent que la plupart des ouvrages
sur l'horticulture sont écrits avec une trop grande
légèreté. Je prends la description que je vous en
donne ici dans ses éditions de 1847 et de 1855 :
« Annuelle ; élégante ; tiges de 0ᵐ 50° ; feuilles
pennées avec impaire, à folioles nombreuses petites, oblongues ; tout l'été, fleurs très-petites,
purpurines, disposées en épi. — Terre franche,
légère ; toute exposition, excepté le nord ; multiplication de graines semées au printemps sur
couche. »

MM. Jacques et Bréant donnent la description de cette plante sous le nom de *pétalostème violet* ; tous les deux la considèrent aussi comme une plante vivace.

Dracopide amplexicaule (DRACOPIS AMPLEXICAULIS). Importée de la Louisiane en France, en 1793. — Tige de 40 à 60°, rameuse, striée, ainsi que les rameaux. — Feuilles caulinaires, alternes, en forme de cœur, amplexicaules, lisses, entières, aigues. — Tout l'été, fleurs d'un jaune vif, capitules solitaires terminaux. — Semer au printemps sur couche ou sur terreau ; autant que possible repiquer avec la motte. Terre fraîche et substantielle.

Ellise de Virginie (ELLISIA NYCTELEA). Connue en France depuis 1755 et dédiée à Ellis, naturaliste anglais. — Tige de 15 à 20°, légèrement poilue. — Feuilles pinnatifides, les inférieures opposées, les supérieures alternes. — En juillet-août, fleurs blanches, solitaires, penchées, marquées d'une tache pourpre à la base des lobes. — Semer sur couche, et repiquer en terre légère.

Enothère pourpre (OEnothera purpurea). Syn. : *Onagre pourpre.* Assez jolie plante qui nous vient de l'Amérique du Nord, et qui n'est cultivée dans nos jardins que depuis une trentaine d'années. — Tige de 40 à 50°, rameuse, ponctuée de rose. — Feuilles lancéolées, glauques. — Fleurs d'un rouge pourpre, de moyenne grandeur. — Fleurit en juillet et août. — Semer en mars, ou avril sur couche ou sur du terreau, et repiquer le jeune plant en pleine terre lorsqu'il est assez fort. Toute terre, toute exposition, excepté celle du Nord.

Enothère à feuilles de lin (OE.

ᴌɪɴɪꜰᴏʟɪᴀ). Sʏɴ. : *Onagre à feuilles de lin.* — Tiges herbacées, effilées. — Feuilles linéaires, très-étroites, entières, obtuses. — Pendant une grande partie de l'été, fleurs jaunes, nombreuses, petites, disposées en épis. — Même culture.

Enothère de Romangzoff (OE. Rᴏᴍᴀɴɢ-ᴢᴏᴡɪɪ). Du Pérou. — Tiges de 20 à 25°. — Feuilles lancéolées. — En juillet-août, fleurs grandes, d'un blanc-rosé, marquées d'une tache pourpre au milieu de chaque pétale. — Même culture. — Parmi les vingt-huit espèces d'œnothères, dont M. Jacques donne la description dans son ouvrage, nous n'y trouvons pas mentionnée celle de Romangzoff.

Ephémérine droite (Tʀᴀᴅᴇꜱᴄᴀɴᴛɪᴀ ᴠɪʀɢɪ-ɴɪᴄᴀ). Cette plante, originaire du Mexique, ne paraît pas être encore répandue en France. De tous les ouvrages d'horticulture, celui de M. Bréant est le seul jusqu'à présent qui en parle. Ne la connaissant pas moi-même, je lui emprunte la description qu'il en donne. — Tige d'un mètre à un mètre 25°. — Feuilles ovales-elliptiques, rétrécies à la base. — En juillet-septembre, fleurs en grappes, d'un pourpre-violet. — Pleine terre légère, à exposition chaude; multiplication de graines semées au printemps sur couche chaude, et repiquer le jeune plant en place. Laisser quelques pieds sur la couche pour en obtenir de la graine.

Ephémérine ondulée (T. ᴜɴᴅᴀᴛᴀ). — Mexique. — Tige droite. — Feuilles ovales-elliptiques, ondulées, pubescentes en dessus, glabres en dessous. — De juillet en septembre, fleurs d'un rose vif. Culture de la précédente (idem).

Epinard fraise (Bʟɪᴛᴜᴍ ᴄᴀᴘɪᴛᴀʟᴜᴍ). Sʏɴ. : *Blete en tête.* Si je vous parle de cette plante, mon amie, c'est à cause de sa singularité ; car ses fleurs sont petites, insignifiantes, d'un blanc sale, et ne méritent pas d'être cultivées. Ses fruits, en têtes terminales, ressemblent absolument à des fraises par leur couleur, par leur forme, mais là s'arrête toute leur ressemblance ; car ils sont fades et sans parfum. Cette plante, qui produit un assez bel effet quand ses fruits sont bien mûrs, une fois introduite dans nos jardins, s'y ressème d'elle-même, souvent d'une manière très-incommode.

Félicie délicate (FELICIA TENELLA). SYN. : *Astère délicate.* Originaire du Cap, cultivée en France depuis 1769. — Tige de 20 à 25ᶜ, à rameaux diffus. — Feuilles éparses, linéaires, ciliées. — Tout l'été, fleurs en capitules terminaux, d'un bleu pâle, à disque jaune. — Semer en mars, sur couche, et repiquer en terre légère, ou semer sur place en avril.

Giroflée quarantaine (CHEIRANTHUS ANNUUS). SYN. : *Quarantain, quarantaine royale, giroflée d'été, giroflée de six semaines.* Originaire du Midi, cette charmante giroflée est connue de tout le monde, et cultivée dans la plupart des jardins. On lui a donné le nom de *quarantaine,* parce que sa végétation est si prompte, qu'au bout de quarante jours de semis, elle montre déjà ses boutons à fleurs. — Tige herbacée, mais ferme, cylindrique, de 25 à 30ᶜ, divisée à son sommet en rameaux lâches, peu nombreux. — Feuilles éparses, lancéolées-obtuses, légèrement veloutées, d'un vert blanchâtre, surtout la variété à fleurs blanches, qui souvent présente un aspect argenté et farineux. — Fleurs rouges, blanches, violettes, couleur de chair, avec toutes leurs nuances, ou panachées, simples ou doubles, d'une odeur très-agréable, à pétales larges, un peu échancrés.

Malheureusement, ma bonne Emma, cette giroflée donne toujours beaucoup de fleurs simples, et sur un semis, plus ou moins important, on n'en obtient pas ordinairement sur dix plus de deux ou trois de doubles. Depuis quelques années, les amateurs l'ont abandonnée pour cultiver une nouvelle variété, connue sous le nom de *quarantaine d'Erfurth*, ville renommée pour ses giroflées, comme Harlem l'est pour ses hyacinthes. Cette nouvelle variété double presque toujours ; ses rameaux sont plus forts ; ses fleurs beaucoup plus belles, plus variées de couleurs. On compte une quarantaine de nuances ; mais, parmi ce nombre, il n'y en a réellement que quinze à vingt bien tranchées ; c'est déjà beaucoup ; cependant toutes méritent d'être cultivées. C'est donc cette espèce que je vous engage à cultiver de préférence ; mais je dois vous prévenir qu'il faut en renouveller la graine tous les trois ans, parce que en semant chaque année, celles que nous récoltons dans nos jardins, elles finissent par dégénérer dans nos terrains et par redevenir simples en grande partie ; c'est du moins ce qui m'est arrivé plusieurs fois. Comme les grainiers-fleuristes tirent maintenant tous les ans de nouvelles graines d'Erfurth, il vous sera facile de vous en procurer.

Semer sur couche, de février en mars, ou dans le courant d'avril, en pleine terre, bien meuble, bien terréautée, à bonne exposition, et recouvrir fort peu les semences.

Lorsque les quarantaines ont poussé leurs premières feuilles, on les repique en pépinière dans une terre bien amendée, à cinq ou six centimètres de distance l'une de l'autre, et pendant les premiers jours, on les abrite du soleil.

Lorsque le bouton commence à marquer, on supprime toutes les simples, dont on garde seulement quelques pieds de chaque couleur pour avoir de la graine. On enlève les doubles, autant que possible avec leur motte, pour assurer leur reprise, et ne pas retarder leur floraison, et on les place à demeure, à une distance de 25 à 30°, dans un terrain léger, bien amendé, bien exposé, parce que ces plantes ne viennent réellement bien, et ne déploient une belle végétation, que dans une terre légère, substantielle et bien fumée. Si vous semez tous les mois, depuis mars jusqu'en juillet, vous pourrez avoir des fleurs jusqu'aux premières gelées.

Pour avoir des quarantaines en fleurs dès le mois d'avril, il faut semer en septembre ou octobre au plus tard, repiquer en pots, et pendant l'hiver conserver le jeune plant sous chassis ou en orangerie. Ces plantes n'aimant pas à être renfermées longtemps, il faut avoir soin, toutes les fois que la température le permet, de les exposer à l'air libre et au soleil, et ne les rentrer que lorsque le temps menace de se mettre à la gelée. C'est le seul moyen de les conserver en bon état. Ce sont ces quarantaines, cultivées de cette manière, que nous voyons en avril, même en mars, sur nos marchés aux fleurs. Les jardiniers-fleuristes n'ayant pas d'autres secrets, vous voyez, mon amie, que nous pouvons réussir comme eux, et avoir aussi ces fleurs de très-bonne heure.

Godétie rubiconde (GODETIA RUBICONDA).

Syn. : *Godétie rouge vin, œnothère rubiconde.*
Nous ne cultivons cette plante, qui nous vient
de la Californie, que depuis 1842 ; mais comme
elle est d'une culture facile, elle s'est promptement répandue dans nos jardins. — Tiges droites,
effilées, de 60 à 80ᶜ. — Feuilles lancéolées, aigues, d'un vert blanchâtre. — Fleurs assez
grandes, de couleur rouge-vin sur le limbe, jaune
safrané dans le foued.

Godétie gracieuse (G. LEPIDA). —
Tiges droites. — Feuilles oblongues, linéaires,
entières, glabres, ou légèrement pubescentes.
— Fleur pourpre pâle.

Godétie de Lindley (G. LINDLEYANA). —
Tiges rameuses, ascendantes.—Feuilles linéaires,
lancéolées, entières, aigues, glabres. — Fleur
rose panachée de blanc, pourpre à la base.

Ces deux dernières nous viennent aussi de la
Californie, la première en 1828, la seconde en
1827. Les godeties. sont de jolies plantes, et font
en juin et juillet l'ornement de nos plates-bandes
et de nos bannettes. — Culture facile. — Semer
en mars, sur couche, ou en mai, en pleine terre
légère, et un peu ombragée.

Gynandropside à cinq feuilles (GY-
NANDROPSIS PENTAPHYLLA). Syn. : *Gynandropse à
cinq feuilles.* — Tige de 50 à 60ᶜ, cannellée ; rameaux étalés. — Feuilles à cinq folioles, ovales,
arrondies, un peu ciliées. — En juillet et août,
fleurs blanches, ou lavées de violet, en épi lâche,
terminal. Semer sur couche, et repiquer ensuite
en pleine terre.

Immortelle à bractées (XERANTHEMUM
BRACTEATUM). Syn. : *Immortelle Joséphine.* — Ce
dernier nom, ma bonne et gracieuse Emma,

nous rappele celui de l'excellente femme qui, par sa bonté, son amabilité, a su se faire aimer des Français, et dont la mémoire leur sera toujours chère. C'est elle qui, la première en France, a introduit cette jolie plante, originaire de la Nouvelle-Hollande, dans ses jardins de la Malmaison, d'où au bout de quelques années, elle s'est répandue chez tous les amateurs. — Tige cylindrique, striée, droite, rameuse de **80** à **90**ᶜ. — Feuilles nombreuses, alternes, lancéolées, aigues, sessiles. — Fleurs larges, solitaires, en panicules, d'un très-beau jaune-doré luisant. Chaque fleur accompagnée de trois à quatre bractées qui la dépassent. — Fleurit une partie de l'été et de l'automne. — Terre légère, bonne exposition. Semer aussitôt la maturité de la graine; si on ne sème qu'au printemps, elles ne mûrissent pas ou mûrissent difficilement, à moins que l'automne ne soit beau et sec. Variété à fleurs blanches.

Immortelle annuelle (X. ᴀɴɴᴜᴜᴍ). *Immortelle vulgaire, fleur éternelle, immortelle commune.* — Tiges herbacées, anguleuses, ramifiées, légèrement cotonneuses, de 50 à 70ᶜ. — Feuilles lancéolées, alternes, blanchâtres en dessous, presque sessiles. — Fleurs en tête, blanches, violettes ou gris de lin, selon les variétés; fleurs qui durent longtemps sur la plante, et que l'on conserve ensuite pour faire des bouquets d'hiver, au moyen d'une préparation que leur font subir les fleuristes.

L'immortelle jaune, que tout le monde connaît, est le *gnaplale oriental*, plante originaire du Levant, mais peu cultivée en France.

C'est cette immortelle, ma gracieuse Emma, qui a inspiré à Constant Dubos les vers suivants :

IMMORTELLE.

O toi que l'amitié fidèle
Réclame pour son attribut,
Fleur simple et durable comme elle,
Préside aux accords de mon luth !
Symbole heureux de la constance,
Quand je te chante inspire-moi ;
Et puissent, pour ma récompense,
Mes vers durer autant que toi.

L'automne a fui dans nos vallées ;
L'hiver ramène les frimats ;
Déjà les grâces désolées
Ont cessé d'y porter leurs pas.
En nous quittant Flore te laisse,
Pour nous consoler des beaux jours ;
Ainsi quelquefois la vieillesse
Dérobe une fleur aux amours.

Dumas, en parlant de cette fleur, a dit aussi :

L'automne en lui donnant la vie,
A dit aux volages amours :
L'amant en perdant ses beaux jours,
Reste fidèle à son amie.

L'amour est cette fleur si belle
Dont Zéphyr ouvre les boutons.
Mais l'amitié, c'est l'immortelle
Que l'on cueille en toute saison.

Jasione des montagnes (JASIONA MONTANA).
SYN : *Jasione commune.* — Tige de 20 à 25ᶜ, dressée, grêle, cylindrique, velue inférieurement, glabres au sommet. — Feuilles linéaires-lancéolées, légèrement velues, pedonculées. — En juin et juillet, fleurs bleues en grappes. — Terre de bruyère ou terre sablonneuse. Multiplication de graines semées au printemps.

Lavatère à grandes fleurs (LAVATERA TRIMESTRIS). SYN. : *Mauve fleurie.* Très-jolie plante plus connue sous le nom vulgaire de *mauve rose,* par les personnes étrangères à la botanique, que sous celui de lavatère, son nom scientifique; elle produit un très-bel effet dans nos parterres. — Tige de 80 à 90ᶜ, droite, rameuse, légèrement hispide au sommet. — Feuilles glabres, les inférieures cordiformes, arrondies, crénelées; les supérieures anguleuses. — Tout l'été, fleurs pedonculées, solitaires, très-grandes, axillaires, nombreuses, blanches ou d'un beau rose. En mèlant ces deux variétés, on fait de charmants massifs. — Culture facile; toute terre substantielle, exposition chaude; semer au printemps sur couche, et repiquer en place, ou en pleine terre bien amendée.

Lavatère de Candie (L. CRETICA). — Tiges herbacées, rameuses, couvertes de poils rudes, de 25 à 30ᶜ — Feuilles à cinq lobes aigus, pétiolées, légèrement hispides. — Fleurs petites, d'un bleu clair, axillaires, glomérulées. — Fleurit en juillet, mais ses fleurs se prolongent souvent jusqu'à la fin de septembre. — Même culture.

Lin à grandes fleurs (LINUM GRANDIFLO-RUM). Charmante espèce annuelle, découverte il y a quelques annees en Algérie, et dont la *Revue horticole* a donné la figure dans son premier numéro de novembre 1848 — Tige de 20ᶜ, rameuse, glabre, cylindrique. — Feuilles étroites. espacées, ovales-acuminées, sessiles, entières, très-légèrement ciliées, d'un vert glauque. — De juin en septembre, fleurs pedonculées, grandes, bien ouvertes, d'un rouge éclatant, disposées en panicules lâches. — Semer sur couche et repiquer en place, en terre bien meuble, bien fumée et à bonne exposition. — Cultivée en pots, cette plante produit un charmant effet.

Lipérie violacé (Lipéria violacea). Du Cap. — Tiges basses, un peu couchées. — Feuilles oblongues, denticulées. — De juin en septembre, fleurs axillaires, assez grandes, couleur lilas. — Multiplication de graines semées sur couche et repiquées en terre légère ; mieux, terre de bruyère.

Lobélie hétérophylle (Lobelia hetero-philla). Cette plante, originaire de la Nouvelle-Hollande, n'est connue en France que depuis 1839. C'est vous dire, mon amie, qu'elle n'est encore cultivée que par un petit nombre d'amateurs. — Tige de 60 à 70°, glabre, simple, anguleuse. — Feuilles charnues, un peu épaisses ; les radicales obovales, entières ; les caulinaires inférieures pennatifides, dentées, les supérieures peu nombreuses, entières. — En août-septembre, fleurs bleues, en grappe terminale. — Semer au printemps sur couche, et repiquer en terre de bruyère ou en terre légère.

Lobélie érine (L. erinus). Importée du Cap en 1752. — Tiges rameuses, diffuses, de 15 à 20°. — Feuilles radicales, obovales, un peu atténuées en pétiole ; les caulinaires sessiles, lancéolées. — En juin-septembre, fleurs bleues, axillaires et terminales. — Même culture.

Lychnide rose du ciel (Lychnis coeli-rosa). Syn. : *Agrostème rose du ciel, coquelourde rose du ciel, agrostème rosée du ciel.* Cette petite plante, originaire du Levant, supporte mal la transplantation. Ayant oublié de vous en parler dans la lettre précédente, je répare cette omission dans celle-ci. — Tiges droites, glabres, très-menues, de 20 à 25ᶜ, peu rameuses. — Feuilles linéaires-aigues, très-espacées. — Fleurs solitaires, terminales, d'un rose tendre, à cinq pétales, chaque pétale légèrement échancré. — Semer en place, à l'automne, ou au printemps, en terre légère.

Malope à trois lobes (MALOPE TRIFIDA). SYN. : *Malope trifide.* Cette plante, qui appartient à la famille des malvacées, est très-jolie et produit un bel effet dans les massifs, dans les corbeilles. Originaire de la Mauritaine, on la cultive en France depuis à peu près un demi-siècle, et comme elle est d'une culture très-facile, elle est très-répandue dans les jardins. — Tige de 60 à 70ᶜ, droite, très-rameuse, en touffes. — Feuilles ovales, pédonculées, lobées, crénelées. — Tout l'été, fleurs d'un rose foncé, grandes, campanulées, nombreuses, axillaires, solitaires, d'un bel effet. —Variété à fleurs blanches. — Culture des lavatères.

Malope à grandes fleurs (M. GRANDIFLORA). Cette variété est plus robuste ; ses fleurs sont plus grandes, d'un rouge plus foncé, et produisent encore plus d'effet dans les parterres. — Même culture. — Cette plante, cultivée en pot et traitée comme le réséda, devient comme lui un petit arbrisseau que l'on peut conserver plusieurs années, si, pendant l'hiver, il est rentré dans une serre tempérée, où, à défaut de serre, dans un appartement dans lequel la température ne descend pas au-dessous du tempéré.

Martynie anguleuse (MARTYNIA ANGULOSA). SYN. : *Cornaret à petites cornes, bicorne à deux étamines.* Cette plante, ma bonne Emma, ainsi que les deux suivantes sont assez jolies, mais, ce qui surtout les fait cultiver par quelques amateurs, c'est la singularité de leurs fruits qui ont une grande ressemblance avec une corne de bélier. — Tige rameuse de 40 à 50°. — Feuilles opposées, en cœur, grandes, visqueuses, dentées.—Fleurs ventrues, blanches ou purpurines, tachetées de pourpre, ressemblant, surtout pour la forme, à celles de la digitale. — Fleurit de juin en août. — Fruit : capsules terminées par deux cornes roulées, imitant assez bien, ainsi que je viens de vous le dire, une corne de bélier, d'où sont venus à ces plantes les noms de *corna-ret*, de *bicorne*.

Martynic à grandes cornes (M. PROBOSCIDEA). SYN. : *Bicorne trompe d'éléphaut.* — Tige de 50 à 60°, rameuse. — Feuilles cordiformes, entières, les supérieures, alternes, — Fleurs grandes, jaunâtres, ponctuées de pourpre ou de jaune. — Cornes du fruit très-longues et arquées. — Ces deux plantes, originaires du Mexique, introduites en France, l'anguleuse en 1731, et l'autre en 1738, demandent une bonne terre, plutôt légère que forte, et l'exposition du midi. — Semer sur couche chaude, sous chassis, en mars, et repiquer en place en avril ou mai.

Martynie pourpre odorante (M. FRAGANS). Cette variété nous vient aussi du Mexique, mais nous ne la possédons que depuis 1840. — Tiges de 80° à 1^m, cylindriques, flexueuses, formant une haute et large touffe. — Feuilles généralement opposées, pétiolées, cordiformes, trilobées, anguleuses, sinuées, blanchâtres en dessous. — Fleurs grandes, d'un pourpre violacé, marqué de jaune, en grappes terminales, à odeur de vanille. — Même culture.

Melongêne (Solanum melongena). Syn. : *Aubergine blanche, morelle ovigère, mérangène, mayenne, plante aux œufs, poule pondeuse.* Cette plante, ma bonne Emma, dont les fleurs n'ont rien de remarquable, n'est cultivée dans quelques jardins que pour la singularité de son fruit, qui a la grosseur, la forme et la blancheur d'un œuf de poule. — Semer en mars, sur couche chaude et sous cloche; repiquer en terre franche, légère ; à bonne exposition ; arrosements abondants pendant tout l'été.

Oxyure à feuilles de chrysanthême (Oxyura chrysanthemoïdes). Syn. : *Oxyure faux chrysanthème.* Plante de la famille des composées, assez jolie, importée de la Californie, en 1836, et qui en masse produit un très-bel effet dans les massifs. — Tiges droites, de 20 à 25°, cylindriques, pourprées, rameuses. — Feuilles alternes, sessiles, glabres, dentées en scie, ciliées sur les bords. — Fleurs solitaires, en capitules, à disque jaune, le bout des pétales blanc et denté. — Pour obtenir cette plante dans toute sa beauté, vous devez, ma bonne Emma, la semer à l'automne ; elle fleurira en mai ou juin, et murira parfaitement ses graines. Si, au contraire, vous ne faites votre semis qu'au printemps, vos plantes ne fleuriront qu'en juillet, seront beaucoup plus petites dans toutes leurs dimensions et produiront alors bien moins d'effet. — Pour conserver plus longtemps sa beauté et sa fraîcheur, l'oxyure demande une terre légère, et une exposition demi-ombragée. Placée au midi, lorsque les premières chaleurs du printemps commencent à se faire sentir, souvent cette plante se dégarnit de feuilles à sa base, ce qui la dépare beaucoup et lui donne un port moins gracieux.

Pentapétès pourpre (PENTAPETES PHŒ-
NICEA). SYN. . *Pentapétès écarlate.* Quoique cette
plante, qui nous vient des Indes-Orientales, soit
connue en France depuis 1690, qu'elle soit
assez jolie, elle est cependant très-peu répandue
dans les jardins, où on en cultive beaucoup qui
sont bien loin d'égaler sa beauté. — Tige d'un
mètre, rameuse. — Feuilles lancéolées, alternes,
pétiolées, hastées, dentelées supérieurement,
crénelées inférieurement. — Fleurs pédonculées, axillaires, pendantes, solitaires, écarlates,
ressemblant un peu à celle des mauves. — Fleurit en juillet et août — Semer au printemps,
sur couche chaude, sous chassis ou sous cloche ;
repiquer en pleine terre, autant que possible
avec sa motte, quand la saison commence à être
douce. Cette plante, pour fleurir et amener ses
graines à maturité, demande beaucoup de chaleur, et le plein midi.

Persicaire orientale (POLYGONUM ORIEN-
TALE). SYN. : *Grande persicaire, persicaire du
Levant, renouée d'Orient, monte-au-ciel, bâton de
Saint-Jean, cordon de cardinal.* Belle et grande
plante d'ornement pour les grands parterres et
les massifs des jardins paysagers, apportée en
France par Tournefort, à son retour du voyage
du Levant, et qui doit son nom à la ressemblance
de ses feuilles avec celles du pêcher. — Tige
droite, articulée, rameuse à son sommet, rougeâtre, quelquefois couverte de poils courts,
haute de 2 à 3 mètres. — Feuilles grandes, larges,
ovales, aigues, pétiolées, d'un vert tendre. —
Fleurs en grappes axillaires, nombreuses, pendantes, d'un très-beau rouge. — Fleurit en août
jusqu'aux gelées. Variété à fleurs blanches ;

mais produisant moins d'effet. — Semer sur couche, au printemps, ou en place. Comme toutes celles de la même famille, cette plante aimant un terrain humide, il faut donc l'arroser fréquemment dans l'été. Une fois cultivée dans un jardin, elle se ressème souvent d'elle-même.

Phlox de Drummond (Phlox Drummondi). Syn. : *Phlox annuel*. Originaire du Texas. — Tiges rameuses, diffuses, velues, de 50 à 60°. — Feuilles scabres, les inférieures ovales, les supérieures lancéolées. — Tout l'été, fleurs roses, pourpres, rouges-pâles ou blanches, selon les variétés. disposées en corymbe serrés. — Terre de bruyère. Exposition à demi-ombragée. Ce phlox est bisannuel, et se multiplie facilement de boutures ; mais on le conserve difficilement pendant l'hiver, même sous chassis. Fleurissant la même année qu'il est semé, on le traite alors comme plante annuelle. Semer en mars, sur couche tiède, et repiquer en place.— Importé en France en 1835.

Podolepis à fleurs carnées (Podolepis gracilis). Syn. : *Podolepis grêle*. Plante de la Nouvelle-Hollande, assez élégante, introduite au Jardin-des-Plantes, de Paris, en 1829, et qu'on rencontre aujourd'hui dans celui de beaucoup d'amateurs. — Tige rameuse, rougeâtre, flexueuse, haute de 60 à 70°. — Feuilles alternes, sessiles, lancéolées, glabres, luisantes, un peu charnues, longues de 8 à 12°. — Fleurs radiées, terminales, à rayons blancs et à disque rose.— Semer sur couche de bonne heure, ou en place, en avril. — Exposition chaude ; terre l'égère, mieux encore terre de bruyère.

Pourpier à grandes fleurs (Portulaca grandiflora). Très-jolie plante, originaire du

Brésil, que nous ne cultivons dans nos jardins que depuis 1828, mais qui demande beaucoup de chaleur pour nous montrer ses fleurs dans toute leur beauté. — Tiges couchées, divergentes, de 20 a 25° au plus. — feuilles charnues, subulées, légèrement poilues. — En juin-juillet, fleurs terminales grandes, d'un pourpre-violacé magnifique, blanches au centre, à anthères dorés, et qui produisent un très-bel effet, lorsque le soleil brille de tout son éclat. — Semer en mars, sur cloche ; repiquer en avril ou mai en terre légère, sablonneuse ou même en terre de bruyère, en plein midi ; peu d'arrosements. — Cette plante cultivée en pots produit encore plus d'effet. Reprenant très-bien de bouture, on peut alors la cultiver comme plante vivace. — Variété à fleurs rouge-cocciné ; à fleurs d'un blanc pur ; à fleurs blanches rayées de carmin; à fleurs jaunes tachées de rouge : toutes ces variétés sont fort jolies. — Même culture.

Ricin commun (RICINUS COMMUNIS). SYN. : *Palma Christi, palme du Christ, ricin officinal.* Cette plante, originaire de l'Inde et de l'Afrique, est d'un très-beau port, d'un très-joli feuillage, très-propre à l'ornement des grands jardins et des massifs. Vivace dans son pays natal, et s'y élevant jusqu'à 10 à 12 mètres; elle est annuelle dans notre climat. On lui a donné le nom de *palme du Christ* à cause de la disposition digitée de ses feuilles. — Tige de près de deux mètres, fistuleuse, glabre, cylindrique, rameuse, légèrement purpurine. — Feuilles alternes, palmées, à sept lobes, aigus et dentés en scie. — Tout l'été, fleurs monoïques, verdâtres, de peu d'appapence, en grappes pyramidales; les inférieures mâles les supérieures femelles. — Fruits : capsules à trois loges, à côtes saillantes, triangulaires, noirâtres, couvertes d'épines molles, renfermant chacune une graine ovale-obtuse aux deux extrémités, comprimée d'un côté, bombée de l'autre, d'un gris jaspé de taches brunes. — C'est de ses semences que l'on retire l'huile si employée en médecine, sous le nom d'*huile de ricin*, que l'on tirait autrefois de l'Amérique, mais qui se fabrique aujourd'hui dans nos départements méridionaux, où depuis quelques années cette plante est cultivée en grand. Semer sur couche chaude, et en juin mettre en place dans les parterres.

Le **ricin minor**, beaucoup plus petit dans toutes ses parties, se cultive de même.

Sainfoin capité (Hedisarum capitatum). Syn. : *Sainfoin capitulé, sainfoin à fleurs en tête.* — Tige de 40 à 60ᶜ, diffuse, rougeâtre, rameuse. — Feuilles de 13 à 15 folioles, oblongues, aiguës. Tout l'été, fleurs grandes, d'un rose vif, en épis lâches, terminaux. — Pleine terre légère, un peu calcaire. Exposition chaude. — Semer sur couche et repiquer le jeune plant quand il a trois ou quatre centimètres ; plus grand, il reprend plus difficilement.

Sarrète ailée (Sarratuta alata). Cette plante, importée de la Sibérie, est en possession d'orner nos jardins depuis une vingtaine d'années. — Tige rameuse, de 60ᶜ. — Feuilles supérieures lancéolées, les inférieures lyrées. — Fleurs en tête, d'un rose vif, pedonculées. — Fleurit à l'automne. — Pleine terre légère, à demi ombragée. Multiplication de graines semées aussitôt la maturité, soit sur couche, soit de suite en place.

Sénéçon élégant (SENECIO ELEGANS). SYN. : *Sénéçon d'Afrique, sénéçon des Indes, jacobée à feuille de sénéçon, fleur de Saint-Jacques.* Très-jolie plante d'automne, qui produit un charmant effet par ses fleurs d'un rouge-cramoisi si éclatant, que souvent l'œil ne peut les regarder fixement. — Tiges cylindriques, fistuleuses, cannelées, très-rameuses, de 35 à 40°. — Feuilles pinnatifides-lyrées, d'un beau vert, un peu molles, enfin, ressemblant beaucoup à celle du sénéçon commun, mais tiges et feuilles plus grandes. — Fleurs radiées, d'un beau rouge, doubles, très-belles. La variété à fleurs simples, à disque jaune et à rayons rouges produisant beaucoup moins d'effet, est peu cultivée dans les jardins. Multiplication de semences sur couche ou sur terreau, et de boutures. Cette plante, mon aimable amie, si jolie quand elle est très-double, demande un terrain un peu humide, mais une exposition chaude. Traitée comme le réséda, et placée en orangerie, vous pourrez la conserver plusieurs années. En pleine terre, elle périt aux premières gelées.

On lui a donné le nom de sénéçon, du latin *senecio,* parce que les anciens avaient comparé aux cheveux blancs des vieillards la blancheur des aigrettes qui couronnent les semences.

Schizanthe à feuilles ailées (SCHISANTHUS PINNATUS). SYN. : *Schizante penné.* Plante assez jolie, qui nous vient du Chili, et que nous cultivons dans nos jardins, depuis environ une vingtaine d'années. — Tiges rameuses, de 50 à 60°, à rameaux étalés, diffus ; un peu velue. — Feuilles ailées, à folioles allongées, pinnatifides, decurrentes. — Fleurs en panicules terminales, renversées, d'un lilas clair, à palais jaune, ponctué de pourpre, et marqué de taches violettes. Fleurit à la fin de l'été et une grande partie de l'automne. — Semer au printemps, sur couche, et repiquer avec la motte. Bonne exposition. Semée à la même époque, en place, sur une terre légère bien terreautée, la plante devient plus forte, les fleurs beaucoup plus belles.

Schizanthe émoussé (S. RETUSUS) Le *Bon Jardinier*, la *Revue horticole*, ne nous indiquent pas de quelle contrée est originaire cette jolie plante ; il est présumable qu'elle nous vient aussi du Chili. Cette dernière la décrit ainsi : « Les fleurs de cette espèce sont fort jolies et très-différentes de celles du Schisanthus pinnatus. Les pedoncules et les calices sont munis de poils blancs terminés par une tête noire ; le limbe de la corolle à trois divisions quadrilobées, d'un rose vif magnifique ; le quatrième, qui représente un label, est entier, ovale, lancéolé, tronqué au sommet, plus long que les autres, jaune, reticulé de pourpre, et rose seulement à son extrémité. Les deux étamines ne dépassent pas l'orifice du tube ; les anthères sont verdâtres en dehors et uniloculaires. Cette plante annuelle et curieuse mûrit facilement ses graines. » Semer en août, repiquer le plant en petits pots, le conserver sous chassis ou sous cloche pendant l'hiver, et le mettre en pleine terre en avril ; mais avoir le soin de le planter avec sa motte.

Schizanthe de Graham (S. GRAHAMI). Variété provenue des deux espèces ci-dessus. Plante plus vigoureuse, feuillage plus agréable que celui de S. pinnatus. Fleurs très-larges, d'un rose franc. Fleurit en juillet et août. Même culture que pour le retusus.

Soleil à grandes fleurs (HÉLIANTHUS ANNUUS). SYN. : *Hélianthème annuel, couronne de soleil, tournesol, fleur du soleil, girosol, grand soleil.* Très-jolie plante annuelle, originaire du Pérou, remarquable par sa beauté et la grandeur de ses fleurs, ressemblant au disque du soleil, et qui souvent ont de 30 à 40ᶜ de diamètre. Cependant, mon amie, malgré sa beauté, elle est généralement peu cultivée, surtout dans les jardins des amateurs. C'est sans doute parce qu'elle ne demande aucun soin, et qu'il suffit de mettre une de ses graines en terre pour avoir au bout de quelques mois une plante superbe, d'un très-joli port, d'un beau feuillage, qui ferait l'admiration de tout le monde, si elle était plus rare et d'une culture plus difficile. — Tige de 2 à 3 mètres, grosse, rameuse à son sommet, contenant beaucoup de moelle. — Feuilles très-larges, presque cordiformes, légèrement hispides, alternes, pétiolées. — Fleurs très-grandes, radiées, d'un beau jaune ou d'un jaune soufré, penchées, simples ou doubles, toujours tournées du côté du midi. — Fleurit en juillet et août. — Multiplication de graines semées en place ou sur couche. Culture facile, toute terre, mais bonne exposition.

Soleil nain (HÉLIANTHUS ANNUUS NANUS). Importée de l'Égypte, cette variété, très-gracieuse, ne s'élève pas à plus de 40 à 45ᶜ, donne aussi de jolies fleurs très-grandes, ne demande pas plus de soins, se convient de même dans tous les terrains, et n'épuise pas la terre autant que le soleil à grandes fleurs. — Même culture.

Souci commun (CALENDULA OFFICINALIS. SYN. : *Souci des jardins, souci officinal.* Plante indigène connue de tout le monde, fort jolie, que l'on voyait dans ma jeunesse dans tous les jardins ; mais dont la culture paraît à peu près abandonnée depuis bien des années. Son odeur n'est pas agréable, il est vrai, mais ce n'est pas la seule plante qui présente cet inconvénient. — Tige droite rameuse, de 30 à 40°, un peu velue. — Feuilles alternes, sessiles, ovales-oblongues, assez épaisses, un peu sinueuses sur leurs bords, légèrement pubescentes. — Fleurs radiées, grandes, solitaires, au sommet de la tige et de ses ramifications, d'un beau jaune, plus ou moins safrané, ou d'un jaune citron. — Fleurit pendant plusieurs mois. — Les Romains l'appelaient *fleur des calendes* ou *fleur de tous les mois*. Dans le langage des fleurs, le souci, mon aimable amie, exprime la tristesse.

Le souci a inspiré les vers suivants à Michaud :

Souci simple et modeste, à la cour de Cypris
En vain sur toi la rose obtient toujours le prix.
Ta fleur, moins célébrée, a pour moi plus de charmes ;
L'Aurore te forma de ses plus douces larmes.
Dédaignant des cités les jardins fastueux,
Tu te plais dans les champs, aimé des malheureux ;
Tu portes dans les cœurs ta douce rêverie ;
Ton éclat plaît toujours à la mélancolie ;
Et le sage Indien, pleurant sur un cercueil,
De tes fraîches couleurs peint ses habits de deuil.

Souci de la Reine (C. PERENNIS). SYN. *Souci de Trianon, souci anémone.* Ce souci a beaucoup de ressemblance avec celui des jardins, seulement ses fleurs sont plus larges, plus doubles, d'un jaune moins foncé ; ses pétales plus étroits produisent encore plus d'effet dans les parterres. Rentré en orangerie, ce souci fleurit l'hiver et peut se conserver quelques années : mais généralement on le cultive comme plante annuelle ; semé tous les ans il est même plus beau.

Souci pluvial (C. PLUVIALIS). SYN. : *Souci hygromètre, dimophortèque hygromètre, dimophortèque pluviale.* Ce souci est bien moins beau ; ses tiges sont plus longues, plus faibles, souvent couchées à terre. — Feuilles étroites, lancéolées, profondément dentées. On le cultive cependant dans quelques jardins à cause de sa singularité. Il n'ouvre sa corolle que lorsque le soleil brille de tout son éclat, et s'empresse de la fermer aux approches de la pluie. C'est, comme vous le voyez, ma bonne Emma, tout le contraire de la belle de nuit.

Le **souci à bouquets** présente une autre singularité plus remarquable, et peut-être unique dans l'empire de Flore. Sous les premières fleurs, et après leur épanouissement, prennent naissance quinze à vingt fleurs secondaires, plus petites, et réunies en bouquet, ce qui produit un charmant effet.

Tous les soucis sont d'une culture facile et ne demandent aucun soin particulier. Semer sur couche, au printemps ; repiquer en place, ou semer à l'automne, en pleine terre. Très-souvent cette plante se ressème d'elle-même.

Stévie pétalée (STEVIA PEDATA). SYN. : *Stévie à feuilles pédiaires, stévie à feuilles pédées.* Cette plante, originaire de Cuba, n'est connue en France que depuis le commencement du siècle. — Tiges de 60 à 70°, striées longitudinalement, rameuses, à rameaux alternes. — Feuilles pédées. alternes, à sept folioles, portées sur deux pétioles, dont trois de chaque côté sur un pétiole commun, et la septième, celle du centre, plus grande, portée sur un pétiole particulier, un peu plus long que le premier. — En juillet et août, fleurs petites, en corymbe, rose pâle, à anthère violette. — Terre légère, exposition en plein midi ; à une autre exposition les semences mûrissent difficilement ; multiplication de graines semées au printemps et repiquées en avril ou mai.

Stramoine fastueuse (DATURA FASTUOSA). SYN. : *Pomme épineuse d'Egypte, pommette, trompette du jugement.* Cette plante, originaire de l'Egypte, est connue depuis longtemps et justifie bien son nom par la beauté de ses fleurs. N'ayant aucune propriété malfaisante de ses congénérés, elle est sous tous les rapports digne des soins des amateurs ; mais cependant on la voit rarement dans les jardins. Elle lève difficilement, il est vrai ; mais une fois levée, elle ne demande que les soins des plantes un peu délicates. — Tige de 60 à 80ᶜ, branchue, violâtre. — Feuilles grandes, ovales, larges, sinuées, pétiolées. — En juillet et août, fleurs monopétales, très-grandes, infundibuliformes, d'un rose violacé, quelquefois aussi d'un rose pâle à l'extérieur, d'un blanc très-pur à l'intérieur ; limbe très-grand, évasé, plissé longitudinalement, formant cinq angles, terminés chacun par une pointe ; d'une odeur très-agréable. Ces fleurs durent peu, mais elles se renouvellent tous les jours pendant une grande partie de l'été ; elles présentent cette particularité, qu'elles contiennent souvent deux et même trois corolles semblables, les unes dans les autres. — Terre bien terreautée, exposition très-chaude, sans quoi les graines ne parvien-

ment pas à leur maturité. — Semer sur couche
aussitôt la graine récoltée ; ne levant pas, ou du
moins levant très-difficilement si on les sème au
printemps ; repiquer en place ou conserver en
pots, et arrosements fréquents pendant les chaleurs de l'été.

Stramoine cornue (D. CERATOCAULA). SYN. :
*Stramoine à tiges cornues, ceratocaulos faux da-
tura.* Originaire de l'île de Cuba, et connue en
France seulement depuis 1805, cette stramoine
est aussi fort jolie, et a beaucoup de ressemblance avec celle dont je viens de vous donner
la description. — Tige un peu plus haute, ramifiée. — Feuilles ovales-lancéolées, ondulées,
cotonneuses ou blanchâtres en dessous. — En
juillet ou août, fleurs très-jolies, très-grandes,
blanches en dedans, légèrement teintes de violet
en dehors sur les angles ; répandant une odeur
très-agréable ; ouvrant chaque jour leurs corolles
entre quatre et cinq heures du soir, et les fermant le lendemain à neuf heures du matin pour
ne plus les rouvrir ; mais se succédant jusqu'en
octobre. — Même culture.

Parmi les espèces herbacées, quelques amateurs cultivent encore la **stramoine à
fleurs violettes** (STRAMONIUM LATULA), et la
stramoine blanche (D. ALBA). Toutes les
deux fort jolies aussi.

Tabac de Virginie (NICOTIANA TABACUM).
SYN. : *Herbe à la reine, nicotiane, petun.* Plante
originaire de l'Amérique, assez jolie comme
plante d'ornement, mais peu répandue dans les
jardins, parce qu'il est défendu par le gouverne-
ment, qui s'en est réservé le monopole, d'en cultiver plus de deux ou trois pieds chez soi. —

Tige d'un mètre à un mètre cinquante, rameuse, cylindrique, assez grosse, remplie de moelle, pubescente et visqueuse. — Feuilles grandes, ovales-lancéolées, de 20 à 25° de longueur sur 7 à 8° de largeur, d'un vert foncé en dessus, plus pâles en dessous, visqueuses, rétrécies à leur base, sessiles ; nervures saillantes ; légèrement velues. — Fleurs monopétales, de couleur purpurine, à corolle infundibuliforme, disposées en petites panicules au sommet de la tige et de ses ramifications. — Fleurit en juillet et août. — Semer sur couche ; repiquer au printemps, en terre légère et substantielle, et à bonne exposition.

Tagètes étalé (TAGETES PATULA). SYN. : *Œillet d'Inde, tagètes branchu.* C'est dit-on à Tagès, petit-fils de Jupiter, divinité en grande vénération chez les Etruriens, que cette plante a été consacrée. Il y a un demi-siècle, elle était encore un des principaux ornements de nos jardins pendant l'automne ; mais d'autres fleurs plus jolies ou du moins d'une odeur plus agréable, ayant été introduites dans nos parterres, elle y est peu cultivée aujourd'hui.

Nous possédons depuis quelques années une variété plus jolie, c'est **l'œillet d'Inde rubané** (T. PATULA BICOLOR). Ses fleurs sont simples ou doubles, larges ; ses pétales ont leur centre jaune et leurs bords pourpres. Elles sont d'un bel effet, mais, malheureusement elles exhalent aussi une odeur forte et désagréable. Cette variété est plus gracieuse, et la plante devient moins forte. — Bonne terre franche, exposition chaude. — Semer sur couche, au printemps, et repiquer en place. Diverses variétés.

Tagètes élevé (T. ERECTA). SYN. : *Rose*

d'Inde, grand œillet d'Inde. Plante très-peu répandue aujourd'hui dans nos parterres, bien qu'elle soit assez jolie et qu'elle produise pendant l'automne un bel effet dans les massifs, mais dont l'odeur forte et désagréable déplait à beaucoup de personnes. La variété naine est encore cultivée par quelques amateurs.

Tithonie à fleurs de tagètes (TITHONIA TAGETIFLORA). SYN. : *Tithonie à fleurs d'œillet d'Inde*. Plante originaire du Mexique, introduite en France, en 1848, et dont le nom nous rappelle celui de Thiton, l'amant chéri de la belle et jeune Aurore. — Tige de 2 à 3 mètres. — Feuilles alternes, grandes, les inférieures trilobées. — De juillet en octobre, fleurs en capitules jaunes, solitaires, au sommet des rameaux. — Semer au printemps, sur couche chaude et sous chassis ; repiquer en mai avec sa motte ; tout terrain ; mais exposition chaude ; arrosements fréquents pendant les chaleurs de l'été.

Ximénésie à feuilles d'encélie (XIMENESIA ENCELOÏDES). Originaire du Mexique, cette plante a fleuri pour la première fois à Madrid, en 1792, d'où elle a été envoyée en France l'année suivante. — Tige d'un mètre, cylindrique, rameuse, plus ou moins blanchâtre. — Feuilles ovales-aiguës, dentées en scie, alternes, cotonneuses et blanchâtres en dessous ; longuement pétiolées. — De juin en novembre, fleurs jaunes, en capitules nombreux, de moyenne grandeur, lâchement et irrégulièrement disposés en corymbe. — Semer en mars, sur couche chaude ; repiquer en place, en mai, en terre légère, au midi ; arrosements fréquents pendant l'été.

Zinnia élégant (ZINNIA ELEGANS). SYN. :

Zinnia à fleurs roses. Les zinnias sont, mon aimable amie, de fort jolies plantes d'ornement ; elles font à la fin de l'été et pendant une grande partie de l'automne la parure de nos parterres. Originaire du Pérou, le plus joli de tous est celui à fleurs roses. — Tige de 70 à 80ᵉ, droite, se ramifiant à son sommet. — Feuilles ovales-aiguës, crénelées, sessiles, un peu connées. — Fleurs radiées, solitaires, grandes, terminales, à disque pourpre et à rayons roses. — Variété à fleurs blanches, jaunes, écarlates, chamois, etc.

Zinnia multiflore (Z. MULTIFLORA). SYN. : *Brésine des jardiniers, zinnia à fleurs rouges.* — Tiges droites, rameuses, de 40 à 50ᵉ. — Feuilles ovales-lancéolées, opposées, sessiles. — Fleurs nombreuses, à disque jaune et à rayons d'un rouge vif, pédonculées, terminales.

Zinnia à fleurs rares (Z. PAUCIFLORA). Ce zinnia est le moins beau, et, ainsi que vous l'indique son nom spécifique, celui qui donne le moins de fleurs. — Tige de 40 à 60ᵉ au plus, droite, rameuse, légèrement poilue. — Feuilles opposées, cordiformes, lancéolées, sessiles, presque amplexicaules. — Fleurs jaunes, à pédoncules striés.

Zinnia roulé (Z. REVOLUTA). — Tige d'un mètre. — Feuilles ovales-lancéolées. — Fleurs d'un rouge vif, à rayons roulés en dessous. On cultive encore le *Zinnia verticillé*, et le *Zinnia à fleurs étroites.*

Les zinnias sont des plantes peu délicates, originaires du Mexique ou du Pérou, et qui ne demandent plus de soins une fois qu'elles sont mises en place. Tous commencent à fleurir en juillet ou août, et prolongent leurs fleurs pendant une partie de l'automne. Ils aiment une terre légère et l'exposition du midi. — Semer en mars, sur couche ou sur terreau, et repiquer en place quand le jeune plant est en état de supporter la transplantation. Une fois qu'ils sont bien repris, ménager les arrosements.

Ici, mon amie, je termine ce que j'ai à vous dire sur les plantes annuelles. Je pense vous avoir donné le nom et la description de la plupart de celles généralement cultivées dans les jardins comme plantes d'agrément, et dont quelques-unes font réellement l'orgueil de nos parterres. Bien certainement, vous ne pouvez les cultiver toutes, du moins dans la même année, mais, vous le savez, nous avons chacun nos fleurs de prédilection ; c'est vous dire que votre goût seul doit déterminer votre choix.

Lettre Huitième.

DES PLANTES BISANNUELLES
ET
DES PLANTES TRISANNUELLES.

Dans cette lettre, ma bonne et gracieuse Emma, nous allons nous occuper particulièrement des plantes bisannuelles. Vous verrez que leur nombre n'est pas considérable, du moins pour celles que nous cultivons dans nos jardins.

Ces plantes, ainsi que vous l'indique leur nom, ne vivent que deux ans. Elles ont plus d'un rapport avec les plantes annuelles. Comme celles-ci, elles sont plus ou moins herbacées ; comme elles aussi, elles ne fleurissent qu'une seule fois, et périssent lorsqu'elles ont amené leur fruit à maturité. Ce qui établit une différence entre ces plantes, c'est qu'elles ne fleurissent que la seconde année.

La première année, les plantes bisannuelles ne poussent que des feuilles radicales. C'est au printemps suivant qu'elles se garnissent de feuilles caulinaires. Ensuite, elles montrent leurs fleurs, mûrissent leurs fruits, donnent leurs graines, et accomplissent ainsi le but de la nature, la reproduction de l'espèce.

On voit quelquefois des plantes bisannuelles donner une seconde floraison ; mais c'est une exception sur laquelle il ne faut pas compter,

puisqu'elle n'a rien de constant, et que cette circonstance est toujours due au hasard.

Les plantes trisannuelles, dont le nombre est
encore beaucoup plus petit, ne diffèrent de
celles-ci que parce qu'elles fleurissent deux années de suite ; mais, comme elles aussi, elles
périssent après avoir donné leurs graines.

Alcée rose (ALCEA ROSEA). SYN. : *Rose tre-
mière, passe-rose, rose de mer, rose de Damas,
rose d'outremer, guimauve rose, mauve en bâton.*
De tous les noms que porte cette plante, cultivée en France depuis l'époque des Croisades, c'est
celui de passe-rose sous lequel elle est généralement connue. Parmi les plantes qui servent à
l'ornement de nos jardins, la rose trémière, une
des plus rustiques et bien certainement aussi
l'une des plus belles, doit tenir l'un des premiers rangs. C'est surtout dans les grands massifs qu'elle produit un bel effet par son port, par
son feuillage, par la beauté et la grandeur de
ses fleurs, si variées de couleurs — Tige de 2 à
3 mètres, droite, rude, velue, remplie de moelle,
commençant à se ramifier à moitié de sa hauteur. — Feuilles très-larges, arrondies, portées
sur de longs pétioles ; légèrement velues ; profondément découpées en cinq ou sept lobes. --
Fleurs polypétales, très-grandes, roses, blanches,
jaunes, purpurines, brunes, noires, simples, semi-doubles ou doubles, selon les variétés ; sessiles, axillaires, en longs épis au sommet des
rameaux.

Depuis quelques années, on a obtenu par les
semis un grand nombre de variétés, qui sont
venues successivement embellir nos parterres :
variété dans le feuillage ; variété dans la forme

et la grandeur des fleurs, toutes plus ou moins pleines ; variété dans les couleurs déjà si nuancées, et qui aujourd'hui le sont à l'infini. Aussi une riche collection de passe-roses en pleines fleurs présente un coup-d'œil vraiment ravissant.

Les passe-roses sont d'une culture facile. On sème ordinairement sur couche, au mois de mars; mais comme cette plante ne fleurit que la seconde année, il vaut mieux ne semer qu'en septembre, en pleine terre, bien amendée et tenue un peu humide. Le semis lève ordinairement au bout de dix à douze jours au plus. Jusqu'au printemps suivant, il ne demande qu'un léger binage, de temps en temps, pour empêcher la terre de se durcir, et pour empêcher aussi les mauvaises herbes de pousser. Cependant, si l'hiver est rigoureux, il est plus prudent de couvrir d'un peu de litière le jeune plant. Au mois de mars on met en place, on arrose fortement pendant les premiers jours, et quand les plantes commencent à être fortes, on leur donne des tuteurs.

Les passe-roses viennent dans tous les terrains et à toute exposition ; mais la plante et les fleurs seront toujours plus fortes et plus belles dans un bon terrain, bien exposé. Ces plantes fleurissant deux années de suite, c'est vous dire, mon amie, qu'elles sont trisannuelles.

Angélique (ANGELICA ARCHANGELICA). Cette plante, qui croît naturellement sur les Alpes, est trisannuelle, et se fait remarquer dans nos jardins par la beauté de son port et par son joli feuillage. Ses fleurs, comme toutes celles de la famille des ombellifères, n'ont rien de remarquable ; elles sont petites et de couleur verdâtre. — Tige droite, d'un mètre à un mètre et demi, se ramifiant à son sommet, cylindrique, rayée de rouge et fistuleuse. — Feuilles pétiolées, très-grandes, lobées. — Fleurs en ombelles. — Toute la plante répand une odeur aromatique fort agréable, surtout les tiges. Vous savez, ma bonne Emma, que ce sont ces tiges que les confiseurs vendent sous le nom *d'angélique candie*.

Bartonie élégante (BARTONIA ORNATA). SYN. : *Bartonie ornée*. Importée du Missouri, en 1811. — Tige de 100 à 120°. — Feuilles lancéolées, sinuées, pinnatifides. — De juin à septembre, fleurs très-grandes, d'un blanc-jaunâtre, odorantes. — Semer en place, au printemps, en terre légère ou sablonneuse ; arrosements modérés.

Campanule à grosse fleur (CAMPANULA MEDIUM). SYN. : *Violette marine, gobelet de la Chine.* Très-jolie plante, originaire d'Italie, où elle croît naturellement dans les bois et les lieux arides, transportée dans nos jardins depuis un grand nombre d'années. — Tige cylindrique, ramifiée, de 60 à 80°. — Feuilles oblongues-lancéolées, sessiles, légèrement velues, ainsi que la tige, rudes au toucher. — Fleurs monopétales, nombreuses, grandes, simples ou doubles, bleues ou blanches, selon les variétés, en forme de godet, disposées en grappes multiflores, lâches, d'un très-bel effet. En fleurs tout l'été. — Bonne terre, toute exposition ; semer en mars ou avril ; repiquer le jeune plant en pepinière, et au printemps suivant, mettre en place dans le parterre. — Depuis quelques années on a obtenu des variétés à fleurs très-doubles fort jolies.

Cantua piqueté (CANTUA PICTA). SYN. : *Ipomopside élégante.* Charmante et gracieuse plante, importée de la Caroline introduite dans nos jardins depuis une vingtaine d'années. — Tige peu rameuse, raide, d'un mètre et demi. — Feuilles pinnatifides, à découpures linéaires. — De juillet en septembre, fleurs en grappes, d'un beau rouge écarlate, ponctuées intérieurement de pourpre brun, ce qui a fait donner à cette plante le nom spécifique de *piqueté*, et commençant à fleurir par le haut de la tige. — Semer au printemps, en terre légère, bien terreautée ; repiquer en pots le jeune plant, pour passer l'hiver à l'abri du froid ; peu d'arrosements, une trop grande humidité pourrait le faire périr ; au printemps suivant, placer en plein air, à bonne exposition, en bonne terre légère, non fumée.

Chardon marie (CARDUUS MARIANUS). SYN. *Silybe chardon marie, chardon argenté, artichaud sauvage, carthame maculé.* Cette plante, dédiée à la Vierge Marie par les anciens botanistes, à cause, dit-on, de sa beauté, est indigène et croît dans les lieux incultes. Il ne lui manque que de venir d'une contrée lointaine pour être accueillie, recherchée même par tous les amateurs. C'est donc avec raison qu'on l'a transportée dans nos jardins, dont elle fait l'ornement par son port pittoresque, par son beau feuillage, par ses jolies fleurs — Tige d'un mètre à peu près, rameuse supérieurement. — Feuilles très-grandes, sinueuses, luisantes, épineuses, d'un beau vert, marquées de grandes taches blanches très-élégantes. — De juillet à septembre, fleurs pourpres, en gros capitules, placés au sommet des ramifications. — Multiplication de graines semées au printemps, sur couche ou en place, à bonne exposition, en terre franche et profonde.

Cynoglosse argentée (CYNOGLOSSUM CHEI-RIFOLIUM). SYN. : *Cynoglosse à feuilles de giroflée.* Petite plante, originaire du Levant, plus remarquable par ses feuilles que par ses fleurs. — Tige de 40 à 50°, peu rameuse. — Feuilles nombreuses, lancéolées ; les inférieures obtuses, les supérieures sessiles, presque aiguës, soyeuses, couvertes d'un duvet argenté, d'où lui est venu son nom spécifique. — En juin et juillet, fleurs rouges, petites, quelquefois blanches, veinées de pourpre, en grappes, garnies de bractées foliacées. — Semer au printemps, à bonne exposition, en terre ordinaire.

Digitale pourprée (DIGITALIS PURPUREA). SYN. : *Gant de Notre-Dame, doigtier, gantelée.* Si cette plante, ma bonne Emma, demandait de grands soins de culture ; si elle était originaire de la Chine ou du Pérou ; si elle était de serre ; on la regarderait, avec raison, comme l'une des plus belles de l'empire de Flore ; mais croissant naturellement dans nos bois, on n'y fait généralement pas d'attention, et peu de personnes la cultivent dans leurs jardins. — Tige simple, droite, cylindrique, haute d'un mètre à peu près. — Feuilles radicales-pétiolées, ovales, aiguës, d'un vert foncé en dessus, blanchâtres en dessous, légèrement cotonneuses et ridées sur les deux faces ; dentées en scie ; feuilles caulinaires, alternes, diminuant de grandeur à mesure qu'elles approchent du sommet. — Fleurs grandes, nombreuses, pendantes, pedonculées, formant le long de la tige un épi unilatéral, roses, rouges ou blanches, selon les variétés, ponctuées de taches brunes dans l'intérieur, produisant un très-bel effet. — Fleurit en juillet et août. — D'une culture facile; toute exposition, toute terre, excepté les terres lourdes et compactes. Semer aussitôt la maturité des graines; mais cette plante se ressème toujours d'elle-même.

Digitale ferrugineuse (D. FERRUGINEA). SYN. : *Digitale rouillée.* Cette plante, qui nous vient d'Italie, s'élève à peu près à un mètre, a un beau port, un beau feuillage. Du milieu de la plante s'élève à la seconde année une tige principale, entourée souvent de quinze à vingt tiges moins élevées; l'ensemble de ces tiges, toutes garnies de feuilles, formant une espèce de clocher avec ses clochetons, produisent un bel effet, surtout quand la plante est vigoureuse et garnie de fleurs. — Feuilles radicales, nombreuses, lancéolées, luisantes, rayées dans leur longueur, disposées symétriquement en cercle sur la terre; les feuilles caulinaires semblables aux feuilles radicales. - Fleurs ressemblant pour la forme à celles de la digitale pourprée; mais beaucoup plus petites, sans éclat, ayant la couleur de la rouille; en épis terminaux. Fleurit en juillet et août. — Multiplication de semences, mises en terre, autant que possible, aussitôt leur maturité. Peu difficile sur la culture, ne demandant aucun soin particulier; souvent trisannuelle.

Énothère à grandes fleurs (OENOTHERA SUAVEOLENS). SYN. : *Onagraire bisannuelle, onagre odorante.* Très-jolie plante de la Virginie, naturalisée depuis longtemps en France, et qui produit un très-bel effet placée sur le premier plan des grands massifs. — Tige d'un mètre à un mètre et demi, rameuse à son sommet, ferme, mais cassante. — Feuilles ovales - lancéolées, pointues, planes, légèrement denticulées. — Tout l'été, fleurs nombreuses, grandes, d'un jaune tendre, à quatre pétales, d'une odeur très-suave, surtout le soir ; ne durant que cinq ou six heures, mais se succédant tous les jours pendant plusieurs mois. — Plante très-rustique ; semer au printemps, et repiquer en bonne terre, à bonne exposition. Une fois introduite dans un jardin, elle s'y multiplie d'elle-même.

Énothère à longues fleurs (ŒE. LONGI-FLORA). SYN. : *Onagre à longues fleurs.* Importé de Buénos-Ayres, en 1776. — Tige de 60 à 80°, simple, plus ou moins hispide. — Feuilles cauli-naires lancéolées - oblongues, denticulées ; les radicales lancéolées - spatulées. — De juillet à septembre, fleurs jaunes, à tube très-long, à pé-tales bilobés. — Bonne terre un peu fraîche ; semer au printemps.

Énothère du Chili (ŒE. CHILENSIS'. — Tiges droites, peu rameuses, rougeâtres vers le haut, hérissées de quelques poils mous. — Feuilles gla-bres, linéaires-lancéolées, ondulées — En juin-juillet, fleurs d'un beau jaune. — Même culture, ainsi que pour l'*énothère odorant* (ŒE. ODORANTA).

Giroflée (CHEIRANTHUS INCANUS). Tout le monde, mon aimable amie, connaît ces char-mantes fleurs, qui, tous les ans, viennent em-bellir et embaumer nos parterres, nos balcons, nos appartements. Peu de personnes savent, vous ne le savez pas certainement vous-même, que depuis quelques années, il a plu à un horticulteur, je ne sais lequel, de changer le nom de giroflée en celui de *mathiole*. Ainsi, ma bonne Emma, nous n'avons plus de giroflées dans nos jardins, nous avons maintenant des *mathioles*. Très-heureusement pour nous que ces innovateurs peuvent bien changer le nom d'une plante, mais non pas sa nature.

Je conçois que l'on donne à une nouvelle et jolie plante importée en Europe, le nom d'un horticulteur distingué, d'un savant botaniste. C'est un hommage rendu à des hommes de mérite, qui, souvent, ont fait faire des progrès à la science ; mais venir débaptiser une pauvre plante qui porte son nom depuis plusieurs siècles, pour lui donner celui d'un homme mort il y a bientôt trois cents ans, c'est ce que je ne conçois pas, et ce que je suis loin d'approuver. Je fais cette réflexion, parce que je crois que c'est à Mathiole, savant médecin et commentateur de Dioscoride, qu'on a voulu faire cet honneur. S'il en est ainsi, que ses cendres reposent en paix, car il n'a pu sortir du tombeau pour s'opposer à un hommage aussi intempestif.

Quoiqu'il en soit, mon amie, je n'empêche personne d'appeler nos belles giroflées des mathioles ; mais quant à moi, je continuerai d'appeler ces charmantes fleurs par leur ancien nom, le seul qu'on doive leur donner. L'odeur fortement prononcée de girofle que répandent les fleurs de cette plante, n'indique-t-elle pas assez l'origine de son nom ? Pourquoi donc le lui changer, pour lui en donner un qui ne signifie rien ?

Les giroflées sont tellement connues, que je crois inutile de vous en donner la description ;

je me contenterai de vous indiquer la manière de les cultiver.

Le *Bon jardinier*, beaucoup d'autres ouvrages sur l'horticulture, que j'ai sous les yeux, ne font aucune mention des belles giroflées que nous connaissons tous à Rouen, telles que : la superbe *canaise*, la jolie *calvaire*, la *Saint-Yon*, la *couronnée*; cette dernière, ainsi nommée, parce qu'elle donne, la même année, deux ou trois couronnes de fleurs.

La culture des giroflées n'est pas aussi facile qu'on le pense généralement. Elles demandent de grands soins et de grandes précautions. Ces plantes craignent beaucoup l'humidité. Elles n'aiment pas à être renfermées, surtout dans une serre où l'on fait du feu. Le meilleur moyen de les conserver, c'est dans une orangerie, placées près des jours, ou dans un appartement à l'abri du froid, mais cependant bien éclairé. Pendant l'hiver, et tant qu'elles sont enfermées, il ne faut leur donner que très-peu d'eau, seulement quand la terre en a absolument besoin. Toutes les fois que la température le permet, il faut les sortir à l'air extérieur, les exposer au soleil, autant que possible, mais ne pas oublier de les rentrer le soir, surtout si l'on craint de la gelée pendant la nuit. Au surplus, mon amie, ces plantes sont moins sensibles au froid qu'à l'humidité, quand elles sont renfermées. Souvent, dans de certaines années, celle-ci en fait périr plus des trois-quarts; le défaut d'air et de lumière en fait périr aussi beaucoup.

On sème en mars sur couche tiède, ou en avril, en pleine terre bien terreautée, contre un mur exposé au midi. Quand le jeune plant est assez sort, c'est-à-dire quand il a poussé ses secondes deux feuilles. on le repique en pepinière, au levant, si on le peut, et en bonne terre. En septembre ou en octobre, au plus tard, époque où les giroflées commencent à marquer, on relève toutes celles qui présentent des boutons ronds et pleins, ce qui annonce qu'elles sont doubles; on met chaque pied en pot ; on arrose fortement; on les place à l'ombre, jusqu'à ce qu'elles soient bien reprises; ensuite on peut mettre les pots à l'exposition du midi; quand les premiers froids commencent à se faire sentir, on les rentre, et on les gouverne ainsi que je viens de vous le dire.

Je dois vous dire aussi, ma bonne Emma, que le choix de la graine n'est pas indifférent pour obtenir des giroflées doubles. Une longue expérience a prouvé que les graines nouvelles, c'est-à-dire celles qui n'ont qu'un an ou deux, donnent généralement peu de fleurs doubles, tandis que l'on est plus certain d'en obtenir un plus grand nombre, lorsque les graines sont récoltées depuis plusieurs années.

Beaucoup de personnes, qui ne connaissent pas, il est vrai, la physiologie végétale, conseillent sérieusement, et vous conseilleront sans doute aussi, de ne prendre les semences que sur des plantes placées auprès des giroflées à fleurs doubles, parce qu'elles sont persuadées que celles-ci doivent avoir une grande influence sur l'acte de la fécondation. On doit voir avec peine une semblable erreur conseillée dans un ouvrage d'horticulture, ainsi que je le vois à l'instant même. Cela n'est pas et ne peut pas être, car la nature ne viole jamais ses lois. Restez donc bien convaincue, mon amie, qu'une plante qui n'a pas d'organes sexuels ne peut en féconder une autre.

Des horticulteurs prétendent aussi que, pour obtenir des giroflées doubles, on ne doit récolter les graines que sur les siliques accidentellement opposées ou ternées sur les tiges ; ce qui arrive très-rarement, puisque ces siliques sont ordinairement alternes.

La *Revue horticole*, dans son numéro de juillet 1847, donne à peu près le même conseil. « Le choix à faire dans les graines de giroflées, consiste à prendre les siliques qui sont fixées sur la tige, à la même hauteur, c'est-à-dire opposées, ou placées en face l'une de l'autre, ou bien verticillées par trois à quatre.

» Les graines que contiennent ces *siliques opposées* produiront des plantes à fleurs doubles, tandis que celles placées alternativement l'une au-dessus l'autre, et dans leur disposition naturelle, contiennent ordinairement des embryons de plantes à fleurs simples. » C'est un essai que je vous engage à faire. A votre âge, on a l'avenir devant soi, mais au mien, l'on n'a plus que des souvenirs ; trop heureux encore quand la mémoire ne nous fait pas défaut.

Outre les giroflées que je vous ai nommées ci-dessus, il en existe aussi une fort jolie, que je vous engage à cultiver : c'est celle connue sous le nom de *giroflée kiris*, ou *giroflée grecque* (CHEIRANTHUS GRÆCUS). Elle diffère des autres variétés par ses feuilles d'un beau vert, lisses comme celles de la ravenelle, mais luisantes et plus épaisses.

Je dois encore vous faire mention de la *giroflée cocardeau*, qui porte sans doute le nom de l'horticulteur, qui, le premier, l'a obtenue de semis. Sa tige est simple, peu rameuse ; ses fleurons sont beaucoup plus grands, et ses grappes sont aussi beaucoup plus fortes.

Les giroflées offrent une grande variété dans la couleur des fleurs. Elles sont roses, blanches, rouges, violettes, d'un violet plus ou moins foncé. Quelquefois aussi elles sont panachées ; mais ces dernières ne sont jamais aussi jolies que celles qui sont unicolores ; nous avons vu que les quarantaines offrent encore une plus grande variété de couleurs.

Giroflée jaune (C. CHEIRI). SYN. : *Géranier jaune, muret, ravenelle, violier*. La giroflée jaune, plus connue dans notre province sous le nom de *ravenelle*, est une fort jolie plante, dont l'odeur suave plaît à tout le monde. Cultivée en pots, c'est une de celles qui ornent le plus souvent les fenêtres et les balcons, et dont le prix est à la portée des plus petites fortunes. Vous savez, mon amie, que cette plante croît naturellement sur les vieux murs ; c'est donc la culture qui, avec le temps, a produit les belles variétés, simples ou doubles, que nous possédons aujourd'hui. A l'état sauvage, la giroflée jaune s'élève tout au plus de 15 à 20° ; a des racines très-dures, des tiges très-fermes, des rameaux un peu anguleux, garnis de feuilles éparses, entières, lancéolées, pointues et glâbres ; des fleurs petites, à quatre pétales, comme toutes les crucifères, d'un jaune pâle, répandant une assez douce odeur. A l'état cultivé, tiges droites, ligneuses, de 60 à 70°, et quelquefois plus ; très-rameuses, surtout quand on a le soin de pincer la tige principale lorsqu'elle n'a encore que 25 à 30ᶜ de hauteur. — Feuilles alternes, d'un beau vert, entières, lancéolées, persistantes. sessiles. — Fleurs odorantes, simples ou doubles, d'un beau jaune d'or ou jaune brun, plus ou moins foncé, panachées de ponceau ou de rouge brun.—Multiplications de semences pour les simples, de boutures pour les doubles faites dans le mois de mai ou de juin.

Autrefois, l'on ne connaissait que trois couleurs, la jaune, la brune, la panachée; mais depuis quelques années, nous en possédons de quinze à vingt nuances différentes, en bleuâtre, cendré, cramoisi, brun violacé, carné, jaune de toutes nuances, lie-de-vin, lilas, couleur Isabelle, etc. ; toutes à larges pétales, toutes plus jolies les unes que les autres et de l'odeur la plus suave. Nous ne sommes pas aussi riches pour celles à fleurs doubles. Comme par les semences on n'obtient pas toujours les mêmes variétés, que même souven celles-ci dégénèrent, je vous engage, quand vous avez de belles variétés simples. que vous désirez oonserver, à les bouturer comme on le fait pour les doubles.

Les giroflées jaunes, quoique placées parmi les plantes bisannuelles, durent souvent trois ou quatre ans ; il faut seulement avoir soin de couper la sommité des rameaux qui ont porté les fleurs et, pendant l'hiver, de garantir les plantes du froid, soit en les rentrant en orangerie, soit en couvrant avec de la paille celles qui restent en pleine terre.

Je dois vous indiquer aussi. ma gracieuse amie, un moyen employé par quelques horticulteurs, moyen que l'on trouve consigné dans la *Revue horticole*, pour empêcher la giroflée jaune d'être atteinte par la gelée. En novembre, on soulève chaque pied avec une bêche, sans cependant mettre ses racines tout-à-fait à nu ; on laisse la plante se faner pendant quatre à cinq jours, après quoi on la raffermit en foulant la terre avec le pied : la gelée a pour lors beaucoup moins d'accès sur les plantes qui ont ainsi souffert que sur celles qui sont plus vigoureuses. C'est sans doute parce qu'elles contiennent alors beaucoup moins d'eau de végétation. La ravenelle qui croît sur les murs, n'en contenant que fort peu, ne gèle jamais.

Moi, depuis bien des années, j'ai l'habitude, à l'automne, de déplanter mes ravenelles et de les replanter contre un mur, au nord. Ce moyen me réussit très-bien, tandis que je perds souvent celles placées au midi, presque toujours dans le mois de mars, ce que j'attribue à la transition du froid à la chaleur pendant ce mois.

Glaucienne glauque (CHELIDONIUM GLAUCIUM) SYN. : *Glaucie, pavot cornu, glaucie à fleurs jaunes, glaucienne, chélidoine glaucienne.* Cette plante, qui croît naturellement dans le midi de la France, semble couverte d'une efflorescente glauque, d'où vient son nom spécifique. — Tige de 60ᶜ, rameuse, glabre, presque couchée. — Feuilles amplexicaules, épaisses, profondément sinuées ou pinnatifides. — Pédoncules axillaires, uniflores, fleurs jaunes, assez grandes. — Feurit tout l'été. — Terre légère, sablonneuse, bonne exposition.

Isotome axillaire (ISOTOMA AXILLARIS). Plante de la Nouvelle-Hollande, importée en France en 1824, et encore très-peu répandue dans les jardins. — Tige rameuse, de 30 à 40ᶜ, anguleuse.— Feuilles pinnatifides. — L'été et une partie de l'automne, fleurs d'un bleu pâle, portées sur de longs pedoncules axillaires.—Semer en pots, en octobre, et placer en orangerie ou sous chassis, pour passer l'hiver ; à défaut de l'un et de l'autre, dans un appartement où il ne gèle pas. Au printemps suivant, mettre en pleine terre légère, mieux, en terre de bruyère, où elle formera des touffes arrondies fort jolies, du sein desquelles partiront les fleurs.

Isotome de Brow (I. Brovnii). Importée aussi de la Nouvelle-Hollande, en 1829, et pas plus répandue dans les jardins que l'isotome axillaire. — Tiges de 30 à 35ᶜ, glabres, droites, cylindriques. — Feuilles linéaires, entières. — Fleurs d'un rose violacé, nombreuses, disposées en grappes terminales. — Même culture.

Jurine ailée (Jurinea alata). De la Sibérie. — Tige de 80 à 90ᶜ, rameuse. — Feuilles blanches en dessous ; les radicales lyrées ; les caulinaires décurrentes, lancéolées. — De mai en août, fleurs d'un rose violacé, capitules pédonculés. — Semer au printemps, sur couche tiède, et repiquer en place, à bonne exposition, en bonne terre substantielle, plus tôt fraîche que trop sèche.

Jurine remarquable (J. spectabilis). Originaire du Caucase. — Tige de 60ᶜ. — Feuilles d'un beau vert des deux côtés, lyrées. — En mai-juillet, fleurs d'un pourpre violacé, en capitules disposés en belles panicules. — Même culture ; pleine terre ; peu d'arrosements.

Linaire à grosses fleurs (Linaria trionithophora). Du Portugal. — Tige rameuse, diffuse, longue, de 70ᶜ. — Feuilles verticillées par trois, lancéolées, luisantes. — Tout l'été, fleurs grandes, violettes, à palais jaune veiné, et à éperon très-long, strié obliquement. — Pleine terre; se ressème souvent d'elle-même ; demande peu ou point d'arrosements; abri l'hiver ou chassis.

Lunaire (LUNARIA). SYN. : *Monnaie du pape. satin blanc, grande lunaire, bulbonac, monnoyère, clé de montre, médaille de Judas, passe-satin.* Vous voyez, ma bonne Emma, que cette plante ne manque pas de noms. Si ce n'est celui de bulbonac, dont j'ignore l'origine, tous les autres viennent de la forme et de la blancheur du fruit ou péricarpe, qui est une silicule plate, large, orbiculaire comme la lune, et qui a quelque ressemblance avec une médaille ou avec une pièce de monnaie. La cloison du milieu débarassée de chaque côté de la valve reste brillante et d'un blanc argenté comme du satin.

La lunaire est une assez jolie plante, d'une culture très-facile, et dont les fleurs par leur forme, par leur grandeur, ont quelques ressemblances avec celles des giroflées simples. — Tige de 50 à 60°, cylindrique, droite, rameuse. — Feuilles cordiformes, pointues, fortement dentées, à dents inégales, d'un vert foncé; les inférieures pétiolées, opposées ; les supérieures alternes; celles du sommet sessiles. — En mai et juin, fleurs purpurines, blanches ou panachées, en bouquets terminaux. — Tout terrain, toute exposition. Souvent cette plante se ressème d'elle-même.

Mauve musquée (MALVA MOSCHATA). Elégante et gracieuse petite plante qui croît naturellement dans nos bois ; mais que beaucoup de personnes cultivent dans leurs jardins. Son feuillage est joli, ses fleurs sont d'un rose tendre, répandent une douce odeur de musc, et fleurissent dans les mois de juin et de juillet.

Mauve musquée blanche (M. MOSCHATA ALBA). Très-jolie variété qui mérite la préférence, mais cependant que l'on voit bien rarement dans les jardins. — Tige de 40 à 50ᶜ, droite, rameuse, cylindrique, parsemée de poils simples, assez longs, étalés. — Feuilles radicales, pétiolées, arrondies, quelquefois presqu'entières, orbiculaires ou reniformes, ou plus ou moins lobées ; les caulinaires pétiolées aussi, découpées jusqu'au pétiole en cinq ou six parties multifides, et accompagnées de stipules blanches. Cette diversité dans les feuilles a fait donner à cette mauve le nom de *malva hétérophylla*. — Fleurs grandes, d'un blanc très-pur, axillaires et réunies à l'extrémité des tiges ou des rameaux, pedonculées. En fleurs une partie de l'été. — Semer en juillet, en pleine terre, et repiquer en pépinière à l'automne.

Si au printemps quelques pieds tendent à s'élever, il faut les pincer pour les forcer à ramifier.

Michauxie campanuloïde (MICHAUXIA CAMPANULOIDES) SYN. : *Michauxie à feuilles rudes, michauxie fausse campanule*. — Tige d'un mètre à un mètre trente, droite, grosse, ferme, ramifiée à son sommet. — Feuilles radicales en lyre, longuement pétiolées ; les caulinaires sessiles, dentées, d'un beau vert, bordées de poils. — Tout l'été, fleurs grandes, blanches ou roses, réfléchies. — Semer sur couche, au printemps ; repiquer en pots et conserver en orangerie pendant l'hiver. Au mois d'avril suivant, les plan-

ter en plein air, en bonne terre substantielle, à
une exposition chaude, pour qu'elles puissent
fleurir de bonne heure et murir leurs graines.

Muflier des jardins (ANTHIRRHINUM). SYN. :
*Mufle de veau, gueule de loup, mufleau, gueule
de lion.* Je commence par vous dire, mon amie,
que l'on a donné à cette plante le nom de *muflier*, parce que ses fleurs représentent assez bien
le mufle d'un animal. Son nom latin exprime
à peu près la même chose. A l'état naturel, le
muflier est répandu dans toute l'Europe ; il se
plaît sur les vieux murs, dans les fentes des ro-
chers, sur les ruines, parmi les décombres, dans
les lieux incultes et pierreux. C'est une plante
assez jolie, qui tôt ou tard devait venir prendre
sa place parmi les fleurs qui font la parure de
nos jardins. La culture en a fait de charmantes
plantes, et les semis nous ont donné au moins
trente à quarantes belles variétés, dont quelques-
unes se font remarquer par la beauté et la richesse de leurs fleurs. — Tiges de 60 à 80°,
très-rameuses, très-cassantes. — Feuilles opposées, longues, lancéolées, entières, atténuées en
pétiole ou brièvement pétiolées ; d'un beau vert,
alternes sur les tiges, opposées sur les rameaux.
— Au printemps et une grande partie de l'été,
fleurs nombreuses, en épi, droites, grosses, pedonculées, à palais et à limbe de couleurs toujours différentes, variant dans beaucoup de
nuances. Généralement, les mufliers restent
longtemps en fleurs. Ils refleurissent même à
l'arrière-saison si on coupe leurs fleurs aussitôt
qu'elles sont tombées. — Cette plante se convenant dans tous les terrains, même dans les plus
médiocres, est d'une culture très-facile ; mais

elle deviendra toujours plus vigoureuse et plus florifère dans un sol riche. On la sème sur couche ou en pleine terre ; mais presque toujours elle se ressème d'elle-même.

Parmi les belles variétés que nous possédons, je puis vous citer les *mufliers feu, pourpre, fulgens, bicolor, œillet, youny, blanc* à fleurs doubles, celui à fleurs odorantes, etc.

Vous savez, ma bonne Emma, que les mufliers sont une de mes plantes favorites et que j'en cultive toujours chez moi plusieurs centaines de pieds. Je sème chaque année, et j'ai quelquefois des semis très-heureux ; en 1848, des graines que j'avais tirées de Gand, de la maison Van-Houte, m'ont donné une trentaine de variétés, bien distinctes les unes des autres, parmi lesquelles il y en avait huit ou dix de premier choix et d'une beauté rare. Je me flattais de conserver ces variétés, mais hélas ! les vers blancs, ces ennemis-nés des horticulteurs, m'ont fait, en 1849, un dégât irréparable. Vous le savez, toutes les fois que l'on a le malheur de perdre une plante, c'est toujours une belle que l'on perd.

Les graines ne rendant pas toujours les variétés dont elles proviennent, pour conserver les belles variétés, il faut donc les bouturer. D'après une longue expérience, je regarde les mois de juillet et d'août comme l'époque la plus favorable pour faire ces boutures, qui doivent être faites à froid et à l'ombre. Plus tôt, elles n'ont pas assez de consistance et sont exposées à pourrir ; plus tard, elles n'ont pas toujours le temps de s'enraciner. Du reste, ces boutures reprennent très-facilement. Pour avoir de belles fleurs,

je vous engage à bouturer tous les ans, parce
que celles-ci sont toujours beaucoup plus belles
sur de jeunes pieds que sur ceux qui ont plusieurs années ; mais je vous engage aussi à semer, parce que ce n'est qu'en semant qu'on
peut avoir l'espoir d'obtenir de belles variétés.

Les mufliers sont des plantes bis ou trisannuelles ; mais en coupant chaque année les rameaux qui ont porté les fleurs, en retranchant
au printemps les branches qui ont souffert pendant l'hiver, enfin par une taille bien raisonnée,
ces plantes peuvent durer cinq ou six ans.

Passe-rose de la Chine (ALCEA ROSEA
SINENSIS). SYN. : *Alcée-rose-tremière de la Chine.*
Ayant omis de placer cet article à la suite de celui de l'alcée rose, qu'il devait suivre, je
m'empresse, mon aimable amie, de réparer cette
omission en le plaçant à son ordre alphabétique
sous un de ses noms, sous celui de *passe-rose.* —
Tige d'un mètre à un mètre cinquante. —
Feuilles et fleurs plus petites que celles de l'alcée rose. — De juillet en octobre, fleurs simples
ou doubles, panachées de blanc et de pourpre.
— Exposition chaude et couverture pendant les
grands froids. — Variété à fleurs rouges. — On
cultive aussi la **passe-rose à feuilles de
figuier** (ALCEA FILIFOLIA). Plante très-rustique,
originaire de la Sibérie, et qui ne demande aucun soin particulier.

Sainfoin à bouquet (HEDYSARUM CORONA-
RIUM). SYN. : *Sainfoin couronné, sainfoin d'Espagne.* Connue en France depuis 1596, cette jolie
plante produit un très-bel effet dans les parterres. — Tige d'un mètre, diffuse. — Feuilles
pinnées, à folioles arrondies, elliptiques, au

nombre de sept à neuf, légèrement pubescentes en dessous et sur les bords. — En juillet-août, fleurs d'un beau rouge, en épis terminaux, d'une odeur agréable. Variété à fleurs blanches. — Semer en mars, sur couche, ou en terre légère, bien terreautée. Repiquer en mai, au plus tard, parce que plus cette plante est forte moins elle reprend facilement. Couverture pendant les grands froids de l'hiver. Se plait surtout dans les terrains calcaires et pierreux.

Scabieuse (SCABIOSA ATRO-PURPUREA). SYN. : *Fleur de veuve*. Cette plante, assez répandue dans nos jardins. nous vient des Indes et fut importée en France il y a plusieurs siècles. — Tige de 60 à 70°, rameuse, flexible. — Feuilles opposées, les inférieures simples et spatulées, les supérieures pinnatifides. — De juillet en novembre, fleurs assez jolies, nombreuses, solitaires, de couleur pourpre plus ou moins foncé, et comme veloutées, ou roses ou panachées, selon les variétés, portées sur de longs pédoncules, répandant une odeur de fourmis, se rapprochant un peu de celle du musc. — Cette plante est rustique, ne demande aucun soin, se ressème souvent d'elle-même. — On lui a donné le nom de *fleur de veuve*, parce que sa fleur a un port triste et une couleur sombre.

Silène rameuse (SILENA RAMOSISSIMA). — Tiges de 40 à 50°, droites, très-rameuses. — Feuilles linéaires-lancéolées. — En juin et juillet, fleurs nombreuses, purpurines, pétales bifides, en panicules. — Originaire de la Barbarie, cette silène n'est connue en France que depuis 1820.

Verveine de Miquelon (VERBENA AUBLEtia). Syn. : *Verveine à bouquets, verveine d'au-blet, buchnera du Canada.* Cette jolie plante, que l'on voit souvent dans les jardins des amateurs, est originaire de la Caroline ; son introduction en France remonte en 1774. — Tiges de 30 à 40ᶜ, quadrangulaires, légèrement velues, rameuses, diffuses, droites ou couchées, mais se redressant à leur extrémité. Ces dernières s'enracinant presque toujours à l'endroit où elles touchent la terre. — Feuilles opposées, pinnatifides ou lancéolées, incisées en scie, pétiolées et trifides, d'un beau vert. — Fleurs petites, très-gracieuses, d'un rouge de laque, s'allongeant en épi pendant la floraison, et se succédant pendant longtemps. Contre l'ordinaire des plantes bisannuelles, celle-ci fleurit souvent la première année à l'automne, et refleurit au printemps de l'année suivante. — Semer sur couche, et repiquer en terre franche, légère, bien terreautée, à exposition chaude et sèche ; arrosements modérés pendant les chaleurs de l'été. Quoique cette verveine soit bisannuelle, vous pouvez, ma bonne Emma, la traiter comme plante vivace en la bouturant chaque année au printemps, ou par la séparation de ses rameaux qui se sont enracinés naturellement. Dans les hivers rigoureux il est prudent d'en rentrer quelques pieds en orangerie, ou de couvrir cette plante avec du fumier long.

Ici, mon aimable amie, je termine ce que j'ai à vous dire sur les plantes bisannuelles et trisannuelles. Dans ma première lettre, nous nous occuperons des plantes bulbeuses de pleine terre. Vous verrez que ces plantes sont une des belles parures de l'empire de Flore.

PLANTES BULBEUSES

DE PLEINE TERRE.

Les plantes bulbeuses, ma bonne Emma, sont généralement de fort jolies plantes, qui font non-seulement la parure de nos parterres, mais aussi celle de nos appartements ; car beaucoup peuvent être cultivées en pots et en carafes. Beaucoup aussi sont de serre tempérée ou de serre chaude ; mais nous n'avons pas à nous occuper de celles-ci. Ces plantes appartiennent à trois grandes et belles familles naturelles désignées par les botanistes, sous les noms de *liliacées, d'i-ridés, de narcisées*, familles ainsi nommées parce que les plantes qui les composent ont des caractères plus ou moins rapprochés avec les *lis*, les *iris*, les *narcisses*.

La plupart des plantes bulbeuses sont d'une culture facile, demandent peu de soins, et leurs oignons peuvent rester plusieurs années en terre. Pour quelques-unes, au contraire, ceux-ci doivent être relevés tous les ans et conservés à l'ombre dans des casiers jusqu'à l'automne, époque où il faut les replanter. J'aurai soin de vous indiquer celles dont les oignons doivent être relevés chaque année.

Généralement, les plantes bulbeuses aiment une terre légère, douce, très-meuble, même un peu sablonneuse ; aussi la plupart se plaisent-elles en terre de bruyère. Elles réussissent toujours mal dans un terrain argilleux, humide, compacte ; souvent même elles finissent par fondre et par disparaître tout-à-fait. Elles demandent peu d'eau, principalement celles cultivées en pots. Trop d'humidité fait boursoufler les oignons et souvent les fait pourrir.

Quelle que soit la nature du terrain dans lequel vous cultivez les plantes bulbeuses, il ne doit jamais être nouvellement fumé, surtout avec du fumier animal qui n'est pas encore entièrement décomposé, parce qu'une longue expérience a fait reconnaître que, cultivés dans une semblable terre, les oignons sont exposés à s'échauffer, ce qui les altère considérablement et finit souvent par les faire périr. Vous pouvez, vous devez même amender votre terre, mais avec du terreau bien consommé, de préférence avec du terreau de feuilles. Dans une terre ainsi amendée, ces plantes déploient une plus belle végétation, donnent de plus jolies fleurs, et leurs bulbes se conservent toujours en bon état.

Toutes les plantes bulbeuses ayant une tige herbacée, perdent leurs feuilles peu de temps après qu'elles ont donné leurs fleurs ; elles ne laissent ainsi aucune trace de l'endroit où elles sont plantées. Vous devez donc avoir le soin, aussitôt qu'elles sont défleuries, de marquer ou de faire marquer la place qu'elles occupent avec un petit écriteau en zinc, ainsi que je le fais chez moi, ou, à défaut, avec un simple piquet en bois ; autrement, au retour du printemps, lorsqu'on retourne la terre, on s'expose à enfouir les oignons ou à les couper avec la bêche. C'est un soin qui demande bien peu de temps ; mais dont vous serez bien récompensée par la conservation de vos plantes. Ce soin devient inutile lorsqu'elles sont plantées en massifs, en plates-bandes ou en bordures, puisqu'on connaît leur place et qu'elles ne sont pas mêlées avec d'autres plantes.

Toutes les plantes bulbeuses se multiplient par leurs semences ou par leur caieux. Le premier moyen n'est généralement suivi que lorsqu'on désire obtenir des variétés ou renouveler l'espèce, parce que ces plantes, ainsi obtenues de semences, sont au moins quatre ans, même quelquefois plus, avant de donner des fleurs.

J'avais l'intention, ma charmante amie, de vous décrire les plantes bulbeuses par famille, tout en suivant toutefois l'ordre alphabétique que j'ai adopté pour ce petit traité ; mais dans la crainte de vous induire en erreur j'ai dû y renoncer.

Il y a quelques années encore, ces plantes, ainsi que je vous l'ai dit au commencement de cette lettre, composaient trois grandes et belles familles ; mais aujourd'hui il n'en est plus ainsi. Ces familles sont divisées, subdivisées, même remplacées par de nouvelles familles.

Par exemple, *les fritillaires, les lis, les tulipes* ne font plus partie des liliacées, de cette jolie famille à laquelle les lis avaient naturellement donné leur nom. Pour quelques botanistes modernes, ce sont maintenant des *tulipacées*.

Les ornithogales, les phalangères, les scilles, les muscaris, les jacinthes, etc., font aujourd'hui partie de la famille des *asphodelées*. Ainsi, vous voyez, mon amie, que d'après ces novateurs la

famille des liliacées n'existe plus ; son chef lui-
même est détrôné ; il subit le joug de la belle et
orgueilleuse tulipe ; mais comme il a de nombreux partisants, il attend ; car l'empire de
Flore étant sujet aussi aux révolutions, ce qu'une
a fait, une autre peut le défaire.

Maintenant, les *nivéoles* n'appartiennent plus
aux narcissées; on les a fait passer dans les asphodelées. Les belles amaryllis n'en font plus
partie non plus ; mais plus heureuses que les
lis, de sujettes qu'elles étaient, elles sont mon-
tées sur le trône, et règnent aujourd'hui despo-
tiquement sous le nom *d'amaryllidacées*.

Les hypoxides, qui naguère appartenaient aussi
aux narcissées, forment aujourd'hui à peu près
seuls la famille des hypoxidées.

Beaucoup d'horticulteurs ne reconnaissent pas
la famille des asphodelées. Le *Bon Jardinier* lui-
même, n'a jamais suivi cette classification, même
dans son édition de 1855. Cette famille a été
adoptée par Dumont-Courset, dans son *Botaniste-
Cultivateur*, très-bon ouvrage publié en 1802,
et par M. Victor Bréant, dans son *Traité sur la
culture des fleurs*, qui a paru au commencement de cette année. Cependant, le premier a
conservé une partie des liliacées ; mais le second les supprime entièrement. Vous voyez,
mon amie, qu'il y a vraiment de quoi se perdre
dans ces classifications, et que j'ai bien fait de
suivre simplement l'ordre alphabétique.

Je n'en finirais pas si, quittant pour un instant les plantes bulbeuses, je voulais vous énu-
mérer toutes les familles qui ont perdu leurs
noms pour en prendre d'autres, familles qui
souvent ne sont composées que d'une ou deux

plantes au plus. C'est vraiment un véritable dédale ; mais il n'est pas donné à tout le monde d'avoir le fil d'Ariane pour en sortir.

Tous ces changements de famille, toutes ces plantes transportées de l'une dans l'autre peuvent contribuer aux progrès de la science, j'aime à le croire ; mais tant que les botanistes, tant que les horticulteurs ne seront pas d'accord entre eux sur toutes ces modifications, il en résultera toujours une grande confusion, un véritable chaos dans l'étude de la botanique. Oui, d'une science agréable et facile jusqu'alors, il est bien à craindre que ces novateurs ne finissent par en faire une science aride et rebutante. Ils oublient trop souvent que beaucoup de dames s'occupent aussi d'horticulture, et que l'on doit alors chercher à leur en rendre l'étude aimable et gracieuse comme elles.

Ail doré (ALTIUM MOLY). SYN. : *Ail moly.* Plante assez jolie, originaire du midi de la France ; mais dont toutes les parties répandent une odeur alliacée, fortement prononcée, surtout la bulbe. — Tige nue, cylindrique, de 25 à 30ᶜ.— Feuilles radicales, planes, lancéolées, d'un vert pâle.— En juin, fleurs en ombelle, assez grandes, d'un beau jaune doré, et ouvertes en étoiles. — Variété à fleurs blanches. — Peu difficile sur le terrain ; on peut laisser les bulbes en terre pendant un grand nombre d'années.

Ail rose (A. ROSEUM). — Tiges et feuilles comme celles de l'ail moly.—Fleurs assez grandes, belles, inodores, de couleur rose plus ou moins foncée, et disposées aussi en ombelles ; pétales lisses, luisants, traversés par une ligne pourpre. — Même culture.

Ail azuré (A. AZUREUM). Cette petite plante, originaire de la Sibérie, est assez jolie. — Bulbe arrondie. — Hampe nue. — Feuilles lancéolées, jaunissant et se séchant toujours avant l'épanouissement des fleurs. — De mai en août, fleurs en tête, d'un beau bleu d'azur.— Même culture.

Ail penché (A. NUTANS). Originaire aussi de la Sibérie. — Tige penchée et se redressant au moment où les fleurs commencent à montrer leurs corolles. — Feuilles planes. — En juillet, fleurs d'un blanc rosé, en ombelle sphérique. — Même culture.

Ail d'ours (A. URSINUM). SYN. : *Ail pétiolé.* Cet ail croît naturellement dans les bois des hautes montagnes, mais il a été transporté dans les jardins à cause de ses belles fleurs blanches. Ses feuilles sont larges et pétiolées. — Fleurit en mai. — Même culture, mais terre fraîche, à demi ombragée.

Amaryllis belladone (AMARILLIS BELLA-DONA) SYN. : *Belladone d'automne, belle-dame.* Les amaryllis, genre assez nombreux et qui compte au moins, quarante à cinquante espèces, sont, ma bonne Emma, de fort jolies plantes, mais que l'on rencontre rarement dans nos jardins, si ce n'est chez quelques amateurs, sans doute, par la difficulté de les cultiver et de les faire fleurir. Peu de fleurs, en effet, sont aussi brillantes, aussi élégantes, aussi grandes que celles des amaryllis. Ces belles plantes, originaires du Cap, du Mexique, du Japon, de la Chine, sont de pleine terre, d'orangerie, de serre tempérée et de serre chaude. Je ne vous parlerai que des premières. C'est, dit-on, à l'éclat de leurs fleurs qu'elles doivent leur nom, qui est celui d'une nymphe souvent chantée par Théocrite et Virgile, et qui vient du grec *Amarusso*, je brille. — Oignon charnu, allongé, ne portant fleur que lorsqu'il a acquis la grosseur du poing, ce qui demande quelques années. — Hampe cylindrique, de 60 à 70°, portant en août ou septembre huit à dix fleurs roses, pendantes, campanulées, d'une odeur douce et agréable, à peu près de la grandeur du lis blanc. — Feuilles glabres, d'un vert gai, longues, canaliculées, plus courtes que la tige, mais ne commençant à paraître qu'en décembre, et périssant en juillet ou août.

Amaryllis jaune (A. lutea). Syn. : *Lis narcisse, narcisse d'automne.* Cette espèce, mon aimable amie, appartient à l'Europe méridionale, et croît naturellement en Espagne, en Italie. — Tige comprimée de 12 à 15°, uniflore. — Feuilles toujours au nombre de cinq ou six, d'un beau vert, étroites, plus longues que la tige. — En septembre et octobre, fleurs d'un jaune assez éclatant, formées en entonnoir, à six divisions égales. — Oignon de moyenne grosseur, ovale, arrondi. Se plante en bordure ou en petits massifs. — D'une culture facile, se plaisant à toute exposition et dans tous les terrains, si ce n'est cependant dans les terres argileuses et compactes.

Amaryllis de Guernesey (A. Sarniensis). Syn. : *Lis de Guernesey, grenesienne.* Cette amaryllis, une des plus belles de celles cultivées en pleine terre, est originaire du Japon ; mais depuis à peu près deux siècles, elle s'est naturalisée dans l'île de Guernesey, à la suite du naufrage d'un bâtiment de commerce qui en apportait en Europe. — Oignon assez gros, arrondi, allongé, — Tige de 30 à 40°. — Feuilles planes, assez longues, ressemblant à celles du *narcisse des poètes*, et périssant en juin. — En septembre ou octobre, ombelle de huit à dix fleurs, d'un beau rouge-cerise, semblable, pour la forme et les dimensions, à celles de la *tubereuse*, et lorsqu'on la regarde au soleil, paraissant parsemée de points d'or. Cette plante ne fleurissant que tous les trois ans, c'est vous dire, mon amie, qu'il faut en avoir un certain nombre, si vous voulez jouir de ses fleurs tous les ans.

Amaryllis blanche (A. CANDIDA). C'est aussi une charmante plante, d'une culture assez facile. — Oignon brun, rougeâtre, arrondi, de moyenne grosseur.— Tige de 12 à 15°.—Feuilles dressées, de même longueur que la tige. — En octobre, fleur terminale, dont les trois lobes intérieurs sont d'un blanc pur, et les trois lobes extérieurs lavés de rose à leur sommet.

Toutes ces amaryllis se multiplient par les caieux ou par les semences ; mais ce dernier mode étant beaucoup trop long, on ne doit l'employer que dans l'espoir d'obtenir des variétés, ce qui arrive très-rarement. Ces plantes demandent une terre légère, sablonneuse ou de bruyère mélangée, et fleurissent mieux en pleine terre qu'en pots. Quelques arrosements pendant la végétation, mais que l'on doit cesser pendant le repos de la plante. Exposition du levant ou du midi, mais de préférence la première. Ces plantes craignant le froid, il est prudent, pendant les fortes gelées, de les couvrir de litière ou de fumier long, ou plus simplement encore avec un pot renversé.

Bulbocode printanier (BULBOCODIUM VERNUM). SYN. : *Mérendère bulbocode.* Cette charmante messagère du printemps, que l'on rencontre trop rarement dans nos jardins, croît naturellement sur les montagnes de la Suisse et de l'Espagne. — Trois à quatre feuilles lancéolées, de 5 à 6° de longueur, ne paraissant qu'après les fleurs. — Fleurs radicales, solitaires, à peine saillantes de terre, d'abord blanches, purpurines ensuite, se rapprochant un peu de celle du *colchique d'automne*, et se montrant souvent dès le mois de février. — Bulbe petite, un peu velue. — Exposition du midi ; terre légère, substantielle ; couverture l'hiver, pendant les grands froids. Multiplication de caieux. Ne pas laisser les oignons en terre plus de deux ou trois ans.

Colchique d'automne (COLCHICUM AUTUMNALE). SYN. : *Emuilette chiennée, chenerde, safran des prés, tue-chien.* Pendant les derniers mois de l'année, cette plante fait l'ornement de nos prairies. C'est donc avec raison, ma gracieuse Emma, que nous l'avons introduite dans nos jardins. Vous verrez que ce n'est pas le premier emprunt que nous faisons à nos prairies et même à nos bois, pour l'ornement de nos parterres. — Bulbe charnue, de moyenne grosseur, allongée, un peu aplatie sur un des côtés. — Feuilles d'un vert foncé, longues de 12 à 15°, lancéolées, plissées l'une sur l'autre, en dessous, ne paraissant qu'en décembre ou janvier, et disparaissant en juin ou juillet.—Fleurs radicales, au nombre de cinq à six, d'un rose purpurin, à tube très-long, à six pétales, assez semblables à celles des *crocus*; paraissant toujours avant les feuilles.— Fleurit en octobre ou novembre. — Toute terre ; toute exposition, excepté celle du midi, mais préférant les endroits ombragés et un peu humides. — Multiplication de caieux ou de semences.

Variété à fleurs jaunes, ayant beaucoup de ressemblance pour les feuilles et pour la fleur avec le *crocus* le *drap d'or*.

Colchique panaché (C. VARIEGATUM). SYN.: *Colchique bigarré*. Du Levant. — Feuilles lancéolées, plus courtes que celles du colchique d'automne ; d'un vert clair. — Fleurs panachées par petits carreaux pourpres, en forme de damier. — Variété à fleurs blanches doubles. — Quoique ce colchique soit de pleine terre, il est cependant plus prudent de le couvrir pendant les grands froids. — Même culture pour le **colchique d'Orient** (C. BYZANTHINUM).

Erythrone dent-de-chien (ERYTHRONIUM DENS - CANIS). SYN. : *Vioulle dent-de-chien*. — Feuilles radicales, ovales-lancéolées, peu nombreuses, tachetées de rouge. — Hampe de 12 à 15ᶜ. — Fleur solitaire, penchée, blanche en dedans, pourpre en dehors. — Terre légère, sablonneuse, mieux, terre de bruyère ; à exposition demi-ombragée. Arrosements modérés, seulement au moment de la végétation, si toutefois la terre en a besoin. — Multiplication de graines semées aussitôt leur maturité, en terrine et en bon terreau, ou par la séparation des caieux, qu'il faut alors replanter tout de suite. On le fait ordinairement tous les deux ou trois ans. — On appelle vulgairement cette plante *dent de chien*, à cause de la ressemblance de ses bulbes avec une dent de chien.

Même culture pour l'**Erythrone à fleurs jaunes ou dorées** (E. FLAVESCENS) ; l'**Érythrone à longues feuilles** (E. LONGIFOLIUM) ; l'**Érythrone à grandes fleurs** (E. GRANDIFLORUM).

Fritillaire damier (Fritillaria melea=
gris). Syn. : *le Damier, fritillaire méléagre.* Indigène de l'Europe.—Bulbe blanche et comprimée.
— Tige droite, grêle, cylindrique, haute de
20 à 25°, uniflore ou biflore.— Feuilles alternes,
canaliculées, linéaires, pointues, glauques. —
Fleurs en carreaux ; pendantes, à l'extrémité de
la tige ; blanches ou jaunes, rouges ou pourpres,
simples ou doubles, selon les variétés ; semblables à des tulipes renversées, mais moins
grandes. Je dois vous dire, mon amie, que l'on
donne à cette fritillaire les noms spécifiques de
damier et de *méléagre*, à cause de la ressemblance
de ses fleurs avec les cases d'un damier ou avec
le plumage de la pintade (en latin *meleagris*).

Fritillaire de Perse (F. Persica). Syn. :
Lis de Suze. Cette fritillaire, que l'on cultive en
France, depuis 1576, croît naturellement en Italie, principalement aux environs de Suze. —
Bulbe arrondie, écailleuse. — Tige de 50 à 60°,
herbacée, cylindrique. — Feuilles éparses, sessiles, entières, oblongues-lancéolées, lisses. —
En avril ou mai, fleurs au nombre de vingt à
trente, d'un violet-bleuâtre, un peu terne, penchées et disposées en grappe pyramidale et terminale.

Fritillaire couronne impériale (F.
imperialis). Syn. : *Lis royal, herbe aux sonnettes,
impériale couronnée.* De toutes les fritillaires, la
plus remarquable et la plus répandue dans nos
jardins est, bien certainement, celle connue de
tout le monde sous le nom de *couronne impériale.*
Plante d'un très-beau port, très-rustique, d'une
culture facile, ne craignant nullement la rigueur
de nos hivers. — Oignon très - gros, charnu,

écailleux, jaunâtre à l'extérieur, exhalant une odeur fort désagréable. — Tige grosse, ferme, cylindrique, quelquefois aplatie, simple, droite, haute d'à peu près un mètre. — Feuilles nombreuses, lancéolées, d'un beau vert, garnissant la tige jusqu'aux deux tiers de sa hauteur. — En avril ou mai, fleurs d'un beau rouge-safrané. — Variétés à fleurs jaune pâle, jaune foncé, à fleurs couleur orangée, à double couronne, simples ou doubles; à feuilles panachées de blanc ou dé jaune.

Les fritillaires, ma charmante amie, sont des plantes de pleine terre, vivaces et rustiques, si ce n'est cependant celle de Perse, qui, plus délicate, craint les hivers rigoureux, et qu'il est prudent alors de couvrir pendant les grands froids. Ces plantes aiment une terre franche, légère, un peu humide. Elles dépérissent chaque année dans les terres lourdes, argileuses, compactes, et finissent même par mourir. Elles ne se conviennent pas non plus dans les lieux ombragés, constamment humides. On ne les déplante que pour les multiplier, ce que l'on fait ordinairement tous les trois ou quatre ans. Les oignons et les caïeux doivent être replantés aussitôt, si l'on veut voir ces plantes fleurir l'année suivante.

Galanthine (GALANTHUS NIVALIS). SYN. : *Perce-neige, nivéole printanière, baguenaudier d'hiver.* Cette gracieuse petite plante, fleurissant dès le mois de février, souvent même sous la neige, est appelée avec raison la messagère du printemps. On voit donc tous les ans reparaître ses fleurs avec le plus grand plaisir, parce que les premières elles annoncent le réveil de la nature. Il existe aussi d'autres messagères du printemps ; mais elles n'appartiennent pas à la même famille ; l'une, *l'helleborine*, appartient aux renonculacées ; l'autre, *la cynoglosse printanière*, à celle des borraginées.

La perce-neige, mon aimable Emma, croît naturellement à l'état simple dans nos vergers, dans nos prairies ; mais transportée depuis longtemps dans nos jardins, la culture l'a fait doubler. — Oignon très-petit, allongé, à peine de la grosseur d'une noisette. — Feuilles étroites, planes, assez longues. — Tige de 10 à 12^c, herbacée, cylindrique. — Fleur solitaire, quelquefois deux ; les pétales extérieurs d'un blanc pur ; ceux de l'intérieur échancrés, plus petits, cordiformes, marqués d'une tache verte, dessinant assez bien la forme de l'échancrure du pétale. — Planter en bordures, en massifs, ou par touffes de dix à douze oignons dans les corbeilles, dans les bannettes du jardin. Plus les touffes sont fortes, plus elles produisent d'effet. — Multiplication par les caieux que l'on sépare tous les trois ou quatre ans lorsque la tige est fanée, et que l'on replante à l'automne.

Glaïeul commun (GLADIOLUS COMMUNIS). SYN. : *Rose de geai, victoriale ronde, spatule.* C'est à la forme tranchante de leurs feuilles que ces plantes, dont la plupart sont fort jolies, doivent leur nom de glaïeul, dérivé du latin *gladiolus, glaive.* — Oignon très-rustique, à peu près de la forme de celui du safran printanier. —Tige herbacée, simple, de 40 à 50^c. — Feuilles ensiformes, striées longitudinalement. — En mai, fleurs en épi unilatéral, de couleur rouge. rose, blanche, carnée selon les variétés ; la lèvre supérieure a une division ; celle inférieure en a cinq. — Culture facile. Terre ordinaire ; toute exposition ; supportant très-bien les plus grands froids ; donnant considérablement de semences et de caieux.

Glaïeul de Constantinople (G. Bysantinus). Ce glaïeul, beaucoup plus beau que celui ci-dessus, est plus sensible aux froids ; c'est pourquoi, ma bonne Emma, je vous engage, dans les hivers longs et rigoureux, à le couvrir avec des feuilles ou de la litière sèche, et même, pour plus de précaution, en conserver quelques oignons pour les planter au mois de mars. — Oignon de moyenne grosseur, un peu allongé. Tige de 70 à 80°. — Feuilles plus longues, plus grandes, plus larges que celle du glaïeul commun. — En mai et juin, fleurs distiques d'un très-beau rouge, nombreuses, grandes, en épi. — Variétés à fleurs *blanches, carnées, jaune-soufre, panachées, etc.*

Glaïeul perroquet (G. psittaticus). Originaire de l'Afrique méridionale, ce n'est que depuis 1824 que ce glaïeul a été introduit en Europe ; mais, à cause de sa beauté et de sa culture facile, il n'a pas tardé à se répandre dans les jardins des amateurs. Ce glaïeul fournit beaucoup de caieux ; ses semences fleurissent la troisième année et donnent quelquefois des variétés, mais pas toujours aussi belles que la plante mère. — Tige de 80 à 90°, cylindrique. Feuilles distiques, ensiformes, sillonnées longitudinalement. — En juillet ou août, fleurs en grappes, inodores, tigrées, très-jolies et d'un bel effet. — Planter l'oignon en avril ; si on le plante à l'automne, couverture pendant l'hiver.

Glaïeul cardinal (G. cardinalis). Syn. :

Glaïeul écarlate. — Feuilles ensiformes, glauques, amplexicaules à leur base. — En juillet-août, fleurs disposées en épi unilatéral, grandes, d'un rouge entièrement vif et brillant ; ayant les trois pétales inférieurs marqués d'une assez grande tache blanche, allongée ou oblongue, tranchant gracieusement sur la couleur écarlate des fleurs, et produisant ainsi un charmant effet. — A l'automne, planter les oignons en terre légère ou de bruyère, mélangée avec un tiers de terreau de feuilles, bien consommé. En pleine terre, couvrir pendant les froids avec un chassis, ou à défaut avec de la litière sèche; en pots, les rentrer en orangerie et les placer près des jours. — Relever les oignons tous les ans, aussitôt que les fanes sont desséchées, et si vous voulez qu'ils fleurissent l'année suivante; en séparer avec soin les caieux. Conserver les uns et les autres en un lieu sec, bien aéré, à l'abri du soleil. — Point d'arrosements pendant l'hiver, très-peu pendant la végétation. Trop d'humidité peut faire pourrir l'oignon et empêcher la floraison.

Glaïeul de Gand (G. GANDAVENSIS). SYN. : *Glaïeul Van-Houte.* Ce glaïeul, bien certainement, l'un des plus beaux de cette belle et nombreuse famille, n'est connu que depuis une douzaine d'années. Il a été obtenu dans les jardins du duc d'Aremberg, d'une fécondation hybride opérée entre les glaïeuls *cardinal* et *perroquet.* S'il nous est permis d'émettre ici notre opinion, nous aurions mieux aimé lui voir porter le nom du riche amateur qui a eu le bonheur de l'obtenir et d'enrichir l'empire de Flore d'une aussi jolie plante, que celui de la ville où il a été obtenu. Mais selon nous il eût été plus juste encore

de lui donner tout simplement le nom du jardinier qui a eu l'heureuse idée d'hybridiser ces
deux beaux glaïeuls. C'est ainsi qu'on récompense,
à bien peu de frais, le zèle, la patience, l'instruction pratique d'un homme modeste , labo-
rieux, qui souvent consacre sa vie entière aux
progrès de l'horticulture.

Je ne crois pouvoir mieux faire, ma charmante
amie, que d'emprunter à la *Flore* de Van-Houte
la description qu'elle donne de ce beau glaïeul.

« Le *gladiolus gandavensis* a le port et l'inflorescence du *G. natalensis*, mais dans des proportions plus grandes ; le coloris du *G. cardinalis*,
mais plus riche et plus varié. Il est extrêmement
robuste, droit, élancé Ses longues feuilles érigées
justifient parfaitement l'étymologie générique,
sans le diminutif; chacune d'elles , en effet,
semble un véritable glaive, et pour les dimensions et pour la rigidité. Un fort individu peut
donner cinquante fleurs et plus, d'un minium
éclatant, à reflets rosés et amaranthe ; les pétales
inférieurs d'un jaune de chrôme, sont lavés aux
extrémités de vert-pistache et des mêmes teintes
rouges qui décorent les supérieurs. Tout ce riche
coloris tranche avec le bleu-violacé intense des
étamines et le blanc des trois stigmates clavi-
formes du style. Ces fleurs forment un épi serré,
non interrompu et non subsessile, dans une
spathe bivalve, beaucoup plus courte qu'elles.
Les feuilles sont alternes, équitantes, lancéolées-
linéaires, acuminées , fortement plissées, sub-
glaucescentes, et se replient souvent sur elles-
mêmes vers l'extrémité. »

Glaïeul flatteur (G. blandus). Syn. :
Glaïeul charmant. Ce glaïeul, qui n'est cultivé

en France que depuis une trentaine d'années,
est bien certainement l'un des plus gracieux du
genre, et commence à être assez répandu dans
les jardins, mais sous divers noms ; car, jusqu'à présent, les horticulteurs ne sont pas d'accord entre eux sur celui qu'il doit porter. Les
uns le possèdent sous les noms de *campanula-
tus*, de *multiflorus*, de *floribundus* ; les autres
sous ceux de *ramosus*, de *trimaculatus*, d'*in-
flatus*, de *carneus*, etc. Tous ces noms paraissent appartenir au même glaïeul, ou du moins
à des variétés qui en sont si voisines qu'il est
très-difficile d'en établir la différence. Sur les
catalogues des marchands l'on a bien soin de conserver tous ces noms ; l'on conçoit pourquoi. Un
amateur achète tous ces glaïeuls ; il croit alors
avoir une jolie collection ; mais au moment de
la floraison il est tout étonné de voir que sa
collection se compose tout simplement d'un
même glaïeul. Le tour est joué ; mille autres
personnes se laisseront prendre aussi à l'amorce
de ces noms ; c'est tout ce que demandent ces
marchands. — Feuilles distiques, ensiformes,
très-aigües, longues de 40 à 50°, érigées, épaisses,
raides, nervées, marginées. — Hampe de 80 à
90°, droite, ferme, simple ou rameuse. — En
août, fleurs distiques, en épi, alternes, sessiles,
d'un blanc carné, ayant le tube lavé de rose à
la base extérieure, d'un pourpre-violacé dans le
fond ; les divisions supérieures larges, égales ;
les trois inférieures plus étroites, marquées aussi
intérieurement d'une bande longitudinale pourpre-violacé.

Glaïeul magnifique (G. PULCHERRIMUS).
— Hampe de 80 à 90°. — Feuilles ensiformes,

glauques, longues de 40 à 50°. — En juillet-
août, fleurs distiques, au nombre de 10 à 12,
d'un rose-lilacé ; pétales inférieurs marqués au
centre d'une tache blanche entourée d'azur ; on
pense que c'est une variété du glaïeul cardinal.

Glaïeul triste (G. TRISTIS). — En juillet
et août, fleurs en épis, d'un jaune sombre, marquées de lignes de points pourpres, répandant
pendant la nuit une odeur agréable.

Glaïeul quadrangulaire (G. QUADRAN-
GULARIS). — Feuilles quadrangulaires ; en juillet-août, fleurs rayées de jaune et de rouge, les
divisions inférieures panachées de jaune et de
noir. — Bréant.

Glaïeul changeant (G. VERSICOLOR). SYN. :
Glaïeul tricolore. — Hampe de 30 à 40°. —
Feuilles linéaires, gladiées. — En août, fleurs à
divisions rouge-écarlate, le bas du tube d'un
beau jaune, et ces deux couleurs séparées par
du pourpre noir.

Glaïeul velu (G. HIRSUTUS). — Feuilles
linéaires et ensiformes, pubescentes, formant à
leur base une gaîne velue ; fleurs roses, presque régulières, un peu ondulées sur les bords.

La plupart des glaïeuls étant originaires du
Cap, craignent la rigueur de nos hivers. Si on
les cultive en pleine terre il faut pendant les
grands froids les couvrir d'un chassis ou avec de
la litière ; mais le mieux est de ne planter les
oignons qu'au commencement du printemps,
quand les gelées ne sont plus à craindre. Lorsqu'on les cultive en pots, il suffit de les rentrer
en orangerie ; mais de les exposer à l'air libre
toutes les fois que la température le permet. Ces

plantes aiment une terre légère, plutôt sèche qu'humide; elles se plaisent surtout dans un compôts de terreau de feuilles bien consommé, et de terre de bruyère sabloneuse. Dans les terres fortes elles ne fleurissent pas ou fleurissent mal. Une fois la floraison passée, si vous ne tenez pas à avoir de graines, il faut couper les tiges afin de ne pas fatiguer les oignons. On les relève lorsque les feuilles sont desséchées, on en sépare les caïeux, et on les conserve dans un endroit sec et bien aéré, jusqu'au moment de les replanter.

Iris bulbeuse (IRIS XIPHIUM). SYN. : *Iris xiphion*. — Oignon aplati, allongé, moins gros que celui des tulipes, fibreux à sa base, et produisant latéralement beaucoup de caïeux. — Tige de 50 à 60°. — Feuilles subulées, canaliculées, striées. — En juin, grandes et belles fleurs d'un violet foncé, mélangé de bleu et de jaune. — Variétés nombreuses dans les nuances de rouge, de bleu, de blanc, de violet, de fauve et à fleurs panachées.

Iris xiphioïde (I. XIPHIOÏDES). SYN. : *Lis d'Espagne, lis de Portugal, iris d'Angleterre*. Pour le port et les formes, même pour leurs fleurs, il y a une grande ressemblance entre ces deux iris, ce qui fait que très-souvent on les prend l'une pour l'autre. Toutes les deux sont fort jolies ; toutes les deux ont donné un grand nombre de variétés qui se font remarquer par l'éclat et la beauté de leurs fleurs. Plantées en mélange dans une plate-bande, ces iris produisent un charmant effet. Elles croissent naturellement en Espagne et en Portugal, d'où elles ont été apportées en France depuis un grand nombre d'années. — Leur culture est facile. Planter les oignons en octobre, en terre légère et à bonne exposition, et les relever tous les trois ou quatre ans pour en séparer les caieux.

Jacinthe orientale (Hyacinthus orientalis). Syn. : *Hyacinthe des fleuristes*. D'après la fable, ma gracieuse Emma, ce nom a été donné à la fleur née du sang du beau et jeune Hyacinthe, fils de Piérus et de Clio. Ovide, dans ses métamorphoses, raconte que jouant un jour au palet avec Apollon, qui l'aimait beaucoup, Zéphir qui l'aimait aussi, jaloux de le voir jouer avec le dieu, qu'il regardait comme son rival, poussa violemment le disque à la tête de ce jeune homme et le tua. Apollon ne pouvant le rappeler à la vie, et pour se consoler de cette perte, le métamorphosa en cette fleur, qui depuis porta son nom. Remercions le dieu de la poésie d'avoir fait ce cadeau à Flore, car cette fleur est bien certainement une des plus belles de son empire.

Par leur beauté, par la variété de leurs couleurs, par le suave parfum qu'elles exhalent, les jacinthes doivent tenir un des premiers rangs parmi les plantes bulbeuses de pleine terre. Oui, ma charmante amie, de toutes les fleurs que les premiers jours du printemps voient éclore, il n'en est pas qui surpasse celle-ci en éclat et en beauté. L'élégance de son épi, ses nombreux grelots, que le moindre souffle agite ; leurs jolies formes, la richesse et la variété des couleurs dont ils sont peints, l'odeur suave qu'ils répandent dans l'air en entrouvant leurs sommets dentelés, tout plaît et charme les sens dans la jacinthe. Tout concourt, comme vous le voyez, à la rendre une des plus agréables fleurs printanières.

La culture des hyacinthes est assez difficile, du moins en France. Le sol et le climat ne paraissent pas leur convenir ; puisqu'on voit presque toujours les plus belles espèces dégénérer dès la deuxième ou la troisième année, et les plus beaux oignons se réduire en simples caieux. Aussi les jardiniers-fleuristes sont-ils obligés tous les ans de faire venir de nouveaux oignons de Harlem, tribut considérable que la France paye à la Hollande. Peut-être que nos horticulteurs ne se sont pas assez occupés de la manière de bien cultiver cette plante. C'est donc à eux de faire tous leurs efforts pour affranchir la France de ce tribut. Eux seuls, par leurs soins intelligents et constants, peuvent essayer de l'entreprendre. Les amateurs veulent jouir ; ils n'ont pas la patience, ni souvent les connaissances nécessaires pour obtenir un aussi heureux résultat ; il n'y aurait donc que le hasard qui pourrait les servir ; celui-ci, il est vrai, joue un plus grand rôle qu'on ne le pense dans la culture des fleurs : espérons.

Les hyacinthes sont simples, semi-doubles ou doubles. Leur couleur est le rose, le bleu, le blanc, le gris, le carmin, le jaune, le rouge avec toutes leurs nuances. Les catalogues hollandais en mentionnent plus de douze à quinze cents variétés, toutes portant un nom plus ou moins pompeux ; mais malheureusement la fleur ne répond pas toujours au beau nom qu'elle porte.

Pour qu'une hyacinthe soit estimée par un véritable amateur, elle doit présenter les qualités suivantes : La hampe (vulgairement la tige) doit être droite, bien proportionnée, assez forte dans toute sa longueur pour porter le poids des fleurs, ni trop haute, ni trop basse. Chaque hampe doit porter de quinze à vingt fleurs, au moins douze si elles sont doubles et très-grandes ; on en compte quelquefois jusqu'à trente ; les feuilles doivent être d'un très-beau vert, dans une direction moyenne entre la droite et l'horizontale ; trop droites, elles empêchent de bien voir les fleurs ; si elles ne le sont pas assez, elles s'étalent à terre, ce qui produit toujours un vilain effet à l'œil.

Les fleurs doivent être à pédoncules inégaux, d'autant moins longs qu'ils approchent plus du sommet de la pyramide ; disposées horizontalement, afin d'exposer aux regards l'intérieur de la corolle. Quant à la forme, elles doivent être très-courtes, les grelots très-larges et bien nourris, l'épi long et serré ; enfin des couleurs bien pures, bien vives, bien tranchées.

La culture des hyacinthes est assez difficile et demande de grands soins, du moins pour les belles variétés. Les horticulteurs ne sont pas d'accord sur la nature du terrain qui paraît mieux leur convenir. Les uns préfèrent un simple mélange de terre de bruyère et de terre de jardin légère, mais substantielle ; quelques-autres emploient de la terre de potager ordinaire, bien terreautée ; le plus grand nombre, d'un compots composé à partie égale, de bonne terre de jardin, de terreau de feuilles bien consommé, et de terre de bruyère sablonneuse. C'est surtout, mon amie, pour les hyacinthes cultivées en pots, que vous devez faire usage de ce compot ; mais il faut le préparer au moins une année d'avance, et le conserver à l'abri de la pluie.

Quand les hyacinthes ne se conviennent pas dans un terrain, elles dégénèrent, se réduisent en caieux, et finissent même par fondre entièrement. On doit toujours les planter dans un endroit du jardin bien aéré, un peu élevé, afin que les eaux n'y séjournent pas pendant l'hiver, et situé au levant ou au midi ; l'exposition du midi est préférable, mais les fleurs durent moins longtemps. Vous le savez, les amateurs cultivent leurs hyacinthes en parc et les couvrent d'une tente, ce qui les met à l'abri des ardeurs du soleil et des grandes pluies. C'est le seul moyen de les conserver longtemps en fleurs, et en même temps dans tout l'éclat de leur beauté. Aujourd'hui, les horticulteurs appellent *parc*, ce que nous appelions autrefois corbeille, bannette, etc.

On plante les oignons en septembre ou octobre, au plus tard, à 15 ou 18 centimètres les uns des autres, et à une profondeur de 8 à 9. L'expérience, assurent quelques horticulteurs, a prouvé qu'il était bon d'incliner un peu la tête vers le nord, et la base vers le midi. Ce soin, vous le voyez, est facile à prendre. Avant l'hiver, on bine de temps en temps le terrain pour le tenir propre et meuble. Pendant les grands froids, il est toujours prudent de couvrir vos hyacinthes avec des feuilles sèches ou avec de la litière longue.

Au moment de la floraison il faut avoir le soin, mon amie, de mettre des tuteurs aux tiges trop faibles pour soutenir les fleurons ou godets, qui sont plus ou moins nombreux, et plus ou moins larges suivant les variétés.

Quand les fleurs sont passées, que les fanes

sont desséchées, on enlève les oignons de terre, on les laisse sécher à l'air libre, mais à l'ombre, et on les conserve dans des casiers jusqu'au moment de la plantation.

Parny, dans son poème sur les fleurs, en décrivant celle-ci, s'exprime ainsi :

> Dans la jacinthe, un bel enfant respire ;
> J'y reconnais le fils de Piérus :
> Il cherche encor les regards de Phébus ;
> Il craint encor le souffle de Zéphire.

Un autre poète a dit aussi :

> Avant le retour de Flore,
> Elle s'empresse de fleurir,
> Pour éviter encore
> L'haleine du zéphyr.

Jacinthe de mai (H. NON SCRIPTUS). SYN. : *Jacinthe non écrite.* — Oignon assez gros, un peu allongé, blanc en dedans et en dehors. — Feuilles lancéolées, de 20 à 25°, canaliculées. — Hampe droite, ferme, de la hauteur des feuilles. — En mai, dix à douze fleurs, d'un très-beau bleu, penchées, presque cylindriques, à six divisions. — En touffe ou en bordure, cette jacinthe produit un assez bon effet. — Peu difficile sur le terrain et sur l'exposition. — Comme elle donne beaucoup de caieux, il faut relever les oignons tous les deux ou trois ans.

Jacinthe améthyste (H. AMETHYSTINUS). — Oignon petit, ovale. — Feuilles longues, étroites, canaliculées, droites, mais courbées en dehors. — Hampe de 12 à 15°, grêle, inclinée au sommet, presque cylindrique. — En avril ou en mai, fleurs campanulées, d'un très-beau bleu. — Relever les oignons tous les trois ou quatre ans; en séparer les caieux, et replanter aussitôt les uns et les autres.

Jacinthe botryde (H. BOTRYOÏDES). Syn. : *Botryanthe ordinaire.* — Indigène. — Feuilles canaliculées, linéaires-lancéolées. — Hampe de 15 à 18ᵉ. — En avril, fleurs nombreuses, en grappes, penchées, d'un très-beau bleu, inodores. — Même culture.

Jacinthe étalée (H. PATULUS). — Indigène. — Feuilles larges, longues de 20 à 25ᵉ, étalées sur terre. — Hampe droite, de la même hauteur. — En mai, fleurs nombreuses, en grappes, d'un bleu tendre, bien ouvertes, odorantes. — Même culture.

Lis blanc (LILIUM CANDIDUM). Syn. : *Lis commun*. Originaire de la Syrie et de la Palestine, le lis, ma gracieuse amie, est connu en Europe depuis bien des siècles, et depuis bien des siècles aussi il figurait, comme vous le savez, dans l'écusson de nos rois. Son aspect est imposant et majestueux ; c'est bien certainement l'une des plus belles fleurs qui, pendant les mois de juin et de juillet, font l'orgueil de nos parterres. La rose seule peut lui disputer cet honneur. Les anciens poètes accordent au lis une origine mythologique. Selon eux, il doit sa naissance à Vénus, qui métamorphosa en cette fleur une jeune nymphe qui avait osé lui disputer le prix de la beauté. C'était bien audacieux, il est vrai ; mais quelle femme ne se croit pas plus belle que sa rivale ? La nature l'a voulu ainsi.

Naguères le lis était encore le chef de la brillante famille des liliacées, à laquelle il avait donné son nom ; mais l'empire de Flore, comme les autres empires, est exposé aussi aux

révolutions. Depuis quelques années, l'orgueilleuse tulipe est venue le détrôner, et commencer
la nouvelle dynastie des *tulipacées*. Aujourd'hui,
elle le compte au nombre de ses sujets ; pour lui,
il attend peut-être une nouvelle révolution.

— Oignon assez gros, arrondi, jaunâtre, formé d'écailles imbriquées, charnues. — Tige
simple, de 100 à 120°, assez grosse, droite, herbacée, cylindrique. — Feuilles radicales, nombreuses, entières, lancéolées-aigües ; les caulinaires sessiles, plus étroites et plus petites à
mesure qu'elles approchent du sommet.—Fleurs
pédonculées, en grappes terminales, remarquables par leur grandeur, leur éclatante beauté,
leur blancheur virginale, et par l'odeur exquise
qu'elles exhalent. odeur cependant qui détermine souvent des maux de tête, et qui, même,
pourrait devenir nuisible, si on la respirait
longtemps, surtout dans un appartement fermé.
Ces fleurs sont formées de six pétales, étroits à
leur base, épais, striés, évasés, et un peu réfléchis
à leur sommet. — Multiplication de caieux ;
bonne exposition ; toute terre, si ce n'est cepen-
pant les terrains compactes et humides, dans
lesquels il languit et ne déploie jamais une belle
végétation. Les oignons doivent être relevés tous
les trois à quatre ans, pour en séparer les caieux,
et replantés tout de suite, si vous voulez avoir
des fleurs l'année suivante.

En vérité, ma bonne Emma, quand dans nos
jardins, le soir d'une belle journée, nous respi-
rons l'odeur suave dont le lis parfume l'air, nous
pouvons nous croire transportés, pour quelques
instants, dans les belles et riches contrées de

l'Orient, qu'il a quittées pour venir habiter parmi nous.

Vous savez que de tout temps, la fleur du lis a été regardée comme l'emblême de la candeur et de la pureté. Les anciens la regardaient aussi comme le symbole de l'espérance.

Parny, dans son poème *des Fleurs,* parle ainsi du lis :

> Le lis plus noble et plus brillant encore,
> Lève sans crainte un front majestueux ;
> Roi des jardins, ce favori de Flore
> Charme à la fois l'odorat et les yeux.

Boisjoli a fait aussi, sur cette jolie fleur, le quatrain suivant :

> Noble fils du soleil, le lis majestueux,
> Vers l'astre paternel, dont il brave les feux,
> Elève avec orgueil sa tête souveraine :
> Il est le roi des fleurs, dont la rose est la reine.

Lis bulbifère (L. BULBIFERUM). SYN. : *Lis de feu, lis rouge.* Originaire des Alpes. — Tige de 80 à 90°, droite, anguleuse. — Feuilles éparses, sillonnées, sessiles, lancéolées, moins longues, mais plus larges que celles du lis blanc. — En juin-juillet, fleurs grandes, campanulées, droites, simples, d'un rouge-orangé, marquées d'une tache plus pâle, et pointillées de brun. Des bulbes ou bulbilles, noirâtres quand elles sont mûres, naissent sur la tige, dans les aisselles des feuilles. — Ces bulbilles mises en terre aussitôt leur maturité, portent fleurs au bout de quelques années. — Variété à *fleurs doubles* ; à *feuilles panachées.*

Lis tigré (L. TIGRIDIUM). — Très-jolie plante, originaire de la Chine, introduite en France en

France en 1812, et cultivée pour la première fois par Mordant de Launay, auteur de l'*Herbier général de l'amateur*, et fondateur du *Bon Jardinier*. — Tiges d'un à deux mètres, suivant l'exposition et la nature du terrain, laineuse, de couleur violette, et bulbifère. — Feuilles éparses, lancéolées-aiguës , d'un beau vert, marquées de lignes longitudinales, diminuant de grandeur à mesure qu'elles approchent du sommet de la tige. — En juillet, fleurs très-grandes , en thyrse, plus ou moins nombreuses, d'un beau rouge-orange, marquées de points pourpre-noir. — Culture facile ; terre substantielle, non fumée, et l'exposition du Levant ; mieux , terre de bruyère.

Lis orangé (L. CROCEUM). Ce lis, fort joli, produit aussi un très-bel effet dans les jardins, tant par ses larges touffes que par l'éclat de ses fleurs , qui sont quelquefois au nombre de trente à quarante sur la même girandole. — Tige d'un mètre, garnie depuis le bas jusqu'au sommet de feuilles étroites, sessiles, lancéolées-aiguës, d'un très-beau vert. — Fleurs très-grandes, droites, d'un beau rouge-safrané, inodores, parsemées de taches, et comme veloutées dans l'intérieur de la corolle. — Peu difficile sur le terrain et sur l'exposition.

Lis superbe (L. SUPERBUM). SYN. : *Martagon du Canada*. Cette jolie plante, originaire du Canada, et qui, pour la première fois, a fleuri en Europe, en 1738, mérite bien certainement son nom spécifique puisqu'en juillet et août elle fait l'orgueil de nos parterres, par ses belles et grandes fleurs, souvent au nombre de 30 à 40 sur la même girandole. — Bulbe écailleuse, assez grosse.

— Tige simple, d'un à deux mètres, cylindrique, droite, de couleur violacée. — Feuilles inférieures linéaires-lancéolées, verticillées ; les supérieures éparses, plus larges, d'un vert-brun, à trois nervures longitudinales. — Fleurs grandes, nombreuses, pendantes, d'un rouge-orange dans le fond, ponctuées de pourpre brun ; pétales arqués en dehors. — Pleine terre de bruyère, sablonneuse, ombragée, mieux au nord. Quoique ce lis nous vienne du Canada, il est plus prudent de le couvrir pendant les grands froids, d'autant plus qu'il est sujet à fondre, surtout lorsqu'il est cultivé dans un terrain humide, ou quand on laisse d'autres plantes lui disputer les sucs nourriciers de la terre. — Multiplication de caïeux, qu'on relève tous les trois ou quatre ans, au plus tard, et qu'on replante de suite, ainsi que l'oignon principal.

Lis pomponne (L. POMPONIUM). Syn. : *Lis turban*, *Martagon des jardiniers*, *martagon pomponne*. Originaire du Levant, et cultivé depuis fort longtemps en Europe, pour la beauté de ses fleurs. — Bulbe écailleuse, de moyenne grosseur. — Tige droite, simple, cylindrique, de 30 à 60°. — Feuilles longues, étroites, pointues, sessiles, légèrement duvetées de poils blanchâtres sur leurs bords ; disposées en verticille dans le bas de la tige, en spirale dans le milieu, éparses dans le haut, et diminuant insensiblement de longueur vers le sommet — En juillet, cinq ou six belles fleurs, pendantes, longuement pédonculées, d'un rouge vif ; pétales réfléchis et roulés en dehors, en forme de bonnet turc, ce qui lui a fait donner le nom de *lis turban*. — Terre de bruyère un peu humide ; exposition ombragée.

Lis martagon (L. MARTAGON). C'est des Alpes, son pays natal, que ce lis a été transporté dans nos jardins, depuis un grand nombre d'années. — Tige de 60 à 70ᶜ, cylindrique, luisante, droite, ferme, ponctuée de noir. — Feuilles ovales-lancéolées, verticillées, à cinq nervures, dont trois plus saillantes. — En juillet-août, fleurs assez grandes, pendantes, en grappe terminale, révolutées, d'un rouge-safrané, ponctuées de noir, d'une odeur peu agréable. — Même culture ; couverture l'hiver, ou orangerie. — Variétés à *fleurs blanches* ; à *fleurs pourpres* ; à *fleurs piquetées de blanc* ; à *fleurs d'un jaune brillant* ; enfin, à *fleurs doubles*.

Lis de Chalcédoine (L. CHALCEDONICUM). Syn. : *Martagon écarlate*. Ce lis, originaire du Levant, se fait remarquer par ses belles fleurs, d'un rouge vif très-éclatant. — Tige simple, de 60 à 80ᶜ, pourpre inférieurement. — Feuilles lancéolées, éparses et comme bordées de blanc. — En juin-juillet, cinq à six fleurs en même temps, à l'extrémité de la tige, pendantes, révolutées, écarlates, ponctuées en dedans. — Terre de bruyère mélangée de terre ordinaire.

Lis du Canada (L. CANADENSE). Tige de 100 à 120ᶜ. — Feuilles verticillées. — En août, fleurs pendantes, révolutées, d'un jaune-orangé ou écarlate, ponctuées de pourpre à la base.

Lis de la Caroline (L. CAROLINIANUM). — Tige de 50 à 60ᶜ, légèrement striée, menue. — Feuilles radicales-lancéolées ; les caulinaires presque verticillées et linéaires. — En juillet et août, fleurs très-grandes, d'une belle couleur orangée, ponctuées de pourpre foncé à la base intérieure de la corolle ; inclinées et portées sur des pédoncules aigüs, à pétales ouverts, ondulés, pointus et à onglets étroits et longs. — Terre de bruyère un peu humide ; exposition demi-ombragée.

Lis concolore (L. CONCOLOR). De la Chine. Tige de 50 à 80°. — Feuilles éparses, lancéolées-linéaires. — En juin ou juillet, une ou deux fleurs très-grandes, à pétales étroits, d'un rouge cocciné pur. — Terre de bruyère à demi-ombragée.

Lis magnifique (L. SPECIOSUM). Du Japon. —Tige de 75 à 90°.— Feuilles ovales, oblongues, éparses. — Fleurs longues de 7 à 8°, inclinées, révolutées, roses, tachées de pourpre, munies de glandes papillaires, et d'une odeur agréable. — Terre de bruyère.

Les lis demandent une terre légère et substantielle, non fumée, ni trop sèche, ni trop humide. Les martagons ne se conviennent bien que dans la terre de bruyère. La culture de ces plantes est facile. C'est à l'automne que l'on plante leurs bulbes, à plus ou moins de profondeur, selon leur grosseur. On peut les laisser plusieurs années en place, sans les relever, sauf quelques exceptions que je vous ai indiquées. On les multiplie ordinairement par leurs caïeux, rarement par la voie des semis, qui n'est employée que par quelques amateurs, dans l'espoir d'obtenir de nouvelles variétés. Retirés de terre, les oignons peuvent se conserver plusieurs mois, surtout si on les enveloppe dans de la mousse bien sèche. On les conserve très-bien aussi dans du sable fin non humide.

On ne doit jamais relever de terre les oignons d'une plante bulbeuse, lorsqu'elle est en végétation; en agissant ainsi, on s'expose à la faire périr. C'est dans le courant de l'été, lorsque les tiges et les feuilles sont desséchées, que l'on doit faire cette opération.

Muscari odorant (MUSCARI SUAVEOLENS). SYN. : *Jacinthe musquée, muscari musqué.* Cette jacinthe, qui croît spontanément en Asie et dans le Levant, nous vient de Constantinople et nous a été apportée en France dans le milieu du seizième siècle. Elle n'a rien de remarquable sous le rapport de la beauté, mais on la cultive à cause de l'odeur agréable que répandent ses fleurs, et qui se rapproche un peu de celle du musc. — Oignon rustique, composé de beaucoup de tuniques, un peu moins gros que celui des tulipes. — Feuilles de 20 à 25ᶜ, étalées à terre, concaves ou creusées en gouttière inférieurement, planes à leur partie supérieure. — En avril ou mai, hampe cylindrique, plus courte que les feuilles, portant un épi long de 6 à 8ᶜ, composé de fleurs nombreuses, presque sessiles, rapprochées les unes des autres, d'un jaune-violacé obscur, d'un aspect triste, répandant, comme je viens de vous le dire, une légère odeur de musc.

Muscari chevelu (HYACINTHUS COMOSUS). SYN. : *Jacinthe chevelue, jacinthe à toupet, bellevalie chevelue, vaciet.* Indigène. — Tige de 25 à 30ᶜ, droite, cylindrique, lisse. — Feuilles ressemblant beaucoup à celles du muscari odorant. En mai, fleurs nombreuses, formant un épi assez long, singulières par leur disposition et leur couleur. Celles placées au bas de l'épi sont brunes et penchées, tandis que les fleurs supérieures sont bleues et droites, et forment une espèce de toupet, bien coloré, remarquable et produisant un singulier effet.

Muscari à grappes (M. RACEMOSUS). SYN. : *Ail des chiens, jacinthe à feuilles de jonc, Bothryanthe odorant.* Charmante petite plante qui, de nos prairies, a été transportée dans nos jardins. — Hampe de 15 à 20ᶜ, — Feuilles nombreuses, menues, plus longues que la tige, s'étalant à terre. — En avril, fleurs en grelots, disposées en grappes au sommet de la tige, légèrement odorantes, d'un beau bleu. Pour que cette plante produise plus d'effet, il faut qu'elle soit en touffe assez forte ; pour la forcer à produire des caïeux, on laisse l'oignon plusieurs années en terre, sans le relever.

Muscari monstrueux (H. MONSTRUOSUS), SYN. : *Faux muscari, bellevalie monstrueuse, lilas de terre, jacinthe de Sienne, jacinthe paniculée, jacinthe monstrueuse.* Tout le monde connaît cette plante, sous le nom de lilas de terre, et il est très-peu de jardins dans lesquels on n'en voit pas au moins quelques touffes. Généralement, on la cultive en massifs ou en bordures. Ses panicules, d'un bleu-violacé, produisent un assez bel effet, et c'est en mai et juin qu'elles nous montrent leurs fleurs.— Tige de 25 à 30ᶜ, unie, cylindrique. — Feuilles longues, striées, canaliculées, d'un vert sombre, teint de rougeâtre. — Feuilles en panicules plus ou moins longues, imitant assez bien un goupillon ou un panache; stériles, portées sur des pedoncules rameux et colorés. Les tiges étant faibles et ne pouvant pas toujours supporter le poids des panicules, il est bon de leur donner un petit tuteur, sans quoi les fleurs touchant la terre se trouvent salies par les eaux pluviales, ce qui est désagréable à l'œil, quand cela arrive.

Les muscaris, ma gracieuse Emma, sont des plantes d'une culture facile. Ils se plaisent dans tous les terrains, si ce n'est, cependant, dans les terres argileuses, humides et compactes, dans dans lesquelles les oignons périssent avec le temps, souvent même dans les premières années.

On plante les oignons à l'automne, mais on peut les laisser plusieurs années sans les relever. Comme toutes les plantes bulbeuses, on les multiplie par leurs caieux. Il est bien rare que l'on emploie la voie des semis ; aussi, jusqu'à présent, n'a-t-on obtenu aucune variété.

Narcisses. La famille des narcisses étant, ma gracieuse Emma, une des plus jolies et des plus nombreuses de l'empire de Flore, doit, sous ce rapport, tenir un des premiers rangs parmi les plantes bulbeuses, presque toutes si jolies, d'une odeur si suave, et qui, pendant plusieurs mois de l'année, font l'ornement de nos parterres et de nos salons. Les narcisses sont des plantes de pleine terre, d'une culture facile. Cependant quelques espèces, plus délicates, demandent à être cultivées en pots, si l'on veut jouir de la beauté de leurs fleurs.

La plupart des fleurs de narcisses sont grandes, belles, variées en couleur, plus ou moins odorantes, paraissent de fort bonne heure au printemps, et doublent facilement par la culture. Souvent même, les narcisses cultivés en pots fleurissent pendant l'hiver, dans nos appartements.

Les narcisses aiment généralement une terre légère, mais substantielle. Ils dégénèrent dans un

terrain humide et compacte, ne fleurissent même
pas, surtout lorsqu'ils sont trop enfoncés dans le
sol. Cependant, quand ils sont pour fleurir, ils
demandent de fréquents arrosements, principalement ceux cultivés en pots, arrosements que l'on
doit diminuer insensiblement, lorsqu'ils sont en
pleines fleurs.

L'oignon des narcisses ne doit pas être enterré
trop profondément, parce qu'il s'enfonce beaucoup de lui-même, et qu'au bout de quelques
années, si on le laisse en terre, il ne fleurit pas,
ou il fleurit peu.

C'est à l'automne que vous devez replanter
ces oignons. Vous pourrez les laisser en terre trois
ou quatre ans ; mais on a remarqué que, si on
les y laisse plus longtemps, on s'expose à voir
ces oignons dégénérer, c'est-à-dire que les fleurs
doubles redeviennent simples.

Je dois encore vous dire, ma bonne Emma,
que tous les narcisses poussent et fleurissent très-
bien dans des carafes ; mais le plateau seul de
l'oignon doit plonger dans l'eau, sans quoi celui-
ci serait exposé à pourrir. Ce sont ces fleurs et
les jacinthes qui, dans l'hiver embaument et font
la parure de nos appartements. Lorsque leurs
fleurs sont fanées, il faut avoir soin de remettre
tout de suite l'oignon en terre, puisque, sans cette
précaution, on serait exposé à le perdre. Rendu
ainsi à la pleine terre, il ne fleurit pas l'année
suivante, mais, au moins, il se conserve en bon
état, et peut donner des caïeux.

Quand vous mettez des narcisses fleurir dans
l'eau, l'ouverture du vase doit toujours être proportionnée à la grosseur de l'oignon, ou, si cette
ouverture est plus grande, poser dessus une petite

plaque en zinc, percée dans le milieu d'un trou rond.

Vous devez, de préférence, employer de l'eau de pluie ou de rivière, jamais d'eau de puits, surtout si elle contient des sels de chaux, eau impropre à la végétation, et que l'on reconnaît facilement dans les ménages, parce qu'elle ne fait pas bien l'eau de savon. Vous devez remplir le vase d'eau, de manière que la base ou la couronne de l'oignon en effleure seulement le niveau.

Je vous recommande encore d'enlever les caieux, s'il y en a, parce qu'ils épuisent l'oignon, et que celui-ci donne alors des fleurs moins belles. Vous devez aussi remplir vos carafes, à mesure que vous voyez l'eau diminuer ; vous devrez même la renouveler entièrement, au moins une fois tous tous les huit à dix jours. Autant que possible, il faut que cette eau soit à la même température que celle contenue dans les vases, ce qui est facile, en la laissant séjourner pendant sept à huit heures dans le même appartement, avant d'en faire usage. S'il s'est formé une matière verdâtre autour des racines, il faut l'enlever avec soin, et les bien laver avant de remettre l'oignon en place.

Narcisse des prés (Narcissus pseudo narcissus). Syn. : *Aiault, porion jaune, narcisse sauvage, faux narcisse, porillon jaune, narcisse des bois.* Ce narcisse, indigène à l'Europe, et connu de tout le monde, croît abondamment, mais à l'état simple, dans les prairies, dans les vergers, dans les bois un peu humides. — Oignon assez gros, allongé, recouvert d'une tunique brune et luisante. — Feuilles longues de 30^c, canaliculées, moins hautes que la hampe qui porte les fleurs, larges de 2 à 3°, ensiformes. — En avril et mai, fleurs solitaires, simples ou doubles, d'un jaune souffré, penchées, légèrement odorantes. — Ce narcisse, dont on fait des bordures et des massifs, est le plus rustique de tous, et se convient dans tous les terrains et à toutes les expositions.

Narcisse jonquille (N. junquilla). Syn. : *Jonquille.* Cette plante, originaire de l'Orient, et que l'on rencontre aussi dans le midi de la Fance, est cultivée depuis bien des siècles dans nos jardins. Connue de tout le monde, elle plaît surtout aux dames, à cause de son suave parfum ; c'est une de leurs fleurs de prédilection. — Oignon très-petit, uni, droit, allongé et recouvert d'une pellicule brune. — Feuilles presque cylindriques, peu nombreuses, subulées, lisses, jonciformes. — Tige de 30 à 40°, terminée en avril ou mai par plusieurs fleurs d'un très-beau jaune, très-odorantes, simples ou doubles, portées sur des pédoncules inégaux, quoique partant tous du même point.

La jonquille demande une terre ni trop légère ni trop forte, et une bonne exposition. Quand la terre ne lui convient pas, qu'elle est trop humide et trop ombragée, son oignon maigrit et finit par périr.

C'est à la fin de l'été qu'on plante ordinairement les jonquilles. On place l'oignon sur le côté, à six ou huit centimètres de profondeur, pour l'empêcher de s'allonger, ce qu'il fait assez souvent : dans cet état, il ne fleurit pas. Pour empêcher aussi qu'il ne s'enfonce trop en terre, il faut planter chaque oignon sur un petit morceau de tuile ou de terreau. Pour moi, mon amie, j'ai l'habitude de me servir d'une écaille de moule, et je m'en suis toujours très-bien trouvé.

Les jonquilles produisant peu d'effet dans nos jardins, même quand elles sont en massif, il vaut mieux les cultiver en pots ou en caisses. Cultivées en pleine terre, il faut relever tous les trois ans les oignons, au mois de juillet; en séparer les caïeux, les conserver dans un lieu sec et aéré, et les replanter au mois de septembre, chaque fois dans une nouvelle partie du jardin, si vous voulez que les fleurs se conservent dans leur perfection. J'oubliais de vous dire qu'on a donné à ce narcisse le nom de *jonquille*, de la forme de ses feuilles, qui ressemblent au jonc qui croît dans les fossés et au bord des mares.

Narcisse à bouquet (N. TAGETTA). SYN. : *Narcisse d'hiver, narcisse tagette, narcisse multiflore.* D'Espagne et du midi de la France. — Feuilles radicales, planes, semi-cylindriques, un peu moins longues que la tige, larges de deux centimètres. — Tige de 30 à 40e, lisse, épaisse, portant à son sommet, en avril ou mai, un bouquet de 8 à 10 fleurs, grandes, jaunes, odorantes, dont les pédoncules inégaux partent tous du même point. — On doit déplanter tous les ans ce narcisse peu de temps après la dessication des fanes, et le remettre en terre au mois d'octobre. Ne pouvant supporter qu'un froid de trois ou quatre degrés au plus, il est toujours prudent de le couvrir pendant l'hiver. Peut-être est-il plus prudent de ne le cultiver qu'en pots.

Le narcisse à bouquet a produit avec le temps, par les semis, un grand nombre de variétés, parmi lesquelles les amateurs cultivent principalement les suivantes :

Narcisse de Constantinople. — Tige assez haute, dont le sommet, garni de plusieurs boutons, forme un beau bouquet, lorsqu'ils viennent à s'épanouir. — Fleurs doubles, très-odorantes; corolle d'un blanc sale, et le godet intérieur d'un jaune pâle.

Le grand soleil d'or (N. AUREUS). — Fleurs au nombre de six à douze, simples, peu odorantes, d'un jaune safrané à l'intérieur ; brillant à l'extérieur. — Couverture l'hiver, si on le plante en pleine terre.

Le grand Primo (N. CONCOLOR). — Fleurs nombreuses, grandes, odorantes, disposées en bouquets , blanches, à godet jaune. — Oignon très-gros, donnant beaucoup de caieux.

Le grand Monarque. — Fleurs encore plus grandes que celles du grand primo, dont il paraît être une sous-variété.

Le **Narcisse tout blanc** (N. TOTUS ALBUS). — Fleurs très-blanches, très-odorantes, en bouquet, assez nombreuses ; plus tardif que les autres variétés.

Le **Narcisse de Chypre.** — Fleurs petites, d'un jaune-orangé, exhalant une odeur agréable.

Tous ces narcisses demandent à être cultivés sous bâche ; mais mieux en pots et en orangerie.

Les catalogues des fleuristes hollandais comptent plus de cinquante variétés obtenues du narcisse à bouquet ; toutes portant des noms plus ou moins pompeux, mais qui, en réalité, ne signifient rien, puisqu'ils ne donnent aucune idée de ces fleurs. Nous y voyons l'*archiduchesse*, le *bouquet des dames*, la *royale dorée*, le *triomphant*, le *czar de Moscovie*, la *surpassante,* le *sceptre* le *superbe,* etc.

Narcisse odorant (N. ODORUS). — Tige terminée par une ou deux fleurs, à couronne campaniforme, six fides, lisse, moitié plus courte que les divisions calicinales. — Feuilles demi-cylindriques. — Fleurs assez grandes, blanches ou jaunes, très-odorantes. — Fleurit en mai.

Narcisse fausse jonquille (N. PSEUDO JUNQUILLA). Ce narcisse croît naturellement dans les parties méridionales de la France ; il a une grande ressemblance avec la jonquille, mais son feuillage et ses fleurs sont beaucoup plus grands ; il est inodore, très-rustique, se convient dans tous les terrains, à toutes les expositions, et ne demande aucun soin particulier.

Narcisse d'Orient (N. ORIENTALIS). Recherché des amateurs, à cause de son odeur suave. Feuilles assez larges ; fleurs au nombre de deux ; corolle d'un blanc de neige, avec une couronne intérieure de couleur jaune, échancrée et divisée en trois.

Narcisse bicolor (N. BICOLOR). Originaire des Pyrénées. Fleur solitaire, blanche, à couronne d'un jaune doré, simple ou double, selon la variété.

Narcisse à deux fleurs (N. BIFLORUS). SYN. : *Narcisse biflore*. Indigène. — Fleurs jaunâtres ; godet à bord blanc. — Terre sablonneuse.

Narcisse des poètes (N. POETICUS). SYN. : *Porion blanc, herbe de la Vierge, jeannette des comptoirs, claudinette, campanette*. Ce narcisse, le plus répandu dans nos jardins, était connu dans l'antiquité, puisque les anciens poètes en font mention. Tout le monde, mon aimable Emma, connaît la fable du beau Narcisse, qui, épris de ses charmes, se laissa consumer de langueur, en considérant son image dans les eaux. Les dieux, dit-elle, changèrent ce sybarite en une fleur qui porte son nom. — Oignon de la grosseur de celui d'une tulipe, mais plus allongé. — Tige de 40 à 45°. légèrement quadrangulaire. — Feuilles radicales. ensiformes, lisses, plates, d'un beau vert, un peu moins longues que la tige. — En mai fleur solitaire, simple ou double, blanche, d'une odeur forte, mais agréable, à couronne courte, bordée de pourpre. seulement dans la variété à fleurs simples. — Plante très-rustique, ne craignant pas les froids les plus rigoureux de nos hivers. — Multiplication de caïeux, arrosements abondants au moment de la floraison. Tous les trois à quatre ans, déplanter les oignons, en séparer les caïeux, et les replanter au mois d'octobre dans une autre partie du jardin.

En parlant de cette fleur, Parny a dit :

Des feux du jour évitant la chaleur,
Ici fleurit l'infortuné Narcisse :
Il a toujours conservé la pâleur
Que sur ses traits répandit la douleur;
Il aime l'ombre, a ses ennuis propice ;
Mais il craint l'eau qui causa son malheur.

Bien avant Parny, Claude de l'Etoile, en parlant de ce Narcisse, avait dit :

Epris de l'amour de moi-même,
De berger que j'étais, je devins une fleur.
Ah ! profitez de mon malheur,
Vous que le ciel orna d'une beauté suprème ;
Et pour en éviter les coups,
Puisqu'il faut que chacun aime,
Aimez un autre que vous.

Un autre poète, Constant Dubos, s'exprime ainsi sur le même sujet :

Victime d'une folle ardeur,
Tu peux, du moins, par ton malheur,
Instruire et corriger nos belles ;
Inspire un salutaire effroi
A celles qui, comme toi,
Ne savent rien aimer qu'elles.

Je ne vous ai parlé ici, mon amie, que des narcisses cultivés le plus généralement dans nos jardins et dans nos appartements. Le nombre en est beaucoup plus grand. M Bréant, dans son excellent *Traité de la culture des fleurs et des arbustes d'agrément*, en décrit une quarantaine d'espèces, et cite un plus grand nombre encore de variétés.

Nivéole printanière (LEUCOIUM VERNUM). SYN. : *Nivéole du printemps.* Indigène. — Hampe de 15 à 20ᶜ. — En mars, fleur blanche, solitaire, penchée, s'ouvrant peu ; l'extrémité de chaque pétale marquée d'une tache verdâtre.

Nivéole d'été (L. ŒSTIVUM). SYN. : *Perceneige d'été, cloche blanche, perce-neige à bouquets, campane blanc.* — Tige de 40 à 45ᶜ. — Feuilles radicales, longues, lisses, un peu concaves. — En mai, fleurs au nombre de cinq à six, d'un assez beau blanc, les pétales intérieurs marqués d'une tache légèrement verdâtre à leur extrémité. — Ces deux plantes sont rustiques, demandent peu de soins, viennent partout, mais elles préfèrent cependant une terre légère, un peu ombragée. — Multiplication par leurs caieux qu'on relève ordinairement en juillet, et que l'on replante en octobre ; mais on peut laisser les oignons plusieurs années en terre.

Ornithogale pyramidal (Ornithogalum pyramidale). Syn. : *Épi de la vierge, épi de lait, ornithogale à épi, bâton de Saint-Jacques.* — Oignon assez gros, blanc, un peu allongé. — Feuilles longues, de 20 à 25°, canaliculées, d'abord d'un assez beau vert, jaunissant peu à peu et finissant par se dessécher entièrement ; ce qui nuit beaucoup à l'agrément de la plante. — Hampe de 40 à 45°, portant en mai ou juin un joli épi de fleurs blanches, en étoiles, nombreuses, redressées, fleurissant successivement.

Ornithogale à ombelle (O. umbellatum). Syn. : *ornithogale à bouquet, ornithogale ombellé, belle d'onze heures.* — Oignon petit, blanc, allongé. — Feuilles étroites, canaliculées, d'un très-beau vert, de 20 à 25° de longueur. — Tige un peu moins élevée que les feuilles, terminée par un corymbe de sept à huit fleurs blanches, pédonculées, assez grandes, en étoiles ; paraissant en avril et mai.

Ornithogale des Pyrénées (O. pyrenaïcum). — Feuilles assez longues, étalées, linéaires. — Tige nue, de près d'un mètre, droite, assez grosse. — Fleurs en épi, au sommet de la tige, d'un blanc verdâtre, très-ouvertes, nombreuses, s'épanouissant successivement. — Bulbe assez grosse.

Les ornithogales, ma gracieuse Emma, principalement la première, perdent leurs feuilles avant de montrer leurs fleurs, ce qui dépare un peu ces plantes. Toutes les trois sont de pleine terre, vivaces et rustiques. Elles se plaisent surtout dans une terre franche, un peu fraîche.

L'ornithogale pyramidal nous vient du Portugal ; les deux autres sont indigènes. Toutes les trois se multiplient par leurs caïeux qu'elles produisent abondamment, que l'on sépare dans le courant de l'été, et que l'on replante à l'automne.

L'ornithogale à ombelle porte aussi le nom de *dame de onze heures*, parce que c'est l'heure où ses fleurs commencent à ouvrir leurs corolles, qu'elles referment chaque jour à deux ou trois heures de l'après-midi.

Pour que ces plantes produisent de l'effet, il faut les planter en massifs ou en touffes de sept à huit oignons au moins.

Safran oriental (CROCUS SATIVUS). SYN. : *Safran du Levant, safran du Gatinais, safran cultivé, safran d'automne*. Les anciens, mon aimable amie, donnaient une origine mythologique au safran. Selon la fable, cette plante doit sa naissance an sang du jeune Crocus, fils de Pan et de la nymphe Euphème. Jouant un jour au palet avec Mercure, il reçut une blessure grave à la tête. Le sang qui en jaillit étant tombé à terre, on vit l'année suivante pousser à la même place cette petite plante, à laquelle on donna le nom de *crocus*.

Originaire de l'Orient, ce safran n'a commencé à être connu en France que dans le milieu du quatorzième siècle. S'il est peu cultivé dans nos jardins comme plante d'agrément, on le cultive en grand dans plusieurs de nos départements, principalement dans les plaines du Gatinais. C'est pour ce pays un objet de commerce assez considérable. — Oignon arrondi, petit, déprimé, blanc intérieurement, recouvert de tuniques sèches et brunâtres. —— Feuilles radicales, étroites, linéaires, canaliculées.

sur leur surface interne, avec une nervure saillante en dessous et blanche en dessus, longues de 15 à 20°, d'un très-beau vert, ne paraissant que longtemps après les fleurs. — Fleurs automnales, assez grandes, d'un violet pourpre, à stigmates très-longs, filiformes, d'un rouge aurore, au nombre de trois. Ces stigmates, receuillis et séchés avec soin, sont connus dans le commerce sous le nom de *safran oriental*, de *safran du Gâtinais*, et très-employés en médecine, dans les arts, et comme condiments dans les provinces du Midi. — Terre légère et substantielle ; planter en juillet ou août, au plus tard.

Safran printanier (C. VERNUS). SYN. : *Safran des fleuristes, crocus des fleuristes.* Cette charmante petite plante, plus connue sous son nom latin de *crocus*, que sous celui de safran, est cultivée dans tous les jardins. Ses fleurs, paraissant en février ou mars, nous annoncent aussi le retour du printemps, et se succèdent pendant plus d'un mois. On en compte plus de vingt à vingt-cinq variétés, jaunes, bleues, violettes, blanches et toutes leurs nuances ; unicolores ou panachées ; à pétales arrondis ou pointus. En pots, en bordures, en massifs, ces fleurs, quand elles sont bien mélangées, produisent un charmant effet, et offrent vraiment un coup-d'œil on ne peut plus gracieux. C'est, vous l'avez vu plusieurs fois, ce que produit cette belle couronne, composée de près de trois mille oignons qui entoure mon massif de rosiers. — Plante rustique, peu difficile sur la nature du terrain et de l'exposition, et qui ne demande aucun soin. — Laisser plusieurs années les oignons en terre pour produire beaucoup de caïeux, et former alors des touffes plus fortes : plus celles-ci sont fortes, plus elles produisent d'effet.

Je vous ferai remarquer, mon amie, que cette fleur si gracieuse, d'une culture si facile, qui nous apparaît souvent sous la neige, qui embellit nos parterres dans une saison où les fleurs sont très-rares, qui nous annonce aussi le retour du printemps, n'a cependant inspiré encore aucun poète, du moins à ma connaissance.

Scille d'Italie (SCILLA ITALICA). SYN. : *Lis-jacinthe*. — Hampe de 12 à 15°, lisse, cylindrique. — Feuilles droites, canaliculées. — En mai, grappes terminales, de jolies fleurs bleues ou blanches, répandant une odeur agréable. — Terre légère, bonne exposition.

Scille des jardins (S. AMOENA). SYN. : *Scille agréable, jacinthe de mai, jacinthe étoilée.* — Bulbe pour ainsi dire informe, d'un jaune verdâtre. — Tige de 20 à 25°, anguleuse. — Feuilles planes, un peu plus longues que la hampe, d'un vert gai, molles, lancéolées-obtuses. — En avril, fleurs d'un joli bleu, inodores, à six pétales oblongs, ouverts en étoiles, ce qui lui a fait donner le nom de *jacinthe étoilée*. — Plein air, terre légère, bonne exposition ; produit beaucoup de caïeux.

Scille du Pérou (S. PERUVIANA). SYN. : *Jacinthe du Pérou.* D'après le nom spécifique que porte cette plante, on pourrait croire qu'elle est originaire du Pérou, ce qui n'est pas, puisqu'elle était connue et cultivée en France bien avant la découverte de l'Amérique, et qu'elle croît naturellement en Espagne et dans les Pyrénées. — Bulbe de moyenne grosseur, que l'on doit replanter presqu'aussitôt qu'on en a séparé

Les caïeux, parce qu'elle ne reste pas plus d'un mois en repos. — Tige nue, de 30 à 40°. — Feuilles assez larges, longues, pointues, marginées, ciliées sur leur bord. — En mai, fleurs bleues, en corymbe pyramidal, à anthères verdâtres. — Terre légère, exposition chaude ; couvrir de litière pendant les grands froids. — Variété à fleurs blanches.

Scille à deux feuilles (S. DIFOLIA). SYN. : *Scille à doubles feuilles*. — Bulbe très-petite. — Hampe de 12 à 15°, cylindrique. — Feuilles au nombre de deux, canaliculées, linéaires-lancéolées. — En avril, fleurs petites, d'un très-joli bleu, en grappe ou épi lâche.

Scille à fleurs en ombelle (S. UMBELLATA). SYN. : *Scille printanière*. Ne connaissant pas cette jolie petite plante, j'en emprunte, ma gracieuse amie, la description au *Bon Jardinier* de 1815. — Charmante miniature : l'oignon petit, régulier et pyramidal, pousse des feuilles linéaires, étroites, canaliculées, réfléchies, d'environ 160 millimètres, d'entre lesquelles une tige cylindrique, verte, un peu moins haute, s'épanouit en une ombelle d'une vingtaine de fleurs petites, bleues, ouvertes en étoiles, sentant l'aubépine. — Fleurit en avril et mai. M. Bréant, qui donne la description de cette plante sous le nom de *scille printanière*, dit que ses fleurs en grappe sont d'un jaune très-vif. Il y a donc erreur d'un des deux côtés. Tout ce que je puis vous dire, c'est que depuis quarante ans le *Bon Jardinier* dit chaque année que les fleurs de cette scille sont bleues.

Scille maritime (S. MARITIMA). SYN. : *Grande scille rouge, scille femelle, oignon marin,* *scipoule, urgine squille, charpentaire.* — Oignon très-gros, ovoïde arrondi, pesant quelquefois de mille à deux mille grammes, composé de tuniques serrées, charnues, et d'un blanc rose à l'intérieur ; minces et d'une couleur brune foncée à l'extérieur. — Feuilles radicales, luisantes, lancéolées, d'un vert foncé, aigües et un peu ondulées. — Hampe de 40 à 60°, nue, cylindrique, paraissant avant les feuilles. — En août, fleurs blanches, petites, nombreuses, disposées en épi, et produisant un assez bel effet. Cette scille, croissant naturellement le long des côtes maritimes et méridionales de la France, demande une culture particulière. Elle ne prospère bien que dans une terre légère, mélangée avec au moins moitié sable de mer. A défaut de celui-ci, on peut le remplacer avec du sable fin de carrière, qu'on arrose quelquefois avec une légère solution d'hydrochlorate de soude (sel de cuisine), mais il faut être très-sobre d'arrosements, sans quoi l'oignon pourrirait. Il faut toujours placer cette plante au plein midi ; car elle demande beaucoup de chaleur pour fleurir. A l'automne, il est prudent de la remettre en pot pour lui faire passer l'hiver en orangerie.

Les scilles sont des plantes gracienses ; leurs fleurs durent assez longtemps ; leur culture est facile. On plante les bulbes à l'automne, à 8 ou 10° de profondeur ; une fois plantées, elles ne demandent aucun soin particulier ; on peut même les laisser plusieurs années en terre sans les relever. On les multiplie par leurs caieux ; quelques espèces en produisent beaucoup. Elles demandent une bonne exposition, et préfèrent une terre légère, plutôt sèche qu'humide. Dans les terrains lourds et compacts elles fondent et finissent par périr. Pour produire plus d'effet, il faut les planter en massifs, ou au moins en touffes un peu fortes.

Tigridie à grandes fleurs (TIGRIDIA PAVONIA). SYN. : *Tigrine, queue de paon, ferrare tigrine, tigridie panachée*. Très-jolie plante, originaire du Mexique, appartenant à la famille des iridées, et bien certainement l'une des plus belles de cette famille. — Oignon écailleux, de moyenne grosseur. — Tige de 60 à 70°, feuillée, rameuse et noueuse. — Feuilles longues, ensiformes, plissées, pointues, engainantes. — En juillet ou août, deux ou trois grandes et très-belles fleurs écarlates et jaunâtres, ponctuées dans leur intérieur de taches brunes. Ces fleurs, mon amie, qui sont comme tigrées et d'un si bel effet, ne durent que huit à dix heures au plus ; elles fleurissent le matin sur les huit heures, et ferment leurs corolles entre quatre et cinq heures du soir pour ne plus les rouvrir. Heureusement que chaque matin il apparaît de nouvelles fleurs qui viennent nous consoler des pertes de la veille, et prolonger ainsi nos jouissances pendant plusieurs semaines. — Terre légère, mieux terre de bruyère. Déplanter l'oignon après la dessication des feuilles, ou si on le laisse en terre, avoir le soin de le couvrir de fumier long pendant les grands froids. — Multiplication par les caïeux.

Tulipe de Gesner (TULIPA GESNERIANA). SYN. : *Tulipe des fleuristes*. — Oignon solide, presque toujours plus renflé d'un côté que de l'autre ; arrondi à sa base, allongé au sommet ; recouvert d'une pellicule brune ou rougeâtre garni de radicules qui partent de la circonférence de la couronne. On appelle couronne le bourrelet formé à la base de l'oignon. Du sein de cet oignon poussent immédiatement des feuilles ovales, lancéolées, plus ou moins longues, plus ou moins larges. En avril ou mai, du milieu de ces feuilles s'élève une tige unique, nue, cylindrique, solide, droite, plus ou moins haute, au sommet de laquelle apparaît la fleur, toujours droite, jamais penchée, solitaire, grande, unicolore ou panachée.

Par la beauté de sa corolle, la vivacité de ses couleurs, la tulipe peut, mon aimable amie, être regardée comme la reine des fleurs printanières et des fleurs inodores. C'est bien certainement l'une des plus belles connues. Il n'en est point où le pinceau de la nature ait rassemblé tant de couleurs différentes et aussi gracieusement nuancées.

Pour être appréciée dans toute sa beauté, la tulipe demande à être cultivée en bannettes, en parc, c'est-à-dire réunies en grand nombre. Lorsqu'elles sont bien choisies, qu'elles sont placées avec art, elles se font réciproquement valoir, ou par l'opposition ou par l'harmonie de leurs couleurs. La plus belle tulipe plantée isolément ne dit rien ou presque rien à l'œil.

Pour qu'une tulipe soit considérée comme vraiment belle par les amateurs, et digne de figurer dans leur parc, elle doit réunir les qualités suivantes : la hampe, ou plutôt la baguette (pour me servir de l'expression consacrée par les tulipiers), doit être haute, ferme, bien droite, d'un beau vert, proportionnée à sa hauteur ainsi qu'au volume de la fleur. Celle-ci supportée ver-

ticalement doit être grande, bien faite, d'un cinquième plus longue que large, formant bien le
godet sans être trop ouverte ; le fond de la corolle d'un blanc éclatant ; les pétales bien étoffés, pour qu'ils puissent résister plus longtemps
à l'action des rayons solaires, non aigus, mais
au contraire bien arrondis au sommet ; offrant
au moins trois couleurs bien vives, bien tranchées, distinctes et non confondues, sans quoi
on dit qu'elle est barbouillée. Plus les couleurs
sont foncées, plus les panachures sont bien dessinées, plus alors une tulipe est estimée. Les
amateurs exigent encore que la corolle soit
large, sans cependant être trop évasée ; que ses
pétales ne se renversent pas en dedans, qu'ils
ne fassent non plus le globe en rentrant ; mais
qu'ils s'ouvrent régulièrement et avec grâce.

On divise les tulipes d'après leurs couleurs ;
en fonds blancs, quand elles n'offrent aucune
teinte de jaune ou de brun, ni dans le fond ni
dans les panachures ; *en bizarres* ou à fond
brun, quand elles présentent cette teinte. On
appelle *tulipes flamandes*, celles à fond blanc ;
ce sont les plus estimées par les amateurs ; mais
les autres n'ont pas moins aussi leur mérite,
du moins aux yeux de ceux qui, ne s'assujétis-
sant pas aux caprices de la mode, rendent jus-
tice au mérite d'une fleur quand elle est réellement belle.

Pour qu'une tulipe à fond blanc soit parfaite,
qu'elle ne laisse rien à désirer, les amateurs
veulent que les onglets des pétales soient d'un
blanc pur, au lieu d'être d'un violet noirâtre,
comme cela a lieu dans les tulipes ordinaires.

Ainsi que toutes les plantes bulbeuses, les

tulipes se multiplient par semences ou par caieux. Le premier moyen étant très-long, n'est employé que par quelques amateurs dans l'espoir d'obtenir de nouvelles variétés, ou, comme ils disent, d'obtenir des *gains*, des *conquêtes* ; c'est-à-dire une tulipe qui mérite d'être nommée, et alors d'être conservée. Je dois vous dire, mon amie, que sur mille baguettes, (c'est ainsi que l'on appelle les tulipes pendant les premières années), souvent elles n'en produisent pas une digne de figurer dans une collection d'amateur. Je dois aussi vous dire qu'il faut attendre au moins douze à quinze ans avant de pouvoir se prononcer sur le mérite d'une tulipe. Elles fleurissent, il est vrai, au bout de quatre à cinq ans ; mais pendant les premières années elles sont unicolores. Ce n'est qu'après sept ou huit ans encore qu'elles finissent par se débarbouiller complètement ; c'est l'expression technique consacrée parmi les tulipiers.

On possède aujourd'hui à peu près quinze à seize cents variétés de tulipes de premier choix, plus ou moins belles, plus ou moins irréprochables. Il faut donc avoir une grande connaissance et un coup-d'œil bien exercé, pour reconnaître, après douze à quinze ans d'attente, que l'on a eu le bonheur d'obtenir une nouvelle variété, digne d'augmenter cette nombreuse collection ; il est vrai qu'en horticulture, comme en bien d'autres choses, c'est la foi qui sauve.

De tout temps, ma bonne Emma, le goût ou plutôt la passion des tulipes a fait faire bien des folies. Aussi, a-t-on donné le nom de *fous-tulipiers* aux amateurs exaltés de cette jolie fleur. Entre autres folies, on cite la tulipe nommée *le mariage de ma fille*, dont l'oignon a été vendu *trente mille livres*. Le même oignon se vend aujourd'hui 60 à 75 centimes, et n'est plus digne d'entrer dans une collection de choix. Il existe encore, dit-on, à Lille, une brasserie portant le nom de *Brasserie de la Tulipe*, qu'un tulipomane du temps céda pour un seul oignon, qui peut-être est depuis longtemps relégué dans les tulipes communes : aujourd'hui on ne fait plus de semblables folies.

Les tulipes doivent se cultiver en plein air, à bonne exposition, à l'abri de l'humidité, loin des haies, loin des murs du jardin. Trop près des haies, elles ont à craindre les ravages des limaces ; trop près d'un mur, la réverbération des rayons solaires altère la fraîcheur des fleurs et les fait passer trop promptement. Elles demandent une terre franche, mais légère, bien meuble, même un peu sablonneuse, ou la terre potagère, amendée avec du terreau de feuilles ou de couche, pourvu toutefois que celui-ci soit bien consommé. On plante ordinairement les oignons en octobre, au plus tard dans la première quinzaine de novembre, à 12 à 15^c l'un de l'autre, et à 7 ou 8^c de profondeur; une fois plantées, les tulipes ne demandent d'autres soins qu'un léger binage, de temps en temps, pour enlever les mauvaises herbes et entretenir la terre bien meuble.

Un soin bien essentiel à observer, ma gracieuse amie, c'est de ne jamais planter deux années de suite vos tulipes à la même place, sans quoi elles fondent, perdent leurs panaches ou restent maigres et à demi-avortées. Si, gênée par l'espace, vous ne pouvez faire autrement, il faut faire enlever la terre à 20 ou 25° de profondeur, et la remplacer par une terre nouvelle, propre à leur culture.

Quand les fleurs sont passées, si vous ne tenez pas à récolter les graines, il faut peu de temps après couper les têtes, afin de concentrer la sève sur les oignons et de l'empêcher de s'épuiser ; retirer ceux-ci quand les fanes sont desséchées, les faire sécher à l'air et à l'ombre, et ensuite les conserver dans un lieu sec et bien aéré ou dans un casier destiné à cet usage.

Tulipe duc-de-Thol (T. suaveolens). Syn. *Tulipe odorante*. Charmante et gracieuse petite tulipe, originaire du midi de l'Europe, que l'on cultive plus souvent en pots qu'en pleine terre, et qui dès le mois de février ou de mars fait la parure de nos appartements. — Oignon petit, allongé, ayant à peu près la même forme que celui de la tulipe ordinaire. — Hampe de 15 à 18°, légèrement pubescente, cylindrique. — Feuilles lancéolées aigues, d'un beau vert. — Fleurs jaunes, panachées de rouge, à pétales aigus ; exhalant une odeur agréable. — Cinq à six variétés de différentes couleurs ; une à fleur double, inodore. — Même culture.

Tulipe œil-du-soleil (T. oculus solis). Du Midi de la France. — Oignon allongé, de moyenne grosseur. — Tige de 40 à 50°. — Feuilles à peu près comme celles de la tulipe ordinaire. — En mai, fleur grande, droite, d'un rouge foncé ou panachée de pourpre et de jaune ; les trois pétales extérieurs aigus ; les trois intérieurs obtus ; tous les six marqués à l'onglet d'une tache d'un vio le noirâtre, entouré de jaune. — *Idem*.

Tulipe de Cels (T. Celsiana). Originaire du

Midi de l'Europe, dédiée à Cels, horticulteur distingué, qui, l'un des premiers, l'a cultivée à Paris. — Feuilles lancéolées-linéaires, canaliculées. — Tige de 10 à 12°. — Au printemps, fleurs de moyenne grandeur, droites, d'un jaune safrané ; les trois pétales extérieurs jaune-orange à leur base. — *Idem.*

Tulipe de l'Ecluse (T. CLUSIANA). Dé la Perse. — Oignon petit, à écailles cotonneuses en dessous. — Tige de 20 à 30°. — Feuilles lancéolées-aigues, glauques. — En avril, fleurs droites ; les trois pétales extérieurs, violets, bordés de blanc ; les trois intérieurs blancs, tous avec une tache violette à la base. — *Idem.*

Ces trois dernières espèces, et dix à douze autres, dont on trouve la description dans quelques ouvrages d'horticulture, principalement dans celui de M. Bréant, sont rarement cultivées dans nos jardins. La plupart même ne le sont que dans les jardins de botanique.

Ici je termine, ma bonne Emma, ce que j'ai à vous dire sur les plantes bulbeuses, que nous pouvons cultiver en pleine terre. Le nombre, ainsi que vous le voyez, en est assez grand, et offre aussi une grande variété dans l'aspect comme dans la forme de leurs fleurs. Toutes sont dignes de notre intérêt ; toutes, à diverses époques de l'année, font la parure de nos jardins et le charme de nos yeux.

Lettre Dixième.

PLANTES VIVACES

DE PLEINE TERRE.

Dans cette lettre, mon amie, nous allons commencer à nous occuper de la description et de la culture des plantes vivaces de pleine terre. On donne ce nom à celles qui vivent un certain nombre d'années ; mais leur existence a une durée plus ou moins longue. La plupart perdant leurs feuilles et leurs tiges à l'entrée de l'hiver, ne sont donc vivaces que par leurs racines. C'est au retour de la belle saison que ces plantes poussent de nouvelles tiges, et qu'elles acquièrent chaque année une plus grande vigueur. Elles sont herbacées ou sous-ligneuses ; herbacées, comme *la violette, les œillets de Paris, la pensée, la cardamine des prés, la stellaire, les œillets de poète, l'arabette printanière* ; sous-ligneuses, comme *les chrysanthèmes des Indes, les phlox, les galégas, les astères, les aconits, etc.*

A l'exception d'un petit nombre de plantes vivaces qui exigent quelques soins particuliers, toutes les autres se contentent de la terre ordinaire de nos jardins ; mais leur végétation y est plus ou moins belle, selon la bonne ou mauvaise qualité du terrain dans lequel elles se trouvent placées. Seulement on doit, autant que possible, leur donner l'exposition qui leur convient ; c'est-à-dire avoir égard à leur pays natal. Ainsi, nous devons exposer au sud les plantes méridionales, et au nord celles qui nous viennent des contrées septentrionales. Nous devons encore avoir égard au sol où la nature les fait naître ; car une plante qui croît naturellement dans un terrain léger ou sablonneux, ne viendra jamais bien dans une terre argileuse, humide, compacte ou marécageuse ; de même une plante qui se plait dans ces sortes de terre ne tardera pas à périr dans un sol aride et calcaire. La nature le voulant ainsi, nous devons nous conformer à ses lois. Les étudier chaque jour, les suivre : voilà ce qui distingue l'horticulteur instruit de l'amateur et du jardinier routiniers.

Jamais vous ne verrez, ma gracieuse Emma, les plantes de nos collines venir mêler leurs fleurs à celles de nos prairies ; mais vous ne verrez pas non plus celles-ci, ni celles qui se plaisent le long des rivières, des fleuves, croître sur le sommet sec et aride des montagnes. Les mousses se cachent dans les bois ; les algues, les fucus se montrent, au contraire, sur les rivages de la mer ; les plantes parasites vivent aux dépens des arbres sur lesquels elles croissent. Ainsi vous voyez, mon amie, que chaque plante a sa manière d'être et de vivre ; combien aussi le sol, le climat, la température peuvent avoir d'influence sur leur végétation et sur leur durée.

Beaucoup des plantes vivaces cultivées dans nos jardins prennent souvent, au bout de quelques années, un accroissement plus ou moins considérable, occupent alors beaucoup d'espace, forment des touffes trop fortes, épuisent la terre et sont moins gracieuses. On doit donc diminuer leurs touffes au moins tous les trois ou quatre ans. Généralement on a la mauvaise habitude de couper leur circonférence avec la bêche et de conserver le centre ; c'est justement le contraire que l'on doit faire. Pour beaucoup de plantes, n'est-ce pas toujours leur partie intérieure qui s'altère la première : ou la pourriture l'attaque, ou elle devient boiseuse ; dans cet état, elle ne pousse plus, et se détériore de plus en plus chaque année. On doit donc enlever la plante entière, rejeter la partie intérieure, et ne replanter qu'une ou plusieurs pousses de l'année précédente. C'est le moyen de renouveler la plante et d'avoir de jeunes individus bien sains, plus vigoureux, dont la végétation est plus luxuriante, et qui naturellement donnent de plus jolies fleurs et en plus grande quantité. Comme la terre d'où l'on a retiré la vieille plante est toujours plus ou moins épuisée, on doit bien se garder de replanter la nouvelle à la même place. Ce sont principalement *les phlox, les astères, les spirées herbacées, les verges d'or, les croix de Malte, les hémérocalles, etc.*, qui ont besoin d'être renouvelés ainsi, surtout lorsqu'on tient à avoir des plantes d'un port et d'un aspect agréable.

Mais il est d'autres plantes dont il faut au contraire chaque année diminuer les bords pour leur conserver un port gracieux, ainsi que pour les empêcher de se détériorer en les abandonnant trop longtemps à elles-mêmes. C'est, comme vous le voyez, mon amie, un soin facile à prendre ; mais cependant que beaucoup de personnes ne prennent pas ou du moins ne prennent que fort rarement. Parmi ces plantes, je dois vous citer principalement *les ibérides, l'alysse saxatile, la drave des Pyrénées, l'arabette printanière, la stellaire, le staticé, le gazon turc, etc.*

Maintenant, ma gracieuse Emma, je vais passer à la description de ces plantes,

J'aurai soin, à leur article, de vous indiquer les soins particuliers que quelques - unes d'elles exigent pour leur culture et leur conservation.

Acanthe sans épines (ACANTHUS MOLLIS). SYN. : *Acanthe branc-ursine, pied d'ours, branc-ursine d'Italie.* Cette jolie plante, originaire des pays chauds, se plait cependant dans les lieux humides et pierreux, et croît naturellement sur le bord des grands fleuves ; c'est sans doute ce qui a fait dire à un poète :

Le Nil du vert acanthe admire le feuillage.

—Tige herbacée, de 80 à 90°, cylindrique, droite, simple, ferme. — Feuilles très-grandes, larges, lisses, molles, sinueuses, à découpures anguleuses, un peu pubescentes, non épineuses. — Du milieu de la tige jusqu'au sommet, naissent, sur la fin de l'été, des fleurs assez grandes, unilabiées, disposées en épis allongés, d'un blanc-rosé. — Multiplication de graines semées au printemps, ou par les œilletons que l'on sépare de la racine à la même époque. — Pleine terre, profonde, légère, un peu humide ; exposition demi-ombragée.— Quoique cette plante supporte assez bien nos hivers, cependant, durant les grands froids, surtout dans le nord de la France, il est prudent de la couvrir de litière ou de fumier long.

L'acanthe est une très-belle plante, cultivée dans les jardins paysagers, à cause de la beauté de son feuillage, mais elle a besoin d'un assez grand espace, pour qu'elle puisse étendre ses feuilles sans nuire aux plantes voisines.

Vous savez, ma bonne Emma, que c'est le feuillage de l'acanthe qui a servi de modèle aux architectes de la Grèce, pour les chapiteaux des colonnes de l'ordre corinthien.

On rapporte, à ce sujet, qu'une jeune Corinthienne étant décédée peu de jours avant son mariage, sa nourrice, désolée de sa perte, remplit une corbeille de divers objets que cette jeune fille avait aimés, la plaça près de son tombeau, sur un pied d'acanthe, et la couvrit d'une large tuile, pour préserver ce qu'elle contenait. Au printemps suivant, l'acanthe ayant poussé, ses larges feuilles entourèrent la corbeille, mais arrêtées par le rebord de la tuile, elles se recourbèrent et s'arrondirent vers leur extrémité. L'architecte Callimaque, passant un jour près de cè tombeau, admira cette décoration champêtre , la trouva si jolie, qu'il résolut d'ajouter à la colonne corinthienne la belle forme que le hasard lui présentait ; et, depuis, son exemple a été suivi par tous les architectes. Callimaque vivait cinq cent quarante ans avant Jésus-Christ ; c'était aussi un peintre et un sculpteur distingué.

Acanthe épineuse (A. spinosus). — Tige d'un mètre. — Feuilles très-grandes, lisses, profondément pinnatifides, épineuses et piquantes sur leurs bords.—A la fin de l'été, fleurs blanches, longues de 5 à 6ᶜ, sur 2 à 3 de large. — Même culture.

Achillée mille feuilles (Achillea millefolium). Syn. : *Herbe aux charpentiers , mille feuilles; herbe aux coupures, herbe du charron.* A l'état sauvage, cette plante est très-commune sur la lisière des bois, sur nos collines, sur le bord des chemins, dans les lieux incultes. On ne cultive dans les jardins que ses variétés à *fleurs pourpres ou roses*, ou à *feuilles panachées.* —

Tige de 50 à 60°, droite, simple inférieurement, rameuse au sommet. —Feuilles sessiles, légèrement velues, bipinnatifides. — Fleurs disposées en corymbe au sommet de la tige, fleurissant tout l'été, surtout si l'on a le soin de couper les tiges aussitôt qu'elles sont défleuries. — Très-rustique, ne demandant aucun soin, ne craignant pas les plus grands froids, et traçant beaucoup. — On donne à cette plante le nom de *mille feuilles*, parce que ses feuilles sont si finement découpées, qu'elles paraissent en avoir un très-grand nombre. Celui d'*achillée* lui a été donné en mémoire d'Achille, qui, élevé par le centaure Chiron, connaissait les propriétés vulnéraires de cette plante. C'est lui qui, le premier, l'employa au siége de Troie, au pansement des Grecs atteints par le fer ennemi. Dans nos campagnes, on croit encore à cette vertu vulnéraire; c'est ce qui lui a valu les noms vulgaires sous lesquels elle est connue.

Achillée dorée (A. AUREA). SYN. : *Achillée à fleurs d'or*. Originaire de l'Orient. — Tige de 60 à 80°, rameuse, velue, cannelée. — Feuilles deux fois ailées, blanchâtres ; les découpures linéaires et pointues. — De juillet à septembre, fleurs grandes, d'un beau jaune d'or, en corymbe lâche, d'une odeur peu agréable.— Plus sensible au froid que l'achillée à mille feuilles, aussi est-il prudent de la couvrir dans les hivers longs et rigoureux. — Bonne exposition ; terre sèche et légère. Multiplication par la séparation des pieds, à l'automne, mais mieux au commencement du printemps. Couverture pendant l'hiver.

Achillée santoline (A. SANTOLINA). Du Levant. — Tiges de 30 à 40°, très-rameuses, à rameaux droits, cotonneux, blanchâtres. — Feuilles linéaires, ailées; les pinnules incisées, dentées, légèrement tomenteuses. — En juin-août, fleurs d'un beau jaune, en corymbe serré et terminal. — Exposition chaude et couverture pendant les grands froids.

Achillée sternutatoire (A. PTARMICA). SYN. : *Ptarmique, bouton d'argent, herbe à éternuer*. Indigène.—Tige de 70 à 80°, grêle, droite, rameuse supérieurement. — Feuilles sessiles, étroites, pointues, très-finement dentées, glabres. Tout l'été et une partie de l'automne, fleurs blanches, simples ou doubles, en forme de bouton, en corymbe paniculé. — Plante rustique, peu difficile sur le terrain et sur l'exposition.

Achillée visqueuse (A. AGERATUM). SYN. *Eupatoire de mesué, achillée agératoire*. Indigène de la France méridionale.—Tiges de 60°, droites, — Feuilles lancéolées, obtuses, fasciculées, rétrécies en pétioles, dentées en scie, visqueuses. — En août-octobre, fleurs d'un beau jaune, en corymbes serrés et terminaux, répandant une odeur assez forte, ainsi que les autres parties de la plante. — Tout terrain ; toute exposition.

Achillée d'Egypte (A. ÆGYPTIANA.) Du Levant. — Tiges de 40 à 50°, simples, cotonneuses. — Feuilles radicales, nombreuses, disposées en touffe, ailées, très-blanches, cotonneuses comme la tige ; les pinnules rapprochées, obtuses, dentées en scie.— En juillet-septembre, fleurs d'un beau jaune, serrées, en corymbe, planes en dessus.— Terre ordinaire, mais bonne exposition. Couverture pendant l'hiver.—Comme cette plante trace beaucoup, on la multiplie par ses drageons enracinés.

Achillée rose (A. ROSEA). Importée de l'Amérique en France, depuis à peu près un demi-siècle. — Tige droite, de 80 à 90°, striée, rougeâtre. — Feuilles radicales, longues, ailées, à pinnules étroites, pinnatifides et dentées ; les caulinaires longues, étroites, simplement ailées, à pinnules dentées. — En juillet-août, fleurs d'un pourpre-rose, le disque rouge, avec les étamines aurore.

Achillée de Hongrie (A. LINGULATA). SYN. : *Achillée lingulée*. Originaire de la Hongrie et cultivée seulement depuis 20 à 25 ans, au Jardin-des-Plantes de Paris ; d'un port agréable et restant toujours verte. — Tiges de 30 à 40°, droites, simples, anguleuses, couvertes de quelques poils soyeux. — Feuilles nombreuses, ligulées, sessiles, finement dentées en scie et légèrement ciliées. — En mai-juin, fleurs blanches, en corymbe dense, terminal. — Terre ordinaire, bonne exposition. — Multiplication de graines ou d'éclats enracinés.

Achillée à feuilles de filipendule (A. FILIPENDULINA). Cette achillée, originaire du Levant, aromatique et très-rustique, est bien certainement la plus grande du genre, puisqu'elle s'élève souvent à près de deux mètres. — Tiges droites, striées, un peu velues. – Feuilles longues, bipennées, d'un beau vert, et légèrement velues aussi. — En juillet, fleurs jaunes, petites, mais nombreuses, en corymbe.

Achillée compacte (A. COMPACTA). SYN. : *Achillée à feuilles compactes*. Du Midi de la France. — Tige de 60°, droites, peu rameuses, blanchâtres et cotonneuses à leurs extrémités. — Feuilles velues et blanchâtres comme les tiges, ailées ; les pinnules pinnatifides. — En juin-juillet, fleurs d'un jaune pâle, petites, nombreuses, en corymbe large, serré, plane et terminal.

Les achillées sont généralement des plantes assez rustiques, d'une culture facile, préférant les terrains légers, secs, peu substantiels et laissant écouler facilement les eaux. Ces plantes, aimant l'air et le soleil, dépérissent dans les lieux ombragés et humides, ainsi que dans les terres lourdes et compactes. Dans leur pays natal, elles se plaisent sur les collines, surtout sur les versants exposés au midi. — On peut multiplier ces plantes par leurs graines, qu'il faut semer aussitôt leur maturité ; mais on les multiplie plus souvent par l'éclat des pieds, à l'automne ou au printemps, ou par les drageons, pour celles dont les racines sont traçantes. Ces plantes, épuisant généralement beaucoup la terre, demandent à être renouvelées tous les deux ou trois ans, d'autant plus que les vieux pieds sont sujets à périr pendant l'hiver, tandis que les jeunes se conservent très-bien. On connaît 40 à 50 espèces d'achillées, toutes plus ou moins ornementales, mais je n'ai dû vous parler que de celles cultivées ordinairement dans nos jardins.

Aconit napel (ACONITUM NAPELLUS). SYN. : *Casque, capucin, fleurs en casque, chausson.* Belle et grande plante, originaire des Alpes et des Pyrénés, mais que l'on trouve cependant quelquefois dans nos bois, (1) et que l'on cultive dans nos jardins depuis la fin du seizième siècle. — Racine tubéreuse, napelliforme, noire à l'exté-

______

(1) J'ai trouvé cet aconit en grande quantité dans les bois de Vittefleur, près Cany.

rieur, blanche en dedans. — Tiges de 100 à 150°, glabres, cylindriques, formant une touffe droite, serrée, assez forte. — Feuilles pétiolées, profondément découpées, d'un vert obscur, luisantes. — En juin-juillet, fleurs grandes, d'un beau bleu, en forme de casque antique, comme toutes celles du genre, en longs épis terminaux, ayant l'aspect un peu triste. — Plusieurs variétés, dont une à fleurs blanches.

Aconit panaché (A. VARIEGATUM). SYN. : *Aconit bicolore*. Cet aconit est bien certainement le plus beau et le plus gracieux de tous ceux qui décorent nos jardins pendant la belle saison. — Tige de 100 à 125°, simple, cylindrique, glabre. — Feuilles luisantes, multifides, à découpures moins profondes que celles de l'aconit napel. — En juillet-août, fleurs grandes, panachées de bleu et de blanc, en épis terminaux, très-élégants et d'un charmant effet.

Aconit à grandes fleurs (A. CAMMARUM). — Tiges de 100 à 130°, fermes, cylindriques, un peu rougeâtres. — Feuilles arrondies, palmées, à cinq découpures incisées, aiguës, cuneiformes. — En août-septembre, fleurs très-grandes, d'un bleu rougeâtre, en long épi terminal, un peu lâche, et durant souvent une partie de l'automne.

Aconit tue-loup (A. LYCOCTONUM). SYN. : *Coqueluchon jaune, étrangle-loup*. Des Alpes, et cultivé en France dès 1596.— Tiges de la même hauteur que l'aconit à grandes fleurs, peu rameuses, formant un buisson large et ouvert. — Feuilles arrondies, palmées, pubescentes, à lobes découpés et incisés, d'un vert foncé. — En juillet-août, fleurs en épi lâche, de grandeur moyenne, d'un jaune pâle, velues en dehors.

Aconit paniculé (A. PANICULATUM). Indigène de la Suisse et des Alpes ; introduit en France en 1815. — Tige d'un mètre, à rameaux tortueux et flexueux. — Feuilles palmées, à découpures profondes, lâches et lisses. — En juillet-août, fleurs bleues, en épi paniculé.

Aconit des Pyrénées (A. PYRENAICUM). — Tiges peu rameuses, de 100 à 130ᶜ. — Feuilles palmées, à plusieurs découpures linéaires. — En juin-juillet, fleurs d'un jaune pâle, velues en dehors, en épis terminaux.

Aconit salutifère (A. ANTHORA). SYN. : *Aconit anthore.* Originaire des Alpes et des Pyrénées, et importé en France en 1596. — Tige de 30 à 40ᶜ. — Feuilles palmées, multifides, à découpures linéaires. — Fleurs jaunâtres, velues en dehors. en épi lâche et terminal.

Aconit à feuilles de pied d'alouette (A. DELPHINIFOLIUM). Importé de l'Amérique du Nord, en 1820. — Tige de 50 à 70ᶜ. — En juin, fleurs d'un bleu foncé, grandes, peu nombreuses, pédoncules allongés, en épi lâche.

On cultive encore **l'aconit remarquable** (A. SPECIOSUM), fleurs bleues, en panicules un peu lâches ; **l'aconit à crochet** (A. UNCINATUM), à fleurs bleues, à casque terminé par une pointe en crochet ; **l'aconit blanc** (A. ALBUM).

Les aconits sont des plantes rustiques, peu sensibles aux plus grands froids de nos contrées, peu difficiles aussi sur l'exposition et sur la nature du terrain ; mais cependant préférant un terrain sec, léger et pierreux. Ces plantes sont ornementales et produisent un bel effet dans les grands jardins, quand elles sont plantées en massifs, surtout celles à fleurs bleues. Tous les ans, elles perdent leurs tiges à l'automne ; mais elles repoussent au printemps suivant. Les *racines de l'aconit napel* sont tubéreuses, ainsi que je vous l'ai dit, et ressemblent à un petit navet ; mais celles des autres espèces sont en touffes charnues et fibreuses. L'aconit panaché ne peut se multiplier que par la séparation des pieds ; les autres espèces se multiplient de la même manière, mais aussi par leurs semences, qui, si on veut les voir lever, doivent être mises en terre aussitôt leur maturité, et semées à l'exposition du levant ou à demi-ombre, dans une terre meuble bien terreautée.

Je dois vous prévenir, mon amie, que les aconits sont des plantes vénéneuses, comme toutes les renonculacées, famille à laquelle ils appartiennent, et que de toute antiquité ils ont passé pour de dangereux poisons. On prétend même que les Germains, que les Gaulois, nos ancêtres, trempaient leurs flèches dans le suc de ces plantes. pour rendre leurs blessures incurables. C'est principalement l'aconit tue-loup et l'aconit napel qui sont les plus redoutables. Quoique ces dangers soient peut-être un peu exagérés, surtout sous notre climat, vous voyez, ma bonne Emma, qu'il n'est pas prudent d'en porter des branches à sa bouche, ainsi qu'on le fait journellement pour beaucoup d'autres fleurs. Il est donc prudent aussi de placer ces deux aconits dans nos jardins, loin de la portée des enfants, pour éviter tout accident.

Actée des Alpes (ACTEA SPICATA). SYN. : *Actée à épi, herbe de Saint-Christophe, chrystophoriane.* Caucase. — Tige de 60 à 75ᶜ, peu rameuse. — Feuilles internées, à folioles ovales-oblongues, dentées, incisées, glabres.—En avril-mai, fleurs blanches, petites, en épi oval, court et terminal. — Baies noires. — Variétés à baies rouges, à baies blanches. Les fruits de cette plante étant vénéneux, il nest pas prudent de la cultiver dans les jardins, quand on a des enfants.

Actée à grappes (A. RACEMOSA). Amérique-Septentrionale. — Tiges d'un mètre, rameuses. — Feuilles triternées, à folioles oblongues, aigües, dentées. — En juillet-août, fleurs blanches, petites, en grappes longues, composées de trois ou quatre épis. — Dans son pays natal, sa racine est employée avec succès contre la morsure des vipères et des serpents à sonnettes. — Ces plantes sont très-rustiques, se plaisent dans les terrains frais, un peu ombragés, et se multiplient par la séparation des pieds ou par leurs graines en terre douce, à l'ombre, aussitôt leur maturité.

Agératine aromatique (AGERATINA AROMATICA). Virginie. — Tige de 60 à 120°. — Feuilles pétiolées, ovales-aigües ; en septembre, panicule de fleurs blanches. — Pleine terre ordinaire, à exposition au soleil ; arrosements journaliers ; multiplication de graines semées au printemps, en plate-bande, à l'exposition du Levant, ou par éclats des pieds.   (Bréant).

Alysse saxatile (ALYSSUM SAXATILE). SYN. : *Corbeille d'or, alysse jaune, herbe aux fous, thaspi jaune, corbeille dorée.* Charmante et gracieuse petite plante, originaire de Candie, connue en France depuis 1710; et qui, pendant les mois d'avril et de mai, contribue beaucoup à la parure de nos jardins. — Tiges très-basses, à rameaux ligneux, formant une touffe arrondie. — Feuilles lancéolées, entières, molles, blanchâtres, sessiles, persistantes. — Fleurs nombreuses, très-petites, d'un beau jaune, en grappes terminales. Si on coupe les fleurs aussitôt qu'elles sont passées, cette petite plante refleurit quelquefois en septembre. — Variété à fleurs panachées.

Alysse argenté (A. HALIMIFOLIUM).— Tiges de 10 à 15ᶜ, ligneuses.— Feuilles lancéolées, obtuses, persistantes; les caulinaires pointues, parsemées de points argentés. — Juin-novembre, fleurs blanches terminales.

Alysse à fleurs de julienne (A. HESPERIFOLIA). — Tiges de 10 à 15ᶜ, ligneuses, menues, rameuses, couchées, hérissées de poils.— Feuilles alternes, deltoïdes, lancéolées, légèrement dentées, un peu rudes.— Fleurs d'un pourpre-violet, en grappe lâche et terminale. De l'Italie.

Ces alysses sont des plantes rustiques, qui ne craignent pas les froids de nos hivers. Elles se plaisent dans une terre légère, sèche, même un peu pierreuse, à l'exposition du midi. Elles sont, sous ce rapport, très-propres pour la décoration des rocailles des jardins paysagers. Elles craignent l'ombrage et l'humidité. — Multiplication de marcottes, d'éclats de pieds, et de graines semées aussitôt leur maturité.

Les anciens pensaient que le suc de l'alysse saxatile avait la vertu de guérir de la rage et de la folie, d'où lui est venu le nom vulgaire d'*herbe aux fous*; mais, depuis bien longtemps, on a reconnu que cette plante n'avait aucune propriété médicinale.

Amsonie à larges feuilles (AMSONIA LATIFOLIA). — Tiges glabres, de 70 à 80ᶜ. Feuilles ovales-lancéolées, aigües. — Fleurs d'un bleu pâle, en corymbe terminal.

Amsonie à feuilles étroites (A. ANGUS-TIFOLIA). — Tiges pubescentes, cylindriques, de 50 à 60°. Feuilles étroites, linéaires, droites, ailées. — Fleurs bleues, aussi en corymbe terminal.

Amsonie à feuilles de saule (A. SALICI-FOLIA). — Tiges de 50 à 70°, glabres.— Feuilles lancéolées, acuminées aux deux extrémités. — Fleurs en corymbe multiflores, d'un bleu pâle.

Ces plantes, assez jolies, sont indigènes de la Caroline, et sont connues en France depuis 1759, 1774 et 1812. D'une culture facile, elles demandent une terre légère, un peu humide, mais mieux la terre de bruyère et une exposition chaude. Toutes les trois fleurissent en mai ou juin ; sont assez rustiques, surtout la dernière ; mais elles n'aiment pas à être déplantées souvent. On les multiplie de semences, ou par la séparation des pieds au printemps.

Ancolie des jardins (AQUILEGIA VULGARIS). SYN. : *Gant de Notre-Dame, galantine, aiglantine, colombine, sceau de Notre-Dame, églantine.* Jolie plante, très-abondante dans la plupart de nos bois, dont elle fait l'ornement pendant une grande partie de l'été, et qui, depuis longtemps, a été transportée dans nos jardins. — Tiges droites, de 60 à 80°, rameuses, légèrement velues.—Feuilles pétiolées. triternées ; les folioles trilobées, incisées, d'un vert obscur et terne, quelquefois glauques en dessus, toujours en dessous. — En mai-juin, grandes fleurs bleues, pendantes, terminales, éperonnées, a cinq sépales pétaloïdes, et cinq pétales en cornet ou en capuchon, simples ou doubles. — Variétés à fleurs blanches, roses, rouge-brun, pourpre, panachées, brunes, violettes, couleur de chair, etc. ; car la culture et les semis ont donné un grand nombre de variétés, tant pour les couleurs que pour la forme. — Peu difficile sur le terrain et sur l'exposition, mais elle vient mieux, et les plantes sont toujours plus belles et forment des touffes plus fortes dans une terre légère, substantielle, un peu ombragée.—Multiplication de graines semées aussitôt leur maturité, ou par la séparation des pieds. Elle se ressème presque toujours d'elle-même.

Ancolie de Sibérie (A. Sibirica). — Tige de 30°, presque nue.— Feuilles radicales ternées, à folioles découpées à trois lobes incisés. -— En juin, fleur pédonculée, solitaire, terminale, d'un beau bleu, et le limbe des pétales blanc (D.-C.).

Ancolie du Canada (A. Canadensis). — Tige de 30 à 35°, droite, peu rameuse. — Feuilles radicales, à folioles petites, profondément incisées. — Au printemps, fleurs d'un beau rouge-safrané à l'extérieur, jaunâtre en dedans, penchée, solitaire.

Ancolie de Schinner (A. Schinneri). — Tige de 60 à 80°. — Feuilles triternées, menues, à folioles cunéiformes, incisées, trilobées. – Fleurs pédonculées, pendantes, à cinq éperons ou cornets rouges et dont le limbe est vert. Étamines longues, rapprochées, à filets blancs, verdâtres et anthères jaunes (*Rev. h.*).

Ancolie glanduleuse (A. Glandulosa). Plante basse et touffue. —.Tige de 40°, ayant la partie supérieure velue et glanduleuse. En juin, fleurs bleues et jaunes, limbe des pétales plus courts que les éperons recourbés. 1822 (Jacques).

Les ancolies, mon aimable amie, sont de jolies plantes ornementales et d'une culture facile. Toutes se plaisent dans les lieux ombragés où la nature les a placées. Celle du Canada doit être cultivée en terre de bruyère; les autres en terre ordinaire. Toutes se multiplient facilement de graines qui, semées aussitôt leur maturité, lèvent au printemps suivant; ou par la séparation des touffes à l'automne, ayant soin de ne pas faire les éclats trop faibles, sans quoi ceux-ci fondent pendant l'hiver, surtout s'il est pluvieux. Généralement, ces plantes sont rustiques, ne craignent pas les grands froids ; mais, quelquefois, l'humidité et la neige, quand celle-ci reste longtemps sur la terre, les font périr.

Anémone des jardins (ANEMONE CORONARIA). SYN. : *Anémone des fleuristes*. Rien de plus joli, rien de plus gracieux, rien de plus séduisant qu'une planche d'anémones de premier choix, bien variées de couleurs. C'est bien certainement une des plus belles parures de Flore, et une des plantes qui décorent le mieux nos jardins dans les premiers jours du printemps ; en effet, il semble que la nature ait pris plaisir à déployer pour elles toutes les richesses de ses couleurs. Les grands amateurs ne cultivent que celles à fleurs doubles ; mais comme la nature a donné à chacun de nous des goûts différents, je vous avouerai franchement, ma gracieuse amie, que je leur préfère de beaucoup celles à fleurs simples. Je les trouve plus élégantes ; leurs couleurs sont plus vives, plus variées, et demandent d'ailleurs beaucoup moins de soins. Ce qu'il y a de certain, c'est que sur cent personnes qui ont le goût des anémones, il y en a au moins quatre - vingt - dix qui ne cultivent que les simples. Le *Bon Jardinier*, de 1815, après avoir parlé des anémones doubles, ajoute : « Quoique cependant une planche d'anémones simples, bien choisies, ne soit point à dédaigner ; car elles font, si l'on peut dire, *un plus grand effet* par l'éclat plus vif des couleurs du manteau (pétales de la circonférence), que fait valoir encore le rembruni des nombreuses étamines, etc. qui occupent le centre. » Quoiqu'il en soit, les unes et les autres sont de fort jolies fleurs.

Pour qu'une anémone à fleur double soit réputée belle par un amateur et digne de figurer dans sa collection, elle doit réunir les qualités suivantes : « Il faut que son feuillage (ou *pampre*) soit d'un beau vert, élégamment découpé et bien fourni ; que l'involucre (ou *fane*) soit également bien étoffé, et placé aux deux tiers supérieurs de la tige ; cette dernière (*la baguette*) doit être droite, ferme et haute : la fleur sera grande, large de 2 à 3 pouces, bien arrondie, très-double et bombée dans le milieu ; les pétales de la circonférence (*le manteau*) épais, arrondis, d'une couleur vive et franche, avec l'onglet (*la culotte*) d'une couleur différente ; après le manteau viennent les pétales intermédiaires (*le cordon*) qui seront courts, larges, arrondis, d'une couleur tranchante et pure ; les pétales qui avoisinent le centre (*les béquillons*), nombreux, peu pointus ; enfin le centre de la fleur (*la pluche* ou *panne*) sera composé de pétales allongés de manière à faire bomber le milieu de la fleur. » (Bréant).

Les anémones aiment une terre légère, substantielle, non fumée, plutôt sèche que fraîche.
Dans un sol argileux, lourd, compacte, humide,
elles fleurissent mal, languissent et finissent souvent par périr. On les plante ordinairement en
septembre ou octobre, à la distance de 12 à 15°
en tous sens, en observant de mettre toujours
l'œil en dessus ; autrement, les pattes *s'affole-
raient* (en termes de jardiniers, ne pousseraient
qu'en feuilles) et ne donneraient pas de fleurs.
On doit enfoncer chaque patte à cinq ou six centimètres de profondeur, les recouvrir avec la
même terre, sur laquelle on étend plusieurs centimètres de bon terreau bien consommé. Il est
prudent pendant les grands froids de l'hiver de
couvrir la plate-bande avec du fumier long dont
on a retiré tout le crottin. Quand on plante les
anémones en février ou mars, cette précaution
devient inutile.

On appelle *patte* la racine tuberculeuse et
noueuse des anémones. Quand elles sont fortes,
elles ont un tubercule principal accompagné de
plusieurs petits qu'on désigne sous le nom de
cuisse. Chacun des petits tubercules séparé du
tronc principal forme une nouvelle patte, en état,
selon sa grosseur, de fleurir une année ou deux
après ; mais il faut que chaque patte ait un œil,
sans quoi elles ne pousseraient pas ; car cet œil
est le collet de la racine.

On déplante ordinairement les anémones dans
le courant de l'été quand leurs fanes sont desséchées. Il faut retirer les pattes de terre avec
beaucoup de précaution pour ne pas les casser,
car elles sont très-cassantes lorsqu'elles sont
vertes. On les nettoie, on les fait sécher à l'air

libre et à l'ombre, et on les conserve dans un lieu sec, dans des casiers ; mais mieux dans des sacs de toile suspendus au plafond.

On doit laisser les anémones au moins un an sans les planter, parce que les fleurs sont beaucoup plus belles lorsqu'elles ne fleurissent pas tous les ans. Vous voyez, mon amie, qu'il est bon alors d'avoir une certaine quantité de pattes pour en planter la moitié une année et laisser reposer l'autre moitié ; c'est ce que font tous les amateurs.

On multiplie aussi les anémones par les semences. C'est, vous le savez, le seul moyen d'obtenir de nouvelles variétés, soit simples, semi-doubles ou doubles. Sur un semis de mille pieds, il est rare qu'on en obtienne une douzaine à fleurs pleines ; souvent même on n'en n'obtient pas du tout. La graine doit être choisie sur les anémones simples, les plus belles, les plus foncées en couleur, les mieux conformées, enfin sur celles qui ne laissent rien à désirer. On la receuille à mesure de sa maturité ; mais comme le vent peut la disperser avant qu'on l'ait récoltée, il vaut peut-être mieux couper les têtes quelques jours avant qu'elle soit tout-à-fait mûre, et les conserver dans un endroit sec jusqu'au moment de la semer. On sème ordinairement à l'automne, soit en terrine, soit sur place ; mais toujours en terre meuble, bien terreautée ; seulement à la surface. Aussi quand le semis est terminé, on répand sur la plate-bande quelques millimètres de terreau bien consommé.

Généralement, les anémones mettent trente à quarante jours à lever ; il faut les abriter de la gelée. Au printemps suivant, elles repoussent et ne demandent d'autre soin que d'être sarclées et recouvertes d'un peu de terre nouvelle. Elles fleurissent l'année suivante, c'est-à-dire la seconde après le semis. C'est le moment de faire son choix et de rejeter toutes celles qui ne sont pas dignes d'entrer dans une collection de doubles ou de simples.

Avant et pendant la floraison, les anémones ne demandent que des sarclages, de légers binages pour entretenir la terre meuble, et un arrosage modéré, ces plantes n'aimant pas une terre trop humide.

Les anémones plantées à l'automne poussent mieux, et sont généralement plus belles que celles mises en terre au printemps; elles se conviennent aussi toujours mieux à l'exposition du Levant qu'à toute autre. Au Midi, les plantes deviennent moins fortes et les fleurs passent beaucoup plus vite.

Vous savez, mon amie, que Vénus, inconsolable d'avoir perdu Adonis, fit naître l'anémone de son sang. Aussi cette fable a-t-elle inspiré à Parny les vers suivants :

> L'Inde autrefois nous donna l'anémone,
> De nos jardins ornement printanier
> Que tous les ans, au retour de l'automne,
> Un sol nouveau remplace le premier,
> Et tous les ans, la fleur reconnaissante
> Reparaîtra plus belle et plus brillante.
> Elle naquit des larmes que jadis
> Sur un amant Vénus a répandues.
> Larmes d'amour, vous n'êtes point perdues :
> Dans cette fleur je revois Adonis.

Permettez-moi, mon amie, de vous citer les vers suivants, composés aussi sur cette charmante fleur, et qui, je crois, n'ont jamais été imprimés.

Ils sont d'un jeune poète, que la mort a enlevé il y a quelques années.

Je suis l'anémone
Aux vives couleurs ;
Avec moi la rose,
La reine des fleurs,
Partage son trône ;
Car je suis éclose
Du sang d'Adonis,
Tout comme la rose
Du sang de Cypris.

Anémone hépatique (A. HEPATICA). SYN. : *Hépatique des jardins, herbe de mars, anémone trilobée, printanière.* Charmante petite plante basse, qui, dès les premiers jours du printemps, souvent même en février, vient nous montrer ses gracieuses fleurs, et que l'on trouve dans presque tous les jardins. — Racines fibreuses. — Tige grêle, un peu velue. — Feuilles radicales, nombreuses, portées sur de longs pétioles, à trois lobes, disposées en touffes arrondies, d'un vert luisant, devenant brunâtres en vieillissant.—Fleurs simples ou doubles, rouges, roses, bleues, blanches, selon les variétés, paraissant toujours avant les feuilles, et toutes fort jolies. — Terre légère, plutôt un peu humide que trop sèche ; exposition ombragée ; placées au midi, surtout contre un mur, ces plantes poussent fort mal et finissent même par périr. Multiplication par la séparation des touffes, au printemps, mais en touffes un peu fortes, car, lorsqu'elles sont trop petites, elles meurent presque toujours, ce qui m'est arrivé plus d'une fois. — Les pluies d'hiver et les neiges font souvent fondre ces plantes. L'hépatique bleue étant très-délicate, il est prudent de la couvrir pendant les grands froids.

Anémone œil de paon (A. PAVONIA). Du Levant. — Racine tubéreuse, brune, garnie de fibres. — Feuilles divisées en trois lobes élargis, irrégulièrement dentés. — Tiges simples, grêles, un peu velues. de 25 à 30ᶜ, terminées en avril et mai par une fleur solitaire. grande, très-belle, aussi éclatante que celle de l'anémone des fleuristes, composée d'un grand nombre de pétales rouges au sommet, blanchâtres à leur base, ou d'un cramoisi plus ou moins vif. — Culture des anémones.

Anémone étoilée (A. STELLATA). De la France méridionale. — Tige de 18 à 20ᶜ. — Feuilles radicales, à trois folioles incisées et découpées. — En avril, fleur terminale de 9 à 15ᶜ, pétales linéaires, en étoiles, blanchâtres et velues en dehors. — Variétés *à fleurs doubles, à fleurs lilas, à fleurs violettes.* — Même culture.

Anémone pulsatille (A. PULSATILLA) SYN.: *Herbe du vent, coquelourde vulgaire, herbe de Pâques, passe-fleur, Tainœuf, pulsatille commune.* Indigène. Cette plante, assez jolie, mais d'un aspect triste, croît naturellement et souvent très-abondamment sur les collines arides et découvertes. Aussi a-t-on beaucoup de peine à la conserver dans nos jardins. — Tiges de 20 à 25ᶜ. — Feuilles deux ou trois fois, ailées, les découpures fines et pointues. — En avril et mai, fleur terminale, assez grande, d'un beau violet. — Pleine terre sèche, en plein midi ; multiplication de semences.

Anémone sylvie (A. NEMEROSA). SYN : *Anémone des bois, sylvie.* Parure de nos bois dans les premiers jours du printemps, cette gracieuse plante peut faire aussi celle de nos jardins, surtout dans les parties fraîches et ombragées des bosquets de nos jardins paysagers ; mais cependant on l'y voit rarement. — Racines traçantes. — Tige de 15 à 20°, uniflore, involucrée vers les deux tiers de sa hauteur, involucre à trois feuilles pétiolées, divisées en 3 à 5 folioles, oblongues, pointues, incisées. — Fleurs à six pétales, assez grandes, blanches en dedans, légèrement purpurines en dehors. — Terre légère, un peu humide, ombragée. — Multiplication de semences ou de drageons enracinés.

Anémone en ombelle (A. NARCISSIFLORA). SYN. : *Anémone à fleurs de narcisse.* Originaire des Alpes. — Racines branchues, fibreuses et noires. — Tiges de 30°, velues, purpurescentes, un peu striées. — Feuilles radicales, à pétioles longs et velus, vertes en dessus, plus pâles en dessous, divisées en trois ou cinq lobes profonds, à bords ciliés et incisés-aigus. En mai-juin, six à huit fleurs blanches, à disque jaune, disposées en ombelle. — Même culture ; multiplication par éclat des touffes ou par les graines semées en terrine.

Anémone à feuilles de pigamon (A. THALICTROÏDES). SYN. : *Anémonelle faux pigamon.* — Racines tuberculeuses. — Tiges de 15 à 20°. — Feuilles radicales, biternées, à folioles trilobées ; les caulinaires simples, verticillées. — En avril, ombelle de 2 à 5 fleurs blanches, simples ou doubles, se rapprochant beaucoup de celles de l'anémone sylvie. — Terre légère, à demi-ombragée. — Multiplication de graines, mises en terre aussitôt leur maturité, ou par la séparation des tubercules.

Anthémide odorante (ANTHEMIS NOBILIS). SYN. : *Camomille romaine, camomille odorante,* *bouton d'argent*. Plante cultivée en grand pour l'usage de la médecine ; mais dont on fait souvent des petits massifs ou des bordures dans nos jardins.— Tiges couchées, rameuses, redressées aux extrémités de ses rameaux, striées, grêles. — Feuilles courtes, légèrement pubescentes, irrégulièrement bipinnées , à folioles tubulées , très-petites, aigües, d'un vert foncé — Tout l'été, fleurs blanches , solitaires , terminales , doubles, répandant, ainsi que toute la plante, une odeur aromatique assez forte. — Terre légère, bonne exposition. — Multiplication par éclats de pieds à l'automne.

Anthémide des teinturiers (A. TINCTORIA). SYN. : *OEil-de-bœuf*. — Tiges de 60 à 80ᶜ, rameuses, dures, anguleuses, en buisson. — Feuilles alternes, longues, pinnées, à pinnules longues et incisées, pubescentes en dessous. — Tout l'été, fleurs grandes, jaunes, solitaires au sommet des tiges. — Même culture ; mais moins difficile sur la nature du terrain.

Apocyn gobe-mouche (APOCYNUM ANDROSœMIFOLIUM). SYN. : *Apocyn du Canada, attrape-mouche*. Originaire de l'Amérique septentrionale, cette plante est cultivée dans les jardins, depuis 1688, à raison de la beauté de ses fleurs et de l'élégance de son port. — Tige herbacée, de 60 à 80ᶜ, rameuse. — Feuilles ovales, aigües, molles, glabres en dessus, quelquefois poilues en dessous. — En août-septembre, fleurs petites, d'un rouge pâle, en ombelles au sommet des tiges, retenant par la trompe les mouches, qu'elles attirent de loin par leur odeur miellée, et qui périssent ainsi, comme prises dans un piége, car les efforts qu'elles font pour se débarrasser augmentent encore la cause qui les retient.— Terre franche, légère, un·peu fraîche ; exposition du Levant, et facile à multiplier par ses racines traçantes.

Apocyn chanvre (A. CANNABINUM). SYN. : *Apocyn à fleurs herbacées, apocyn chanvrin.* Caroline, 1699. — Tige de 100 à 120°, rameuse. — Feuilles oblongues, ovales, aigües, velues et blanchâtres en dessous. — Juillet-septembre, fleurs blanches en dedans, roses en dehors, en corymbes terminaux.— Même culture ; multiplication par ses rejetons.

Apocyn denté (A. VENETUM). SYN. : *Apocyn bleu de mer, apocyn de Venise, apocyn maritime.* Asie mineure, 1690. — Tige de 80 à 90°, à rameaux glabres. — Feuilles d'un vert gai, semblables à celles du saule.— En juin-juillet, fleurs blanches ou rougeâtres, en bouquet au sommet des tiges. — Terre légère ; exposition du midi ; multiplication de pieds éclatés. Comme cette plante est sensible au froid, il faut la couvrir pendant l'hiver.

Arabette printanière (ARABIS VERNA). SYN. : *Arabette des Alpes, tourette printanière.* — Tiges rameuses, couchées à terre, où souvent elles s'enracinent. — Feuilles radicales, sessiles, lancéolées, obtuses, dentées, légèrement velues, un peu épaisses. En mars-mai, fleurs blanches, assez grandes, en bouquet terminal, spiciforme. — Terre légère, fraîche, ombragée. Multiplication de semences, d'éclats de pieds ou de drageons.

Asclépiade incarnate (ASCLEPIAS INCARNATA). SYN. : *Asclépiade carnée.* — Assez jolie plante, originaire de l'Amérique septentrionale, introduite dans nos jardins, comme plante d'a-

grément, au commencement du XVIII[e] siècle. —
Tige de 100 à 120[c], grêle, simple à sa partie inférieure, rameuse à son sommet. — Feuilles lancéolées, glabres, aigües, brièvement pétiolées.—
En juillet, fleurs petites, purpurines, en ombelles,
exhalant une très-légère odeur de vanille. —
Terre légère, un peu humide ; mais cependant
l'exposition du midi.— Multiplication de graines
semées aussitôt leur maturité, ou d'éclats de
pieds. — Ne demande pas de couverture pendant l'hiver, ainsi que le recommandent quelques ouvrages d'horticulture.

Asclépiade à la ouate (A. SYRIACA). SYN. ·
*Asclépiade soyeuse, apocyn à la ouate, asclépiade
de Syrie, soyeuse, herbe à la ouate.* Quoique cette
plante soit originaire de la Syrie et de l'Egypte,
elle est cependant assez rustique pour ne pas
craindre les grands froids de nos hivers, pourvu
cependant qu'elle soit placée à une exposition
chaude. — Racine traçante, au point d'être souvent incommode. — Tige d'un à deux mètres,
nombreuses, droites, simples, cotonneuses comme
les tiges, entières, blanchâtres, douces au toucher. — En juillet-août, fleurs rougeâtres, en
grosses ombelles terminales, globuleuses, penchées, très-garnies, d'une odeur agréable, mais
qu'on ne peut respirer longtemps sans se trouver incommodé. — Graines couvertes de nombreuses et longues soies blanches, qui ont fait
donner à cette asclépiade le nom spécifique sous
lequel elle est désignée.— Pleine terre ordinaire ;
bonne exposition.

Asclépiade de Douglas (A. DOUGLASI).
Jolie plante de l'Amérique du Nord, introduite
en Europe seulement depuis 1846, et dont la

Flore de Vanhoute fait mention dans son numéro du premier janvier 1849. — Tiges herbacées, de 30 à 45°, assez robustes; cylindriques, le plus souvent simples, laineuses. — Feuilles opposées ou ternées, ovées-lancéolées, ou oblongues-aigues, tomenteuses en dessus, laineuses en dessous. — Fleurs serrées, rougeâtres, teintées de vert, en ombelles multiflores. — Air libre, bonne terre ordinaire, plutôt sèche qu'humide, et préserver le pied autant que possible des longues pluies d'hiver. — Multiplication d'éclats de pieds, au printemps, avant la rentrée en végétation.

Asclépiade tubéreuse (A. TUBEROSA). De l'Amérique du Nord, 1690. — Racine tubéreuse. — Tiges de 45 à 50°, hispides, rameuses, à rameaux divariqués. — Feuilles alternes, lancéolées, légèrement velues. — En juillet-septembre, fleurs en ombelle, d'un rouge orangé, très-éclatantes. — Terre franche, légère ; bonne exposition.

Asclépiade élégante (A. AMENA). Amérique du Nord. — Tiges de 80 à 90°, simples, glabres. — Feuilles ovales, pointues, un peu velues en dessous. — En juillet-août, fleurs pourpres, en ombelles droites, terminales.

Asaret d'Europe (ASARUM EUROPOEUM). SYN. : *Cabaret, oreille d'homme, nard sauvage.*— Sans tiges.— Feuilles radicales, pétiolées, reniformes, obtuses, coriaces, d'un beau vert, luisantes en dessus. — En mai, fleurs petites, solitaires, pédonculées, d'un pourpre foncé, un peu velues.— Racines fibreuses. — Terre sablonneuse, un peu fraîche, à demi ombragée. — Multiplication d'éclats de pieds. — On cultive aussi et de même *l'asaret du Canada : l'asaret de Virginie*, étant plus délicat, demande l'orangerie l'hiver.

Aspérule odorante (ASPERULA ODORATA). SYN. : *Petit muguet, muguet des bois, muguet étoilé, hépatique des bois, hépatique étoilée, hépatique odorante, reine des bois, galiet odorant.* Indigène. — Tiges de 20 à 30ᶜ, diffuses, grêles, simples, anguleuses. — Feuilles lancéolées, verticillées, au nombre de 6 à 8. — En avril-juin, fleurs blanches, petites, pédonculées, terminales, odorantes. — Terre légère, ombragée. — Cette plante, qui croît naturellement dans quelques bois, transportée dans nos jardins à cause de l'odeur suave qu'elle répand lorsqu'elle est sèche et qui se rapproche beaucoup de celle de la fève touka, se multiplie d'elle-même, souvent même d'une manière très-incommode. — C'est cette plante desséchée que les bonnes ménagères mettent dans leur armoire au linge pour donner à celui-ci une odeur agréable.

Asphodèle jaune (ASPHODELUS LUTEUS). SYN. : *Bâton de Jacob, lance du roi, verge de Jacob.* Cette belle plante, d'un très-bel effet dans les jardins, est originaire de l'Italie et de la Sicile. — Racine tubéreuse en faisceau, jaunâtre, fibreuses et nombreuses. — Tige droite, simple, de 90 à 100ᶜ, feuillée, striée. — Feuilles radicales, nombreuses, en touffe, menues, pointues, anguleuses, glauques, membraneuses à leur base ; feuilles caulinaires, petites, étroites, triangulaires, disposées en spirale. — En juin, fleurs grandes, d'un assez beau jaune, en long épi terminal. — Terre ordinaire, plutôt sèche qu'humide, non fumée, et l'exposition du midi. — Variété à fleurs doubles.

Asphodèle rameuse (A. RAMOSUS). SYN. : *Asphodèle blanc, bâton royal, asphodèle sceptre du roi, fleur des tombeaux.* Très-jolie plante, du midi de la France, d'un port très-élégant, quand elle est en fleurs. Sa racine contenant un principe alimentaire sucré, des essais ont été faits en Algérie, où elle croît aussi très-abondamment, pour en obtenir de l'alcool, essais qui ont parfaitement réussi. Tout porte donc à croire que ce produit fournira avec le temps une branche de commerce, productive et fructueuse pour les habitants de cette colonie. — Feuilles radicales, longues de 60°, nombreuses, ensiformes.— Tige de 80 à 90°, nue, verte, rameuse, terminée en mai ou juin par un épi rameux de fleurs blanches, nombreuses, ouvertes en étoiles, marquées longitudinalement d'une ligne brune.— Bonne terre potagère ; de l'espace ; bonne exposition. — Ces deux asphodèles se multiplient par leurs semences, mais beaucoup plus promptement par les œilletons que l'on sépare de leur racine principale.— Malgré leur origine méridionale, les asphodèles sont des plantes rustiques, ne craignant pas les froids de nos hivers.

Les anciens, dit-on, plaçaient cette plante autour des tombeaux, comme fournissant une nourriture agréable aux morts. Vous voyez, mon amie, qu'il y a longtemps que l'on a reconnu qu'elle contenait un principe alimentaire.

Astères. Les astères, nommées aussi *herbe à l'étoile*, de la conformation de leurs fleurs, forment un genre nombreux, composé de plus de cent vingt espèces, et, selon les botanistes, appartenant aux *radiées* (1), aux *composées* (2), aux *co-*

(1) Nouveau Dictionnaire d'Histoire naturelle.
(2) Bon Jardinier. — Jacques.

rymbifères (1), aux *symanthérées* (2), ou aux *astérées* (3), nouvelle famille créée ou adoptée par M. Bréant, dans son traité d'horticulture. Vraiment, ma charmante amie, il y a de quoi s'y perdre. Si cela continue, la nomenclature horticole deviendra bientôt une tour de Babel. Je ne suis pas le seul de cette opinion, car je lis dans le *Manuel général des Plantes*, par M. Jacques, botaniste-horticulteur distingué, cette note précisément à l'article *astère*. Il ne parle, il est vrai, que des genres ; mais son application n'en est pas moins applicable aux familles. « On a tellement abusé de la liberté de diviser et de créer de nouveaux genres, on a jeté dans la nomenclature une telle *perturbation*, qu'il est impossible aujourd'hui de connaître sûrement les noms que portent les plantes. » Plus loin, il ajoute : « Car, après tout, les noms appliqués aux plantes étant tout-à-fait arbitraires, doivent être , suivant nous, religieusement conservés ; puisqu'en réalité ces noms n'acquièrent d'importance que par leur application constante à une même chose; une nomenclature qui applique un mot tantôt à une chose, tantôt à une autre, est *ridicule et dérisoire.* »

Astère œil de Christ (ASTER AMELLUS). SYN. : *Astère amelle.* Indigène, et la plus répandue dans les jardins.—Tige de 80 à 90ᶜ.—Feuilles oblongues, lancéolées, rudes au toucher, un peu velues, un peu ailées sur les bords. — En août-septembre, fleurs nombreuses, d'un beau bleu que relève un disque jaune.

(1) Dictionnaire abrégé d'Histroire naturelle. — Dumont-Courset.

(2) Pouchet.— Traité élémentaire de Botanique.

(3) Bréant.

Astère des Alpes (A. ALPINUS).— Tiges de 15 à 25°. — Feuilles spatulées. — En juin-août, grandes fleurs terminales , solitaires, bleues, à disque jaune.

Astère grêle (A. MISER), SYN. : *Astère à petites feuilles, astère misère , astère à petites fleurs, astère lupuline, astère misérable.* — Tiges d'un mètre, grêles, un peu velues. — Feuilles sessiles , glabres , lancéolées. — En septembre-octobre , fleurs petites , à rayons blancs ou bleuâtres, entourant un disque jaune.

Astère maritime (A. TRIPOLIUM). — Tiges de 30 à 40°. — Feuilles lancéolées. — En août-septembre, fleurs d'un bleu pâle, à disque jaune.

Astère rose (A. ROSEUS). — Tiges de 60 à 90°, droites, légèrement velues. — Feuilles sessiles, lancéolées, entières. — En septembre-octobre, fleurs d'un rose-violacé, en panicule allongée.

Astère étalée (A. PATENS). — Tiges d'un mètre, velues, rameuses, à rameaux allongés.— Feuilles oblongues, aiguës, échancrées en cœur, presqu'amplexicaules, scabres.— En septembre-octobre, capitule à rayon d'un bleu pâle, à disque fauve.

Astère de la Nouvelle-Angleterre (A. NOVA-ANGLICÆ). — Tiges simples, d'un à deux mètres, rougeâtres, poilues, rameuses au sommet. — Feuilles lancéolées cordiformes , amplexicaules, entières, velues. — En août-septembre, grandes fleurs d'un bleu-violacé, rapprochées en corymbe court au sommet des rameaux.

Astère à grandes fleurs (A. GRANDIFLORUS) — Tige de 60 à 80″, un peu velues. — Feuilles petites, oblongues-linéaires, entières, velues. —

En novembre, fleurs solitaires, peu nombreuses, d'un blanc-pourpre, répandant une légère odeur de citron.

Astère multiflore (A. MULTIFLORUS). — Tige de 60 à 90°, pubescente, peu-rameuse. — Feuilles linéaires, presque glabres. — En septembre-octobre, fleurs d'un blanc-pourpre.

Astère riante (A. BLANDUS).— Tiges de 60°, rameuses, pyramidales, à rameaux axillaires, grappiformes, un peu plus longs que les feuilles ; feuilles presque amplexicaules, oblongues, lancéolées, acuminées, glabres, dentelées ; pedoncules nuls, tomenteux ; en oct.-nov., capitules à rayons d'un pourpre-pâle ; involucre, lâche, à écailles presques égales, plus courtes que les fleurons du disque. Canada, 1800 (Jacques).

Astère changeante (A. MUTABILIS).— Tige de 100 à 120°, droite, lisse, rameuse. — Feuilles oblongues-lancéolées, acuminées, rétrécies à leur base. — En septembre, fleurs en capitules, rassemblés au sommet des rameaux, d'abord à rayons blancs, puis passant au violet foncé. A disque jaune.

Astère à feuilles de lin (A. LINIFOLIUM). — Tiges de 70 à 80°, élancées, cylindriques, divisées au sommet, en corymbe, à rameaux-feuillés. — Feuilles linéaires, entières, un peu scabres, uninervées. — En juillet-août, fleurs en capitules solitaires, terminaux, d'une moyenne grandeur, à rayons blancs.

Astère remarquable (A. SPECTABILIS). — Tiges de 60°, serrées, divisées au sommet en rameaux raides, corymbiformes. — Feuilles oblongues-lancéolées, aigues, scabres, sessiles, les inférieures dentées.— En août-septembre, fleurs d'un bleu-pourpre.

Astère de Sibérie (A. SIBERICUS).— Tiges droites, striées, velues, de 60 à 70°. — Feuilles lancéolées, velues, rudes au toucher, d'un vert grisâtre, presqu'amplexicaules, grossièrement dentées.— En août-septembre, larges et grandes fleurs en corymbe terminal, violet-pourpre, à disque jaune.

Astère géante (A. PUNICEUS). — Tiges d'un à plusieurs mètres, selon les variétés, velues. — Feuilles amplexicaules, lancéolées, un peu rudes au toucher. — En août-octobre, grandes fleurs pourpres, à rayons nombreux.

Astère soyeuse (A. ARGENTEUS). Très-jolie espèce, qui nous vient du Mississipi, et que nous cultivons en France, depuis 1802. — Tiges rameuses au sommet. — Feuilles lancéolées-aigües, couvertes d'un duvet blanc et soyeux. — En septembre-octobre, fleurs solitaires, nombreuses, terminales, à rayons violets et à disque jaune.

Astère horizontale (A. HORIZONTALIS). SYN.: *Astère pendante*. — Tiges de 70 à 80°, très-rameuses; rameaux étalés horizontalement, grêles. Feuilles caulinaires, longues, lancéolées-aigües ; les raméales étroites, petites, pointues. — En septembre-octobre, fleurs nombreuses, petites, à rayons blancs, à disque purpurin. — Cette astère, quand elle est en pleine fleur, forme une espèce de buisson très-gracieux : aussi est-elle cultivée dans beaucoup de jardins.

Astère agréable (A. DECORUS). Tiges d'un mètre. — En septembre, fleurs grandes, nombreuses, d'un pourpre-violacé, belles et produisant beaucoup d'effet.

On cultive encore les astères *buisson*, la plus petite de toutes; *à feuilles de lin*, qui a beaucoup

14

de rapport avec l'astère grêle ; *multiflore*, à fleurs nombreuses, blanches, petites ; *de Paris*, à fleurs roses, très-larges et d'un bel effet.

Les astères sont généralement de fort jolies plantes, propres à l'ornement des jardins, surtout des grands parterres, pendant trois ou quatre mois, de l'année. Sauf quelques exceptions, elles sont toutes de pleine terre, très-rustiques, d'une culture facile, se multipliant par leurs semences mises en terre aussitôt leur maturité, mais plus souvent et plus promptement par la séparation des touffes ou des drageons pour les espèces traçantes. Ces plantes aiment un terrain un peu frais, mais en même temps l'exposition du midi, surtout celles qui fleurissent tardivement. Comme elles épuisent beaucoup la terre, et qu'elles deviennent très-fortes, il faut les renouveler et les changer de place tous les trois ou quatre ans ; mais il ne faut replanter qu'un ou deux œilletons, si l'on veut obtenir des tiges vigoureuses qui se chargent d'une grande quantité de fleurs.

Astrance à larges feuilles (ASTRANTIA MAJOR). SYN. : *Sanicle femelle, radiaire.* — Tiges nombreuses, de 60 à 70°, formant un beau buisson. — Feuilles palmées, à cinq lobes trifides, ciliées, rudes, ridées, luisantes. — Tout l'été, fleurs en ombelle, terminales, d'un blanc rougeâtre, entourées d'une collerette blanchâtre, imitant une fleur radiée. — Très-rustique ; tout terrain ; toute exposition, excepté à l'ombre. — Multiplication facile de graines, mises en terre aussitôt leur maturité, ou d'éclats de pieds au printemps. — Variété à feuilles panachées jaunes.

Astrance à petites fleurs (A. MINOR).

Syn. · *Petite astrance, petite radiaire.* En tout semblable à la précédente, mais plus petite dans toutes ses parties. — Même culture.

Astrance hétérophylle (A. heterophylla). Sibérie. — Feuilles à trois folioles crénelées. — Fleurs roses, plus grandes et plus jolies que les précédentes, et collerette panachée de vert. — Même culture.

Aubriétie multiflore (Aubrietia deltoïdea). Syn. : *Aubriétie deltoïde, aubriétie à fleurs de julienne.* Jolie petite plante de l'Europe méridionale, cultivée en France seulement depuis 1823. — Tiges de 15 à 20ᶜ, menues, rameuses, formant de fortes touffes. — Feuilles alternes, deltoïdes, pubescentes, légèrement dentées, blanchâtres. — Fleurs nombreuses, d'un bleu clair.

Aubriétie à fleurs roses (A. rosea). Entièrement semblable à la précédente, mais plus petite dans toutes ses parties. Ces deux plantes, encore peu répandues dans nos jardins, fleurissent à la fin du printemps, durent en fleurs assez longtemps, viennent très-bien sur les rocailles, et peuvent faire aussi de charmantes bordures. — Terre légère et sèche. — Multiplication de graines ou d'éclats.

Balisier d'Inde (Canna Indica). Syn. : *Canne d'Inde, faux sucrier, cannacorus.* Très-jolie plante, originaire des Indes, remarquable surtout par la beauté de son feuillage. — Tige de 100 à 120ᶜ, simple, droite. — Feuilles alternes, ovales-lancéolées, de 40 à 45ᶜ sur 18 à 20ᶜ de largeur, engaînantes à leur base, pointues à leur sommet, marquées au bord d'un filet blanc, glabres. — D'août en octobre, fleurs

presque sessiles, d'un très-beau rouge, en épi
droit, terminal. — Terre légère et substantielle,
non fumée ; exposition en plein midi ; arrosements fréquents pendant les grandes chaleurs.
— Aux premières gelées, couper les tiges, retirer les tubercules de terre, et les conserver dans
un lieu sec où il ne gèle pas. — On sème sur
couche au printemps, on repique le plant en
pots, pour lui faire passer l'hiver à l'abri du
froid, et, au mois de mai suivant, on le place en
pleine terre. Très-souvent, surtout si l'été est
chaud et qu'on les arrose fréquemment, on voit
fleurir et fructifier les jeunes pieds provenant du
semis du printemps. La plante et les fleurs sont
même plus belles. Placés au pied d'un mur
au midi, les balisiers peuvent passer l'hiver en
pleine terre, pourvu qu'on les couvre avec du
fumier long ; mais il est toujours prudent d'en
rentrer quelques pieds en orangerie.

Baptisie australe (BAPTISIA AUSTRALIS).
SYN. : *Baptisie de la Caroline.* — Tiges glabres,
de 60°, formant buisson. — Feuilles trifoliées,
à folioles oblongues-cunéiformes, obtuses. — En
juillet-août, fleurs grandes, d'un joli bleu panaché de blanc, en grappes allongées.

Baptisie à fleurs blanches (B. ALBA).
— Tiges glabres, de 40 à 60°, à rameaux divariqués. — Feuilles trifoliées, à folioles cunéi-
formes-lancéolées, obtuses, mucronées. — En
juin, fleurs blanches, en grappes terminales,
très-longues.

Baptisie lancéolée (B. LANCEOLATA). —
Tiges de 30°, rameuses. — Feuilles sessiles, légèrement pubescentes, ainsi que les rameaux ;
folioles pétiolées, lancéolées-cunéiformes, ob-

tuses. — En juillet-août, fleurs jaunes, axillaires, solitaires, brièvement pédicellées, réunies en grappes au sommet des rameaux.

Les baptisies sont de jolies plantes qui méritent de prendre place dans nos parterres ; mais encore trop peu répandues, quoiqu'elles soient d'une culture facile. — Bonne exposition; terre franche, légère.— Multiplication de graines semées au printemps, ou de pieds éclatés.

Barbarée vélar (ERYSIMUM BARBAREA). SYN. : *Herbe de Sainte-Barbe, julienne jaune, vélar.* Plante rustique, très-commune à l'état simple dans les prairies et le long des ruisseaux ; mais dans les jardins on ne cultive que celles à fleurs doubles. — Tige de 60 à 70ᶜ, droite, rameuse, striée, glabre. — Feuilles lyrées. — En mai, fleurs jaunes, en épi terminal. — Multiplication de boutures en été, ou d'éclats à l'automne.

Barbouquine à grandes fleurs (UROSPERMUM DALECHAMPII). SYN. : *Barbouquine verticillée.* — Tige de 30ᶜ, velue. — Feuilles radicales, allongées, dentées, sinuées ; les caulinaires moins allongées, plus entières. — En juin-octobre, fleurs grandes, d'un jaune pâle, rougeâtres endehors, solitaires, terminales, d'un aspect terminal. — Multiplication de semences.

Bartzie à fleurs pâles (BARTZIA PALLIDA). Sibérie. — Tige simple, anguleuse. — Feuilles très-entières, alternes, lancéolées. — De juin en septembre, fleurs purpurines en épis feuillés. — Pleine terre un peu fraîche ; multiplication de graines semées sur place, ou par éclats (Bréant).

Bénoîte écarlate (GEUM COCCINEUM). SYN. : *Bénoîte coccinée.* Très-jolie plante de l'Orient, introduite dans nos jardins depuis une trentaine d'années ; mais qu'on y rencontre encore trop rarement. — Tiges de 50 à 60°, rameuse. — Feuilles radicales, ailées, à folioles terminales très-grandes ; feuilles caulinaires, trilobées. — Tout l'été, panicule de fleurs écarlates, assez larges. — Terre légère, meuble, ou terre de bruyère ; exposition chaude. — Multiplication de semences au printemps, ou d'éclats de pieds.

Bénoîte du Chili (G. Chiloense). — Cette bénoîte ressemble beaucoup à la précédente ; mais ses fleurs sont plus belles, plus nombreuses, et se succèdent aussi tout l'été. — Même culture.

Bétoine à grandes fleurs (Betonica grandiflora). Belle plante, originaire de la Sibérie, introduite en France en 1800. — Racines fibreuses. — Tiges de 50 à 60°, quadrangulaires, velues. — Feuilles radicales, nombreuses, grandes, légèrement velues comme les tiges, en cœur allongé, obtuses, crénelées et supportées par de longs pétioles ; les caulinaires petites, opposées, presque sessiles. — En juin-juillet, fleurs roses, très-grandes, au nombre de dix à douze, verticillées.

Bétoine du Levant (B Orientalis). Syn. : *Bétoine de l'Orient.* — Tiges de 30 à 40°, carrées, velues. — Feuilles lancéolées, d'un vert pâle. — Fleurs d'un pourpre pâle, en épi terminal.

Bétoine velue (B. hirsuta). Syn. : *Bétoine hérissée.* — Tiges de 40 à 50°, quadrangulaires, velues. — Feuilles cordiformes. d'un vert foncé, velues aussi. — En juillet, fleurs d'un rouge assez vif, disposées en épi terminal. — Plantes rustiques ; terre ordinaire, ombragée, un peu fraîche. — Toutes se multiplient de graines semées au printemps ou de pieds éclatés.— Dans les hivers longs et rigoureux, il est prudent de couvrir de litière celle du Levant.

Boltonia à fleurs d'astère (Boltonia asteroides). — Tiges de deux à trois mètres, nues, grêles, fermes, rameuses. — Feuilles radicales, d'un vert clair, en touffes basses. — En septembre-octobre, fleurs nombreuses, blanches, en panicules étalées, semblables à celles de la petite paquerette. — Plante rustique. Tout terrain, toute exposition. Multiplication par la séparation des touffes.

Bouton d'argent. Quatre plantes, mon aimable amie, toutes les quatre d'un port assez joli, sont vulgairement connues sous le nom de *bouton d'argent*. Ces plantes n'ont cependant aucune ressemblance entre elles : trois appartiennent à la famille des corymbifères, *l'achillée sternutatoire, la camomille romaine, la matricaire*; la quatrième, *la renoncule à feuilles d'aconit*, à la famille des renonculacées. Pour la description de ces plantes, je vous renvoie à leur ordre alphabétique.

Bouton d'or. Il existe aussi trois plantes auxquelles l'on donne le nom vulgaire de *bouton d'or*, mais ces plantes appartiennent toutes les trois à la même famille, à celle des renonculacées. Je vous en donnerai la description quand nous serons arrivés aux plantes de cette famille.

Brunelle à grandes fleurs (Brunella grandiflora). — Tige carrée, de 20 à 25°. — Feuilles ovales-oblongues, pétiolées. — En juillet, fleurs en épi, grandes, renflées, bleues, pourpre rose, blanches, selon la variété.

Brunelle à feuilles d'hyssope (B. HYSSOPIFOLIA). — Tige droite, carrée, ferme, peu ramifiée, légèrement velue. — Feuilles entières, sessiles, étroites, peu nombreuses, opposées. — En juillet-août, grandes fleurs, bleues ou d'un pourpre bleuâtre, en épi terminal. — Ces plantes, indigènes à l'Europe, sont peu difficiles sur le terrain; mais elles viennent toujours mieux dans une terre substantielle et à bonne exposition. — Multiplication facile de semences au printemps, ou par la séparation de leurs touffes à l'automne.

Bugrane à feuilles rondes (ONONIS ROTUNDIFOLIA). Des Alpes. Ligneuse à la base, jolie et rustique, feuilles ternées; tige de 30ᶜ; fleurs estivales, nombreuses, grandes, d'un jaune lavé et strié de rose vif, disposées en petites grappes. Tout terrain, mieux léger, exposition chaude. Multiplication de graines ou d'éclats au printemps, ou de racines en automne. (*B. J.* 1840).

Bugrane élevée (O. ALTISSIMA). Silésie. — Tiges nombreuses, de 80 à 90ᶜ, d'un rouge brun, rameuses, velues, d'une odeur forte. — Feuilles alternes, ovales, ternées, légèrement duvetées. — En juillet, fleurs purpurines, en épis longs, feuillés et terminaux. — Terre franche, légère; exposition aérée. — Multiplication de semences au printemps, ou d'éclats de pieds à l'automne.

Bugrane des Alpes (O. CENISIA). — Tiges de 10 à 15ᶜ, couchées, menues. — Feuilles à trois folioles, glabres, cunéiformes, dentées — En juillet-août, fleurs grandes, purpurines, solitaires, pédonculées, axillaires. — Même culture.

Butome en ombelle (BUTOMUS UMBELLA-
TUS). SYN. : *Jonc fleuri, butome ombellé.* —
Tiges de 80 à 90ᶜ, droites, nues, cylindriques.
— Feuilles radicales, longues, étroites, pointues, droites, un peu triangulaires dans leur
partie inférieure. — En juillet-août, ombelle de
15 à 20 fleurs roses, d'un charmant effet. —
Cette jolie plante croît naturellement sur le bord
des rivières, des fossés, dans les prairies, et mérite de venir prendre place dans les jardins
qui ont des bassins ou des étangs. — Variété à
feuilles panachées.

Cacalie odorante (CACALIA SUAVEOLENS).
SYN. : *Cacalie à feuilles sagittées.* De la Virginie. — Tiges nombreuses, droites, striées, de
100 à 120ᶜ. — Feuilles alternes, hastées, rudes
au toucher. — En juillet-septembre, fleurs
blanches, en corymbe terminal, peu éclatantes,
mais d'une odeur très-suave. — Terre ordinaire; bonne exposition. — De graines semées
au printemps.

Calandrine à grandes fleurs (CALAN-
DRINA GRANDIFLORA). Originaire du Chili et introduite dans nos jardins depuis 1826. — Tiges
grêles, rameuses, de 40 à 60ᶜ. — Feuilles lancéolées, spatulées, en rosette, glauques aux deux
faces. — En mai-juin, grandes fleurs lilas ou
plutôt d'un rose violacé, à étamines formant
une aigrette d'un jaune doré. — Cette plante,
ma bonne Emma, demande, il est vrai, l'orangerie pendant l'hiver; mais comme elle fleurit
la même année, il vaut mieux la traiter comme
plante annuelle et la semer au printemps. Non
seulement elle fleurit; mais placée en terre légère et à bonne exposition, elle mûrit très-bien
ses graines.

Calandrine discolore (C. DISCOLOR). SYN. : *Calandrine de deux couleurs.* — Originaire aussi du Chili, cette espèce n'a été importée en France qu'en 1832. — Tiges de 30°, cylindriques, rougeâtres, simples. — Feuilles charnues, oblongues, spatulées, glauques en dessus, rouge-pourpre en dessous. — En juillet-août, fleurs rouges, larges de 3 à 4°, en grappes rameuses, terminales. — Même culture.

Campanule à feuilles de pêcher (CAMPANULA PERSICIFOLIA). SYN. : *Campanule des jardins.* Jolie plante qui nous vient du Levant. et cultivée en France depuis plus de deux siècles. — Tiges d'un mètre, droites, lisses, presque simples. — Feuilles oblongues, longues, rétrécies à leur base, pointues, sessiles, dentées, d'un vert foncé et à nervures fortement prononcées. — En juillet, fleurs bleues ou blanches, simples ou doubles, évasées, en épis lâches et terminaux. — Bonne terre, exposition en plein air. peu d'arrosements. — Les doubles se multiplient par la séparation des œilletons qui se forment aux pieds, les simples par les graines semées aussitôt leur maturité, et malgré cela elles lèvent généralement très-difficilement.

Campanule gantelée (C. TRACHELIUM). SYN. : *Gant de Notre-Dame.* Indigène à l'Europe. — Tiges de 60 à 75°, droites, anguleuses, duvetées. — Feuilles en cœur, pointues, dentées en scie, légèrement velues. — En juillet, fleurs axillaires, bleues ou blanches, simples ou doubles, selon la variété.

Campanule glomérulée (C. GLOMERATA). SYN. : *Campanule conglomérée, campanule agglomérée, campanule à fleurs en tête, battant des* *près, petite gantelée*. Indigène. — Tiges de 30 à 40ᶜ, anguleuses, un peu velues. — Feuilles radicales, ovales-lancéolées, pointues, crénelées, velues. — Tout l'été, fleurs bleues, sessiles, en faisceau terminal.

Campanule à feuilles d'ortie (C. urti-cœfolia). — Tiges de 70 à 80ᶜ, hispides, droites, rameuses, anguleuses. — Feuilles inférieures, pétiolées, à peu près en forme de cœur, lancéolées, grossièrement dentées. — En juillet-août, fleurs solitaires, assez grandes, pédonculées, axillaires, bleues ou blanches.

Campanule pyramidale (C. pyramida-lis). Syn. : *Pyramidale des jardiniers*. De l'Autriche et connue en France depuis la fin du seizième siècle. Très-jolie plante, que l'on cultive souvent en pots pour l'ornement des fenêtres, des balcons, des appartements. Tous les ouvrages d'horticulture disent que cette campanule est bisannuelle ; mais c'est une erreur, puisque je puis vous assurer, ma charmante amie, en avoir conservé chez moi pendant trois ou quatre ans, et quelquefois plus longtemps encore. — Tiges d'un à deux mètres, droites, simples, glabres. — Feuilles radicales, cordiformes, pétiolées, grandes, dentées ; les caulinaires, petites, ovales-lancéolées, crénelées, glabres, sessiles. — En juin-octobre, depuis le bas de la tige jusqu'au sommet, fleurs d'un bleu pâle ou blanches, nombreuses, disposées en longues grappes pyramidales.

Campanule des Alpes (C. Alpina). Une des espèces les plus petites, indigène sur les Alpes, introduite en France, en 1779. — Tiges de 10 à 12ᶜ, simples, droites, sillonnées.—Feuilles linéaires-lancéolées, laineuses, crénelées. — En avril-juin, fleurs grandes, penchées, solitaires au sommet des pédoncules, disposées en grappes pyramidales, d'un bleu vif ou pâle.

Campanule à feuilles rondes (C. ROTUNDIFOLIA).— Tiges de 12 à 15ᶜ, grêles ou plutôt filiformes, glabres.— Feuilles radicales pétiolées, cordiformes, arrondies, dentées ; les caulinaires linéaires, étroites, pointues. — En juin-août, fleurs bleues ou blanches. — Jolie petite plante propre à faire de charmantes bordures, surtout quand les deux couleurs sont bien mélangées.

Campanule à grandes fleurs (C. GRANDIFLORA). SYN. : *Campanule gentianoïde, platycodon à grandes fleurs.* Cette campanule, originaire de la Sibérie, est une des plus belles de cette belle famille.— Tiges de 60 à 70ᶜ, lisses, menues, faibles, simples, mais rameuses à leur sommet. — Feuilles éparses, presque sessiles, ovales-lancéolées, à grandes dents inégales. — En juillet, grandes fleurs solitaires, terminales, d'un bleu magnifique.

Campanule des Carpathes (C. CARPATICA) SYN. : *Campanule des monts Carpathes, campanule à feuilles en cœur.* Alpes, 1775. — Tiges de 30ᶜ, formant une large touffe.— Feuilles longuement pétiolées, ovales-arrondies, échancrées en cœur, dentées ; les supérieures ovales-aiguës, presque sessiles. — En juin-août fleurs grandes, très-belles, d'un beau bleu, portées sur de longs pédoncules axillaires et terminaux.

Campanule noble (C. NOBILIS). La campanule noble est bien certainement, mon aimable amie, la plus belle de toutes les campanules connues jusqu'à ce jour. Originaire de la Chine, elle a fleuri pour la première fois dans les jardins de Van-Houte, à Gand, en 1846. Nous la trouvons figurée dans sa *Flore*, livraison du mois de juillet de l'année suivante. Voici la description qu'il en donne : « Par son port, la grandeur et la forme de ses fleurs, elle rappelle bien notre *campanule medium*, mais l'emporte de beaucoup sur elle sous ce dernier rapport. Elle est vivace, paraît s'élever à trois pieds de hauteur, comme celle-ci, et forme une ou plusieurs tiges ramifiées de la base en larges touffes. Les feuilles radicales sont ovées, profondément cordiformes à la base, d'un vert pâle, et portées sur des pétioles de 6 à 9 pouces de long. Les caulinaires lancéolées, bordées par le limbe décurrent et portées par de courts pétioles. Toutes sont couvertes de poils, ainsi que les tiges. Les dents, dont elles sont bordées, sont en crénelures assez denses chez les inférieures, inégales et distantes chez les supérieures. Les fleurs, d'un rouge vineux et piqueté de rouge plus foncé, sont grandes, pendantes, rapprochées, disposées en grappes pauciflores, au sommet des branches, et marquées de cinq côtes blanchâtres, assez élévées. Elle a près de trois pouces de large, sur un et demi de diamètre. »

Toutes ces campanules, ma charmante amie, sont de jolies plantes ; elles sont de pleine terre, rustiques, d'une culture facile. Elles se plaisent assez bien dans tous les terrains, mais elles pré-fèrent cependant une bonne terre légère, une exposition bien aérée et chaude. Elles sont alors plus belles et poussent plus vigoureusement que celles que l'on cultive dans des lieux ombragés. Toutes se multiplient de semences ou par la sé-paration des touffes, à l'automne ou au printemps.

Généralement, les semences lèvent difficilement, surtout pour quelques espèces, et doivent être mises en terre aussitôt leur maturité. On compte au moins cent cinquante à cent quatre-vingts espèces de campanules, mais je n'ai dû vous parler que de celles que l'on cultive le plus souvent dans les jardins d'agrément. On ne voit lés autres que dans les jardins de botanique. Quelques espèces sont d'orangerie.

Cardamine des prés (CARDAMINE PRATENSIS) SYN. : *Cresson élégant*. Jolie petite plante, qui, à l'état simple, fait la parure de nos prairies et des bois humides, dans les premiers jours du printemps, par ses bouquets de fleurs d'un blanc-violacé. Nous ne cultivons dans nos jardins que sa variété à fleurs doubles. — Tige dé 25 à 30°, droite, glabre, peu rameuse. — Feuilles pinnées; les folioles radicales presque rondes, un peu anguleuses ; les caulinaires lancéolées, linéaires.— En avril-mai, fleurs en corymbes terminaux, lilas ou d'un blanc-violacé, d'une odeur douce et agréable. — Terre substantielle, un peu ombragée, et arrosements fréquents.— Multiplication facile de drageons.

Chrysanthème des Indes (CHRYSANTHEMUM INDICUM). SYN. : *Pompon de la Chine, anthémide à grandes fleurs*. Le chrysanthème, ma bonne Emma, est une très-jolie fleur, connue de tout le monde, et qui, depuis plusieurs siècles, fait l'ornement des jardins de l'Inde et de la Chine. Nous ne le connaissons, en France, que depuis 1790, et c'est au Jardin-des-Plantes de Paris qu'on le vit fleurir pour la première fois. Pendant près de trente ans, nous n'avons possédé qu'un très-petit nombre de variétés, qu'on trouvait très-belles alors, mais qu'on rejette aujourd'hui d'une collection de choix.

On a cru pendant trop long-temps que, sous notre climat, les chrysanthèmes ne pouvaient produire de semences fertiles. Comme on était obligé de tirer celles-ci de l'Italie, ou de l'Espagne, on semait peu. Aujourd'hui l'on est revenu de cette erreur. La plupart des variétés que nous possédons, surtout depuis une vingtaine d'années, proviennent de graines récoltées dans le midi de la France.

M. Tougard, président de la Société d'Horticulture de Rouen, indique, dans la *Revue horticole*, le procédé suivant, pour faire arriver à maturité les graines de chrysanthèmes, si la température les favorise. C'est, dit-il, de couper l'extrémité des pétales après la floraison et la fécondation, afin d'enlever le foyer d'humidité que forment les pétales flétris. C'est un moyen, comme vous le voyez, facile à pratiquer et que l'on peut toujours tenter sans inconvénient.

Les chrysanthèmes sont des plantes d'autant plus précieuses pour nous, qu'elles nous montrent leurs jolies fleurs précisément au moment où celles d'automne commencent à disparaître. C'est donc la plus belle parure de nos jardins, pendant les derniers mois de l'année, et celle de nos appartements jusqu'au retour de la belle saison.

Cette plante, ma charmante amie, est d'une culture facile. Une fois en place, elle ne demande d'autres soins que de fréquents arrosements pendant les grandes chaleurs de l'été, surtout lorsqu'elle commence à montrer ses boutons. En pleine terre, elle ne craint pas les froids de nos hivers : mais comme la gelée vient presque toujours surprendre ces plantes au plus beau moment de leur floraison, il est préférable de les mettre en pots pour les rentrer, surtout les variétés délicates.

Les chrysanthèmes demandent une terre légère, substantielle, une exposition chaude, mais bien aérée, et comme ils épuisent considérablement la terre, il faut les changer de place au moins tous les deux ans, si l'on ne veut pas qu'ils dégénèrent ou même qu'ils périssent.

Aussitôt que les fleurs sont passées, vous devez vous empresser de couper les tiges à quelques centimètres de terre, pour favoriser l'émission des jeunes pousses qui partent du collet de la racine. Ces jeunes pousses, ainsi que les boutures, que l'on fait ordinairement dans les mois de mai et de juin, sont le principal moyen de multiplier les chrysanthèmes et de conserver les belles variétés que l'on possède. Celui des semis n'est employé que pour obtenir de nouvelles variétés ; mais il ne peut être mis en usage dans le nord de la France, puisque les graines de cette plante ne peuvent y venir à maturité.

Il importe beaucoup que ces jeunes pousses destinées à multiplier les chrysanthèmes, ne s'étiolent pas pendant l'hiver ; il faut, au contraire, qu'elles conservent toute la plénitude de leur énergie vitale, sans quoi elles ne donneraient que des individus chétifs, maladifs même, et qu'on serait exposé à perdre dans le cours de l'année. Tant qu'il ne gèle pas, vous devez laisser vos pots à l'air libre et à bonne exposition ; les jeunes pousses prennent alors plus de force ; mais quand les froids commencent à se faire sentir, il faut les rentrer dans une orangerie, ou, à défaut de celle-ci, dans un appartement bien éclairé où le froid ne pénètre pas. Ces précautions sont indispensables pour les nouvelles pousses seulement, car pour les vieux pieds, même en pots, ils supportent très-bien plusieurs degrés de froid.

Quant aux chrysanthèmes restés en pleine terre pendant l'hiver, c'est généralement au mois de mars qu'ils émettent ces rejetons. Les limaces, les limaçons en sont si friands, qu'il faut prendre bien des précautions pour les conserver, car, souvent, ils sont dévorés dans une nuit, et comme les vieux pieds ne peuvent plus pousser, on peut perdre ainsi de belles variétés auxquelles l'on tient.

C'est au commencement d'avril qu'il faut éclater les vieux pieds, pour en séparer les jeunes pousses que chaque touffe donne en plus ou moins grande quantité. Il y a des variétés qui en donnent fort peu. On choisit les mieux faites et les plus vigoureuses, qu'on plante en pepinière, en pleine terre bien meuble et à demi ombre. Dans le courant de juin, on les pince à trois ou quatre yeux, pour les forcer à pousser des rameaux. Plus tard, on pince aussi ceux-ci, pour donner aux plantes, autant que possible, une forme arrondie, à la fois gracieuse et régulière. Les rameaux mal faits, c'est-à-dire qui prennent une mauvaise direction, doivent être supprimés.

Quand vous avez pincé vos chrysanthèmes, si vous avez des variétés que vous désirez multiplier, vous pouvez bouturer tout de suite l'extrémité des tiges que vous venez de pincer ; elles reprendront très-bien.

Ainsi que je vous l'ai dit plus haut, les chrysanthèmes se multiplient très-facilement de boutures On peut les faire à diverses époques, même jusqu'au moment où ils commencent à montrer leurs boutons. En les faisant dans du terreau, ou au moins dans une terre bien meuble, leur reprise est toujours certaine, même à l'air libre.

C'est au commencement d'octobre que l'on met ordinairement les chrysanthèmes en pots. On les enlève, autant que possible, avec leur motte ; on mouille largement, et ils ne souffrent nullement de cette transplantation. Cependant, il n'est pas toujours facile de les enlever avec de la terre, surtout quand celle-ci est légère ; ils souffrent un peu pendant quelques jours, mais leur reprise n'est pas moins assurée. Vous n'avez plus d'autres soins à prendre que de placer les pots à à l'abri des premières gelées, car, pour les espèces délicates, les boutons étant très-sensibles au froid, à cette époque de leur développement, seraient en grande partie exposés à périr ; du moins, le froid retarde beaucoup le moment de leur floraison. Si vous voulez jouir longtemps de la beauté de vos chrysanthèmes , quand ils sont en fleurs, il faut les garantir des grandes pluies, des neiges et du froid. Ceux en pleine terre supportent mieux ces intempéries que ceux en pots.

La *Revue horticole* donne plusieurs moyens pour faire fleurir plus tôt les chrysanthèmes. Dans son numéro de juillet 1839, elle conseille de supprimer tous les boutons qui s'apprêtent à fleurir ; de rentrer les plantes en pots dans une serre ou orangerie, près de la lumière, et de les marcotter dans d'autres pots. Ces marcottes, dit-elle, fleuriront, pour la plupart, de bonne heure au printemps. Dans celui d'octobre, elle dit : « Ce moyen consiste à couper les tiges après la floraison, à les bouturer et à leur faire passer l'hiver sous chassis ; en avril, on les met dans des pots de 7 à 8 pouces, et quand les racines emplissent ces pots, on leur en donne d'autres de douze pouces, dans lesquels on les laisse fleurir. »

On reproche genéralement aux chrysanthèmes de s'élever trop, et de produire des tiges faibles et difficiles à maintenir. On peut éviter cet inconvénient, en suivant les conseils donnés par M. Pelé, horticulteur distingué, qui s'occupe de leur culture en grand, et qu'il a consignés dans la *Revue horticole* du mois de décembre 1844. Je copie textuellement. « *Culture en pleine terre, à tiges basses.* Au 1ᵉʳ mai, on divise les pieds et on plante, en place, un seul œilleton ; à cette époque ils ont déjà des pousses de 20 à 30ᶜ, que l'on coupe à moitié de cette hauteur quelques jours après la plantation. Vers le 15 juin, on les pince une seconde fois à 8 ou 10ᶜ au-dessous du premier pincement. Après cette opération, les plantes se ramifient, et forment une forte tête qui s'élève moitié moins que dans l'état ordinaire. »

Pour obtenir des plantes naines, on fait des boutures en juillet avec des bouts de rameaux que l'on plante à l'ombre, sous cloche ou sous chassis ; quand les racines sont faites et qu'on a habitué les plantes à l'air, on les place dans des pots de 8 à 10ᶜ ; on les tient encore à l'ombre pour achever la reprise ; on place les pots rez-de-terre, et on arrose fortement. Dans le courant d'octobre, on les rentre en serre, en leur conservant le plus d'air possible, et l'on jouit d'une floraison aussi belle que sur les grosses plantes. Ces petites plantes sont plus gracieuses que les autres, moins embarrassantes, et quand elles sont bien variées, leur ensemble produit un coup-d'œil enchanteur. Je dois vous dire, mon amie, qu'à défaut de serre, on peut réussir aussi bien dans un appartement ordinaire, pourvu qu'il soit bien éclairé et qu'il n'y gèle pas. Mais je dois vous prévenir aussi que les boutures seulement seront naines, et que la plante repoussera à sa hauteur l'année suivante.

Les variétés de chrysanthème mises dans le commerce s'élevant à plus de quatre cents, il est aussi impossible de les nommer toutes que de les décrire. M. Harvert, de la Société horticultorale de Londres, qui a beaucoup étudié ce genre et toutes les variétés de son époque, a pu les réunir en six sections dans lesquelles, non seulement les variétés connues alors venaient se ranger, mais où devaient aussi se ranger celles à venir. Je vous donne ici ces divisions, telles qu'on les trouve dans la *Revue horticole* de 1833, ainsi que dans le *Bon Jardinier* de 1840 et de 1847 ; celui de 1855 n'en parle pas. Il se contente de dire : « Nous n'essayerons pas de donner une liste des variétés cultivées aujourd'hui ; chaque année en voit apparaître de nouvelles, qui font place à leur tour à celles de l'année suivante. »

PREMIÈRE SECTION.

Fleurs renonculacées ou imitant une renoncule double.

DEUXIÈME SECTION.

Fleurs renonculacées dont les pétales sont frisés.

TROISIÈME SECTION.

Fleurs ressemblant à une reine-marguerite, ayant souvent un disque brillant.

QUATRIÈME SECTION.

Fleurs ayant la forme et la grandeur de celles du souci double.

CINQUIÈME SECTION.

Fleurs pleines, en gland huppé, pendant. Les plantes de cette section sont hautes ou très-hautes ; leurs fleurs grandes, doubles, pendantes d'une manière plus ou moins sensible, ont les pétales ordinairement longs, en tuyaux, et leur ensemble a souveut la forme d'un gland huppé de cordon de sonnette ou de rideau.

SIXIÈME SECTION.

Fleurs semi-doubles, huppées, souvent pendantes, dont les pétales sont allongés en tuyaux grêles.

Chrysocome à feuilles de lin (CHRYSOCOMA LINOSYRIS). SYN. : *Dorelle, blondine, lynopside commune.* Indigène.— Tiges nombreuses, de 60ᶜ, grêles, rameuses , formant touffes. — Feuilles étroites, linéaires, glabres. En sept.-oct., fleurs petites, nombreuses. jaunes, disposées en corimbes terminaux. — Terre légère ; exposition demi-ombragée. — Mult: de semences ou par séparation des touffes.

Ciste hélianthème (CISTUS HELIANTHEMUM). SYN. : *Fleurs du soleil, herbe d'or, hyssope des Garrigues.* Indigène. Jolie petite plante basse, assez commune sur les côteaux arides, et que l'on cultive aussi dans les jardins. — Tiges de 10 à 12ᶜ, grêles, à rameaux diffus, étalés sur terre ; velues. — Feuilles opposées, oblongues-linéaires, légèrement dentelées, presque sessiles, blanches en dessous. — En juin-septembre, fleurs jaunes, en grappe lâche, pendante, terminale. — Variétés *à fleurs blanches, à fleurs roses.* Cette dernière variété est très-gracieuse et produit un charmant effet dans les parterres. — Terre légère, sèche ; exposition chaude. — Mult: de semences, ou par séparation de pieds.

Comméline tubéreuse (COMMELINA TUBE-ROSA). Originaire du Mexique. — Racines tubéreuses fasciculées.— Tiges de 40 à 45°, herbacées, faibles, articulées. — Feuilles ovales-lancéolées, sessiles, velues. — En juin-septembre, fleurs à divisions internes, d'un beau bleu ; les externes d'un bleu pâle, poilues. — Terre légère, fraîche. — Mult: de graines ou par les racines fusiformes, à la manière des dalhias. Cultivée en pots, on la conserve en orangerie.

Clématite à feuilles entières (CLEMA-TIS INTEGRIFOLIA). SYN. : *Clématite à feuilles simples.* La Hongrie et l'Autriche. — Tiges de 60 à 80°, droites, anguleuses, striées, non sarmenteuses, mais cependant, pas assez fermes pour se soutenir sans appui, formant buisson. -- Feuilles sessiles, très-entières, ovales-lancéolées. — De juin-août, fleurs grandes, penchées, d'un beau bleu en dedans, blanchâtres et veloutées en dehors. Quand ces fleurs sont passées, les semences qui leur succèdent forment avec leur queue une houppe soyeuse et argentée. — Peu difficile sur la nature du terrain. — Mult: de graines semées aussitôt leur maturité, ou de séparation de pieds.

Clématite droite (C. ERECTA). Espagne. — Tiges de 100 à 120°, droites, nombreuses, formant buisson.— Feuilles ailées, à sept folioles ovales-lancéolées, très-entières et d'un vert un peu glauque.— En juin-août, fleurs blanches, nombreuses, en panicules ombelliformes.— Variété à *feuilles plus glauques, en panicules plus fournies.* — Même culture. Multiplication par séparation des touffes.

Clématite à feuilles étroites (C. ANGUS-TIFOLIA). Autriche, 1787.— Tiges simples, droites,

striées, non sarmenteuses. — Feuilles pennées,
à folioles lancéolées, obtuses, les inférieures trifides. — En juillet, fleurs blanches, de six à huit
pétales. — Même culture.

Consoude à feuilles rudes (Symphitum
asperrimum). Syn. : *Consoude rugueuse*. Importée
en France, du Caucase, en 1799. — Tiges d'un
mètre, rameuses, hérissées de poils raides. —
feuilles ovales-lancéolées, rudes ; les inférieures
pétiolées ; les supérieures presque sessiles. — En
mai-juillet, fleurs nombreuses, d'un joli bleu-azu-
ré, en grappe unilatérale, produisant un très-
grand effet. — Pleine terre ordinaire. — Multiplication de semences, de boutures, d'éclats de
pieds.

Coquelourde des jardins (Agrostemma
coronaria) Syn. : *Passe-fleur, œillet de Dieu,
nielle d'Espagne, agrostème coquelourde, lychnide
à bouquets, nielle des Jardins.* Originaire de la
Suisse et de l'Italie. — Tiges de 60°, droites,
velues, blanchâtres, rameuses. — Feuilles radicales, ovales-lancéolées, molles, nombreuses,
épaises, douces au toucher ; les caulinaires amplexicaules, toutes chargées, ainsi que les tiges,
d'un léger duvet cotonneux et blanchâtre — En
juin-septembre, fleurs d'un beau rouge-pourpre,
nombreuses, solitaires, pédonculées. — Variétés
*à fleurs blanches ; à fleurs couleur de chair ; à
fleurs doubles.*— Terre légère, sèche ; exposition
du Levant. — Multiplication de graines semées
aussitôt leur maturité, pour les simples ; d'œilletons ou de séparation de pieds pour les doubles.

Coquelourde fleur de Jupiter (A. flos
Jovis). Syn. : *Coquelourde ombellifère.* Des montagnes de la Suisse. — Tiges de 30 à 40°, droites,

simples, cotonneuses et blanchâtres comme toute la plante. — Feuilles sessiles, oblongues, molles. — En juillet-septembre, fleurs purpurines, en corimbe. — Même culture.

Coréopside trifoliée (COREOPSIS TRIPTERIS) SYN. : *Coriope à trois ailes, coréope triptère, coriope triptère.* Virginie, 1737.— Tiges de 100 à 150°, droites, glabres. — Feuilles pétiolées, opposées, longues, étroites, pointues ; les radicales pennées, à cinq folioles ; les caulinaires trifoliées; les supérieures simples. — En août-septembre, fleurs solitaires, d'un beau jaune, à disque brun.

Coréopside auriculée (C. AURICULATA). SYN. : *Coriope auriculée, coriope à oreilles.* Caroline. — Tiges de 100 à 130°, et quelquefois plus, droites, rameuses, un peu velues, formant de fortes touffes. — Feuilles opposées, assez larges, glabres, légèrement pubescentes sur les deux faces, ayant chacune à leur base deux petites folioles qui ont l'air d'oreilles (d'où lui vient son nom spécifique). En août-septembre, capitules terminaux, à rayon et à disque d'un beau jaune.

Coréopside à feuilles de pied d'alouette (C. DELPHINIFOLIA). SYN. : *Coriope à feuilles de dauphinelle, coréopsis à feuilles de pied d'alouette, coréopsis à feuilles de delphinum.* Virginie, 1759. De toutes les espèces annuelles ou vivaces, celle-ci est la moins élevée et la plus agréable pour cultiver en pots — Tiges de 40 à 50°, striées, glabres.— Feuilles opposées, sessiles, très-finement découpées.—Juillet-octobre, fleurs jaunes, terminales, à disque brun.

Coréopside verticillée (C. VERTICILLATA). SYN. : *Coreopsis à feuilles minces.* Virginie, 1780. — Tiges de 70 à 75°. — Feuilles imparfaitement verticillées , mais seulement opposées, sessiles, divisées en plusieurs lanières, très-étroites, fili-formes —En juillet-octobre, capitules pédoncu-lés et terminaux de fleurs jaunes à disque brun.

Coréopside précoce (C. precox). Très-jolie plante de l'Amérique septentrionale, intro-duite en France en 1840. — Tiges de 60 à 80°, droites, ramifiées au sommet, anguleuses, glabres, striées de brun.— Feuilles sessiles, luisantes, op-posées en croix, d'un vert foncé, simples ou di-visées.— Juin-octobre, capitules de fleurs jaunes, disposés en panicules corymbiformes. — Très-rustique ; peu difficile sur le terrain. — Multi-plication de graines ou d'éclats de pieds.

Les coréopsides, mon aimable amie, annuelles ou vivaces, sont de jolies et très-gracieuses plantes d'ornement, et qui, pendant plusieurs mois, font la parure de nos parterres. Peu difficiles sur la nature du terrain, elles préfèrent cependant une terre légère, mais substantielle, et elles se plai-sent à toutes expositions, excepté celle du Nord. Toutes se multiplient de semences ou par la sé-paration des touffes.

Cortuse de Mathiole (Cortusa mathioli). De la Suisse. — Feuilles radicales, cordiformes, incisées ou lobées, velues. — En mai, hampe de 15 à 20°, portant une ombelle de fleurs d'un beau rouge, ou blanches, odorantes, dont chaque rayon est terminal.—Terre légère ou de bruyère, fraîche, à mi-ombre. — D'une conservation diffi-cile dans nos jardins.— Même culture pour la **cortuse de Gmelin** (C. Gmelini).

Croisette à long style (Crucianella sty-losa). De la Perse. — Tiges de 60 à 80°, très-

15

rameuses, couchées. — Feuilles verticillées, glabres, d'un beau vert. — Tout l'été, fleurs rouge-
pourpre, disposées en tète terminale, d'une odeur
très-agréable. — Tout terrain, toute exposition.
— Se propage d'elle-même par ses tiges qui s'enracinent, souvent même d'une manière incommode.

Cupidone bleue (CATANANCHE COERULEA).
SYN. : *Catananche, chicorée batarde.* De l'Italie et
du midi de la France. — Tiges grêles, fermes,
droites, pubescentes.—Feuilles longues, étroites,
velues, trinervées, à deux dents. — Juillet-oct.,
fleurs grandes, d'un beau bleu, solitaires , à
écailles de l'involucre argentées.—Bonne exposition ; terre légère , sèche ; peu d'arrosements
dans la belle saison. Mult. de semences et par
la séparation des pieds.—Variété à *fl. blanches.*

Cyclame d'Europe (CYCLAMEN EUROPOEUM).
SYN. : *Arthanite, Pain de Pourceau.* Indigène dans
les bois ombragés du midi de la France.—Racine
tubéreuse, arrondie, charnue, blanche en dedans,
noirâtre en dehors, garnie de radicelles et marquée d'yeux. — Feuilles radicales, en cœur ou
réniformes, presque orbiculaires , longuement
pétiolées, vertes et tachées de blanc en dessus,
rougeâtres en dessous.—Au printemps et souvent
aussi en automne, plusieurs hampes, d'abord contournées en spirale, s'élèvent des racines et supportent des fleurs solitaires, simples ou doubles,
roses, purpurines ou blanches, d'un aspect fort
élégant, ayant les bords de la corolle relevés, tandis que le fond du tube est incliné et regarde la
terre.—Terre substantielle, légère, sablonneuse,
ombragée, ni trop sèche ni trop humide ; au Levant. —Mult. en coupant les tubercules, de ma-

nière qu'il y ait un œil à chaque partie séparée, comme on le fait pour la pomme de terre, et que l'on replante aussitôt.— Dans les hivers longs et rigoureux, couverture ; il est même prudent d'en rentrer en orangerie. Généralement, on cultive cette plante plus souvent en pot qu'en pleine terre.

Cynoglosse printanière (CYNOGLOSSUM OMPHALODES). SYN. : *Omphalode printanière, petite bourrache, petite consoude.* Charmante et gracieuse petite plante, dont les fleurs sont aussi une des premières à nous annoncer le retour du printemps, et que beaucoup de dames, à cause de leur délicatesse, confondent avec le *Myosotis* ou *souvenez-vous de moi*, qui appartient, il est vrai, à la même famille.—Tiges basses, grêles, de 10 à 12°.—Feuilles radicales, persistantes, ovales, entières, pointues, pétiolées, d'un vert clair et tendre, légèrement pubescentes. — En mars-mai, fleurs petites, mais nombreuses, d'un bleu d'émail fort joli, en espèces de petites panicules pendantes, latérales et terminales. — Bonne terre substantielle, ombragée, un peu humide.— Mult. de traces ou de pieds éclatés.

Cypripède sabot de Vénus (CYPRIPEDIUM CALCEOLUS). SYN. : *Pantoufle de Notre-Dame.* Cette petite plante, assez singulière, croît naturellement dans les forêts montagneuses du Dauphiné et de la Suisse. — Tige feuillée, de 25 à 30°, unique, cylindrique, faisant un peu le zig-zag.—Feuilles ovales-lancéolées, pointues, engaînées à leur base. —En mai-juin, une ou deux fleurs d'un brun-pourpre, à labelle jaune, répandant une douce odeur de fleur d'oranger. — Terre de bruyère, fraîche, ombragée. — Mult. de semences.

Cypripède élégant (C. SPECTABILE). SYN. :
*Cypripède curieux, sabot de Vénus élégant, cypri-
pède remarquable*. Canada.—Rhizone composé de
fibres radicales, ramifiées et charnues. — Tige
droite, cylindrique, feuillée, courte, velue. —
Feuilles sessiles, amplexicaules, ovales-lancéolées, assez molles, à nervures fortement prononcées. — Une ou deux fleurs terminales, penchées,
d'un blanc-rose, à labelle d'un beau rose, portées
sur des pédoncules courts. —Terre de bruyère légère, à demi ombragée.—Mult. d'éclats de pieds.
— Craint l'humidité de nos hivers.

Dahlia des jardins (DAHLIA VARIABILIS),
SYN. : *Dahlia changeant*. Très-grande et très-
jolie plante, originaire du Mexique, introduite
en France au commencement du siècle, et cultivée pour la première fois dans les serres chaudes
du Jardin-des-Plantes de Paris, en 1802. Mais nos
habiles horticulteurs ne tardèrent pas à reconnaître que cette plante végétait mal dans une
serre ; ils commencèrent par lui donner de l'air,
et peu à peu ils se hasardèrent à l'exposer au
grand air et à la confier à la pleine terre.

Le dahlia est maintenant une plante si répandue et si connue de tout le monde, que je crois
inutile de vous en donner une description. « Le
dahlia, dit M. Legrand, dans la monographie
qu'il a donnée de cette plante, tient à juste titre
sinon la première, du moins l'une des premières
places dans nos jardins, dans nos salons, par la
variété et la profusion de ses fleurs, l'élégance de
leurs formes, leur belle et large proportion, les
couleurs si brillantes, si fines, si riches de ton
dont elles resplendissent, comme par son port
plus ou moins élevé, mais toujours plein de grâce
et de fraîcheur. »

On multiplie les dahlias par leurs tubercules, par bouture, par greffe et par semences. Le premier moyen est le plus souvent employé.

Les boutures doivent être faites au plus tard dans le mois de juin, sans quoi elles n'ont pas le temps de faire d'assez gros tubercules pour pouvoir passer l'hiver sans fondre et pourrir.

La greffe est rarement mise en usage, si ce n'est par les amateurs ou par des horticulteurs marchands. Les semis ne sont employés que pour obtenir de nouvelles variétés. Cependaut, comme les plantes provenant de semences fleurissent la même année, peut-être serait-il plus simple de traiter les dahlias comme plantes annuelles.

Les variétés de dahlias ne se comptent plus aujourd'hui par centaines, mais par milliers. Malgré cela, mon aimable amie, comme tout est de mode en France, son règne commence à se passer. Ce qu'il y a de certain, c'est que, depuis quelques années, on en voit beaucoup moins dans tous les jardins.

Dauphinelle élevée (DELPHINIUM ELATUM). SYN. : *Pied d'alouette vivace, pied d'alouette élevé, bec d'oiseau, consoude royale, delphinelle des montagnes, pied d'alouette élancé.* Cette plante, connue dans nos jardins, depuis 1597, nous vient de la Sibérie et de la Suisse. — Tiges d'un à deux mètres, droites, creuses, rameuses, formant des touffes assez fortes. — Feuilles pétiolées, palmées, découpées en cinq lobes incisés; un peu velues, d'un vert glauque grisâtre. — En juin-juillet, fleurs grandes, d'un assez beau bleu, en long épi terminal. — Plante rustique ; terre légère ; peu d'arrosements et un demi soleil. — Mult. de graines, ou par la séparation des pieds, tous les deux ou trois ans.

Dauphinelle azurée (D. AZUREUM). Caroline, 1805. Plante beaucoup plus jolie, mais plus délicate que l'espèce ci-dessus. — Tiges de 80 à 90°, droites, raides. — Feuilles multifides, à fissures linéaires. — En juillet-août, fleurs simples ou doubles, d'un très-joli bleu azur. — Même culture, mais dans les hivers longs et rigoureux, il est prudent de la couvrir.

Dauphinelle à grandes fleurs (D GRANDI FLORUM). Sibérie, 1741. — Tiges droites, grêles, étroites, peu rameuses, de 80 à 90°. — Feuilles très-découpées, à segments linéaires, pétiolées; les radicales presque palmées, à découpures plus larges et penchées, d'un vert un peu glauque. — En juillet-août, fleurs assez grandes, d'un beau bleu d'azur, en grappe terminale. — Variété à *fleurs doubles* très-belle. — Pleine terre ; bonne exposition.

Dauphinelle des Alpes (D. ALPINUM. — Tige d'un à deux mètres. — Feuilles inférieures échancrées en cœur à la base, à 5 ou **7** lobes oblongs, incisés ; les supérieures trilobées. — En juillet, fleurs en grappe rameuse, à calice d'un très-beau bleu, à pétales jaunes. Importée en France, en 1819, — Même culture.

Dauphinelle de Barlow (D. BARLOWII). Espèce très-jolie, que nous ne connaissons en France que depuis 1840, et encore très-peu répandue dans nos jardins. — Tige d'un mètre à un mètre et demi, se terminant en juin-juillet par une pyramide de fleurs semi-doubles, larges de plusieurs centimètres, d'un très-beau bleu d'azur, chatoyant.

Parmi les belles espèces de dauphinelles les mateurs cultivent encore *la dauphinelle requiem;*

la *dauphinelle d'Henderson* (D. Hendersoni); la *dauphinelle à fleurs blanches* (D. albiflorum); la *Dauphinelle Menziès*, etc., etc.

Les dauphinelles vivaces sont des plantes rustiques, toutes très-belles, et propres à l'ornement des jardins. Elles se plaisent à peu près assez bien dans tous les terrains, à une exposition ni trop chaude, ni trop ombragée; elles se multiplient par semences, par séparation des touffes, au printemps, et très-bien aussi de boutures, avec de jeunes pousses de 4 à 5°, faites en pots sous chassis, ou en pleine terre meuble, ombragée et sous cloche.

Les **diélytres** sont, ma charmante amie, de très-jolies plantes qui, depuis quelques années, commencent à se répandre dans nos jardins, mais les ouvrages d'horticulture ne sont pas d'accord sur leur nom. Dans *Jacques*, je les trouve sous celui de *diclytrie*; *Bréant*, le *Bon Jardinier* de 1847, les nomment *diclytre*; mais ce dernier, en l'année 1855, a changé ce nom en celui de *diélytre*. Il a sans doute eu un motif pour faire ce changement; c'est pourquoi j'ai adopté ce dernier nom. Je lui emprunte la description que je vous en donne.

Diélytre à belles fleurs (Dielytra formosa). Syn. : *Corydale à belles fleurs, diclytrie brillante*. De l'Amérique du Nord. — Tige nue, droite, de 22 à 32°; feuilles trois fois pennées; en mai-août, fleurs roses, pendantes, en grappes; corolles à quatre pétales soudés et à deux éperons. Multiplication par éclats de racines. Terre franche, légère.

Diélytre distinguée (D. eximia). Amérique septentrionale. Très-voisine de la précédente, mais plus grande dans toutes ses parties ; à feuillage plus pâle, plus glauque ; grappes composées ; fleurs roses, longues de 3 cent. environ. Même culture.

Diélytre remarquable (D. SPECTABILIS). De la Chine. Tiges de 50ᶜ, portant de longues grappes de fleurs d'un très-beau rose entremêlé de panne et de gris de lin. L'élégante découpure de ses feuilles et leur teinte. qui rappellent celle de la pivoine en arbre, la gracieuse disposition de ses fleurs roses, en cœur, en font une des plus belles conquêtes de l'horticulture.

Ces jolies plantes, ma gracieuse Emma, sont d'une culture très-facile, se plaisent à peu près dans tous les terrains, excepté cependant dans ceux trop humides, et supportent très-bien le froid de nos hivers, même les plus rigoureux. Elles se multiplient aussi de boutures, que l'on fait en juin ou juillet, à l'air libre, à l'ombre dans une terre meuble et bien terreautée. Si on coupe leurs tiges aussitôt que les fleurs sont passées, elles refleurissent souvent une seconde fois.

Dodécathéon (DODECATHEON MEADIA). SYN. : *Gyroselle de Virginie.* Le nom de cette plante, ma charmante amie, formé des mots grecs *dodeca,* douze, et de *Théos,* dieu, me semble bien fastueux, puisqu'il veut dire les douze dieux, les douze divinités. Cette plante est assez jolie, il est vrai, mais cependant elle n'a rien d'extraordinaire pour porter un nom aussi pompeux. — Racines en forme de longues griffes. — Feuilles radicales, oblongues, obtuses, d'un vert pâle, étalées sur la terre. — En avril-mai, hampe de 30ᶜ, portant une ombelle d'une douzaine de fleurs

pendantes (d'où son nom générique), petites,
d'un rose purpurin tendre. — Terre légère,
bonne exposition. — Mult. de graines semées en
terrine aussitôt leur maturité, ou d'œilletons.
Cette plante perdant ses feuilles dès le mois de
juin, on doit marquer sa place avec un piquet,
sans quoi on s'expose à la perdre. Il est toujours
prudent de la couvrir pendant les grands froids.
— Variétés *à fleurs rouges*, *à fleurs blanches*
et à *fleurs lilas*.

Doronic à feuilles en cœur (Doroni-
cum fardalianches). Syn. : *Doronic tue-panthère*.
— Racines tubéreuses, traçantes, poilues au collet. — Tiges de 100 à 150°, droites, cylindriques,
peu rameuses.— Feuilles cordiformes, dentées,
molles, obtuses, d'un vert jaunâtre, les radicales
pétiolées, les caulinaires amplexicaules. — En
avril-mai, grandes fleurs d'un jaune vif, pédonculées, solitaires et terminales. — Très-rustique,
tout terrain, toute exposition. — Mult. de semences ou de drageons.

Doronic du Caucase (D. Caucasium).
Syn. : *Doronic d'Orient*. Assez jolie plante, connue en France seulement depuis 1815. — Collet
de la racine chargé aussi de poils laineux —
Tiges en touffes, simples, glabres. — Feuilles
cordiformes, lisses, crénelées ; les radicales pétiolées ; les supérieures ovales demi amplexicaules. — En avril-mai, fleurs d'un beau jaune.
— Même culture, ainsi que pour le *doronic à
feuilles de paquerette*. — Mult. par la séparation
des touffes à l'automne.

Dracocéphale de Virginie (Dracocephalum virginiacum). Syn. : *Tête de dragon, fausse
digitale*. Amérique du Nord.—Racines fibreuses.

— Tige de 60 à 70ᵃ, droites. carrées, glabres, rougeâtres, peu rameuses.—Feuilles lancéolées, opposées, glabres aussi, déntées en scie. — En juillet septembre, fleurs couleur chair tirant sur le pourpre, assez grandes, horizontales, nombreuses, en épi terminal.— Sol humide et ombragé.— Mult. d'éclats de pieds à l'automne.

Dracocéphale d'Autriche (D. Austriacum). Sibérie-Autriche. — Racines traçantes. — Tiges de **20** à **30ᵉ**, carrées, légèrement velues. — Feuilles opposées. sessiles, étroites, glabres, incisées latéralement en plusieurs dents, que termine une pointe épineuse. — En juin-juillet, grandes et belles fleurs axillaires, d'un bleu-violàtre, formant une espèce d'épi lâche au sommet des rameaux. — Terre substantielle ; exposition chaude. — Mult. de semences sur couche, ou de drageons.

Dracocéphale à grandes fleurs (D. grandiflorum). Sibérie, 1759.—Tiges de 30 à 40ᵉ, nombreuses, carrées, peu rameuses, pubescentes. — Feuilles radicales, cordiformes, pétiolées ; les caulinaires orbiculaires, sessiles, toutes petites et crénelées.— En juillet, fleurs verticillées, axillaires. grandes, bleues, tachées de brun et entremêlées de bractées pourpres.—Même culture.

Drave des pyrénées (Draba Pyrénaica). Syn. : *Ptérocallis des Pyrénées*. Jolie petite plante basse, avec laquelle on peut faire do charmantes bordures. — Tiges très-courtes. — Feuilles radicales cunéiformes, palmées. à 3 et 5 lobes, en rosettes.—En mai-juin, petites fleurs blanches, maculées de pourpre. — Terre légère, ni trop sèche, ni trop humide.—Mult. par la séparation des touffes.

Échinacée pourpre (ECHINACEA PURPUREA). SYN. : *Echinace pourpre.* Caroline, Virginie.— Tiges de 75 à 90°, très-lisses.—Feuilles lancéolées, longuement décurrentes sur le pétiole.— En juillet-septembre, larges capitules solitaires, à rayons pourpre-violet, et à disque pourpre-noirâtre. — Terre franche, légère ; exposition aérée.— Mult. d'éclats à l'automne, ou de semences sur couche au printemps.

Échinacée tardive (E. SEROTINA). Importée de la Louisiane, en 1846.—Tiges de 60 à 70°, hispides.— Feuilles rudes au toucher ; les inférieures ovales, non décurrentes sur le pétiole ; les supérieures ovales-lancéolées. — En août-oct., fleurs à rayons pourpres, et à disque d'un rouge-verdâtre.

Échinope azurée (ECHINOPS RITRO). SYN. : *Boulette azurée, oursin.* Indigène à l'Europe. — Tiges d'un mètre, blanches, cotonneuses, rameuses. — Feuilles très-découpées, longues, vertes en-dessus, blanches en-dessous, même un peu tomenteuses, épineuses.— En juin-juillet, fleurs en tête globuleuse, d'un beau bleu, au sommet des tiges, toutes en tuyaux, ayant chacune un calice, d'un aspect agréable et singulier.—Tout terrain, mais exposition chaude ; autrement, les graines mûrissent difficilement.— Mult. de semences, en mars ; ne fleurit qu'à la seconde année.

Échinope commune (E. SPHOEROCEPHALUS). SYN. : *Echinope à grosse tête, boulette commune.* —Tiges de 100 à 150°, grosses, épaisses, cannelées, rameuses.—Feuilles grandes, pinnatifides, légèrement velues en-dessus, blanches et lanugineuses en-dessous.— En juillet, fleurs en tête globuleuse, terminale, d'un joli bleu de ciel. — Même culture.

Énothère à quatre ailes (OEnothera te-traptera). Syn. : *Onagre à quatre ailes, Enothère tétraptère.* Cette plante, qui nous vient du Méxique et connue dans nos jardins depuis la fin du siècle dernier, est on ne peut plus gracieuse par la simplicité et l'élégance de ses fleurs. — Tiges de 80 à 90°, grêles, diffuses. — Feuilles inférieures obovales-spatulées ; les supérieures oblongues, pointues, sessiles, dentées. — En juillet-octobre, fleurs grandes, d'abord blanches, ensuite roses et pourprées en se fanant. — Fruit à quatre ailes saillantes. — Terre légère, plutôt sèche qu'humide ; bonne exposition ; arrosements pendant les grandes chaleurs. — Mult. de graines semées au printemps, mais mieux et plutôt des drageons enracinés que cette plante produit assez abondamment, et qui donnent des plantes toutes faites.

Énothère rose (OE. rosea'. Méxique, 1783. Tiges de 30 à 40°, nombreuses, à rameaux effilés, glabres, rougeâtres. — Feuilles inférieures légèrement lyrées ; les supérieures ovales-lancéolées, pointues, pétiolées. — En juin-octobre, fleurs roses, petites, nombreuses, disposées en espèce d'épi lâche au sommet des tiges. — Même culture ; mais comme il est assez délicat, le couvrir pendant les grands froids, même en conserver en pots sous chassis. Peut-être vaut-il mieux le traiter comme plante annuelle, puisqu'il fleurit la même année.

Énothère de Fraser (OE. Fraseri). Amérique du Nord. — Tige de 45 à 50°, ferme. — Feuilles ovales-lancéolées, dentelées, sessiles, ou brièvement pétiolées. — En mai-juillet, fleurs grandes, jaunes, terminales. — Terre ordinaire.

Épervière orangée (HIERACIUM AURANTIA-cum). SYN. : *Epervière de Hongrie.*— Racine tra-çante. — Tiges de 30 à 40ᶜ, simples, velues. — Feuilles radicales, ovales-oblongues, velues, en-tières, étalées à terre, en rosette.—En juin-sep-tembre, fleurs en corymbe, d'un beau jaune-au-rore ou orange.

Épervière safranée (A. CROCEUM).—Tiges de 30 à 40ᶜ, divisées en plusieurs rameaux. — Feuilles découpées, glabres.— En juin, fleurs de couleur safran pâle, au sommet des tiges.

Épervière laineuse (H. ERIOPHORUM). SYN. : *Epervière porte-laine.* — Tiges effilées, feuillées, laineuses, ainsi que les autres parties de la plante. — Feuilles ovales-lancéolées, obtuses, sessiles, dentées. — En juin-août, capitules disposés en corymbes terminaux, compactes.

Épervière remarquable (H. SPECIOSUM). Suisse, 1818. — Tiges de 60 à 70ᶜ, feuillées, ra-meuses.—Feuilles coriaces, oblongues-lancéolées, dentées, brièvement pétiolées, ciliées.— En juin-juillet, fleurs jaunes, en capitules terminaux.

Les épervières sont des plantes rustiques, qui viennent assez bien dans tous les terrains et à toutes les expositions, mais qui, cependant, pré-fèrent une terre substantielle, légère, et une ex-position ouverte et au Midi. Elles finissent par fondre entièrement dans les terrains humides, ombragés et au Nord. Cependant, dans les grandes chaleurs, il est nécessaire de les arroser quelquefois.— Mult. de semences ; mais comme ces plantes tracent beaucoup, on les multiplie plus facilement en séparant leurs drageons à l'au-tomne ou au printemps.

Éphémère de Virginie (TRADESCANTIA

Virginica). Syn. : *Ephémérine de Virginie.* Le nom de cette plante vous indique, mon amie, que ses fleurs durent à peine un jour. — Tiges de 40 à 45ᶜ, droites, articulées, succulentes. — Feuilles alternes, engaînantes à leur base, linéaires-lancéolées, pointues, d'un beau vert.—En mai-oct., fleurs nombreuses, en faisceaux, un peu velues, à trois pétales, assez grandes, d'un beau bleu-violâtré, sur lequel se détache le jaune doré des anthères. — Terre substantielle, plutôt fraîche que sèche, à demi ombragée. Dans les terrains secs, quelques arrosements pendant les grandes chaleurs.—Rustique et ne craignant pas les plus grands froids.—Mult. par la séparation des touffes. —Variétés à *fleurs pourpres,* à *fleurs blanches,* produisant moins d'effet.

Je dois réparer ici, ma charmante amie, une erreur que j'ai commise à l'article de l'*éphémérine droite,* page 175. Par distraction, j'ai donné à cette plante annuelle le nom latin de l'éphémérine de Virginie. Ayez donc la bonté de remplacer le nom spécifique Virginica, par celui de erecta.

Epilobe à épi (Epilobium spicatum). Syn. : *Osier fleuri, herbe de Saint-Antoine, chamœnérion, petit laurier rose, laurier de Saint-Antoine.* Indigène. — Racines traçantes.—Tiges de 100 à 150ᶜ, simples, glabres, rougeâtres. —Feuilles alternes, lancéolées, semblables en tout à celles de l'osier.—En juillet-août, fleurs nombreuses, assez grandes, d'un beau rouge-purpurin, en épi pyramidal et terminal.— Variété à fleurs blanches.

Epilobe à feuilles étroites (E. angustifolium). Syn. : *Nérielle, antonine.*— Racines traçantes.—Tiges de 60 à 70ᶜ, très-rameuses, cylindriques. — Feuilles éparses, sessiles, linéaires, étroites, pointues.— Fleurs irrégulières, en pyramide, au sommet de la tige.— Variété à *fleurs très-étroites* (E. ANGUSTISSIMUM). Cette variété ne trace pas.

Les épilobes aiment les lieux frais, ombragés, humides ; se plaisent surtout le long des ruisseaux, au bord des étangs. Ces plantes se multiplient, si ce n'est la dernière variété, d'une manière souvent incommode dans les jardins.

Épimède des Alpes (EPIMEDIUM ALPINUM). SYN. . *Chapeau d'évêque*.— Racines fibreuses et traçantes.—Tiges de 30 à 40°, grêles, fermes, se divisant à leur sommet en trois branches principales, subdivisées chacune en trois rameaux. — Feuilles triternées, petites, cordiformes, d'un vert tendre, légèrement velues sur les bords. — En avril-mai, fleurs petites, rougeâtres et jaunes, en bouquets lâches et terminaux. — Terre fraîche, légère, un peu humide ; exposition un peu ombragée. — Se multiplie soi-même par ses racines traçantes. — Même culture pour l'*épimède à grandes fleurs* et l'*épimède violet*.

Escholtzie de la Californie (ESCHOLTZIA CALIFORNIA). Importée en France en 1828.—Tiges de 50 à 70°, rameuses, étalées, d'un vert glauque ainsi que les feuilles.—Feuilles très-divisées, à divisions linéaires.—Fleurs terminales, grandes, d'un jaune-orangé à la circonférence, et safrané au centre.— Terre ordinaire ; bonne exposition. —Multiplication de semences, en mars ou avril, soit sur place, soit sur couche, et repiquer ensuite.

Escholtzie à fleurs safranées (E. CROCEA). Même port, même feuillage que la précédente, dont elle ne diffère que par la couleur de ses fleurs.

Eupatoire d'Avicenne (EUPATORIUM CANNA-BINUM). SYN. : *Eupatoire commun, eupatoire chanvrin.* Très-belle plante, qui pousse naturellement dans les endroits humides de nos bois, mais que l'on cultive aussi dans beaucoup de jardins, surtout dans les jardins paysagistes, où elle produit un très-bel effet. — Tiges de 100 à 130°, cylindriques, pubescentes, rameuses. — Feuilles opposées, sessiles à trois ou cinq folioles, lancéolées, dentées, ressemblant beaucoup à celles du chanvre. — En août-septembre, fleurs purpurines et blanchâtres, formant de larges corymbes très-denses, à l'extrémité des ramifications des tiges. —Terrain frais, mais à bonne exposition.—Mult. de semences ou par éclat de touffes à l'automne.

Fagabelle commune (ZYGOPHYLLUM FAGABO) —Tiges de 60°, articulées, rameuses, cylindriques, glabres, touffues.—Feuilles opposées, à deux folioles ovales, entières, lisses.— En juin-sept., fleurs alternes, axillaires et blanches, tachées au sommet des pétales de rouge-orangé.— Terre légère ou sablonneuse ; exposition chaude ; couverture l'hiver.—Mult. d'éclats au printemps, ou de semences sur couche.

Fraxinelle d'Europe (DICTAMUS ALBUS). SYN. : *Dictam blanc, D. d'Europe, F. cultivée.* Très jolie plante, indigène à l'europe méridionale, et cultivée dans les jardins depuis plusieurs siècles. —Tiges de 60 à 75°, droites, simples, cylindriques, velues, glanduleuses, rougeâtres. — Feuilles ailées, avec impaire, ressemblant à celles du frêne, et composées de sept à onze folioles.— En juin-juillet, fleurs grandes, blanches ou roses, marquées de lignes rouges, selon la variété, formant des épis allongés au sommet des tiges.—Rustique ;

peu difficile sur le terrain ; ne craignant pas les plus grands froids de nos hivers ; mais demandant une exposition chaude.— Mult. d'éclats de pieds, ou de semences mises en terre aussitôt qu'elles sont mûres, autrement elles sont un an ou dix-huit mois à lever.

Je dois, ma gracieuse Emma, vous faire part d'une particularité que présente cette plante. Toutes ses parties, mais surtout les feuilles, sont parsemées de petites glandes vésiculeuses, contenant une grande quantité d'huile volatile. Aussi, le soir d'une belle et chaude journée d'été, quand la vapeur éthérée et inflammable qui s'exhale de la fraxinelle se trouve condensée par la fraîcheur, si vous en approchez une lumière, il paraît tout-à-coup une flamme plus ou moins grande, qui dure quelques secondes, mais qui n'endommage nullement la plante.

Fraisier de l'Inde (FRAGARA INDICA). Charmante petite plante, qui ne diffère des autres espèces de fraisier que par ses fleurs jaunes, solitaires, à pétales longs et foliacés.— Terrain frais et ombragé.— Mult. par ses stolons qu'il produit abondamment.

Fumeterre bulbeuse (FUMARIA BULBOSA). SYN. : *Corydale bulbeuse.*—Tiges de 15 à 20°.— Feuilles à folioles découpées, d'un vert tendre.— En mars-avril, fleurs en grappes, blanches, pourpres ou gris de lin, selon la variété.—Rustique ; tout terrain ; mais elle vient toujours mieux dans une terre légère, non fumée, à exposition ombragée. — Mult. de graines semées aussitôt leur maturité, ou par ses bulbes qu'on doit replanter aussitôt retirées de terre,—Variété à bulbes plus grosses et à feuilles plus grandes.

Fumeterre jaune (F. LUTEA). SYN.: *Corydale*

jaune. — Tiges de 40 à 50°, nombreuses, lisses, succulentes, un peu anguleuses, formant une touffe arrondie et bien garnie. — Feuilles bipinnées, à folioles incisées et lobées.—Pendant toute la belle saison, fleurs blanches, jaunes dans les deux tiers de leur longueur, en grappes courtes, souvent unilatérales. — Terre légère, sèche ; se plait surtout sur les rocailles et dans les endroits pierreux.— Mult. de graines ou d'éclats de pieds. Elle se multiplie presque toujours d'elle-même.

Fumeterre odorante (F. NOBILIS). SYN.: *F. à grandes fleurs, corydale odrante.* Sibérie. Tiges de 60°, droites, simples, cassantes.—Feuilles assez grandes, très-découpées, glabres, d'un vert glauque. — En avril, fleurs nombreuses, d'un jaune pâle, noirâtres à leur sommet, en grappes terminales.— Terre fraîche ; même culture.

Gaillarde vivace (GAILLARDIA PERENNIS). SYN. : *Galardie, galardienne, gaillarde lancéolée.* De la Floride.—Tige de 50 à 75°, grêle.—Feuilles légèrement pubescentes, lancéolées, entières ou plus ou moins incisées.—Au printemps et à l'automne, grandes fleurs en capitules, à disque brun, à rayons d'un jaune-oranger et pourpre à leur base —Terre légère et sèche ; exposition chaude. —Couverture pendant les grands froids, et les préserver des neiges et des pluies hivernales. qui souvent la font périr.— Mult. de semences ou de boutures à l'étouffé, sur couche tiède.

Gaillarde aristée (G. ARISTALA). Cette espèce, qui nous vient de l'Amérique du Nord, et que nous ne connaissons en France que depuis 1832, présente à peu près le même port que la précédente ; mais elle porte mieux ses tiges, est plus rustique, et s'en distingue encore en ce que les folioles intérieures de son calice commun sont plus velues, et en ce que sa fleur est plus large, plus jaune et moins orangée.

Gaillarde peinte (G. PICTA) Du Mexique. — Tige frutescente, rameuse, diffuse ; feuilles caulinaires, incisées, dentées ; les supérieures plus grandes, linguiformes, entières ; tout l'été, capitules de $0^m 55^c$ de large, à rayons larges, rouge cramoisi foncé, terminées en jaune. — Cette espèce est bien certainement la plus belle du genre, mais elle est aussi la plus délicate. Placée à exposition chaude, et couverte, elle peut passer l'hiver en pleine terre ; mais il est toujours prudent d'en rentrer quelques pieds en orangerie, surtout dans notre province, où les hivers sont souvent si longs, si rigoureux.

Galane à épi (CHELONE GLABRA). SYN. : *Chelone à épi*, *G. élégante*, *G. blanche*. Amérique du Nord. — Tiges de 80 à 100^c, glabres, presque simples, quadrangulaires. — Feuilles oblongues-lancéolées, opposées, brièvement pétiolées, dentées. — Août-septembre, fleurs blanches, en épis courts, serrés, terminaux ; anthères velues.

Galane barbue (C. BARBATA). Mexique. — Tiges d'un mètre, grêles, rameuses, glauques. — Feuilles entières ; les inférieures oblongues ; les supérieures linéaires-lancéolées, peu nombreuses. — En juin-sept., fleurs écarlates, longues de 3^c, disposées en panicules lâches, allongées. — Variétés à *fleurs coccinées* ; *idem à fleurs blanches*.

Galane à grandes fleurs (C. MAJOR). Amérique du Nord. — Tiges de 60^c. Feuilles grandes, presque sessiles, cordiformes, acuminées, dentées en scie, rugueuses. — En juillet-sept., fleurs en épis courts, grosses, d'un rose-violacé.

Galane campanulée (C. campanulata). Mexique.— Tiges de 60 à 80°.— Feuilles lancéolées, nombreuses, fermes, dentées, opposées en croix.—Juin-oct., fleurs en épis, campanulacées, d'un rouge pourpre en dehors, blanchâtres et un peu velues en dedans.

Les galanes sont, mon aimable amie, de jolies plantes qui, à la fin de l'été, contribuent à l'ornement de nos jardins ; mais comme elles sont un peu sensibles au froid, je vous engage à leur donner une bonne couverture pendant l'hiver. Il est même prudent d'en rentrer quelques pieds en orangerie, surtout pour la galane barbue. — Les galanes aiment une terre légère, une bonne exposition, et se multiplient de semences ou d'éclats de pieds.

Galéga commun (Galega communis). Syn. : *Rue de chèvre, Lavanèse.* Indigène à l'Europe méridionale. — Tiges d'un mètre, nombreuses, formant un joli buisson, striées, presque ligneuses, ramifiées, fistuleuses.—Feuilles ailées, de 15 ou 17 folioles, avec impaire ; folioles oblongues, entières, sessiles, d'un vert tendre, obtuses, quelquefois légèrement échancrées et mucronées à leur sommet.—Juin-août, fleurs bleues ou blanches, pendantes, en épis axillaires.—Plante très-rustique, se convenant dans tous les terrains, à toutes les expositions, et se propageant par semences en pleine terre.

Gaura de Lendheimeri (Gaura Lindheimeriana). Cette jolie plante, introduite nouvellement dans nos jardins, appartient à la famille des *œnothérées.* — Tiges hautes d'environ 150°, droites, garnies de feuilles linéaires, formant un buisson élégant, quoiqu'un peu grêle. — Feuilles

grandes, lancéolées, réunies en touffes à la base
de la plante. — Juin-oct., grandes fleurs, d'un
rouge carminé à l'extérieur, blanches en dedans,
disposées en belles panicules terminales, légères
et d'un très-bel effet. Quoique vivace, ce gaura
peut être traité comme plante annuelle. Semé en
avril, il commencera à fleurir en juillet.

Gentiane jaune (Gentiana lutea). Syn. :
Grande gentiane. Très-jolie plante, qui croît naturellement sur les Alpes, ainsi que dans les Vosges
et sur les montagnes de l'Auvergne, mais que
l'on conserve difficilement dans nos jardins. Sa
racine, très-employée en médecine comme to-
nique et fébrifuge, est grosse, longue, et d'un
jaune foncé intérieurement. Cette plante porte,
dit-on, le nom de *Gentius*, roi d'Assyrie, qui, le
premier, découvrit ses propriétés médicinales.
— Tige de 100 à 120^c, simple, droite, cylindrique,
fistuleuse. — Feuilles ovales, aigues, très-grandes,
opposées, d'un vert clair, un peu glauque, à cinq
nervures, et plissées à peu près comme celles des
varaires — En juillet, nombreuses et grandes fleurs
axillaires, d'un jaune éclatant, pédonculées, divisées en 7 ou 8 lanières allongées. — Terre franche,
mélangée de terre de bruyère ; exposition à demi
ombragée. — Mult. d'éclats de pieds ou de semences.

Gentiane printanière (G. verna). : Syn.:
Gentiane précoce. Alpes. — Tiges de 8 à 9^c, rougeâtres, couchées, touffues, anguleuses. — Feuilles
opposées, ovales-aigües, lisses ; les inférieures
disposées en rosette. — En mai, fleurs solitaires,
terminales, du plus joli bleu.

Gentiane sans tiges (G. acaulis). Syn. :
G. à grandes fleurs. Alpes. — Tiges de 4 à 12^c,

selon la variété.— Feuilles persistantes, ovales-lancéolées, trinervées, en rosette. — En mai ou octobre, fleurs très-grandes, campanulées, d'un bleu d'outremer très-beau.

Gentiane croisette (G. CRUCIATA). Indigène —Tiges simples, de 20 à 25°, ascendantes, rougeâtres, cylindriques, un peu couchées.—Feuilles lancéolées, opposées, scabres sur les bords ; les inférieures amplexicaules.—En juin-juillet, fleurs bleues, sessiles, axillaires et terminales.

Gentiane pourprée (G. PURPUREA). SYN. : *G. à fleurs pourpres*. Indigène. — Tiges de 50 à 60°.—Feuilles opposées, ovales-aigües ; les supérieures sessiles, obtuses ; les inférieures très-rapprochées, acuminées, alternées en pétiole. — En juillet-août, fleurs grandes, d'un beau jaune ponctué de pourpre.

Gentiane ciliée (G. CILIATA). Indigène. — Tiges de 30 à 40°, presque simples, flexueuses.— Feuilles linéaires, obtuses, légèrement scabres sur les bords.— En août-septembre, fleurs solitaires, d'un bleu ciel plus ou moins vif.—Variété à fleurs blanches.

Gentiane de Virginie (G. SAPONARIA). SYN.: *G. Saponaire*. Amérique du Nord.—Tiges ascendantes, de 30 à 40°.—Feuilles ovales-lancéolées, obtuses, trinervées, scabres sur les bords —Août-septembre, fleurs campanulées et disposées en tête terminale.

Les gentianes, mon amie, sont de fort jolies plantes, mais d'une culture assez difficile, et que l'on a de la peine à conserver dans les jardins. Elles craignent plus l'humidité que le froid de nos hivers. Généralement, elles se conviennent beaucoup mieux dans la terre de bruyère pure, plutôt sableuse que tourbeuse. A défaut de cette terre, on peut en composer une avec parties égales de terre de potager, de terre de bruyère, sable et terreau bien consommé ; le tout bien mélangé, et préparé au moins cinq ou six mois avant de s'en servir. On peut les multiplier de graines semées aussitôt leur récolte, ou par la séparation des touffes, opération qu'il faut faire avec beaucoup de soin, et le plus rarement possible , parce qu'elle est très-nuisible à ces plantes, et qu'elle les expose à fondre pendant l'hiver, même aussi pendant les grandes chaleurs de l'été.

Géranion des prés (GARANIUM PRATENSE). SYN. : *Géraine ou géranier des prés.* Indigène. — Tiges de 60 à 75°, nombreuses, formant un épais et large buisson.— Feuilles opposées, pétiolées, presque peltées, à 5-7 lobes trifides ou pennatifides.— Juin-sept., fleurs blanches, roses, bleues ou bleues panachées de blanc, selon les variétés, à pétales entiers, très-ouverts.— Très-rustique. Tout terrain ; toute exposition. — Mult. de semences ou d'éclats de pieds.

Géranion à grosses racines (G. MACRORHIZUM). SYN. : *Géranier à grandes racines.*—Racines charnues assez grosses.—Tiges de 20 à 30°, bifurquées à leur sommet. — Feuilles nombreuses, à 5-8 lobes incisés et obtus; longuement pétiolées, marquées d'une tache brune.—Tout l'été, fleurs nombreuses, en panicules, d'un rouge vif, à pétales réfléchis en arrière.—Même culture.

Géranion strié (G. STRIATUM). SYN. : *Géranier strié.* Italie.—Tiges de 40 à 45°, rougeâtres, formant une forte touffe.—Feuilles à cinq lobes, marquées d'une tache noirâtre.—Mai-sept., fleurs blanches, petites ; pétales bilobés, veinés de rouge brun. — Même culture.

Gesse tubéreuse (LATHYRUS TUBEROSUS). SYN. : *Gland de terre, marcasson, annette, méguson, macjou*. Indigène. — Racine tubéreuse, pysiforme. — Tiges de 30 à 40°, grêles, anguleuses, auxquelles, malgré leur peu de hauteur, il faut un appui. — Feuilles arrondies, lisses, à deux folioles ovales-oblongues, obtuses, mucronées. — Juin-juillet, fleurs d'un beau rouge, en grappes de 5 ou 6, axillaires, inodores. — Mult. de semences, ou par ses tubercules, à l'automne. — La racine de cette gesse contenant du sucre et de la fécule en certaine quantité, elle est cultivée en grand dans quelques pays, surtout en Hollande, comme plante alimentaire. Elle a, dit-on, le goût de nos châtaignes.

Hellébore noir (HELLEBORUS NIGER). SYN. : *Rose de Noël, H. à fleurs roses*. Plante indigène des hautes montagnes de l'Europe méridionale, et transportée depuis plusieurs siècles dans nos jardins, à cause de la beauté de ses fleurs. Feuilles radicales, d'un vert brun, grandes, coriaces, fermes, à 8 ou 9 lobes profonds ; obovales, lancéolées, acuminées, glabres et dentées en scie dans leur partie supérieure, et unies par leur base à un pétiole commun. — En mars, fleurs solitaires, grandes, terminales, très-ouvertes, d'un rose tendre d'abord, ensuite d'un blanc-verdâtre, portées sur des hampes nues, de 20 à 25°. — Peu difficile sur la nature du terrain, cette plante préfère cependant une exposition à demi ombre et une terre un peu fraîche, à une terre légère et sèche. — Mult. par la séparation des pieds.

Helléborine (H. HIEMALIS). SYN. : *Hellébore*

d'hiver, H. à fleurs jaunes. Gracieuse et petite plante que nous voyons reparaître chaque année avec d'autant plus de plaisir qu'elle est une des premières à nous annoncer le retour du printemps. — Tige de 8 à 10°, simple, droite, fistuleuse, cylindrique. — Feuilles orbiculaires, horizontales, lisses, profondément découpées et à folioles membraneuses. — En février, quelquefois même en janvier, fleur d'un beau jaune, sessile, terminale, légèrement odorante. — Mult. par la séparation de ses griffes à l'automne.

Hémérocalle jaune (HEMEROCALLIS FLAVA). SYN. : *Lis asphodèle, lis jaune, lis jonquille.* — Racines grosses, tubéreuses, charnues, en faisceaux. — Tiges d'un mètre, nues. — Feuilles de 50 à 60°, étroites, ensiformes, carénées, formant une grosse touffe. — Mai-juin, grandes et belles fleurs jaunes, ressemblant à celles du lis blanc, exhalant une odeur agréable.

Hémérocalle fauve (H. FULVA). Cette espèce a beaucoup de rapport avec la précédente ; mais elle est plus grande dans toutes ses parties, et les fleurs sont d'un jaune rougeâtre.

Hémérocalle bleue (H. CŒRULEA). SYN. : *Funkie à fleurs bleues.* Chine. – Racine charnue. — Feuilles radicales, formant une touffe circulaire, grandes. ovales-lancéolées, terminées par une pointe, longuement pétiolées, d'un beau vert foncé. marquées de nervures fortement prononcées. — Hampe de 60 à 70°, droite, ferme, cylindrique, glabre, verte. — Juillet-août, fleurs en grappes, au nombre de 15 à 20, de moyenne grandeur, d'un bleu-violâtre.

Hémérocalle du Japon (H. JAPONICA). SYN. : *Hémerocalle à feuilles de plantain, funkie* *du Japon.*—Feuilles radicales, ovales, cordiformes, acuminées, marquées aussi de nervures très-prononcées, d'un vert tendre.—Hampe de 30 à 40°, souvent penchée. En juillet, fleurs nombreuses, à long tube, d'un beau blanc, semblables à de petites fleurs de lis, d'une odeur suave.

Les hémérocalles sont de fort jolies plantes d'ornement, très-rustiques, peu difficiles sur la nature du terrain et sur l'exposition. Cependant, la dernière, étant assez délicate, demande une bonne exposition ; il est prudent aussi de la couvrir dans les hivers rigoureux. Toutes se multiplient de semences ou d'éclats de pieds à l'automne, lorsqu'elles ont perdu leurs feuilles.

Iris germanique (Iris GERMANICA). Syn. : *Flambe, iris d'Allemagne, iris commune.*—Racine charnue, grosse, horizontale, noueuse.—Tige de 60 à 75°.—Feuilles longues, larges, ensiformes, courbées en fer de faulx. En juin, belles et grandes fleurs bleu foncé, bleu pâle, blanches, jaunes, etc.

Iris naine (I. PUMILLA). Petite flambe.—Tiges de 10 à 12°.—Feuilles distiques, gladiées, persistantes.—Avril-mai, belles fleurs bleues, violettes, purpurines, blanches selon la variété. —On peut faire avec cette petite plante de charmantes bordures, surtout quand les variétés sont bien mélangées.

Iris de Sibérie (I. SIBERICA). Syn. : *I. des prés.*—Tiges de 60 à 80°, droites, cylindriques, fistuleuses.—Feuilles étroites, longues, pointues. —En mai-juin, deux ou trois fleurs d'un beau bleu, veiné de jaune sur un fond blanc.

Iris fétide (I. FOETIDA). Syn. : *Glayeul puant, I. gigot.* Cette espèce, dont la fleur n'a rien de remarquable et dont les feuilles répandent une odeur désagréable, surtout quand on les déchire, n'est cultivée dans quelques jardins que pour la beauté de ses graines, d'un rouge corail très-beau, et que l'on voit pendant tout l'automne.

Ces iris, quand elles sont en fleurs, produisent un très-bel effet dans les parterres, si ce n'est cependant la dernière, qui n'a de remarquable que ses graines. Elles sont d'une culture facile, ne demandent aucun soin particulier, et se plaisent à peu près dans tous les terrains et à toutes les expositions. Souvent même, on voit pousser sur les vieux murs et sur les maisons couvertes en chaume l'iris naine et l'iris germanique. Ces plantes se multiplient par la séparation de leurs rhizomes ou tiges souterraines.

Joubarbe des toits (Simpervivum tectorum). Syn. : *J. commune.* Indigène. Cette plante croît naturellement dans les bois ; mais non sur les toits en chaume, ni sur les vieux murs, ainsi que le disent presque tous les ouvrages d'horticulture et de botanique. Elle s'y plaît, même beaucoup, il est vrai, mais c'est quand on l'y a plantée —Feuilles nombreuses, disposées en rosettes, ovales, imbriquées, charnues, épaisses, succulentes, souvent rougeâtres.—En juillet-sept., tige feuillée, de 25 à 30°, se divisant à son sommet en plusieurs rameaux, portant des fleurs purpurines, disposées en épi, tournées du même côté.—Terre légère, sèche, même rocailleuse. —Mult. par la séparation de ses rosettes au printemps.

Joubarbe arachnoïde (S. arachnoïdeum). Syn. : *J. toile d'araignée, J. fil d'araignée.* Alpes. Rosettes nombreuses, globuleuses, composées de

feuilles ovales, imbriquées, mucronées, garnies
de poils blancs qui, en s'entremêlant et se croi-
sant sur la surface des rosettes, ressemblent à
une toile d'araignée.—Tige de 12 à 15°, velue,
feuillée.—En juillet-sept., fleurs terminales, purpurines, assez grandes, à neuf pétales.—Même
culture.

Julienne des jardins (Hesperis matrona-
lis). Syn : *Juliane, arragone, hespéride des jardins, cassolette, giroflée des dames, bâton d'argent, giroflée musquée, julienne cultivée.* Indigène. Tout le monde, mon aimable amie, connaît cette charmante plante, si aimée surtout
des dames, pour la beauté de sa fleur et pour la
douce odeur qu'elle exhale, surtout le soir.—
Tiges de 60 à 80°, cylindrique, rameuse, légèrement velue.—Feuilles lancéolées, pointues, dentées, brièvement pétiolées, d'un vert foncé.—
Mai-juin, fleurs doubles, d'un beau blanc, en
grappes droites et longues, ressemblant à celles
des giroflées.—Variété à fleurs purpurines, à
fleurs violettes.—Toute rustique que paraît être
cette plante, elle est cependant assez délicate,
ne se plaît pas dans tous les terrains. Aussi la
voit-on souvent fondre et périr dans beaucoup
de jardins. Elle craint surtout l'humidité de nos
hivers. Cette plante demande donc une bonne
exposition, bien aérée, une terre franche et substantielle, plutôt sèche que fraîche.—La simple,
dont je crois inutile de vous parler, se multiplie
de semences ; la double de boutures et d'éclats
de pieds.—Les boutures se font avec les tiges
lorsque les fleurs sont passées. Ce moyen, mon
amie, m'a rarement bien réussi et ne m'a jamais
donné que des individus chétifs. Je ne bouture

donc plus. mais je coupe aussi les tiges ; la plante pousse alors plus ou moins vigoureusement et dans le mois de septembre je la divise et j'obtiens, selon sa force, un nombre plus ou moins grand de petites plantes toutes enracinées, dont la reprise est toujours certaine, et qui l'année suivante me donnent de belles et fortes touffes. Je dois ajouter aussi que les fleurs sont toujours plus belles et plus nombreuses sur de jeunes plantes que sur de vieux pieds ; c'est donc vous dire qu'il faut les renouveler tous les deux ans au plus.

Julienne à feuilles droites (H. ANGUSTIFOLIA).—Tiges de 20 à 25ᶜ, menues, blanchâtres. —Feuilles droites, linéaires, dentelées, sessiles, légèrement duvetées, d'un vert blanchâtre.—Mai-juillet, fleurs rougeâtres ou purpurines, très-odorantes.—Même culture, mais comme elle est plus délicate, on doit la couvrir pendant les grands froids.

Laitron à grandes feuilles (SONCHUS PLUMERII). Indigène. - Tige de 100 à 130ᶜ, creuse, lisse, simple —Feuilles radicales, très grandes, roncinées, glabres, glauques en dessous ; les supérieures entières, acuminées.—En juillet, fleurs bleues, grandes, en panicule corymbiforme et terminale.—Rustique, venant dans tous les terrains ; mais cependant préférant une terre substantielle et un sol profond. — Mult. de drageons.

Lamier orvale (LAMIUM ORVALA). SYN. : *Lamier à grandes feuilles, sauge orvale.* Italie. Belle plante aromatique, mais dont l'odeur forte ne plaît pas à tout le monde.—Tiges de 60ᶜ, carrée, rougeâtre, rameuse, à rameaux opposés. — Feuilles grandes, cordiformes, acuminées, opposées, pétiolées, inégalement dentées en scie, ru-

gueuse, vertes en dessus, rougeâtres en dessous.
—En mai-juillet, grandes fleurs, blanches, lavées
et tachées de rose, sessiles, en verticilles axillaires.—Terre franche, un peu fraîche, à bonne
exposition.—Mult. de semences ou d'éclats de
pieds.

Liatride à épi (LIATRIS SPICATA). SYN. : *Sar-
rette à épi, suprago à épi.* Caroline, 1732.—Tiges
de 60 à 75ᶜ, simple —Feuilles alternes, sessiles,
longues, linéaires, aigues, d'un vert foncé.—
En août-sept., fleurs en épi, sessiles, assez grandes,
pourpre foncé, fort jolies. Une particularité de
cette plante, c'est que ce sont les fleurs du sommet qui fleurissent les premières.

Liatride scarieuse (L. SCARIOSA). SYN. :
L. écailleuse, suprago scarieux. Virginie, 1739.
— Tiges de 60ᶜ, simples, pubescentes, velues. —
Feuilles lancéolées, pubescentes, rudes sur les
bords. — En sept.-oct., fleurs purpurines, grandes,
en capitules rassemblés en grappe simple, terminale.

Liatride élégante (L. ELEGANS). SYN. : *Sar-
rette élégante.* Virginie, 1732.— Tiges de 1ᵐ 30ᶜ,
simples, pubescentes. — Feuilles linéaires, entières, mucronées. — En juillet-sept., fleurs lilas, en épis.

Liatride raboteuse (L. SQUARROSA). SYN. :
Liatride rude.—Tige de 1ᵐ, simple, pubescente.
—Feuilles linéaires, entières, rudes sur les bords,
nervées. — En juillet-août, fleurs purpurines, en
capitules peu nombreux, solitaires, axillaires,
formant des grappes lâches au sommet.

Liatride odorante (L. ODORATISSIMA). De
l'Amérique du Nord. — Tige de 100 à 120ᶜ. —
Feuilles oblongues; les caulinaires amplexicaules.
—En août-oct., fleurs pourpres.

Les liatrides peuvent passer l'hiver en plein air, en terre légère, mieux en terre de bruyère, à bonne exposition, et que l'on couvre de litière sèche pendant les grands froids. Malgré cette précaution, il est toujours prudent d'en conserver quelques pieds en orangerie ou sous chassis froid.—Mult. par la séparation des touffes, plus difficilement par les gaines parce qu'elles mûrissent très-rarement. On peut aussi les multiplier de boutures, faites avant qu'elles ne montrent leurs fleurs.

Lin vivace (LINUM PERENNE) SYN. : *Lin de Sibérie.* 1775. — Tiges de 60 à 80ᶜ, nombreuses, menues, glabres, ramifiées en corymbe à leur sommet.—Feuilles étroites, linéaires, aigues, alternes, éparses. — En juin-août, fleurs assez grandes, d'un joli bleu, latérales et terminales. —Terre franche, légère.—Mult. de graines semées en avril, en place, ou d'éclats de pieds. Le lin vivace, mon aimable amie, est une charmante petite plante d'ornement. A l'époque de sa floraison, elle produit l'effet le plus gracieux, le plus agréable par le nombre considérable de ses fleurs qui ne durent, il est vrai, qu'un jour, mais qui se renouvellent chaque matin pendant un ou deux mois.

On cultive encore dans les jardins d'agrément *le lin à petites feuilles* (L. TENUIFOLIUM) ; *maritime* (L. MARITIMUM) ; *de Narbonne* (L. NARBONENSE) ; *campanulé* (L. CAMPANULATUM) ; *visqueux* (L. VISCOSUM)*;* *à trois styles* (L. TRIGYNUM). Tous de pleine terre et d'une culture aussi facile que le lin vivace.

Lupin vivace (LUPINUS PERENNIS) Virginie, 1658. Racine traçante.—Tiges de 30 à 50ᶜ, herbacées, droites, cannélées, peu rameuses, parsemées de poils rares.—Feuilles alternes, composées de huit à dix folioles, ovoïdes-allongées, obtuses.—En mai-juin, jolies grappes lâches, plus ou moins longues de fleurs d'un bleu pâle.

Lupin polyphyle (L. POLYPHYLLUS). Amérique du Nord. — Tiges touffues, de 80 à 90ᶜ, droites, luisantes.—Feuilles composées de 13 à 15 folioles, lancéolées, glabres en dessus, très-légèrement duvetées en dessous.—En juin-juillet, longs épis de 50 à 70ᶜ, de belles et nombreuses fleurs d'un bleu clair.—Variété à fleurs d'un très-beau blanc.

Lupin soyeux argenté (L. ORNATUS). Colombie.—Tiges de 50 à 60ᶜ, d'un blanc soyeux. —Feuilles composées de 7 à 13 folioles lancéolées, soyeuses, argentées.—En juin-août, grappe de 15 à 20ᶜ, pyramidale, composée d'un grand nombre de jolies fleurs, bleu-violacé clair, répandant une odeur très-agréable.

Lupin rivulaire (L. RIVULARIS). Californie, 1833.—Tiges de 60 à 80ᶜ, soyeuses.—Feuilles à 7-9 folioles charnues, lancéolées, soyeuses en dessous.—En mai-sept., grappes lâches, allongées, chargées de nombreuses fleurs, remarquables par la diversité des pétales qui sont blancs, bleus et pourpres.

Lupin du Mexique (L. MEXICANUS). Mexique, 1819.—Tiges de 60ᶜ, herbacées, pubescentes. — Feuilles de 5-7 folioles, linéaires-oblongues ou spatulées, glabres en dessus, plus longues que le pétiole.—En juillet-sept., fleurs panachées de blanc, de bleu et de pourpre, en verticilles irréguliers.

Les lupins vivaces, ainsi que les lupins annuels dont je vous ai parlé dans une autre lettre, sont, mon aimable amie, de charmantes plantes d'un port et d'un feuillage gracieux dont les fleurs sont plus ou moins jolies, et dont quelques-unes exhalent l'odeur la plus suave. On les distingue en lupins annuels, bisannuels, vivaces; on en compte au moins une cinquantaine d'espèces.

Généralement, les lupins demandent une bonne exposition, une terre légère, mais fertile et substantielle, ou celle de bruyère pour quelques espèces délicates. Les espèces vivaces se multiplient de semences ou d'éclats de pieds. Je dois vous dire, ma bonne Emma, que ce dernier moyen réussit rarement bien. D'abord on s'expose à perdre le pied mère, ensuite les individus qui en proviennent restent presque toujours chétifs et ne donnent que bien rarement de belles et fortes plantes. Les graines doivent être semées aussitôt qu'elles sont mûres, en terrine, et le semis conservé à l'abri du froid pendant l'hiver. Le jeune plant mis en demeure au printemps suivant, fleurit la même année ; mais si vous ne semez qu'en mars ou en avril, il ne fleurira que l'année suivante. C'est quand le jeune plant a trois ou quatre feuilles qu'il faut le mettre en place ; si vous attendez qu'il soit plus fort, il reprend alors plus difficilement ; souvent il languit pendant quelques mois et finit même par périr.

Lychnide de Calcédoine (LYCHNIS CHALCEDONICA). SYN. : *Croix de Jérusalem, croix de Malte, fleur de Constantinople, croix de chevalier*. Très-jolie plante, d'une culture facile et qui, pendant les mois de juin et de juillet, fait

depuis plusieurs siècles l'ornement de nos parterres.—Tiges de 80 à 90°, droites, simples, velues, rudes.—Feuilles opposées, sessiles, ovales,
lancéolées, pointues, souvent d'un vert jaunâtre.
— Fleurs d'un très-beau rouge, nombreuses,
simples ou doubles, serrées, en cymes ombelliformes et terminales. — C'est, dit-on, cette fleur
dont les pétales, profondément échancrés dans
le milieu, représentent assez bien la décoration
de certains ordres de chevalerie, qui a servi de
modèle pour l'ordre de la croix de Jérusalem,
aujourd'hui ordre de Malte.—Cette plante est
rustique, se convient à peu près dans tous les
terrains ; mais cependant plutôt un peu frais
que trop secs, et à une bonne exposition bien
aérée.—Les simples se multiplient par semences
qu'elles produisent abondamment, et aussi, comme
les doubles, par la séparation des pieds au printemps,—Variétés à fleurs *blanches*, simples et
doubles *à fleurs carnées, à fleurs safranées.*

Lychnide laciniée (L. flos cuculi). Syn. :
*Véronique des jardiniers, fleurs de coucou, amou-
rette des près.* Indigène, plante gracieuse et d'un
port élégant.—Tiges de 60°, grêles, rameuses au
sommet, cannelées, légèrement velues.—Feuilles
étroites, lancéolées-linéaires, amplexicaules. —
En mai-juin, fleurs roses ou blanches, simples
ou doubles selon la variété, ressemblant en petit à celles de l'œillet mignardise, à pétales laciniés, en panicules lâches et peu garnies.

Lychnide dioïque (L. dioica). Syn. : *Jacée
des jardiniers, compagnon, robinet, bouton de
chevalier.* Indigène.—Tiges de 60 à 80°, droites,
nombreuses, rougeâtres, velues.—Feuilles sessiles, larges, ovales, velues, molles.—Mai-juillet, fleurs assez grandes, semblables aussi à de

petits œillets, blanches ou rouges, bien ouvertes, en panicule lâche, dichotome.

Lychnide visqueuse (L. VISCARIA). SYN. : *Bourbonnaise, attrape-mouche.* Indigène.—Tiges de 30 à 40°, droites, simples, visqueuses. — Feuilles nombreuses, petites, lancéolées-linéaires, pointues, opposées, sessiles, glabres, entières, d'un beau vert, quelquefois rougeâtres.—Mai-juillet, fleurs purpurines, en panicules terminales, simples ou doubles.

Lychnide à grandes fleurs (L. GRANDI-FLORA). Chine et Japon, 1774.—Tiges de 60 à 80°, droites, rameuses, lisses, articulées. — Feuilles sessiles, entières, ovales-aigües, connées, bordées de poils courts et blanchâtres. — En juin-juillet, belles et grandes fleurs écarlates, pédon-culées, axillaires et terminales, à pétales laci-niés au sommet.

Lychnide brillante (L. FULGENS). Sibérie, 1822. — Tiges de 50 à 60° velues — Feuilles ovales, tomenteuses.— Juin-juillet, 2 à 3 grandes fleurs, simples, d'un rouge éblouissant, larges, planes, terminales

Toutes les lychnides. ma gracieuse amie, sont des plantes plus ou moins jolies, plus ou moins gracieuses, d'une culture et d'une multiplication facile. Les deux dernières demandent la terre de bruyère, une exposition chaude, et une couver-ture dans les hivers longs et rigoureux. Les autres croissent très-bien en terre ordinaire de jardin. Les variétés simples se multiplient de graines, les doubles d'éclats de pieds qu'on sé-pare à l'automne, et que l'on met en nourrice jusqu'au printemps. Pour forcer ces plantes à donner plus de rejetons, je vous engage de cou-

per les tiges aussitôt que les fleurs sont passées. Une humidité stagnante fait quelquefois
fondre ces plantes pendant l'hiver, ainsi il faut
les en préserver si vous ne voulez pas les perdre.

Lysimachie thyrsiflore (Lysimachia thyr-
siflora). Syn. : *Lysimaque thyrsiflore, lysimachie
à fleurs en thyrse*. Indigène.—Tiges de 40 à 50°,
simples, droites.—Feuilles opposées, linéaires-
lancéolées, sessiles, glabres, ponctuées — Mai-
juillet, fleurs jaunes, petites, en grappes serrées,
axillaires.—Rustique; terrain humide, ombragé.
—Mult. d'éclats de pieds ou de drageons.

Lysimachie commune (L. vulgaris). Syn.:
Corneille, lysimaque ou lysimachie vulgaire. Indigène.—Tiges de 80 à 90°, pubescentes, rameuses, à rameaux paniculés.—Feuilles opposées ou verticillées par 3 ou par 4, ovales-lancéolées, pointues, ciliées, brièvement pétiolées.
—Juillet-sept., fleurs jaunes, en corymbes terminaux. — Même culture. — Cette plante traçant
beaucoup est très-incommode dans un jardin,
parce que souvent elle se mêle avec les plantes
voisines, au point qu'il faut les enlever de terre
pour la détruire.

Lysimachie à feuilles de saule (L.
ephemerum). Syn. : *Lysimachie ou lysimaque éphémère*. Espagne, 1730.—Tiges de 80 à 90°, glabres.—Feuilles opposées, sessiles, lancéolées, entières, un peu luisantes, d'un vert glauque.—
En juillet-sept., fleurs blanches, en grappes spi-
ciformes, terminales, à pétales obtus. — Terre
franche, légère, au midi.--Mult. de semences et
d'éclats de pieds.

Lysimachie ciliée (L. ciliata). Syn. : *Lysimaque ciliée*. Canada, 1732. — Tiges de 30°,

droites, tétragones.—Feuilles opposées, presqu'en cœur, ovales, aigues, pétiolées, les pétioles ciliés. —Juillet-août, fleurs d'un beau jaune, pédonculées, axillaires, penchées, solitaires.—Même culture.

Lysimachie verticillée (L. VERTICILLATA). Caucase, 1820.—Tiges de 30 à 40°, droites, rameuses.—Feuilles pétiolées, verticillées, ovales, obtuses, entières.—Juillet-août, fleurs d'un beau jaune, axillaires, pédonculées, formant au haut de la tige une belle grappe terminale.—Même culture.

Les lysimachies, dont on compte une vingtaine d'espèces, tant indigènes qu'exotiques, sont des fleurs assez jolies. Elles portent le nom de Lymachus, qui, après la mort d'Alexandre-le-Grand, dont il était un des principaux capitaines, s'empara de la Thrace et de la Macédoine, et mourut 282 ans avant Jésus-Christ. D'après Linné, c'est lui qui, le premier, découvrit les propriétés de ces plantes ; je pense, mon amie, qu'il s'agit simplement de la lysimachie *monnoyère* ou *nummulaire*, plante assez commune dans nos bois ; mais dont, depuis longtemps, l'usage est abandonné en médecine.

Marguerite vivace (BELLIS PERENNIS). SYN.: *fleurs de paques, paquerette vivace, margueritelle, petite paquerette, marguerite de St.-Jean*. Charmante et gracieuse petite plante, aimée et connue de tout le monde, et qui, pendant toute la belle saison, fait la parure de nos prairies, de nos pelouses et souvent aussi celle des jeunes filles des champs. Qui de nous dans sa jeunesse n'en n'a pas tressé des couronnes ou des guirlandes ? Vous-même, ma bonne Emma, vous qui n'êtes plus un enfant, n'est-elle pas encore une de vos fleurs de prédilection, puisque vous n'allez pas une fois respirer l'air pur de la campagne sans en rapporter des bouquets avec vous. C'est de cette gracieuse petite plante qu'un poète a dit :

Des mains de la nature,
Echappée au hasard,
Tu fleuris sans culture
Et tu brilles sans art.
Telle qu'une bergère,
Oubliant ses appas,
Sans apprêts tu sais plaire,
Et ne t'en doutes pas.

Feuilles radicales, entières, spatulées, étalées sur terre.—Hampe unie, de 8 à 12°, portant chacune une seule fleur, à rayons blancs, à disque jaune. Introduite dans nos jardins, l'on a obtenu avec le temps un grand nombre de variétés à fleurs doubles, blanches, rouge pâle, rouge foncé, purpurines, à cœur vert, panachées, à tuyaux rouges ou blancs, prolifères, etc. Beaucoup de personnes, nous ignorons pourquoi, donnent à cette dernière variété le nom de *mère Cigogne*. Ces variétés, les seules cultivées dans les jardins, fleurissent depuis mai jusqu'en juin. On fait avec cette petite plante de charmantes bordures, surtout quand les variétés sont bien mélangées. Les paquerettes viennent assez bien dans tous les terrains, mais cependant elles préfèrent une terre légère, bien amendée, bien meuble, ni trop sèche, ni trop humide, et une exposition un peu ombragée. On les multiplie par la séparation des pieds à l'automne. Comme ces petites plantes dégénèrent et fondent si on les laisse trop longtemps à la même place, il faut les séparer et les renouveler tous les ans, et leur donner de fréquents arrosements dans les étés chauds et secs.

Matricaire commune (MATRICARIA PARTHENIUM). Indigène. Plante très-rustique à l'état simple ; mais l'on ne cultive dans les jardins que la variété à fleurs doubles, à laquelle beaucoup de personnes donnent à tort le nom de *camomille romaine.*—Tiges de 50 à 60°, nombreuses, très-rameuses, étroites, cannelées, formant de larges touffes.—Feuilles alternes, pétiolées, à pinnules pinnatifides, d'un vert souvent jaunâtre. —Juin-oct., fleurs d'un blanc citroné, grosses, bombées, odorantes, en corymbe terminal. — Toute terre, toute exposition.—Mult. d'éclats de pieds.

Matricaire mandiane (M. MANDIANA). SYN. : *Chyrsanthème matricaire, anthémis faux parthénium.* Chine, 1804. Espèce beaucoup plus belle, mais plus délicate que la précédente. — Tiges de 60 à 70°, cylindriques, rameuses, striées, formant aussi de larges touffes.—Feuilles pétiolées, ailées, pinnatifides.—Pendant une grande partie de l'année, fleurs d'un très-beau blanc, très-doubles, larges, en corymbe paniculé. — Terre ordinaire, légère ; bonne exposition.— Mult. de boutures ou d'éclats de pieds.—Couverture pendant l'hiver, mais il est prudent d'en conserver quelques pieds en pots, à l'abri du froid. — L'une et l'autre espèces répandent une odeur assez forte, qui généralement ne plait pas.

Millepertuis à grandes fleurs (HYPERICUM CALYCINUM). SYN. : *M. à grand calice.* Levant. — Tiges de 40 à 50°, simples, grêles, tétragones, souvent étalées à terre et s'y enracinant.—Feuilles sessiles, grandes, ovales, entières, coriaces, persistantes. — Juin-sept., grandes et belles fleurs, d'un très-beau jaune, solitaires, terminales ; étamines nombreuses, très-saillantes. — Terre franche, légère ; exposition du levant ou à demi soleil. — Mult. de tiges enracinées, de boutures, rarement de semences.

Millepertuis pyramidal (H. PYRAMIDATUM) Syn. : *M. en pyramide, M. amplexicaule.* Canada, 1740. — Tiges de 40 à 50°, droites, glabres, rameuses. — Feuilles amplexicaules, ovales-lancéolées, aigues, entières, glabres, nervées. — Juillet-août, fleurs d'un beau jaune, pédonculées. — Même culture.

Millepertuis duveté (H. TOMENTOSUM). Syn. : *M. d'Espagne, M. cotonneux.* — Tiges de 20 à 25°, blanchâtres, cylindriques, tomenteuses, presque couchées. — Feuilles semi-amplexicaules, ovales, obtuses, entières, blanchâtres, ponctuées de noir sur les bords. — En juillet, fleurs jaunes, en panicules lâches. — Même culture.

On cultive encore en pleine terre le *M. à odeur de bouc* (H. HIRCINUM) ; *M. élégant* (H. PULCRUM) ; *M. élevé* (H. ELATUM) ; *M. perfoliée* (H. PERFOLIATUM), etc., etc.

Monarde à fleurs rouges (MONARDA DIDYMA). Syn. : *Thé d'Osvergo, baumier de Virginie, monarde didyme, monarde pourpre, monarde écarlate.* Pensylvanie , 1752. — Tiges de 60 à 70°, droites, rameuses, quadrangulaires, fistuleuses, — Feuilles opposées, ovales, aigües, dentées, brièvement pétiolées, d'un vert foncé, nervures fortement prononcées. — Juin-août, fleurs d'un rouge vif, verticillées sur la tige, en tête terminale, bractées colorées. — Toute la plante répand une odeur aromatique très-agréable , surtout quand on la froisse entre les doigts. En Amérique, ses feuilles remplacent le thé, d'où lui est venu le nom de *thé d'Osvergo.*

Monarde fistuleuse (M. FISTULOSA). SYN. : *M. velue, M commune.* Canada.—Tiges de 80 à 120°, selon le terrain, velues, droites, quadrangulaires, rougeâtres, fistuleuses.—Feuilles pétiolées, ovales-lancéolées, cordiformes à leur base, pointues, dentées, hispides sur les deux faces. — Juillet-août, fleurs roses ou pourpre pâle.

Monarde ponctuée (M. PUNCTATA). Virginie.—Tiges de 40 à 50°, droites, rameuses, faiblement tétragones, pubescentes.—Feuilles opposées pétiolées, oblongues-lancéolées, pointues, légèrement dentées. —Juin-octobre, fleurs jaunes, ponctuées de brun ou de pourpre, en verticilles au sommet des tiges.

Les monardes, ma bonne Emma, sont de jolies plantes d'ornement. Elles demandent une terre substantielle, une bonne exposition. Dans les sols argileux, froids, humides, elles fondent insensiblement et finissent par périr. Comme ces plantes épuisent beaucoup la terre, et que les parties qui ont porté les tiges meurent presque toujours dans l'année, il est nécessaire de les changer de place tous les deux ou trois ans, et de les renouveler par la séparation des pieds. Les monardes craignent beaucoup l'humidité, surtout pendant l'hiver.

Morine à longues fleurs (MORINA LONGIFLORA). Très-jolie plante d'ornement, originaire du Népaul, et cultivée pour la première fois en 1834, au Jardin-des-Plantes de Paris, et qui, depuis, s'est répandue dans tous les jardins d'amateurs.—Tige florifère de 60 à 80°, cylindrique, non sillonnée.—Feuilles radicales, longues de 30 à 40ᶜ, sur 3 à 4 de large, sinueuses-pinnatifides, à bords ciliés, un peu épineux, ayant beaucoup de ressemblance avec les feuilles de certains chardons, famille à laquelle elle appartient. — Juillet-août, fleurs verticillées, tubulées, d'un blanc-rosé, se succédant pendant près de deux mois.— Terre ordinaire, légère, plutôt un peu fraîche que sèche, mais cependant à bonne exposition. Cette plante, mon aimable amie, craignant les neiges et les pluies glaciales de l'hiver, il faut l'en préserver en la couvrant avec de la litière sèche. — Mult. de graines plutôt que d'éclats de pieds, mais semées aussitôt qu'elles sont mûres, car, plus tard, elles ne lèvent pas, du moins c'est ce qui m'est arrivé plusieurs fois, quand je les ai semées au printemps. Lorsqu'on veut la multiplier par la séparation des touffes, on s'expose à perdre le pied principal, et les autres reprennent très-difficilement.

Muguet de mai (CONVALLARIA MAIALIS). SYN.: *Lis de mai, L. des vallées.* Indigène. Jolie et gracieuse petite plante qui, de nos bois où elle croît naturellement, est venue prendre sa place dans les lieux ombragés de nos jardins. C'est aussi une des fleurs favorites des dames. Toutes aiment à s'en parer ; toutes aiment à s'enivrer de sa suave odeur.—Racines noueuses, traçantes.— Feuilles radicales, ovales, aigües, lisses comme si elles étaient satinées, d'un vert tendre, s'embrassant l'une et l'autre à leur base, en embrassant la tige ; marquées de nervures longitudinales. — Tige de 12 à 15ᶜ, grêle, anguleuse, nue.—En mai, fleurs monopétales, en grelots, blanches, pendantes, pédonculées, disposées en épi unilatéral ;

les bords de la corolle légèrement découpés en six segments obtus, réfléchis en dehors ; exhalant une odeur très-douce qui plait à tout le monde. — Terre légère, fraîche, ombragée.—Mult. facile par leurs drageons.—Variété à *fl. roses*, à *fl. pourpres.*

Muguet anguleux (C. POLYGONATUM). SYN. : *Genouillette, sceau de Salomon, grenouillet, signet de Salomon.* Indigène. Ainsi que le muguet de mai, cette plante croît aussi dans nos bois, mais elle fleurit un peu plus tard.— Racine noueuse, grosse comme le doigt, blanche, garnie de radicelles, toujours horizontalement à fleur de terre (pour les botanistes c'est un rhizone). — Tiges simples, de 50 à 60ᵉ, anguleuses, courbées à leur sommet, en arc vers la terre.—Feuilles oblongues, lancéolées, glabres, unilatérales, glauques. Juin-juillet, fleurs blanches, à segments verdâtres, pendantes, axillaires, solitaires ou géminées, unilatérales, opposées aux feuilles. — Même culture. — Je dois vous dire, mon amie, que l'on donne à cette plante le nom vulgaire de *Sceau de Salomon*, parce que son rhizone offre, de distance en distance, des enfoncements circulaires, qu'on compare aux empreintes d'un cachet.

Muguet verticillé (C. VERTICILLATA). SYN. : *Sceau de Salomon verticillé.* Racines noueuses et traçantes.—Tiges de 40 à 50ᵉ, anguleuses, droites. —Feuilles lancéolées, linéaires, aigües, glabres, verticillées quatre à quatre.—Mai-juin, fl. petites, d'un blanc-verdâtre, pendantes, axillaires, pédonculées 2 ou 3 ensemble—Même culture.

Myosotis des marais (MYOSOTIS PALUSTRIS). SYN. : *Scorpione des marais, souvenez-vous de moi, grémillet, myosote des marais, ne m'oubliez pas.* On l'appelle aussi : *plus je te vois, plus je t'aime.* Quelle est la femme, ma charmante amie, qui ne connaît pas cette gracieuse petite plante, cette miniature du règne végétal? Cependant elle est rarement cultivée dans nos jardins, surtout en province. C'est donc de Paris que nous viennent ces jolis petits pots que les dames achètent tous les ans sur les marchés aux fleurs. Je dois vous prévenir d'une supercherie qui se renouvelle chaque année. C'est que ces pots ne contiennent pas la plante avec racine, mais tout simplement des tiges bien tassées dans ces pots, dans lesquels il n'y a pas même de terre. Cependant, telles qu'elles sont, elles se conservent très-bien pendant trois ou quatre semaines.—Tiges de 20 à 25°, droites, minces, radicantes.—Feuilles oblongues, étroites.—En mai-août, jolies petites fleurs d'un bleu céleste, avec points jaunes, en épi unilatéral. — Terrain humide, ombragé, mieux marécageux.—Mult. de semences ou d'éclats.

Permettez-moi, ma charmante amie, de rappeler à votre souvenir ce quatrain d'André Martin :

MYOSOTIS.

Pour exprimer l'amour, ces fleurs semblent éclore ;
Leur langage est un mot, mais il est plein d'appas :
Dans la main des amants elles disent encore :
Aimez-moi, ne m'oubliez-pas.

Nardosmie odorante (TUSSILAGE FRAGRANS) SYN. : *Tussilage odorant, héliotrope d'hiver.* Europe mérid. — Racines noueuses et traçantes. — Tiges de 30 à 40°, nues, lisses, cylindriques. — Feuilles très-grandes, radicales, reniformes-orbiculaires, dentées irrégulièrement, rudes, d'un duvet foncé en dessus, mais blanchâtre en dessous ; très-longuement pétiolées, puisque des pétioles ont quelquefois plus de 30°.— Déc.-janv., fleurs en thyrse, d'un blanc purpurin sale, exhalant une odeur très-agréable, se rapprochant de celle de l'héliotrope du Pérou, ce qui lui a fait donner le nom d'*héliotrope d'hiver*. — Tout terrain ; toute exposition. Se multiplie d'elle-même, toujours d'une manière incommode. C'est pourquoi il vaut mieux la cultiver en pots.

Œillet des fleuristes (DIANTHUS CARYO-PHYLLUS). SYN. : *OEillet des jardins*. L'œillet, mon aimable amie, tiendra toujours l'une des premières places dans l'empire de Flore, pour sa beauté, la variété de ses couleurs et la suavité de son odeur. C'est bien certainement l'une des plus belles conquêtes de l'horticulture, qui, tous les jours, s'enrichit de nouvelles variétés plus jolies les unes que les autres. Aussi un poète, dont je ne me rappelle pas le nom, a dit, en parlant de cette fleur :

> Aimable œillet, c'est ton haleine
> Qui charme et pénètre nos sens ;
> C'est toi qui verses dans la plaine
> Ces parfums doux et ravissants :
> Les esprits embaumés qu'exhale
> La rose fraiche et matinale,
> Pour moi sont moins délicieux,
> Et ton odeur suave et pure
> Est un encens que la nature
> Elève en tribut vers les cieux.

Tiges longues de 60 à 80°, noueuses, articulées, peu rameuses, cylindriques, très-cassantes, d'un vert glauque ainsi que les feuilles ; faibles, ayant besoin d'un tuteur, surtout lorsque la plante est en fleurs. — Feuilles opposées, longues, pointues, subulées. — Fleurs simples, semi-doubles ou doubles, pédonculées, à corolles plus ou moins grandes, de couleurs très-variées, terminales, exhalant une odeur de gérofle plus ou moins prononcée,

Déjà, dans le milieu du siècle dernier, on comptait près de trois cents variétés d'œillets, toutes nommées et décrites dans le traité publié en 1754, par le père d'Ardenne, prêtre de l'Oratoire, amateur très-distingué de cette époque, déjà si éloignée de nous. Il les divise par couleurs et donne une description de chaque variété. Je les trouve ainsi classées dans cette monographie : *OEillets violets*, 118 variétés ; *rouges*, 72 ; *incarnats*, 33 ; *blancs*, 6 ; *piquetés*, 36 ; *tri* ou *quadricolores*, 9. Il paraît qu'il en était alors comme nous le voyons tous les jours pour les plantes de collection : toutes ces variétés portent des noms plus ou moins pompeux, plus ou moins insignifiants. Dans cette longue liste, nous trouvons ceux-ci : *l'arche de triomphe, l'illustre pontife, la majestueuse, le grand conquérant, l'oriflamme, l'incomparable, le théâtre du monde, le sophi de Perse*, etc, Nous ne faisons pas mieux aujourd'hui. Si en 1754 l'on comptait déjà 300 variétés nommées, combien devons-nous en posséder maintenant ? Mais il est présumable qu'il en est pour les œillets comme pour beaucoup d'autres fleurs, les nouvelles variétés font oublier les anciennes.

Aujourd'hui, ce sont d'autres divisions, d'autres dénominations ; mais les horticulteurs n'étant pas d'accord entre eux sur ces divisions, je ne vous en parlerai pas. Contentons-nous donc de les désigner par leur couleur. Ils sont unicolores, bicolores ou tricolores. Quand ils ont plus de trois couleurs, on les désigne sous le nom de bizarres. Beaucoup d'amateurs préfèrent l'*œillet flamand*, beaucoup plus petit dans toutes ses parties, et aussi beaucoup plus délicat.

Je dois vous dire, ma gracieuse Emma, que la

beauté d'un œillet ne consiste pas toujours dans
sa grosseur. Les amateurs exigent que la tige soit
bien faite et assez forte pour porter la fleur sans
se courber ; qu'il ne crève pas, c'est-à-dire, qu'il
ne se fende pas au moment de la floraison ; que
la corolle soit bien étoffée et qu'elle forme bien
le dôme ; que les pétales soient longs, larges,
fermes, arrondis, sans dentelures ; que les couleurs soient vives, pures, distinctes et bien tranchées.

Les œillets unicolores ont aussi leur mérite,
quand leur couleur est bien vive, bien pure.
Parmi ceux-ci, on distingue surtout ceux à fleurs
jaunes, plus ou moins foncées, et qui, généralement, sont délicats et difficiles à conserver.

Les œillets se multiplient de semences, de marcottes, de boutures. Les semis ne sont employés
que lors qu'on désire obtenir de nouvelles variétés. Les semences doivent être prises sur des
œillets de premier choix, les plus doubles, les
plus foncés en couleur. On doit semer dans le
courant d'avril ; c'est l'époque la plus favorable,
parce que les jeunes plantes ont le temps de
prendre assez de force pour supporter les intempéries de l'hiver. On fait ordinairement ce semis
en terrine, dans du terreau, dans une terre
franche, bien meuble, ou en terre de bruyère. En
juillet, ou quand le jeune plant a six ou huit
feuilles, on peut le relever pour le mettre en pepinière, en terre franche, bien ameublie, fumée
de l'année précédente, ou terreautée au moment
de la transplantation. Il faut l'espacer assez
pour que les plantes puissent passer l'hiver
sans se gêner et forcer ainsi de les replanter une
seconde fois. Au mois de juin suivant, elles sont

très-fortes et commencent à donner leurs fleurs. C'est alors qu'on doit rejeter toutes les plantes dont les fleurs ne méritent pas d'être conservées, c'est-à-dire qui soient dignes d'entrer dans la collection d'un amateur.

C'est ordinairement dans le mois de juillet que l'on marcotte et que l'on bouture les œillets. Cependant, une longue expérience m'a prouvé qu'on peut bouturer ou plus tôt ou plus tard, et que les boutures, quand elles ont été bien faites, s'enracinent de même très-bien.

Le marcottage des œillets, mon aimable amie, est une opération très-simple, que tout le monde peut faire facilement ; il ne faut qu'un peu d'habitude pour la bien faire. Si les œillets que l'on veut marcotter sont en pots, il faut suspendre pendant quelques jours les arrosements, afin de rendre les branches plus flexibles pour lors moins cassantes. On peut les suspendre aussi pour ceux cultivés en pleine terre, cela n'en vaut que mieux. On choisit dans les tiges ou dans les branches le nœud qu'on pourra le plus facilement enfoncer en terre, sans s'exposer à casser la branche. On tient celle-ci perpendiculairement, on la dépouille de ses feuilles inférieures jusqu'au-dessus du nœud choisi, qu'on coupe bien net et horizontalement jusqu'à la moitié de son diamètre ; de là, on fend longitudinalement la branche jusqu'au nœud supérieur ; on l'incline ensuite avec beaucoup de précaution vers la terre, rendue préalablement bien meuble, et on l'y enfonce, en ayant soin que la partie séparée soit en terre verticalement, et ne se rapproche point de la branche à laquelle elle se se rejoindrait, ce qu'il faut éviter en interposant de la terre : autrement, cette partie du

nœud, d'où doivent sortir les racines, n'en four-
nirait point. Enfin, on assujettit cette branche
près du nœud coupé, avec de petits crochets en
bois qu'on enfonce, et qu'on recouvre de terre.
On répète la même opération pour les autres
branches de l'œillet que l'on veut marcotter, et
on les place sans les croiser à côté les unes des
autres autour du pied.

Quand les branches de l'œillet que l'on veut
marcotter se trouvent trop haut pour qu'on puisse
les coucher en terre, on fait les marcottes en
cornets ou en petits pots fendus latéralement.

Pour bouturer les œillets, on détache de la
plante-mère des branches de moyenne grosseur
dont on retranche les feuilles inférieures. On
coupe les sommités des autres, si ce n'est de celles
du cœur. On fend la tige en croix immédiatement
au-dessous du premier nœud, jusqu'au second.
Ainsi préparées, on laisse ces boutures se flétrir
pendant vingt-quatre heures à l'ombre. Quelques heures avant de les mettre en place, on les
fait tremper dans l'eau jusqu'à ce qu'elles aient
repris leur première vigueur, et que les parties
fendues soient redressées. Pendant qu'elles sont
mouillées, on les pose plusieurs fois dans la terre
sèche et bien fine qui s'y attache. Dans cet état,
après avoir fait un trou convenable, on les y
enfonce jusqu'au second nœud, ayant soin que
les quatre extrémités soient bien étalées et forment une espèce de croix au fond du trou. On
remplit celui-ci de terre ou de terreau, que l'on
tasse bien avec ses doigts pour maintenir la bouture en place.

Beaucoup d'amateurs pensent que les boutures
sont préférables aux marcottes pour conserver

les œillets dans toute leur pureté, et que c'est le moyen qu'il faut employer pour sauver une plante qui menace de dégénérer.

Les œillets, surtout ceux obtenus de semis, ne craignent pas le froid ; mais ils redoutent l'humidité, la neige, le verglas. Il faut donc quand la mauvaise saison arrive, les mettre à l'abri des intempéries de l'hiver, en les rentrant dans une orangerie près des jours ou dans un appartement bien aéré.

Les œillets aiment une terre franche ou argilo-siliceuse, fertile, facile à diviser, plutôt qu'une terre trop légère.

Pour les œillets cultivés en pots, on emploie ordinairement une terre composée de cinq parties de bonne terre franche, cinq parties de terre ordinaire de jardin, et deux parties de terreau bien consommé ; mais surtout du terreau de feuilles autant que possible.

Les œillets cultivés en pots ne doivent jamais être placés contre un mur au midi, mais au levant, ou, à défaut, à demi-ombre ; c'est le moyen de conserver plus longtemps leurs fleurs belles.

Mlle de Scudéry, auteur de beaucoup de romans, qu'on ne lit plus depuis longtemps, visitait un jour le château de Vincennes ; on lui montra des œillets que le grand Condé s'était plu à cultiver pendant sa captivité : heureusement inspirée, elle fit à l'instant même ce quatrain :

> En voyant ces œillets, qu'un illustre guerrier
> Arrosa d'une main qui gagnait des batailles,
> Souviens-toi qu'Apollon bâtissait des murailles,
> Et ne t'étonne plus que Mars soit jardinier.

Œillet mignardise (D. MOSCHATUS). SYN. : OE. de mai, œ. musqué, œ. lacinié, œ. mousseline, *mignardise, œilletine.* Tout le monde connaît ce charmant petit œillet, plus petit dans toutes ses dimensions que celui des fleuristes. Ses touffes assez fortes sont chargées en mai et juin de fleurs simples ou doubles, blanches, rouges ou rosées, souvent bordées de pourpre foncé et velouté. Se multiplie par éclats de pieds, par boutures ; ou mieux quand les fleurs sont passées, on étale bien une touffe, on en retranche toutes les feuilles inférieures, on couche les branches sur la terre qu'on a bien amendée, en les y enfonçant de quelques centimètres. Presque tous les rameaux s'enracinent.

Œillet de poète (D. BARBATUS). SYN. : *OE. barbu, œ. de montagne, œ. à bouquet, bouquet parfait, bouquet tout fait.*—Tiges de 30 à 40ᶜ, glabres, couchées à leur base, redressées à leur sommet, très feuillées et formant touffes.—Feuilles opposées, lancéolées, pointues, d'un beau vert, glabres, à nervure médiane très-saillante.—Juin-juillet, fleurs petites, nombreuses, simples ou doubles, inodores, rouges, roses, blanches, cramoisies, panachées, etc., disposées en ombelle plate, terminale.—Culture facile.—Mult. de semences, d'éclats de pieds , de boutures pour les variétés à fleurs doubles.

Œillet de la Chine (D. SINENSIS). SYN. : *OE. de la Régence.* Originaire du pays dont il porte le nom.—Tiges de 30ᶜ, grêles, rameuses.—Feuilles pointues, glabres, d'un vert clair.—Juillet-oct., fleurs en bouquets, très-jolies, veloutées, simples, semi-doubles ou doubles, d'un rouge violet clair, rouge vif ou pourpre, etc.—Craint les grands froids. — Mult. de semences, sur couche, et repiquer en place.

Œillet des Chartreux (D. CARTHUSIANO-

RUM). Tige de 30 à 40°, droite, grêle.—Feuilles
linéaires, connées, trinervées, subulées.—Juillet-août, fleurs rouges, peu nombreuses, en faisceau terminal.

Oreille d'ours (PRIMULA AURICULA). SYN. :
Auricule des jardins , primevère-auricule. La
nature si belle, si riche dans tous ses ouvrages,
semble inépuisable dans les variétés et le mélange des couleurs dont elle s'est plue à parer les
fleurs de cette jolie plante, originaire des Alpes,
beaucoup plus cultivée anciennement que de nos
jours ; mais cependant à laquelle on commence
à revenir un peu.—Racine fusiforme, fibreuse.—
Tige de 10 à 15°, nue, lisse, cylindrique.—Feuilles
épaisses, ovales, arrondies, entières, dentées, un
peu en forme d'oreille ; couvertes dans quelques
variétés d'une poussière blanche et farineuse.—
Mars-mai, ombelle de 10 à 12 fleurs tubulées,
monopétales, veloutées, jaunes, blanches, pourpres brunes, violettes ou diversement nuancées,
simples ou quelquefois pleines.—Les oreilles
d'ours ordinaires, se cultivent en pleine terre,
celle de choix en pots. Il y en a des collections
nombreuses dont l'ensemble produit vraiment un
coup-d'œil admirable. Ces plantes ne sont pas
sensibles au froid ; mais elles craignent beaucoup
l'humidité et la neige, surtout les belles variétés
toujours plus délicates; l'exposition du levant
est celle qu'elles préfèrent ; elles exigent une
terre franche, légère, terréautée ; trop d'humidité les fait périr ; trop de sécheresse les empêche
de fleurir et de produire leurs œilletons. On doit
retrancher avec le plus grand soin toute feuille
pourrie; car elle gâte les autres.—Mult. facile
par la séparation des œilletons à l'automne, ou

de semences quand on tient à obtenir de nouvelles variétés.

Orobe printanier (Orobus vernus). Indigène.—Tiges de 30ᶜ, droites, lisses, nombreuses,
formant de belles touffes.— Feuilles ailées à 4-6
folioles, ovales-aigües.—Mars-avril, fleurs assez
grandes, purpurines, pédonculées, axillaires,
disposées en grappes.— Rustique ; tout terrain ;
toute exposition. – Mult. de semences, aussitôt la
maturité, ou par éclats de pieds.—Si on coupe
les tiges peu de temps après la floraison, souvent
celles qui repoussent donnent de nouvelles fleurs
à la fin de l'été.

Orobe versicolor (O. varius). Syn. : *O. à
deux couleurs*. Italie, 1759.—Tiges de 40 à 50ᶜ,
simples, anguleuses.—Feuilles ailées, à 6-8 folioles, linéaires, lancéolées, pointues. — Mai,
grappe de fleurs à étendard rose, ailes et carènes
jaunes.—Même culture.

Parnassie des marais (Parnassia palustris). Syn. : *P. commune*. Jolie petite plante qui
croît dans les prairies humides, mais qu'il est
assez difficile de conserver plusieurs années de
suite dans les jardins. – Tige de 15 à 20ᶜ, grêle,
cylindrique.—Feuilles radicales, pétiolées, cordiformes, glabres ; les caulinaires amplexicaules.
— Juillet-août, fleurs blanches, maculées de jaune,
solitaires, terminales.—Les ouvrages d'horticulture, qui parlent de cette plante, prétendent
qu'on ne peut la conserver dans les jardins qu'en
l'y transportant avec sa motte, en terre tourbeuse ou de bruyère, tenue constamment humide.—Malgré son nom spécifique, je dois vous
dire, ma bonne Emma, qu'on la trouve souvent
aussi sur des coteaux arides. C'est le motif pour

lequel Dumont-Courset a changé dans son ouvrage l'épithète de *palustris* par celle de *vulgaris*. Il y a plus de 50 ans que, pour la première fois, j'ai trouvé la parnassie sur le *Mont-Perreux*, dépendant de Saint-Martin-du-Vivier, et dont le nom indique assez la nature du sol. Elle y croît encore abondamment. Les plantes qui en proviennent ne doivent certainement pas être cultivées comme celles que l'on trouve dans les prairies humides. Chez moi, je la cultive en terre ordinaire. Je la perds quelquefois en pleine terre, mais je la conserve très-bien en pots.

Pensée à grandes fleurs (Viola tricolor hortensis). Il y a une trentaine d'années, mon aimable amie, l'on ne voyait encore, dans nos jardins, que la pensée désignée sous le nom de *violette tricolore* et ses variétés, toutes généralement très-petites, très-peu variées en couleur. Depuis cette époque, déjà assez éloignée de nous, la culture de cette jolie plante a fait des progrès immenses. Nous possédons aujourd'hui un nombre infini de variétés à grandes fleurs, qui se disputent entre elles le prix de la beauté, de la fraîcheur, et font avec raison l'admiration et les délices des amateurs.

Non seulement les pensées ont une odeur douce et agréable qui plait à tout le monde, mais la nature s'est plue encore à les doter de la plus riche parure, en leur donnant ces couleurs si vives, si riches, si variées, dont les nuances se multiplient à l'infini.

Pour qu'une pensée, aujourd'hui, soit réputée belle et digne de figurer dans une collection d'amateur, il faut que ses pétales soient très-grands, bien arrondis, très-veloutés, de couleurs vives

bien tranchées, bien pures; qu'ils soient bien étoffés, s'imbriquant sans laisser aucun vide entre
eux ; avec un masque bien prononcé au centre de
la fleur. Il faut encore que celle-ci se dégage bien
de son feuillage et se tienne droite sur le pédoncule qui la porte.

La pensée est une plante rustique, qui ne craint
pas les plus grands froids de nos hivers. La neige,
les frimats, les transitions subites de température, si funestes pour beaucoup de plantes, ont
généralement peu d'influence sur celle-ci. Cependant, il vaut mieux l'en préserver quand on le
peut.

Cette plante vient bien dans tous les terrains,
à toute exposition ; mais elle préfère une bonne
terre substantielle, riche en humus, et l'exposition du levant ou celle du couchant. Les pensées
fleurissent très-bien au midi, mais l'ardeur du
soleil fait passer promptement leurs fleurs, dessèche la plante et la fait périr ; cultivées dans un
endroit trop ombragé, l'humidité les fait pourrir.
Ces plantes n'aiment pas non plus les terres chargées d'engrais, surtout d'engrais nouveaux. Ces
terrains déterminent souvent chez elles la pourriture pendant les grandes chaleurs de l'été, maladie mortelle pour elles.

Les pensées ont besoin de respirer un air pur.
Aussi, dans un endroit couvert, sous des arbres,
par exemple, elles languissent, ne donnent que
des fleurs chétives, et finissent par mourir.

Les variétés s'obtiennent par les semis ; mais
il faut avoir bien soin, ma gracieuse Emma,
de ne prendre les semences que sur les fleurs les
plus belles, les plus grandes, les mieux faites
et les plus foncées en couleur. Je vous engage

aussi à ne les récolter que sur les premières fleurs, celles-ci étant toujours beaucoup plus belles que celles qui viennent les dernières.

Les pensées étant dans tout leur luxe de végétation pendant les premiers mois du printemps, on doit s'arranger de manière à avoir, pour cette époque, des plantes assez fortes pour pouvoir être mises en place et donner leurs fleurs. C'est donc en juillet ou en août, au plus tard, qu'il faut faire les semis, soit en terrine, sur une vieille couche. A la fin de septembre, quand le jeune plant a cinq ou six feuilles, on le repique en pépinière, et autant que possible contre un mur, pour le mettre à l'abri des grands froids, et dans une terre bien amendée. Dans le courant de mars, on met ces plantes à demeure et l'on en fait des bordures ou des bannettes.

Comme par les semis on n'obtient pas toujours les mêmes variétés, on bouture alors celles que l'on désire conserver.

Pour avoir de belles pensées, je vous engage, mon amie, à bouturer souvent, parce que les fleurs sont toujours plus belles sur les jeunes pieds que sur les vieux. Les boutures doivent être prises au sommet des rameaux, et détachées immédiatement au-dessous d'un nœud, sans quoi les tiges de la pensée étant creuses et très-aqueuses, lorsqu'il en reste une portion plus ou moins grande au-dessous du premier nœud, celle-ci est exposée à pourir par le pied, ce qui arrive assez souvent.

Les boutures, dont il faut enlever les feuilles inférieures, doivent être plantées horizontalement et non perpendiculairement, dans du sablon ou du terreau, à l'air libre, si vous les faites au printemps ; sous chassis ou au moins sous cloche, si vous bouturez à l'automne. Il ne faut pas les arroser, à cause de la nature aqueuse de leurs tiges et de la grande évaporation de leurs feuilles; trop d'humidité pouvant les faire pourir.

Il existe encore, ma charmante amie, une troisième manière de multiplier les pensées, peut-être la plus naturelle de toutes, puisque c'est la nature qui l'indique : l'*œilletonage*. Beaucoup de plantes vivaces se régénèrent chaque année par une nonvelle radication, c'est-à-dire, seulement celles qui ont des tiges ou rameaux couchés sur terre, et qui, à mesure que le pied vieillit et se dénature, prennent racines. Ce sont ces tiges, ou plutôt ces rejets enracinés, que l'on détache de la plante mère, et qu'on replante en terre meuble bien terreautée, en les couchant horizontalement. Trois ou quatre semaines après, on a de nouvelles plantes, qui, chaque jour, prennent une nouvelle vigueur, et qui, à l'automne, commencent à montrer leurs fleurs. On peut alors remplacer les vieux pieds, et renouveler les bordures ou les massifs.

Permettez-moi, ma bonne Emma, avant de passer à une autre fleur, de vous citer ce quatrain sur la pensée :

> Douce pensée, ornement du printemps,
> Un jour voit naître et finir ton empire ;
> Pensées d'amour que jeune fille inspire
> Naissent plus vite et durent plus longtemps.

Pentstemon serré (PENTSTEMON CONFERTUM). SYN. : *Pentstemon à fleurs serrées.*— Tiges de 40 à 50°, droites.—Feuilles radicales, pétiolées, ovales, spatulées ; feuilles caulinaires sessiles, obtuses, lancéolées, glabres. — Mai-juin, fleurs nombreuses, d'un blanc-jaunâtre, en grappe terminale et interrompue.—Terre de bruyère : couverture l'hiver. Mult. de boutures à l'étouffé, ou de marcottes.

Pentstemon élégant (P. venustus). Syn. : *P. graiceux, pentastème élégant.* 1830.—Tiges de 60 à 75°. —Feuilles glabres, ovales-lancéolées, aigües, finement dentées. — Juin-juillet, fleurs d'un lilas plus ou moins vif, en panicule lâche.— Terre ordinaire —Mult. par éclats de pieds.

Pentstemon à feuilles de gentiane (P. gentianoïdes). Syn. : *P. gentianoïde, pensta-tème à feuilles de gentiane.*—Tiges de 70 à 80°.— Feuilles lancéolées, entières, oblongues, aigües, sessiles, glabres, d'un vert tendre.—Juin-sept., fleurs d'un beau rouge, disposées en grappes uni-latérales.—Terre ordinaire.—Mult. de semences ou d'éclats de pieds, mieux de branches couchées qui s'enracinent très-bien. Les éclats de pieds ne donnent jamais que des individus qui reprennent difficilement, et qui restent toujours chétifs et peu vigoureux.

Pentstemon à fleurs de digitale (P. digitalis). Louisiane, 1824. - Tiges de 60 à 70°. —Feuilles radicales, pétiolées, oblongues ; les caulinaires lancéolées, amplexicaules, ses-siles, dentées.—Juillet-sept., fleurs blanches, en panicule terminale.—Très-rustique, même cul-ture.

Pentstemon campanulé (P. campanula-tus). Syn. : *Pentastème campanulé.* — Mexique, 1794.—Tiges de 90 à 100°, glabres.—Feuilles lancéolées-linéaires, acuminées, finement den-tées. —Mai-sept., fleurs pourpre-foncé, violettes ou roses, en panicules lâches, unilatérales. Cou-verture l'hiver ou orangerie.

Les pentstemons sont des plantes d'ornement très-gracieuses par leurs fleurs et par leur feuillage. La plupart sont d'orangerie, ou de serre froide; ceux ci-dessus sont plus rustiques et peuvent se conserver en pleine terre. Le genre pentstemon, voisin de celui des galanes, contient beaucoup d'espèces et un assez grand nombre de jolies variétés obtenues par les semis, nombre qui ne peut qu'augmenter tous les jours.

Pervenche commune (VINCA MINOR). SYN.: *Petite pervenche, violette des sorcers, petit pucelage, P. mineure.* La pervenche, si abondante dans nos bois, dont elle fait l'ornement pendant toute la belle saison, était, comme vous le savez, mom amie, la plante de prédilection de Jean-Jacques. Les anciens la regardaient comme le symbole de la virginité. Dans la Belgique, il était d'usage de la semer, dans les cérémonies nuptiales, sous les pas des jeunes filles d'une réputation intacte.— Tiges grêles, rampantes, prenant racine de distance en distance.— Feuilles opposées, brièvement pétiolées, ovales-lancéolées, persistantes, entières, coriaces, luisantes, d'un vert foncé; les nouvelles plus molles et d'un vert-geai. — Mai-sept., fleurs infundibuliformes, solitaires, axillaires, longuement pédonculées, bleues, blanches, purpurines, rouges, selon la variété. — Culture facile. Se plait au nord et dans les lieux ombragés; se propageant d'elle-même. — Variété *à fleurs doubles*; id. *à feuilles panachées.*

Pervenche majeure (V. MAJOR). SYN.: *Grande pervenche.* Elle ne diffère de la précédente que par ses tiges moins couchées, ses feuilles et ses fleurs plus grandes.—Même culture.

Pervenche de Madagascar (V. ROSEA).
P. du Cap, *P. rose*, *lochnère rose.* Cette charmante plante, que nous connaissons en France depuis 1756, ne peut se conserver vivace qu'en serre chaude ; mais comme elle vient très-bien de semence et qu'elle fleurit la même année, il vaut mieux la traiter comme plante annuelle ; ses fleurs n'en sont même que plus belles. — Tige sous ligneuse, droite, cylindrique, rameuse, rouge, légèrement pubescente, prenant la forme d'un petit arbuste.—Feuilles opposées, ovales-lancéolées, pétiolées, rétrécies à la base, luisantes, d'un beau vert. — Juillet-août, jolies fleurs de couleur rose ; plus foncée au centre ; axillaires, sessiles, géminées, terminales.— Terre franche, substantielle.— Semer sur couche sous cloche, ou sous chassis.

Phalangère fleur de lis (PHALANGIUM LILIAGO). SYN. : *P. à grappes, P. à feuilles de graminées.* —Racines fibreuses.—Tiges de 50 à 60°, simples.—Feuilles planes, linéaires, ressemblant à celles des graminées, d'un beau vert, courbées à leur sommet.—Juin, fleurs blanches, à six pétales lancéolées, aigües, ressemblant à celles du lis blanc, mais dans de plus petites dimensions. —Terre légère, substantielle ; exposition aérée. —Mult. de semences ou par la séparation des racines, après la dessication des feuilles.

Phalangère de Saint-Bruno (P. LILIASTRUM). SYN. : *Hémérocale fleur de lis, czackie lis de Saint-Bruno, lis des Allobroges, fleur de lis.*— Racine ressemblant à une griffe d'asperge, mais blanche, cassante et succulente.— Tiges de 30 à 40°, simples. — Feuilles linéaires, planes, radicales.—Juin, grandes et belles fleurs blanches en épi, inodores, imitant celles du lis blanc, mais plus petites. — Même culture.

Phalangère rameuse (P. RAMOSUM). SYN. : *Herbe à l'araignée*. Indigène. — Racine fibreuse. — Tige peu élevée, rameuse. — Feuilles linéaires, subulées, planes, disposées en gazon. — Juin, fleurs blanches, pédonculées, solitaires, ouvertes, à six pétales oblongs et plats. — Même culture.

Phlomide d'Ibérie (PHLOMIS IBERICA). Orient. — Tiges de 100 à 150°, quadrangulaires, rameuses, à rameaux opposés. — Feuilles à la base, laciniées, de 45 à 60° de longueur, luisantes en dessus, légèrement soyeuses en dessous. — Mai-juin, fleurs d'un jaune clair, grandes, nombreuses, verticillées. Très-rustique ; ne craignant ni la grande sécheresse, ni l'humidité. Comme elle drageone peu, on la multiplie de semences, au printemps, sur couche tiède.

Phlomide laciniée (P. LACINIATA). Syrie. — Tiges d'un mètre à un mètre et demi, quadrangulaires, grises, laineuses. — Feuilles très-grandes, profondément découpées ; les caulinaires plus petites que les radicales. — Août, fleurs grandes, verticillées. — Rustique. Tout terrain ; bonne exposition. — Mult. de semences ou de séparation de pieds. — Couverture dans les grands froids.

Phlox paniculé (PHLOX PANICULATA). — Tiges de 120 à 150°, nombreuses, droites glabres, rameuses, lisses. — Feuilles opposées, sessiles, oblongues-lancéolées, pointues, planes, d'un beau vert. — Juillet-sept., fleurs nombreuses, couleur lilas, en panicules terminales d'un très-bel effet. — Il y a 30 à 40 ans, l'on ne connaissait encore qu'une variété ou deux de ce phlox, que depuis plus de deux siècles on voyait dans tous les jardins. Il en existe aujourd'hui un très-grand nombre, toutes fort jolies, toutes nommées, parmi lesquelles je puis vous citer : *Tarquin, Augusta, Sickman, baron de Roney, captivation, coquette, madame Renard, Kink, alba rosea, américana, etc.* — Culture facile ; terrain plutôt un peu humide que trop sec ; exposition ouverte.

Phlox glabre (P. GLABERRIMA). SYN. : *P. moyen.* — Tiges de 50 à 60°, grêles, glabres, rameuses dès la base. — Feuilles linéaires, étroites, entières, pointues. — Juin-juillet, jolies fleurs d'un pourpre clair, en corymbe lâche et terminal.

Phlox divariqué (P. DIVARICATA). — Tiges de 30°, grêles, rameuses, à rameaux dichotomes, divariqués. — Feuilles alternes, sessiles, ovales-lancéolées, pointues. — Avril-juin, fleurs d'un joli bleu gris de lin, en grappes lâches et terminales. — Terre de bruyère ombragée.

Phlox printanier (P. VERNA). Amérique du Nord, 1832. — Tiges de 10 à 12°, grêles, rougeâtres, rampantes. — Feuilles opposées, presque sessiles, spatulées-arrondies. — Mars-avril, fl. d'un beau rose-pourpre, en corymbe terminal. — Même culture.

Phlox rampant (P. REPTANS). Caroline, 1758. Tiges de 25 à 35°, d'un brun-rougeâtre, diffuses, rampantes, feuillées, radicantes, les florifères droites. — Feuilles radicales-obovales, les caulinaires ovales-lancéolées. — Avril-mai, fleurs d'un bleu-lilacé, odorantes, en corymbes pauciflores. — Même culture.

Phlox sétacé (P. SETACEA). SYN. : *P. à feuilles étroites.* Caroline, 1788. — Tiges de 30°, couchées, branches florifères redressées. —

Feuilles sétacées, pubescentes ; les caulinaires lancéolées. — Juin-juillet, fleurs grandes, solitaires, roses ou pourpre pâle, tachées de rouge au centre.—Terre de bruyère ; couverture l'hiver.—Mult. de boutures ou par la séparation des touffes.

Phlox agréable (P. AMOENA). Caroline. — Tiges de 15 à 20ᶜ, grêles, diffuses.—Feuilles lancéolées. linéaires, velues.— En automne, fleurs d'un rose foncé. — Terre de bruyère ; couverture l'hiver ou orangerie.—Mult. par la séparation des touffes.

Phlox subulé (P. SUBULATA). Virginie, 1786. — Tiges de 12 à 15ᶜ, pubescentes, rameuses, grises, couchées. — Feuilles subulées, en alène, persistantes, velues, à pointes blanches. — Avril-mai, fleurs roses ou rouges, ayant une tache pourpre à la base du limbe, nombreuses, disposées en corymbes terminaux. — Terre de bruyère ; exposition à mi-soleil.—Mult. de boutures.

Phlox velu (P. PILOSA). Syn. : *P. poilu.* Virginie, 1786.—Tiges de 30ᶜ, droites, peu nombreuses, légèrement pubescentes.—Feuilles lancéolées, aigües, sessiles, un peu velues. — Juin-juillet, fleurs d'un lilas pâle, disposées en panicules corymbiformes.

Phlox blanc (P. SUAVEOLENS). Syn. : *P. candide.* — Tige de 50 à 60ᶜ, d'un vert-jaunâtre. — Feuilles opposées, en croix, ovales-lancéolées, aigües. — Juillet-août, fleurs d'un blanc pur, assez grandes, odorantes, en panicules terminales.

Phlox à feuilles réfléchies (P. REFLEXA). Amérique du Nord, 1830. — Tiges de 80 à 90ᶜ, ponctuées de pourpre brun.— Feuilles opposées. sessiles , oblongues-lancéolées, aigües, glabres, épaisses, plus ou moins renversées —Sept.-oct., fl. terminales, en panicules compactes, grandes, d'un pourpre-violacé très-vif et très-brillant.

Phlox rose (P. ROSEA). 1830.— Tiges de 60 à 80ᶜ, grosses, velues. — Feuilles opposées, grandes, un peu velues.—Avril-sept., fleurs d'un rose pur, en large panicule.

Phlox Van Houtte (P. VAN HOUTTEI). Obtenu par l'habile horticulteur dont il porte le nom, et regardé avec raison comme l'un des plus beaux du genre.—Tige de 100 à 125ᶜ ; ses majestueuses panicules droites, longues de 30ᶜ, sont formées de fleurs blanches, serrées, planes, ornées chacune de cinq rubans amaranthes, portés sur la couleur blanche, et d'un effet on ne peut plus gracieux. M. Neuman, dans la *Revue Horticole* du mois de sept. 1844, en parlant de ce phlox, s'exprime ainsi : « Nous avons eu occasion tout récemment de voir le P. Van Houtte dans toute sa splendeur, chez M. Ragonot-Godefroy. Une seule touffe chargée de 8 hampes de 80ᶜ, se divisant chacune en rameaux secondaires tous chargés de panicules de fleurs très-fortes, formait un ensemble admirable. »

Le **phlox princesse Marianne,** très-joli aussi, a beaucoup de rapport avec le phlox Van Houtte. Ses fleurs blanches sont rubanées aussi, mais ses raies sont couleur lilas.

Le **phlox Léopold** (P. LEOPOLDINA), s'élève beaucoup moins. Ses fleurs, d'un pourpre vif, sont rehaussées au centre d'une petite étoile blanche bien marquée. Il est très-gracieux.

Les phlox, ma gracieuse amie, sont de fort jolies plantes d'ornement, et qui, pendant quatre à cinq mois, font une des jolies parures de nos jardins.

Leur culture est très-facile, et, sauf quelques exceptions, ils se plaisent et se conservent très-bien en pleine terre ; ils aiment généralement une terre franche, substantielle, bien amendée. Quelques-uns, plus délicats, veulent la terre de bruyère et une couverture l'hiver. Beaucoup ont donné, depuis quelques années, des variétés plus ou moins nombreuses, plus ou moins jolies. L'on en compte aujourd'hui au moins trois cents. La *Revue horticole*, dans son numéro du mois de novembre 1843, donne les noms et une description abrégée des plus belles qui existaient à cette époque, mais depuis, le nombre en a bien augmenté.

Les phlox se multiplient par bouture ou par la séparation des pieds, quand on ne veut que propager les espèces ou variétés que l'on possède, et par semis, quand on espère obtenir de nouvelles variétés; ce qu'on n'obtient pas toujours.

Pigamon à feuilles d'ancolie (THALICTRUM AQUILEGIFOLIUM). SYN. : *Colombine plumacée, thalictron.*—Tiges droites, cylindriques, de 100 à 120°, d'un pourpre foncé et changeant.—Feuilles nombreuses, d'un vert foncé, teinté de pourpre, ressemblant beaucoup à celles de l'ancolie. — Mai-juin, fleurs en panicules terminales, à pétales verts et caducs, mais conservant une aigrette de 60 étamines à filets longs, blancs, avec les anthères d'un jaune-soufre. Ces aigrettes légères contrastent agréablement avec la couleur verte ou gorge-de-pigeon des feuilles.—Très-rustique ; tout terrain; toute exposition.—Mult. de semences ou d'éclats de pieds. Variété *à tige verte et étamines blanches.*

Pigamon jaune (T. FLAVUM). SYN. : *Rue des prés, thalictron jaune.* — Plante très-commune dans les prairies, mais bien moins jolie que celle ci-dessus.—Juillet, fleurs jaunâtres, en panicules. —Même culture.

Pivoine commune (Pæonia officinalis). Syn. : *P. officinale, p. des jardins.* Pendant bien des siècles, l'on n'a cultivé dans les jardins d'agrément que cette pivoine, dont les racines et les fleurs étaient et sont même encore quelquefois employées en médecine dans l'épilepsie et la paralysie. On lui donne aussi le nom de *pione*, du nom de *pæon*, médecin grec qui, le premier, l'employa dans l'art de guérir. — Racine fasciculée, composée d'un grand nombre de tubercules allongés, fusiformes, quelquefois arrondis, attachés aux fibres et pendants, rougeâtres à l'extérieur, blancs à l'intérieur.—Tiges de 60 à 80°, simples, herbacées, flexueuses, glabres, luisantes, un peu glauques, formant des touffes arrondies.—Feuilles alternes, glabres, à trois folioles, divisées en autant de lobes inégaux.—En mai, grandes fleurs d'un rouge violacé, solitaires, terminales, d'un grand effet.—Variétés à fleurs doubles, roses, carnées, blanches, écarlates, pourpre foncé.— Terre ordinaire.

Pivoine à petites feuilles (P. tenuifolia). Syn. : *P. à feuilles menues, p. à feuilles découpées.* Sibérie, 1763. — Tiges de 40 à 45°, simples, droites, lisses.—Feuilles découpées en lanières très-étroites, nombreuses, glabres.—En avril, fleurs simples, d'un beau rouge. Terre ordinaire. Variété à *fleurs doubles.*

Pivoine à odeur de roses (P. fragrans). Chine, 1805. — Tige d'un mètre, rameuse. — Feuilles ternées et biternées, à folioles ovales-elliptiques, aiguës, glabres. — En juin, fleurs très-doubles, d'un rose foncé, très-larges, répandant une odeur de rose assez prononcée. — Terre de bruyère ou terre légère.

Pivoine de la Chine (P. SINENSIS). 1808. — Tiges de 60 à 70°, simples ou rameuses. — Feuilles inférieures biternées ; les supérieures ternées ; toutes à folioles ovales-oblongues. aigües, glabres, d'un vert foncé, à pétiole canaliculé, souvent pourpre en dessus. — Avril-mai, fleurs blanches, très-doubles, très-larges, fort belles, solitaires, terminales. — Terre légère.

Pivoine corail (P. CORALLINA). SYN. : *P. coralline*, *P. mâle*. Suisse. — Tiges de 60 à 75°, rameuses, glabres, rougeâtres. — Feuilles triternées, à folioles ovales-lancéolées, entières, portées sur des pétioles rougeâtres. — Avril-mai, fleurs simples, à six pétales, grandes, rouges. pourpres ou violacées. — On ne cultive cette pivoine dans quelques jardins que pour la beauté de ses fruits, d'une belle couleur rouge, et qui, pendant quelque temps, font un charmant contraste avec son beau feuillage.

Pivoine à fleurs blanches (P. ALBIFLORA). SYN. : *P. de Sibérie*, *P. albiflore*. — Tiges de 60 à 70°, striées, pourprées du côté frappé par les rayons du soleil. — Feuilles ternées et biternées, à folioles elliptiques, entières, aigües, glabres, vert foncé en dessus, pâle en dessous. — Mai-juin, fleurs simples, solitaires, terminales, d'abord roses, devenant blanches ensuite, larges de 10 à 12° et plus, exhalant une douce odeur.

Les pivoines, mon aimable amie, sont de fort jolies plantes qui, par la grandeur et la beauté de leurs fleurs, produisent un bien bel effet dans les parterres, surtout lorsqu'elles sont cultivées en massifs. Le nombre des espèces et leurs variétés est assez considérable aujourd'hui, et il ne peut qu'augmenter encore. Il faudrait un volume pour vous les nommer toutes et pour vous en donner la description, même abrégée.

Toutes les pivoines herbacées sont de pleine terre et très-rustiques. Une fois mises en place, elles ne demandent plus d'autres soins que ceux que l'on donne à toutes les plantes en plein air. Je n'ai dû vous parler ici que de celles qui sont généralement cultivées dans les jardins. Dans la lettre suivante, je vous donnerai aussi quelques détails sur les pivoines ligneuses. Les premières se multiplient par la séparation des touffes, à l'automne ou au printemps.

Polémoine bleue (POLEMONIUM CŒRULEUM). SYN. : *Valériane bleue, V. grecque des jardiniers, polémone bleue, échelle de Jacob.* — Tiges de 60 à 70°, droites, rameuses, cannelées.— Feuilles ailées, alternes, à folioles nombreuses, oblongues, entières, d'un vert foncé.—Mai-juin, fleurs bleues en roue, en bouquets terminaux.—Très-rustique; tout-terrain ; exposition ouverte.—Mult. facile de semences, ou par la séparation des touffes.—Variété à *fleurs blanches.*

Polémoine rampante (P. REPTANS). Amérique du Nord, 1758.— Tiges de 30 à 40°, nombreuses, taînantes, mais se redressant. —Feuilles ailées, à folioles alternes, étroites, pointues. — Mai-avril, fleurs d'un bleu pâle, petites, disposées aussi en bouquets terminaux.—Même culture.

Potentille brune (POTENTILLA ATRO-SANGUINEA). SYN. : *P. d'un rouge-noirâtre, P. noir-pourpre.*—Tiges de 60 à 80°, diffuses, légèrement velues.—Feuilles à trois folioles, ovales-oblongues, incisées et dentées, argentées en dessous.— Tout l'été, fleurs d'un pourpre-noir, très-grandes, veloutées, terminales, — Terre ordinaire, et mult. d'éclats de pieds.

Potentille du Népaul (P. NEPAULENSIS). SYN. : *P. élégante.*—Tiges de 40 à 50ᶜ, rameuses, touffues.—Feuilles radicales, à cinq folioles ; les caulinaires trifoliées, à folioles oblongues-cunéiformes, crénelées. — L'été et l'automne, fleurs d'un beau rouge incarnat. — Terre ordinaire, à demi-ombre.

Primevère commune, P. élevée (PRIMULA VERIS, P, ELATIOR). SYN. : *Primerolle, pommerolle.* Le nom de primevère nous rappelle, ma bonne Emma, qu'elle est une des premières fleurs que nous voyons chaque année, au retour du printemps, émailler nos bois et nos prairies, et attirer nos regards par la fraîcheur de leurs couleurs. Introduite depuis longtemps dans nos jardins, la culture nous a donné les nombreuses et belles variétés qui en font la plus charmante parure pendant les mois de mars et d'avril - Feuilles persistantes, radicales, ovales, oblongues, dentées, ridées, marquées d'une nervure longitudinale très-saillante en-dessous.—Fleurs radicales et pédonculées dans la PRIMULA VERIS et disposées en ombelle sur une hampe de 12 à 15ᶜ, dans la PRIMULA ELATIOR (celle à bouquets). Toutes sont tubulées, à cinq pétales; ont des nuances les plus variées, plus ou moins veloutées, et dont quelques-unes, par la beauté et l'élégance de leurs fleurs, peuvent être regardées comme de dignes rivales des plus belles oreilles d'ours, plantes de la même famille. Le nombre des variétés que nous possédons aujourd'hui est considérable, pour celles à

fleurs simples ; celles-ci sont les plus estimées.
Les amateurs exigent qu'elles aient une tige forte
et haute au moins de 15 à 16ᶜ ; que leurs corolles
soient nuancées de deux ou trois couleurs vives,
bien tranchées ; que l'œil (le cercle de la gorge)
soit parfaitement arrondi ; que le limbe soit bordé
de blanc, de rose, de rouge, de brun, de noir ou de
carmin foncé, etc., et que les pétales soient bien
veloutés ; que le filet d es étamines soit assez
long pour laisser voir au centre de la corolle les
anthères, qu'ils nomment les *paillettes*.

Les variétés à fleurs doubles sont peu nombreuses. Pendant longtemps nous n'avons possédé
que celles à fleurs *lilas*, à fleurs *blanches* ; aujourd'hui, l'on en voit de *jaunes*, *couleur de chair*,
rouge vif, *pourpre*, *nankin*, *bleues*, *tricolores*, etc.

Primevère officinale (P. OFFICINALIS).
SYN. : *Herbe au coucou, herbe à la paralysie.*
Cette plante, si commune dans les paturages, dans
les bois, est connue de tout le monde. Ses fleurs,
d'un jaune pâle, et légèrement odorantes, au
nombre de 10 à 12, forment une petite et gracieuse ombelle au sommet de la hampe. On la
cultive aussi dans les jardins, où elle a produit une
variété *jaune foncé*, une seconde *jaune-orangé*.

Primevère à feuilles de cortuse (P.
CORTUSOÏDES). SYN. : *P. cortusoïde.* Sibérie, 1794.
—Tige de 30 à 35ᶜ, grêle, unie, lisse, cylindrique.
—Feuilles radicales, pétiolées, ovales en cœur,
sinueuses et crénelées. — Avril-mai, fleurs roses,
petites, délicates, légèrement odorantes, disposées
en ombelle.

Les primevères sont des plantes rustiques qui
ne craignent pas les plus grands froids, mais elles
redoutent les grandes chaleurs, les terrains

fourds, compactes et toujours humides. Elles se plaisent en terre légère, substantielle, bien amendée, et aux expositions du levant et du couchant. Au midi, elles dépérissent pendant les sécheresses de l'été, et si de temps en temps une pluie bienfaisante ne vient les rappeler à la vie, on les voit se dessécher chaque jour et finir par mourir. Celle à feuilles de cortuse étant plus délicate, il est prudent de la couvrir d'un peu de litière dans les hivers rigoureux. Toutes se multiplient facilement de semences et d'œilletons enracinés Elles en produisent beaucoup, surtout quand elles se plaisent dans le terrain où elles sont plantées. Quand les variétés sont bien mélangées, ces gracieuses plantes font de charmantes bordures ; mais elles produisent encore plus d'effet quand elles sont en massifs. Elles refleurissent une seconde fois à la fin de l'été ; mais dans cette saison, leurs fleurs sont moins nombreuses et moins belles.

Pyrole ordinaire (PYROLA ROTUNDIFOLIA). SYN. : *Pyrole à feuilles rondes.* Indigène.—Tiges de 30°.— Feuilles radicales, pétiolées, arrondies, entières, un peu épaisses, d'un vert lisse.—Juin-juillet, fleurs blanches, assez jolies, odorantes, en grappe lâche et terminale. — Terre légère, humide et ombragée.— Mult. par œilletons ou par éclats de pieds à l'automne.— Assez difficile à conserver dans les jardins.

Pyrole petite (P. MINOR). Indigène.—Tiges de 10 à 12°. — Feuilles pétiolées, arrondies. — Juin-juillet, fleurs blanches, petites, en grappes terminales.

Renoncule asiatique (RONONCULUS ASIATICUM). SYN. : *R. de Perse, R. des jardins.* C'est,

dit le père d'Argène, dans son *Traité des renoncules*, publié à Paris, en 1754, sous le règne de
Mahomet IV, que cette jolie plante commença à
briller de tout son éclat, dans les jardins du Grand-
Seigneur, grand amateur de fleurs. C'est à un
sieur *Malaval*, de Marseille, que nous devons, un
peu plus tard, son introduction en France. — La
racine de cette plante se nomme griffe ou patte,
est d'une couleur brunâtre en dehors, blanche
en dedans, et composée de petits corps fusiformes que l'on nomme doigts, et réunis à un
tronc ayant à sa partie supérieure deux ou trois
yeux couverts de poils grisâtres, grossissant et
formant une ou plusieurs griffes au-dessus de
l'ancienne, qui périt après avoir fourni aux nouvelles les sucs nutritifs qu'elle contenait, sans
lesquels elles ne peuvent croître et venir à bien.
— Tige inférieurement branchue, velue, cylindrique; feuilles inférieures simples ou à lobes,
incisées, aigües, pubescentes en dessus; les supérieures divisées en trois parties biternées. — Au
printemps, fleurs grandes, terminales, de couleurs très-variées, à l'exception du bleu.

On divise les renoncules en *simples*, *doubles*
et *semi-doubles*. Beaucoup d'amateurs préfèrent
ces dernières à celles à fleurs doubles. Ils exigent
qu'elles aient un feuillage élégant, découpé; que
les tiges soient fortes et droites; que les pétales
soient nombreux, bien arrondis; que les couleurs
soient vives, pures et bien tranchées.

Les renoncules, par leurs formes gracieuses,
par leur beauté, la vivacité, la variété de leurs
couleurs, faisant, au retour de chaque printemps,
l'éclat et la richesse de nos parterres, doivent
être plantées en parc et non en bordures. C'est

le moyen de jouir de toute leur beauté d'un seul coup-d'œil.

Les renoncules aiment une terre légère, douce, substantielle, un peu fraîche, et l'exposition du levant, de préférence à toute autre. Du reste, ces plantes se cultivent et se multiplient comme les anémones.

Renoncule à feuilles d'aconit (R. ACO-NITIFOLIUS). SYN. : *Bouton d'argent, belle pucelle de France.* Alpes.—Tiges de 40 à 45°, droites, fistuleuses. — Feuilles glabres, à trois ou cinq lobes, lancéolées, incisées et dentées, acuminées. — Juin, fleurs blanches, simples ou doubles, mais ces dernières sont seules cultivées dans les jardins ; elles sont bombées en forme de bouton ; de là leur nom vulgaire, ainsi que pour le bouton d'or, dont je vais vous parler.—Terre légère, fraîche, un peu ombragée.—Mult. d'éclats de pieds. — Arrosements fréquents pendant les grandes chaleurs.

Au commencement de cette lettre, je vous ai dit, mon amie, que l'on donnait le nom de *bouton d'or* à trois plantes appartenant à la famille des renonculacées. La première est la *renoncule acre* (R. ACRIS) ; *bassinet, bouton d'or.* Cette plante, si commune dans nos prairies à l'état simple, est connue de tout le monde ; mais l'on ne cultive dans les jardins que la variété à fleurs doubles, obtenue depuis longtemps par le moyen des semis. Cette plante s'élève à peu près à 60° ; sa tige est droite, fistuleuse, un peu velue, rameuse, cylindrique ; ses feuilles sont profondément trilobées ; les supérieures entières, linéaires. En juin-juillet, fleurs d'un beau jaune doré, bombées, imitant assez bien un bouton.

Renoncule bulbeuse (R. BULBOSUS). — Tige de 30 à 40°, droite, rameuse, un peu velue. — Feuilles ternées; la foliole du milieu pétiolée; les latérales sessiles; toutes à trois lobes; incisées, dentées, légèrement pubescentes. — En avril-mai, fleurs jaunes, terminales, solitaires, plus grandes et plus grosses que celles de la renoncule âcre.

Renoncule rampante (R. REPENS). SYN. : *Pied de coq*, *pied de poule*. — Tiges couchées, poussant à la base des jets rampants; les florifères redressées.—Feuilles pétiolées, composées, à plusieurs folioles anguleuses, lobées, incisées, velues. — En mai, fleurs .doubles, d'un beau jaune doré, bombées, luisantes, terminales; les pédoncules sillonnés. — Cette dernière se propage d'elle-même par ses filets qui s'enracinent; les deux autres par la séparation des pieds à l'automne. La première surtout demande à être séparée au moins tous les deux ans, sans quoi le cœur de la plante s'échauffe, pourrit, et celle-ci finit par fondre entièrement. En la renouvelant, elle pousse plus vigoureusement et les fleurs sont plus belles.

Ces trois espèces de renoncules demandent une terre légère, substantielle, un peu humide, un peu ombragée, et des arrosements fréquents pendant l'été. Dans une terre forte, à une exposition méridionale, elles reviennent au bout de quelques années à l'état simple. Pour terminer l'article renoncule. je vous citerai quatre vers qui ont été faits sur le bouton d'or.

BOUTON D'OR.

Ce joli bouton satiné,
Qui sourit comme l'innocence,
Recèle un suc empoisonné,
Et souvent blesse l'imprudence.

Ces vers, mon aimable amie, vous apprennent que les boutons d'or sont des plantes malfaisantes, contenant un principe très-irritant ; c'est vous dire qu'il ne faut jamais en porter une branche à sa bouche, ainsi qu'on le fait pour beaucoup de fleurs.

Rudbecque lacinié (RUDBECKIA LACINIATA). SYN. : *R. découpé, R. à feuilles laciniées.* Canada, Virginie, 1640. — Tige de 2 mètres, quelquefois plus, rameuse à son extrémité, droite, glabre. — Feuilles inférieures, digitées, à 5 lobes larges, pointus, trifides ; les supérieures ovales, pointues, toutes d'un vert obscur. — Juillet, grandes fleurs jaunes, solitaires, terminales. — Peu difficile sur le terrain et sur l'exposition. - Mult. de semences ou d'éclats de pieds.

Rudbecque pourpre (R. PURPUREA). SYN.: *R. à fleurs pourpres.* Virginie. — Tiges d'un mètre, droites, fermes, peu rameuses. — Feuilles entières, alternes, glabres, ovales-lancéolées. — Juillet-sept., grandes et belles fleurs, à rayons pourpres, à disque brun, relevé par des anthères d'un jaune doré, solitaires, terminales. — Terre de bruyère ou terre légère, bonne exposition ; n'aime pas les terrains ombragés et humides. — Mult. par éclats de pieds ou de semences.

Saponaire officinale (SAPONARIA OFFICINALIS). SYN. : *S. des boutiques, savonaire, savonière.* Indigène. Cette plante, employée dans la matière médicale, croît quelquefois naturellement dans les prairies, le long des petites rivières. - Racine traçante, géniculée, rougeâtre extérieurement, fibreuse. — Tiges de 60 à 80^c, droites, articulées, cylindriques, lisses, peu rameuses. — Feuilles opposées, sessiles, glabres,

ovales-aigües, marquées de trois nervures longitutinales très-prononcées, rétrécies à leur base,
d'un vert foncé.—Fleurs d'un rose pâle, portées
sur de courts pédoncules, d'une odeur très-douce,
terminales, disposées en un corymbe presque
ombelliforme.—Plante très-rustique. Tout terrain, toute exposition, se multipliant d'elle-même
toujours d'une manière incommode. Aussi,
quoiqu'elle soit une assez jolie plante, doit-on la
reléguer dans un coin du jardin, et chaque année la circonscrire à la place qu'elle y occupe.
—Je dois vous dire, mon amie, que son nom vient
du latin *sapo*, qui veut dire savon, parce qu'elle
contient un principe mucilagineux qui, lorsqu'on la fait bouillir, donne à l'eau l'apparence
d'une dissolution de savon.

Saxifrage de Sibérie (SAXIFRAGA CRASSI-
FOLIA). SYN. : *S. à feuilles épaisses, bergenie.* Sibérie, 1765. — Tiges de 30°, nue, cylindrique.—
Feuilles radicales, persistantes, grandes, épaisses,
nombreuses, ovales, obtuses, arrondies, pétiolées, dentées, lisses, luisantes, d'un beau vert,
en touffe.—Mars-avril, fleurs d'un beau rose,
assez grandes, en grappes terminales.

Saxifrage pyramidale (S. PYRAMIDALIS).
SYN. : *S. cotyledone, sédon pyramidal.* Pyrénées,
1596 — Tiges de 50 à 60°, droites, ramifiées.—
Feuilles longues, charnues, spatulées, étalées
en rosettes assez grandes, dentelées, d'un vert
glauque. — Mai-juin, panicule pyramidale de
jolies et nombreuses petites fleurs blanches. —
Je dois vous dire, ma bonne Emma, que ces
rosettes ne fleurissent qu'au bout de trois ans, et
que chaque rosette, périssant après avoir donné
ses fleurs, ne fleurit qu'une fois, mais il se forme

de nouvelles rosettes, et lorsque la plante est un peu forte, l'on a des fleurs tous les ans.

Saxifrage ombreuse (S. UMBROSA). SYN. : S. ombragée, S. des lieux ombragés, *mignonette, amourette, orgueil de Londres*. Pyrénées.— Tiges de 25 à 30°, grêles, rouges.—Feuilles en rosettes, ovales, arrondies, spatulées, cartilagineuses et blanchâtres sur leurs bords, coriaces.—Avril-mai, fleurs en panicule, petites, blanches, pointillées de rouge.

Saxifrage granulée (S. GRANULATA). SYN. : S. granuleuse, S. blanche, *sanicle de montagne, casse-pierre*. Indigène. — Racines composées de petits tubercules ronds, de la grosseur d'un grain de vesce.—Tiges de 20 à 30°, grêles, cylindriques, peu rameuses.— Feuilles radicales, nombreuses, reniformes, petites, crénelées ; les caulinaires lobées, presque palmées.— Mai-juin, fleurs d'un blanc pur, inodores, imitant en petit celles de la giroflée double, disposées en panicules.

Saxifrage mousseuse (S. HYPNOÏDES). SYN. : S. mousse, S. hypnoïde, *gazon turc, mousse de Sibérie*. Europe.— Tiges de 8 à 10°, presque nues, nombreuses, formant un gazon serré. — Feuilles linéaires, petites, les unes entières, les autres trifides.— Mai, fleurs blanches et petites. — On fait de charmantes bordures avec cette saxifrage ; mais comme elle se propage beaucoup, il faut tous les ans tailler ce gazon, sans quoi il envahirait les plates-bandes et les allées du jardin.

Saxifrage à feuilles rondes (S. ROTUNDIFOLIA). Alpes.—Tiges de 30°, velues, rameuses. —Feuilles reniformes, dentées, pétiolées, légèrement velues aussi. — Mai-juin, fleurs petites, blanches, pointillées de rouge, en panicule terminale.

Saxifrage sarmenteuse (S. SARMENTOSA). SYN. : *S. de la Chine, S. stolonifère*. Chine, 1771. — Tiges de 30°, rameuses, rougeâtres, faibles, couchées, rampantes. — Feuilles, radicales, rondes, velues, d'un pourpre pâle en dessous, vertes et veinées de blanc en dessus.—En juin-juillet, fleurs peu nombreuses, en grappes lâches, à cinq pétales inégaux, mélangés de rose tendre, de blanc et de jaune

Toutes ces saxifrages, ma charmante amie, sont rustiques et ne craignent pas les plus grands froids, si ce n'est cependant celle de la Chine, un peu plus délicate, qu'il est prudent de couvrir pendant l'hiver, et même d'en conserver quelques pieds en pots. Ces plantes viennent assez bien dans la plupart des terrains, mais elles préfèrent un terrain frais, ombragé et pierreux. Une fois mises en place dans le sol qui leur convient, elles ne demandent plus d'autres soins que d'être garanties des mauvaises herbes, par un léger binage fait de temps en temps. Elles se multiplient pour ainsi dire d'elles-mêmes, les unes par de nouvelles rosettes, les autres par l'extension de leurs pieds ; celle de la Chine par ses filets. La séparation des jeunes plantes doit se faire en octobre ou en mars. La saxifrage granulée perdant ses tiges et ses feuilles dans le mois de juillet, c'est ce moment que l'on doit choisir pour la multiplier, en partageant ses petits tubercules.

Scabieuse du Caucase (SCABIOSA CAUCA-SICA). SYN. : *Astérocéphale du Caucase*. 1803.— Tiges simples, droites, de 60 à 80°.—Feuilles opposées ; les inférieures lancéolées ; les supérieures incisées. — Juin-oct., fleurs très-larges, en capitules solitaires .d'un bleu très-tendre. — Terre légère ; bonne exposition. — Mult. de semences ou d'éclats de pieds.

Scabieuse des Alpes (S. ALPINA). — Tiges de 100 à 150°, droites, peu rameuses, peu feuillées à leur sommet, formant de larges touffes. — Feuilles pinnées, à folioles lancéolées, dentées en scie. — Juillet, fleurs d'un jaune pâle, terminales, penchées. — Même culture

Sédon odorant (SEDUM RHODIOLA). SYN. *Orpin à odeur de rose, rhodiole, O. rhodiole, R. odorante.* — Racine presque tuberculeuse, répandant une assez forte odeur de rose. — Tiges de 20 à 25°, formant une touffe garnie et arrondie. — Feuilles nombreuses, planes, oblongues, épaisses, succulentes, dentées au sommet, glauques. — Juin, fleurs roses ou rougeâtres, en bouquet ombelliforme, serré et terminal. — Terre ordinaire, un peu ombragée. — Mult. de boutures.

Sédon orpin (S. TELEPHIUM). SYN. : *Orpin, O. reprise, O. commun, reprise, grassette, herbe à la coupure.* Indigène. — Tiges de 40 à 50°, glabres, légèrement rameuses au sommet, tendres, cylindriques, feuillées sur toute leur longueur. — Feuilles sessiles, opposées, éparses, planes, épaisses, succulentes, glabres, dentées. — Juillet-août, fleurs purpurines, en cimes corymbiformes, terminales. — Peu difficile sur le terrain, mais cependant se plaisant mieux dans un sol léger ou sablonneux, mais surtout dans les lieux secs et pierreux. — Mult. par séparation des pieds. — Cette plante, qu'on rencontre assez souvent dans les bois, porte, dit-on, le nom de Télèphe. roi de Mysie, qui, le premier, en fit usage comme plante médicinale.

Sédon à fleurs roses (S. SPURIUM). SYN. : *Orpin bâtard.* Caucase, 1816. — Tiges nombreuses, couchées. — Feuilles obovales-cunéiformes, dentées, pubescentes en dessous, ciliées sur les bords. — Juillet-sept., fleurs roses, en corymbes terminaux. — Terre légère et sèche. — Mult. de boutures.

Sédon de Siebold (S. SIEBOLDII). SYN. : *Orpin de Siebold.* Japon. — Tiges de 15 à 25°, simples, rougeâtres. — Feuilles glauques, presque orbiculaires, crénelées au sommet, un peu épaisses, verticillées par trois. — Juillet-septembre, fleurs d'un rose tendre, disposées en cîmes terminales. — Même culture. — Mult. par bouture et séparation des pieds. — Couverture l'hiver ; mais, par prudence, en conserver en pots en orangerie.

Séneçon à feuilles d'Adonide (SENECIO ADONIDIFOLIUS). SYN. : *S. à feuilles d'armoise.* Indigène. — Tiges de 60 à 80', glabres, droites, simples, cylindriques. — Feuilles pétiolées, deux fois ailées, linéaires. — Juillet-août, fleurs jaunes, en corymbe. — Terre ordinaire. — Mult. de semences et d'éclats de pieds.

Silphide à feuilles laciniées (SILPHIUM LACINIATUM). SYN. . *Silphion à feuilles découpées.* Amérique du Nord, 1781. — Tige de 2 à 3 mètres, cylindrique, presque nue. — Feuilles alternes, pinnatifides, longuement pétiolées, légèrement velues. — Juillet-sept., fleurs jaunes, grandes, radiées. — Pleine terre ordinaire et profonde. — Mult. de graines au printemps, ou d'éclats de pieds.

Silphide à feuilles en cœur (S. TEREBINTHACEUM). SYN. : *S. à feuilles cordiformes, S. à larges feuilles, S. térébenthacé.* 1765. — Tiges de 100 à 150°, cylindriques, glabres, striées. — Feuilles radicales, alternes, pétiolées, ovales-cordiformes, dentées ; les caulinaires ovales, dentées en scie, alternes, rudes au toucher.—Juillet-sept., fleurs jaunes, grandes. terminales.

Silphide perfoliée (S. PERFOLIATUM). Amérique du Nord, 1766.—Tiges de 3 mètres, tétragones, lisses.—Feuilles opposées, pétiolées, deltoïdes , glabres, perfoliées. — Juin-oct., grandes fleurs jaunes, peu nombreuses, terminales.— On cultive aussi dans quelques jardins, les silphides *trifoliée* (TRIFOLIATUM) ; *connée* (CONNATUM) ; *ternée* (TERNATUM).

Les silphides sont des plantes automnales très-rustiques, se convenant dans toutes les terres, mieux cependant dans les terrains frais, profonds et bien aérés. Elles se multiplient de semences et par la séparation des pieds. Par leur port élevé, par leurs belles et grandes fleurs, ces plantes sont très-propres à la décoration des grands jardins.

Soldanelle des Alpes (SOLDANELLA ALPINA). Charmante petite plante, originaire de la Suisse, encore très-peu répandue dans les jardins, quoiqu'elle ait paru pour la première fois en France, en 1656.—Tiges de 7 à 8°.—Feuilles radicales reniformes, un peu lobées.—Avril-mai, deux ou quatre fleurs monopétales, campanulées, pendantes, à bords frangés ; pédonculées, d'un violet-pourpré ou blanches, selon la variété. — Terre de bruyère un peu humide ; exposition ombragée.—Mult. de semences ou par la séparation des racines à l'automne ; couverture l'hiver. —Cultivée en orangerie, elle fleurit un mois plus tôt, mais sur les Alpes, où elle croît naturellement, elle ne fleurit qu'en juillet.—Même culture pour la *soldanelle de l'écluse* (S. CLUSII).

Soleil vivace (HELIANTHUS MULTIFLORUS).
SYN. : *S. multiflore, petit soleil, hélianthe multi-*
flore. Canada, 1597.—Tiges de 100 à 130°, nombreuses, formant un large buisson ; rameuses,
rudes au toucher.— Feuilles pétiolées, presque
cordiformes, pointues, dentées, trinervées, scabres.—Août-oct., fleurs jaunes, radiées, simples,
semi-doubles ou doubles, solitaires, terminales.
— Très-rustique ; tout terrain ; toute exposition.
—Mult. d'éclats de pieds, ou de semences, pour
la variété à fleurs simples.

Spirée filipendule (SPIRÆA FILIPENDULA).
SYN. : *Filipendule.* Indigène. Gracieuse et charmante petite plante qui, de nos bois où on la rencontre assez souvent, est venue prendre place
dans nos jardins. — Racine composée de fibres
noirâtres, présentant de temps en temps des ren-
flements tuberculeux, de formes et de grosseurs
variées, et qui semblent suspendus à des fils, d'où
son nom spécifique de *filipendule.*—Tiges herbacées, nues, cylindriques , lisses, de 50 à 60°.—
Feuilles radicales, étalées en rosette à la base de
la tige, longues, ailées, à folioles nombreuses,
oblongues , linéaires , vertes et glabres sur les
deux faces, inégalement et assez profondément
dentées.— Juin-juillet, jolies petites fleurs blanches, simples ou doubles, en corymbe. — Terre
ordinaire, à-demi ombragée, plutôt un peu fraîche
que sèche.— Mult. de semences ou d'éclats de
pieds.

Spirée ulmaire (S. ULMARIA). SYN. : *Reine*
des prés, vignette, ormière. Le nom de *reine des*
prés, donné aussi à cette spirée, nous indique,
mon amie, que cette plante croît naturellement
dans nos prairies, et qu'on la regarde comme la

plus belle de toutes celles qui, chaque année viennent les embellir. — Tiges simples, de 80 à 90°.— Feuilles alternes, pinnées, à folioles vertes en dessus, blanchâtres en dessous, dentées. — Juin-juillet, fleurs blanches, nombreuses, simples ou doubles, en belles panicules. — Même culture. —Variété à *fleurs panachées.*

Spirée barbe de chèvre (S. ARUNCUS). Syn. : *Barbe de bouc, barbe de chèvre.* Sibérie, 1633.—Tiges de 100 à 150°, droites, fermes nombreuses, ramifiées au sommet.—Feuilles trois fois ailées, à 5 ou 7 folioles, oblongues, dentées, pointues.— Juin-Juillet, fleurs nombreuses, petites, dioïques, blanches, en panicules très-élégantes, et ayant quelque ressemblance avec la barbe des chèvres.—Même culture.

Spirée à feuilles lobées (S. LOBATA). Syn. : *Reine des prés du Canada.* 1765.—Racines traçantes.—Tiges de 100 à 130°.— Feuilles pinnées, à foliole impaire plus grande, et à sept lobes ; les folioles latérales trilobées. — Juillet, fleurs roses, odorantes, à sépales réfléchis, en panicules.— Mult. de drageons.

Statice à gazon (STATICE ARMERIA). Syn. : *S. capité, S. à bordures, S. à tête, gazon d'Olympe, herbe à sept tiges, gazon d'Espagne, petit gazon.* Indigène.—Tiges de 15 à 20°, nues, grêles, droites, cylindriques. — Feuilles radicales, linéaires, planes, obtuses, en touffe ou gazon serré, d'un beau vert. —Mai-juillet, fleurs rouges, blanches ou lilas, inodores, en tête terminale. Ce gazon a l'avantage sur la plupart des autres plantes qu'on emploie en bordures, de ne point tracer, de ne s'étendre que lentement en largeur, de durer fort longtemps, et de laisser jouir de ses fleurs pendant plusieurs mois.—Très-rustique. Terre légère et fraîche.— Mult. par éclats de pieds. — Même culture pour les espèces *limonium, scoparia, speciosa, tartarica, sinuata*, etc.

Stellaire des bois (Stellaria nemorum). Syn. : *S. némorale*. Petite plante assez gracieuse, rarement cultivée dans les jardins, sans doute parce qu'elle croît naturellement dans nos bois. —Tiges faibles, feuillées, peu rameuses.—Feuilles inférieures pétiolées, cordiformes ; les supérieures sessiles, lancéolées ; les unes et les autres légèrement pubescentes.—Avril-juin, fleurs blanches, terminales.—Très-rustique ; tout terrain.—Mult. par la séparation des touffes.

Stévie pourpre (Stevia purpurea). Mexique 1812.—Tiges de 50^c, droites, pubescentes, rameuses.—Feuilles alternes, lancéolées, linéaires, éparses, légèrement dentées.—Juillet-août, fleurs pourpres, petites, nombreuses, en corymbe. — Terre légère et chaude, au midi ; couverture l'hiver, et, par prudence, en conserver quelques pieds en orangerie.—Mult. de semences sur couche, ou d'éclats.

Stévie dentelée (S. serrata). Syn. : *S. à feuilles dentelées en scie.* Mexique, 1799.—Tiges de 50^c, droites, rameuses, cylindriques, pubescentes.—Feuilles alternes ou presque fasciculées, glabres, lancéolées-linéaires, éparses, dentées.— Juillet-août, fleurs blanches, petites, nombreuses, odorantes, pédonculées, en corymbes applatis.— Même culture, ainsi que pour la *stévie à feuilles de saule* (S. salicifolia) ; *paniculée* (hissopifolia) ; *à feuilles de monarde* (monardefolia).

Trolle d'Europe (Trollius Europæus). Syn.: *T. globuleux, boule d'or.* Alpes. — Tiges de 40 à

50°, simples, cylindriques, lissés.—Feuilles radicales, palmées, à cinq lobes pointus, incisés et dentés. Mai-juin, fleurs solitaires, assez grandes, terminales, d'un jaune tendre, à 14 pétales ramassés en boule, formant le globe.

Trolle d'Asie (T. ASIATICUS). SYN. : *T. asiatique*. Sibérie, 1759. Cette espèce a les feuilles plus grandes, incisées plus profondément et plus longuement pétiolées. Elle fleurit à la même époque, mais ses fleurs sont plus petites et d'un beau jaune safrané ; les pétales sont plus longs que les étamines, et ne forment pas la boule comme dans l'espèce précédente.—Ces plantes sont rustiques, demandent une terre un peu fraîche, sans qu'elle soit cependant trop ombragée.—Mult. de semences mises en terre aussitôt leur maturité, ou d'éclats de pieds.

Varaire blanc (VERATRUM ALBUM). SYN. : *Verâtre blanc; ellébore blanc*. Indigène. Plante remarquable par son port, mais surtout par la beauté de son feuillage. — Tige d'un mètre, droite, forte, simple. — Feuilles très-grandes, sessiles, amplexicaules, ovales, d'un très-beau vert, plissées, à nervures nombreuses et parallèles.— Juin-août, grande panicule terminale de fleurs blanchâtres, sans apparence. *Varaire noir* (VERATRUM NIGRUM). Tige plus haute, feuilles plus grandes aussi, fleurs brunâtres. — Ces plantes, d'un très-bel effet, sont très-rustiques, se plaisent dans les terrains un peu frais et profonds. —Mult. par leurs œilletons, qu'on doit prendre un peu forts, sans quoi ils reprennent difficilement et sont même sujets à fondre.

Les verges ou **gerbes d'or** (SOLIDAGO VIRGA AUREA). Dont on compte au moins 50 à 60 espèces, nous viennent presque toutes de l'Amérique du Nord, sont très-rustiques, se plaisent dans tous les terrains, à toutes les expositions, et une fois mises en place ne demandent plus aucun soin. Toutes ont des fleurs jaunes, petites, mais nombreuses, en épis ou en panicules. Ces plantes sont propres à la décoration des grands jardins, et mélangées avec les astères, dont la plupart fleurissent à la même époque, elles produisent un assez bel effet pendant une grande partie de l'automne. Toutes se multiplient par la séparation des pieds. Quelques espèces ayant des racines traçantes se propagent souvent d'une manière incommode. Leurs semences mûrissant difficilement, surtout dans le nord de la France ; on les multiplie peu par ce moyen. Dans tous les cas, les semis doivent être faits aussitôt qu'elles sont mûres, car, semées au printemps, elles ne lèvent jamais.

Véronique à épis (Veronica spicata). Syn. : *Queue de rat.* Indigène. — Tiges de 50 à 60°, droites, simples. — Feuilles opposées, crénelées, obtuses.—Juin-août, fleurs d'un bleu tendre, petites, nombreuses, en roue, comme toutes celles du genre, en long épi terminal.

Véronique teucriette (V. teucrium). Indigène.—Tiges de 30°, rameuses, un peu couchées. —Feuilles opposées, ovales, obtuses, dentées.— Juin-juillet, fleurs d'un joli bleu veiné de rouge.

Véronique maritime (V. maritima). Tiges de 60°, grêles, blanchâtres. — Feuilles ternées, irrégulièrement dentées, longues, aigües.—Juin-août, fleurs d'un très-beau bleu, blanches ou carnées, selon la variété, en épis terminaux.

Véronique à feuilles de gentiane (V.

GENTIANOÏDES). SYN. : *V. gentianoïde.* Caucase ,
1748.— Tiges de 40 à 50°, droites, simples.—
Feuilles radicales, en rosette, cartilagineuses sur
les bords , d'un beau vert, pétiolées, ovales-
oblongues ; feuilles caulinaires opposées, plus
longues que les radicales. — Mai-juillet, fleurs
d'un bleu très-pâle, en long épi terminal.

Ces véroniques, qu'on cultive le plus souvent
dans les jardins, sont rustiques et ne craignent
pas les p'us grands froids de nos hivers. Elles se
plaisent dans tous les terrains et à toutes les
expositions.— Mult. facile de semences, plus facilement encore d'éclats de pieds, à l'automne ou
au mois de mars.

Violette odorante (VIOLA ODORATA). SYN. :
V. commune, V. de mars. Tout le monde, ma
gracieuse Emma, connaît cette charmante fleur,
si aimée, si recherchée des dames pour sa suave
odeur. Emblême du mérite modeste, comme lui
la violette aime à se cacher, mais elle n'en est
que plus recherchée. Son parfum la décèle
à la jeune fille , dont elle pare et embaume
le sein ; au jeune homme qui s'empresse de l'offrir à celle qu'il aime, sûr d'en obtenir au moins
un doux sourire pour sa récompense. Dans l'antiquité, cette fleur était regardée comme un symbole de la virginité. Après la rose, c'est peut-
être la fleur la plus recherchée des femmes ; elle
dure peu, il est vrai, mais elle est une des premières que le printemps fait éclore ; et quand
les autres n'ont pas encore paru, elle forme de
gracieux bouquets que l'amour s'empresse d'offrir à la beauté.

La violette, ainsi que je viens de vous le dire,
l'une des premières et des plus aimables filles du

printemps, croît naturellement et abondamment
dans les prés et les bois ombragés ; mais transportée depuis bien des siècles dans nos jardins,
la culture, avec le temps, a obtenu de nombreuses
variétés de cette gracieuse petite plante. *Violette
blanche à fl. simples ; — à fl. doubles, blanches,
violettes ou roses ; — perpétuelle, remontante ou
des quatre saisons ; — de Bruneau, à fl. doubles,
pétales extérieurs violets ; pétales intérieurs panachés de blanc, de rouge, de violet ; — bicolore, à
fl. blanches et bleues ; — de Parme, d'un bleu
très-pâle ; — à fl. doubles, panachées de rose, de
blanc, de violet ; — à fl. doubles pourpres.*

— La violette odorante a les racines traçantes,
fibreuses.—Feuilles radicales, cordiformes, dentées, persistantes, d'un beau vert, formant de
larges touffes, longuement pétiolées.— En mars-
avril, pédoncules radicaux, grêles, simples ;
fleurs bleues ou blanches, à cinq pétales solitaires. — Culture facile ; terre ordinaire, mais un
peu fraîche, et de préférence les expositions du
Levant et du Couchant. La violette de Parme
étant plus délicate, vous devrez, mon amie, la
planter au midi, au pied d'un mur. Dans les
hivers longs et rigoureux, il est prudent de la
couvrir de feuilles sèches ou de litière longue.
Elle redoute beaucoup la neige.— Mult. plus
facile par l'éclat des touffes, ou par la séparation
des rejetons qu'elle donne abondamment et qui
ont pris racine, que par semences.— Pour avoir
des fleurs plus abondamment, il faut les renouveler tous les ans. — Arrosements pendant les
grandes chaleurs de l'été.

Il n'y a pas de fleurs, après la rose, toutefois,
qui ait exercé plus souvent la verve des poètes,

que la violette ; mais de tous les vers qui ont été faits sur cette charmante fleur, je me contenterai, ma bonne Emma, de vous citer ceux de Boisjolin.

> L'obscure violette, amante des gazons,
> Aux pleurs de la rosée entremêlant ses dons,
> Semble vouloir cacher, sous leurs voiles propices,
> D'un pudique parfum les discrètes délices :
> C'est l'emblême d'un cœur qui répand en secret
> Sur le malheur timide un modeste bienfait.

Yucca filamenteux (YUCCA FILAMENTOSA). Virginie.— Tige florifère de 100 à 150°.— Large touffe de feuilles radicales, sessiles, longues, ensiformes, piquantes à leur sommet, dentées, munies sur leurs bords de filaments blancs et pendants, persistantes.— Sept.-oct., grande panicule terminale de près de deux cents fleurs d'un blanc-verdâtre, sessiles.— Terre médiocre, légère ou sableuse, sans fumier, mais en plein midi.— Mult. d'œilletons enracinés, ou de rejetons coupés près de la tige, fanés et plantés sur couche tiède.

Yucca rustique (Y. GLORIOSA). SYN. : Y. nain. Y. magnifique, aiguille d'Adam, cordyline. Amérique du Nord. — Tiges droites, fortes, coriaces, souvent de la grosseur du poignet, ressemblant à un tronc ; tendre, filamenteuse. — Feuilles persistantes, ensiformes, très-longues, raides, piquantes au sommet, entières, sessiles, d'un vert foncé.— Juillet-août, tige florale très-rameuse, qui, en se développant, forme une jolie pyramide de 150 à 200 fleurs blanches, ayant les formes de petites tulipes. — Même culture. Préserver ce dernier de l'humidité pendant l'hiver, et si le froid est très-rigoureux, couvrir le pied de litière.

Je termine ici, mon aimable amie, la description des plantes vivaces de pleine terre. J'aurais pu, certainement, vous en décrire un plus grand nombre, dont on trouve les noms dans quelqnes ouvrages d'horticulture ; mais la plupart de ces plantes ne se trouvent que dans ces ouvrages, et sont bien rarement cultivées. Il devenait donc inutile de vous en parler. Toutes celles décrites dans cette lettre sont généralement fort jolies, d'une culture facile, et suffisantes pour faire toute l'année l'ornement des plus grands jardins. Dans la suivante, qui sera beaucoup moins longue que celle-ci, nous nous occuperons des plantes grimpantes, des arbrisseaux et des arbustes de pleine terre.

Lettre Onzième.

PLANTES GRIMPANTES.

Cette lettre, ma gracieuse Emma, sera entièrement consacrée à la description des plantes grimpantes, des arbrisseaux et des arbustes de pleine terre. Les végétaux grimpants ont des tiges plus ou moins longues, plus ou moins flexibles. Quelques-uns, tels que le chèvrefeuille, la glycine, ont leurs tiges ligneuses. Tous ont besoin d'un appui, sans quoi ils croîtraient moins bien, s'étaleraient confusément sur le sol, n'auraient aucune grâce, et l'on jouirait beaucoup moins de la beauté de leurs fleurs. C'est contre un treillage ou contre des berceaux que l'on plante ordinairement ces végétaux. On peut aussi les cultiver en plein jardin, en leur donnant des tuteurs assez élevés, autour desquels ils s'entortillent. Les tiges de ces végétaux sont dites *volubles*, quand elles s'entortillent d'un seul et même côté, soit de droite, soit de gauche, comme la *glycine*, les *haricots*, les *liserons*. La plupart ont des mains ou vrilles, au moyen desquelles elles s'attachent aux corps environnants. Ces vrilles ou *cirrhes*, ainsi qu'on les appelle aujourd'hui, sont des espèces de filets tournés en spirale. La *vigne*, les *grenadillés*, le *houblon*, vous en offrent des exemples.

Aristoloche siphon (ARISTOLOCHIA SIPHO). SYN. : *A. à grandes feuilles.* Virginie, 1784. — Tiges grimpantes, ligneuses, de 8 à 10 mètres, se tortillant et grimpant autour des arbres, des treillages, des berceaux. — Feuilles alternes, trèsgrandes, entières, cordiformes, arrondies, pâles, veinées et velues en dessous, de 15 à 20ᶜ, pétiolées. — Mai-juin, fleurs monopétales, axillaires, d'un pourpre obscur, ayant la forme d'une pipe orientale, portées par un long pédoncule.—Trèsrustique; tout terrain, mais surtout une terre forte et argileuse. Mult. facile de couchage fait au printemps, pour lever à l'automne; de marcottes avec du bois de deux ans, incisé sur un nœud, ou de semences, quand elles mûrissent, ce qui arrive rarement dans notre province.

Atragène des Alpes (ATRAGENE ALPINA). SYN. : *Clématite des Alpes.* — Tiges rameuses, menues, grimpantes, de 1 à 2 mètres.—Feuilles biternées, à folioles ovales, aigües, incisées, dentées en scie. — Juin-juillet, fleurs blanches, grandes, solitaires, terminales, quelquefois axillaires, velues en leurs bords.—Terre franche, légère; bonne exposition.—Mult. de marcottes, de boutures ou de semences, mais celles-ci lèvent rarement.

Atragène de l'Inde (A. INDICA). SYN. : *A. à grandes fleurs.* Japon, 1776.— Tiges et rameaux sarmenteux, striés, rougeâtres.—Feuilles bi ou triternées, à folioles ovales, entières, pointues, velues, à pétiole long. — Avril-nov., fl. grandes, doubles, d'abord verdâtres, mais devenant blanches insensiblement, solitaires, axillaires, pédonculées.—Même culture; mais pour jouir plus longtemps de la beauté de ses fleurs, les garantir du soleil de 10 à 2 heures; mieux, placer la plante au Levant, et la couvrir dans les grands froids. —Même culture pour l'*atragène de Sibérie.*

Bignone de Virginie (BIGNONIA RADICANS).
SYN. : *Jasmin de Virginie, técoma de Virginie, fleur de trompette.* Très-joli arbrisseau sarmenteux, cultivé pour la première fois en France, sous le règne de Louis XIII.— Tiges de 10 à 12 mètres, glabres, rameuses, grimpantes à la manière du lierre, s'attachant aux corps environnants au moyen de vrilles ou de mains qui, souvent, prennent racines lorsqu'elles trouvent à végéter. — Feuilles ailées, à folioles impaires, ovales, aigües, profondément dentées en scie, d'un beau vert.— Juillet-sept., grandes fleurs monopétales tubulées, d'un rouge éclatant, inodores, en bouquets courts, vers l'extrémité des rameaux. —Bonne terre franche, légère, un peu fraîche. —Mult. de marcottes, de couchages ou de boutures, faites avec du bois de deux ans ; la voie du semis est trop longue, et souvent même les semences ne lèvent pas.— Plusieurs variétés.

Bignone toujours verte (B. SEMPER VIRENS). SYN. : *Jasmin odorant de la Caroline gelsémier brillant.* Malgré le nom spécifique de cette plante, je dois vous dire, mon amie, que ses feuilles sont caduques ; c'est donc à tort qu'on le lui a donné. —Comme l'espèce ci-dessus, ses tiges sont sarmenteuses, mais elles s'élèvent moins haut.— Feuilles opposées, lancéolées, entières, aigües, pétiolées.—Fleurs nombreuses, axillaires, d'un beau jaune, d'une odeur suave, se rapprochant de celle de la giroflée jaune.—Même culture, mais exposition du midi ; et comme elle est sensible au froid, lorsqu'elle est jeune, couverture l'hiver pendant les premières années.

Célastre grimpant (CELASTRUS SCANDENS). SYN. : *Bourreau des arbres.* Canada.—Tiges de 4 à 5 mètres, sarmenteuses, grimpantes, grosses, sans vrilles, mais s'entortillant tellement autour des arbres, qu'il les fait périr, s'ils sont jeunes ; d'où lui est venu son nom vulgaire. — Feuilles alternes, ovales, acuminées, dentelées, lisses, pétiolées. — Mai-juin, fleurs petites, herbacées, en grappes axillaires et terminales. — Tout terrain ; toute exposition.

Chèvrefeuille des jardins (Leonicera caprifolium). Syn. : *Chèvrefeuille d'Italie.* Ce chèvrefeuille, mon aimable amie, croît naturellement dans les haies du midi de l'Europe ; mais chez nous il est cultivé, et ne se voit que dans les jardins. Quoiqu'il soit sarmenteux et grimpant de sa nature, cependant, l'on parvient à en faire un arbrisseau, dont tous les ans on arrondit la tête au ciseau. — Tiges de 10 à 12 mètres, cylindriques, rougeâtres, lisses quand elles sont jeunes, très-flexibles, s'entortillant autour des arbres voisins ou des supports qu'on leur donne.—Feuilles sessiles, entières, glabres, obovales, arrondies, obtuses, glauques en dessous ; les supérieures perfoliées ou plutôt soudées base à base en une seule. —Mai-juin, fleurs monopétales, verticillées, bilobées, terminales, plus ou moins rouges en dehors, exhalant une odeur très-suave.

Chèvrefeuille des bois (L. periclymenum). Syn. : *C. des haies, C velu.* — Rameaux grêles, velus.—Feuilles ovales, oblongues, entières, cotonneuses en dessous. — Fleurs d'un blanc-jaunâtre, très-odorantes.—Variété à *feuilles de chêne.*

Chèvrefeuille de Virginie (L. semper virens). Syn. : *Ch. toujours vert.*— Feuilles persistantes. — Mai-août, fleurs jaunes en dedans, d'un très-beau rouge en dehors, inodores.

On cultive encore, dans quelques jardins, le

L. Japonica, le L. Chinensis, tous les deux fort jolis, et introduits en France en 1806.

Tout terrain, mais bonne exposition.—Mult. de couchage, de marcottes, de boutures et de semences.

Les chèvrefeuilles sont de charmants arbrisseaux, soit pour l'ornement des jardins, soit pour les massifs, quand ils sont en arbustes, soit comme plantes grimpantes, pour garnir les treillages, les tonnelles, pour former de belles et longues guirlandes.

Clématite odorante (Clematis flammula). Syn. : *Cl. flammule, berceau de la Vierge* France méridionale, 1596.—Tiges sarmenteuses, striées, de 5 à 6 mètres.—Feuilles inférieures pennées ; les supérieures simples, entières, lancéolées.—Tout l'été, fleurs nombreuses, blanches, très-odorantes, en panicules terminales.

Clématite à fleurs bleues (C. viticella). Syn. : *C. bleue, vignette.* Espagne, 1569.—Tiges de 3 à 4 mètres, sarmenteuses, très-flexibles, brunâtres, grêles, mais qui deviennent ligneuses en grandissant, tétragones.—Feuilles composées presque toujours de neuf folioles ovales entières, glabres, d'un vert foncé.—Juin-sept., fleurs bleues, violettes ou pourpres, simples ou doubles, selon la variété, pédonculées, axillaires.

Clématite à vrilles (C. cirrhosa). Syn : *C. toujours verte.* Espagne, 1596.— Tiges de 3 à 4 mètres, ligneuses, cylindriques.—Feuilles persistantes, les unes simples et trilobées, les autres sessiles, à folioles ovales-obtuses, d'un vert brillant.—Déc.-janv., fleurs d'un blanc-verdâtre, solitaires, sur des pédoncules latéraux axillaires.

On cultive aussi les clématites *aristée, azurée,*

bicolore, toutes les trois à tiges grimpantes et fort jolies. La *clématite des haies* (CLEMATIS VI-TALBA). SYN. : *Herbe aux gueux, vigne blanche, viorne des pauvres,* mériterait bien certainement de tenir sa place dans nos jardins, quand ce ne serait que pour la singularité de ses semences en plumets soyeux, et qu'elle conserve pendant une grande partie de l'hiver.

Ces clématites, mon aimable amie, sont de jolis arbrisseaux, très-propres à garnir les murs nus ou à former de charmants berceaux. Peu difficiles sur le terrain, on les multiplie de graines semées aussitôt leur maturité, ou de couchage, de marcottes, de boutures et d'éclats de pieds.

Cobée grimpante (COBÆA SCANDENS). SYN. : *Lierre violet.* Mexique, 1792. Cette jolie plante, d'une végétation remarquable, puisque, sans exagération, on la voit souvent croître à vue d'œil, surtout lorsqu'elle est resserrée dans des vases étroits, et qu'on l'arrose fréquemment, pousse des tiges de 10 à 15 mètres, grêles, ligneuses, ne se ramifiant qu'à une certaine hauteur ; rameaux nombreux, flexibles, s'accrochant par des vrilles aux corps environnants. — Feuilles pennées, à folioles ovales opposées. — Tout l'été, grandes fleurs campanulées, d'un beau violet, portées sur des pédoncules axillaires. Cette plante, ma gracieuse Emma, exige au moins l'orangerie pour sa conservation pendant l'hiver ; mais comme elle fleurit et qu'elle mûrit ses graines dans l'an-née où elle a été semée, je vous engage à la trai-ter comme plante annuelle. — Semer de bonne heure, sur couche tiède, mettre le jeune plant en terre avec sa motte, à l'exposition du midi. On peut la multiplier de boutures et de marcottes.

Décumaire sarmenteuse (DECUMARIA SAR-
MENTOSA). SYN. : *Forsythie*. Caroline méridionale,
1785. Arbrisseau à tige sarmenteuse, articulée,
radicante. — Feuilles opposées, ovales, pétiolées,
épaisses, luisantes, dentées à leur partie supérieure. — Août-sept., fleurs blanches, d'une odeur
suave, en panicules terminales très-serrées. —
Terrain frais et ombragé. Mult. de rejetons enracinés.

Eccrémocarpe rude (ECCREMOCARPUS SCA-
BER). SYN. : *E. à fruit rude*. Chili, 1824. — Charmant arbrisseau à tiges grimpantes, ligneuses,
s'élevant de 4 à 5 mètres. — Feuilles ailées, à
folioles incisées. — Juillet-août, fleurs tubuleuses,
écarlates, en grappes latérales, auxquelles succè-
de un fruit rude ayant la forme d'une bouteille.
— Plante propre à couvrir les tonnelles. — Terre
substantielle, exposition chaude. Pendant l'hiver couvrir la racine de fumier long. — Mult. de
boutures.

Glycine tubéreuse (GLYCINE TUBEROSA).
SYN. : *Apios tubereux, haricot en arbre, phase
loide*. Pensylvanie, 1686. — Racines traçantes, à
tubercules ronds, bruns, charnus, attachés entre
eux et à la racine mère par des filets. — Tiges
de 3 à 4 mètres, volubles, rameuses. — Feuilles
alternes, pennées, à 5 ou 7 folioles ovales-lancéolées, aiguës, d'un vert tendre. — Août, fleurs
nombreuses, petites, rougeàtres ou purpurines,
d'une odeur agréable, en grappes serrées. Cette
plante perdant ses tiges chaque année n'est vivace que par ses racines. — Terre ordinaire, mais
mieux terre de bruyère. — Mult. par ses tubercules. Couverture l'hiver.

Glycine frutescente (G. FRUTESCENS). SYN. :

Wistérie d'Amérique, *W. frutescente*, *haricot en arbre*, *apios frutescent*. — Tiges de 4 à 5^m, ligneuses, volubles, persistantes, rameuses. —Feuilles pennées, à folioles ovales-lancéolées. Tout l'été, nombreuses et très-jolies fleurs, en épis ou plutôt en belles grappes, axillaires, pédonculées, d'une belle couleur violette ou d'un blanc bleuâtre. — Terre légère, substantielle, mieux terre de bruyère, à bonne exposition.— Mult. de marcottes, de boutures ou de graines, mais celles-ci mûrissent difficilement, surtout dans notre province.—Variété à fleurs doubles, à fleurs plus grandes et très-belles.

Gylcine de la Chine (G. SINENSIS). SYN. : *Wistérie de la Chine.* 1825.—Tiges ligneuses, sarmenteuses, très-longues. — Feuilles pennées avec impaire, à 9 folioles ovales-lancéolées, soyeuses.—Avril-mai, belles et grandes fleurs très-odorantes, à grappes pendantes, panachées de bleu et de violet. Deux variétés, une à *fleurs blanches*, l'autre à *fleurs bleues.*—Même culture, mais couverture l'hiver.

Au sujet de cette jolie plante nouvellement introduite dans quelques jardins, voici, mon aimable amie, ce qu'en dit la *Revue horticole*, du mois d'octobre 1840 :

GLYCINE DE LA CHINE GIGANTESQUE.

« A Chiswich, dans le jardin de la Société royale d'horticulture de Londres, est planté un GLYCINE SINENSIS dont l'extrémité des branches mesure plus de 50 mètres de longueur, et où il couvre, sur un mur, un espace de 200 mètres carrés. Le nombre de ses rameaux est d'environ 9,000, et celui des fleurs, de 675,000 (des fleurs et non des grappes), pouvant donner 400,000 graines, et le nombre, qui passe l'imagination, de

435

27 milliards de grains de pollen. En plaçant bout à bout les pétales des fleurs, il faudrait faire près de 13 lieues pour parcourir la ligne qu'elles formeraient. »

Maintenant, voici ce que M. Jacques, dans son *Manuel général des plantes*, dit de cette glycine : « La *Wistérie de la Chine* est certainement la plus admirable plante grimpante. Au Japon, elle est plantée dans les promenades publiques, où elle forme, d'après M. Siebold, des berceaux qui ont souvent 16 mètres carrés. Ces belles grappes de fleurs bleu-violacé, pendant du sommet de ce plafond végétal, sont d'un charmant effet ; aussi sont-elles l'objet de spirituelles poésies chez le peuple japonais, qui se réunit sous ces magnifiques berceaux, pour y improviser des vers en l'honneur de la plante, qui sont ensuite attachés aux plus belles grappes. »

Grenadille bleue (PASSIFLORA CŒRUULEA). SYN. : *Passiflore, fleur de la Passion*. Brésil, 1699. —Tiges de 6 à 7^m, anguleuses à leur sommet, rameuses. — Feuilles alternes, persistantes, palmées, à sept digitations oblongues, entières, obtuses, d'un duvet foncé.—Juillet-oct., grandes et belles fleurs axillaires, ne durant que 24 heures, mais se succédant chaque jour ; leur corolle est blanche ; la couronne, plus courte que la corolle, purpurine à sa base, bleu pâle au milieu, bleu plus vif dans le haut.—Terre ordinaire, mais à bonne exposition, et couvrir ou butter le pied pendant l'hiver. Les tiges meurent souvent, surtout quand elles ne sont pas abritées avec des paillassons, mais elles repoussent au printemps, et donnent de même beaucoup de fleurs.—Mult. de marcottes, de boutures, mais plus facilement encore par les rejetons que les racines poussent abondamment. — Plusieurs variétés.

Grenadille incarnate (P. INCARNATA). —

Tiges de 8 à 10^m, grimpantes, menues, cylindriques, glabres. —Feuilles trilobées.— Juillet-
août, fleurs grandes, axillaires, pédonculées, solitaires, blanches avec une couronne purpurine
au centre ; d'un violet pâle à la circonférence.—
Même culture.

Jasmin blanc (JASMINUM OFFICINALE). SYN. :
J. commun, *J. officinal*. Indes orientales, 1548.—
Tiges sarmenteuses de 8 à 10^m, rameuses, très-
flexibles, vertes quand elles sont jeunes, glabres,
striées.—Feuilles opposées, pinnatifides, à 7 folioles ovales-aigües, pétiolées, d'un vert foncé,
l'impaire plus allongée que les autres.— Juillet-
oct., fleurs blanches, monopétales, disposées en
corymbes terminaux ; pédonculées, d'une odeur
très-suave.—Terre légère, substantielle ; exposition du midi. — Mult. de boutures et de marcottes.— En le tondant et en l'arrosant souvent,
il donne des fleurs plus abondamment, surtout
lorsqu'il est cultivé en pots. Quand la terre est
sèche, on voit ses feuilles et ses fleurs tomber.—
Variété à *feuilles panachées en blanc ou en jaune*.

Lophosperme à fleurs roses (LOPHOS-
PERMUM ERUBESCENS). SYN. : *L. pourpre*, *L. rougeâtre*, *L. grimpant*. Cette jolie plante, mon aimable amie, se convient très-bien en pleine terre
pendant toute la belle saison, mais on ne peut la
conserver l'hiver qu'en serre tempérée, ou au
moins en orangerie. Peut-être est-il plus simple
de la traiter comme plante annuelle. — Mexique,
1830.—Tiges grimpantes, de 2 à 3^m, pubescentes,
ligneuses à leur base.— Feuilles grandes, cordiformes, pubescentes aussi. Tout l'été jusqu'aux
gelées, belles et grandes fleurs tubuleuses, d'un
rose plus ou moins vif, marquées intérieurement

de deux lignes de poils jaunes.—Terre fraîche, substantielle, légère ; exposition du midi. La rentrer à l'automne, si on veut la conserver comme plante vivace. — Mult. de semence, sur couche tiède, ou de boutures en juin ou juillet.

Maurandie toujours fleurie (MAURANDIA SEMPER FLORENS). SYN. : *M. toujours verte, M. grimpante, M. sarmenteuse.* Mexique, 1796. De toutes les plantes grimpantes, celle-ci est bien certainement la plus gracieuse, la plus mignonne, et celle qui nous montre ses fleurs le plus longtemps. — Tige de 100 à 160^c, grêles, volubles, rameuses. —Feuilles alternes, triangulaires, hastées, à pétioles longs et flexueux.—Mars-sept., fleurs assez grandes, monopétales, solitaires, inodores roses, bleues ou blanches, selon la variété, portées chacune par un pédoncule long, tortueux, axillaire. — Terre légère et substantielle, mieux celle de bruyère. Couvrir le pied de litière pendant l'hiver, la rentrer en orangerie, ou la traiter comme plante annuelle.—Mult. de semences, sur couche, au printemps ; de marcottes ou de boutures.

Maurandie à fleurs de muflier (M. ANTHIRHINIFLORA). Mexique, 1814.—Tige herbacée, grimpante, glabre, de 3 à 4^m, à rameaux grêles. — Feuilles deltoïdes, sagittées, à pétioles flexueux.— Mai-sept., fleurs lilas, à lobes entiers. — Même culture.

Maurandie de Barclay (M. BARCLAYANA). Mexique, 1825.—Tige de 3^m, herbacée.—Feuilles triangulaires-cordiformes, ou hastées, anguleuses. —Mai-sept., fleurs violet-pourpre.

Pois vivace (LATHYRUS LATIFOLIUS). SYN. : *P. à bouquets, P. éternel, P. de la Chine, P. perpétuel, gesse à larges feuilles.* France

méridionale. — Racine vivace pivotante, napi-
forme quand elle a acquis tout son développement.—Tiges nombreuses, de 100 à 150^c, grimpantes, ou rampantes, si on ne leur donne pas
un appui.—Feuilles larges, ailées, à 2 folioles allongées, pointues; nervées, garnies de vrilles.—
Juillet-août, grappes terminales, plus ou moins
nombreuses, de fleurs d'un joli rose, au nombre
de 10 à 12 sur le même pédoncule, inodores. —
Variété à *fleurs blanches*. — Terre légère et
substantielle ; bonne exposition.—Mult. de semences. Lorsque sa racine a plus d'un an, elle
reprend difficilement. Provenue de semence, cette
gesse ne fleurit qu'au bout de trois ans. Sa tige
meurt tous les ans.

Vigne vierge (CISSUS QUINQUEFOLIA). SYN.: *V.
à cinq feuilles, lierre à cinq feuilles.* — Tiges grimpantes, ligneuses, très-longues, très-rameuses, à
rameaux radicants. — Feuilles nombreuses, palmées, à cinq digitations ou lobes ovales-lancéolés,
pointus, dentés, d'un vert luisant, mais d'un
beau rouge sur l'arrière-saison. — Juin-juillet,
fleurs petites, verdâtres, de peu d'apparence.
Plante propre à faire des berceaux ou à masquer
des murailles, contre lesquelles elle s'accroche et
qu'elle couvre entièrement.

Lettre Douzième.

ARBRISSEAUX ET ARBUSTES

DE PLEINE TERRE.

Ainsi que vous le voyez, mon amie, le nombre des végétaux à tiges grimpantes n'est pas considérable, du moins pour ceux que nous cultivons dans nos jardins.

Nous allons passer maintenant à un autre ordre de végétaux, aux arbrisseaux et aux arbustes de pleine terre.

Dans le précis de botanique que je vous ai donné au commencement de ce petit traité, vous avez vu que tous les végétaux qui couvrent la surface de la terre, se divisent en plantes *herbacées*, en *arbustes*, en *arbrisseaux*, en *arbres*.

Tout végétal ligneux qui porte des bourgeons, dont le tronc s'élève d'un seul jet à une hauteur plus ou moins considérable, qui vit un grand nombre d'années, dont la texture est plus solide que dans les autres végétaux, est un arbre ; mais nous n'avons pas à nous occuper de ces végétaux, qui appartiennent à la grande culture. Ainsi, le *chéne*, le *fréne*, l'*orme*, le *pommier*, le *poirier*, etc., sont des arbres.

Tout végétal ligneux dont l'élévation ne dépasse pas quelques mètres, mais portant aussi des bourgeons, et produisant souvent plusieurs tiges sorties de la même racine, se nomme *arbrisseau*. Sa vie, comme celle des arbres, peut être aussi d'une longue durée. Les *rosiers*, les *lilas*, les *ribes*, les *kalmies*, les *rhododendrons*, sont donc des arbrisseaux.

L'*arbuste* ou *sous-arbrisseau* est une plante à à tige ligneuse, ne s'élevant généralement pas très-haut, croissant souvent en buisson. L'arbuste a un caractère distinctif qui le sépare plus de l'arbrisseau que celui-ci ne l'est de l'arbre. A l'automne, l'arbre et l'arbrisseau poussent des boutons ou bourgeons dans l'aisselle des feuilles. L'arbuste, au contraire, attend le renouvellement de la sève pour produire des boutons ; aussi le même printemps voit naître et s'épanouir des feuilles et des fleurs. Les *bruyères*, le *thym*, la *lavande*, le *romarin*, les *lauréoles* sont des arbustes. La vie des arbustes est beaucoup moins longue que celle des arbrisseaux.

Amandier de Perse (AMYGDALUS NANUS). SYN. : *A. nain*. Charmant petit arbrisseau, originaire de l'orient, connu en France depuis 1683. —Tiges de 100 à 130ᶜ, quand il a acquis toute sa croissance ; rameaux nombreux, grêles, droits, rougeâtres. — Feuilles lancéolées - oblongues, glabres, finement dentées, d'un très-beau vert.— Avril, fleurs nombreuses, petites, d'un rose foncé en boutons, d'un rose pâle, quand elles sont épanouies, axillaires.— Bonne terre franche, et de préférence l'exposition du levant.— Mult. facile de drageons, qu'il produit abondamment. Cet amandier donne des fruits qui mûrissent assez bien, et qui, en cas de besoin, pourraient servir à le multiplier.

Amandier du Levant (A. ARGENTEA). SYN.: *A. argenté, A. satiné, A. d'Orient*. 1755. Cet amandier, fort joli aussi, s'élève à peu près à 3 mètres ; ses rameaux sont diffus ; ses feuilles, couvertes en dessus et en dessous d'un duvet blanc, ont l'air d'être satinées et argentées ; ses fleurs, d'un joli rose, paraissent en mars ou avril. — Même culture.

Aralie épineuse (ARALIA SPINOSA). SYN. : *Angélique épineuse.* Caroline, 1688. Arbrisseau s'élevant à 3 ou 4^m.—Tige droite, simple ou peu rameuse, garnie d'épines. — Feuilles épineuses aussi, grandes, trois fois ailées, à folioles impaires dentées en scie et pointues. — Août-sept., fleurs blanches, petites, en panicules terminales, composées de petites ombelles.— Terrain médiocre, léger, sablonneux ; à bonne exposition. Beaucoup d'arrosements dans l'été. Couvrir le pied l'hiver. Dans les hivers rigoureux, la tige périt quelque fois, mais elle repousse presque toujours au printemps.—Mult. de graines semées aussitôt la maturité, ou par la séparation des pieds. Les aralies provenues de semences doivent être gardées 2 ou trois ans en orangerie, avant d'être confiées à la pleine terre, sans quoi on est exposé à les perdre par le froid.

Aubépine (CRATEGUS OXYACANTHA). SYN. : *Aubépin, épine blanche, néflier aubépine.* Cet arbrisseau très-épineux, très-commun, est peu cultivé dans les jardins comme plante d'agrément, mais il est très-souvent employé pour faire de bonnes haies de défense, et supporte très-bien la taille. Ses fleurs sont blanches, en bouquets, assez jolies, et parfument l'air au printemps. Ses feuilles sont obtuses, trifides, dentées, d'un vert-noirâtre. Ses variétés à *fleurs blanches doubles, roses simples ou doubles, pourpres simples ou doubles,* sont de jolis arbrisseaux, et qui, dans la saison, parent très-bien un jardin. On connaît aussi une variété à *fruit jaune* et une à *fleurs précoces*. Toutes ces variétés se greffent sur l'épine blanche.

Aucuba du Japon (AUCUBA JAPONICA). Cet arbrisseau est plutôt cultivé dans quelques jardins pour son feuillage, qui est assez joli, que pour ses fleurs, qui n'ont rien de remarquable.— Feuilles grandes, ovales, persistantes, d'un vert luisant, marbrées de jaune.—Longtemps tenu en serre, il est cultivé aujourd'hui en pleine terre et supporte très-bien le froid de nos hivers. Terre légère ; exposition à-demi soleil.—Mult. de marcottes et de boutures.

Azalée (AZALEA). Les azalées, ma gracieuse Emma, sont de charmants arbrisseaux qui, au printemps, font l'ornement de nos parterres et de nos serres tempérées. Le *Bon Jardinier* de 1787 n'en cite qu'une seule espèce, et dit : « Cet arbuste a deux variétés, l'une à fleurs blanch'es, l'autre à fleurs de rose. *Il est encore très-rare, surtout celui à fleurs de rose.* » Celui de 1855 et M. Jacques, dans son *Manuel général des Plantes*, en mentionnent douze à quinze espèces, et plus de 80 variétés.

On divise les azalées en deux sections. La première comprend les espèces américaines et caucasiennes ; la seconde, celles de l'Inde.

Les espèces de la première section ont les feuilles caduques, et leurs fleurs cinq étamines ; dans celles de la seconde, les feuilles sont persistantes, et de plus les fleurs ont dix étamines. Ainsi, vous voyez, mon amie, qu'il est impossible de les confondre. Il est essentiel de les bien connaître, puisque les espèces indiennes sont de serre tempérée, tandis que les autres sont de pleine terre et peuvent supporter les froids les plus rigoureux.

M. Jacques subdivise celles-ci en deux sections. La première comprend les espèces dont les fleurs, disposées en corymbe, sont garnies de feuilles; ce sont : Azalea viscosa[1], glauca[2], hispida[3], nitida[4], arborescens[5].

Dans la seconde subdivision, les fleurs disposées en corymbes sont dépourvues de feuilles : Azalea nudiflora[6], speciosa[7], bicolor[8], calendulacea[9], pontica[10], sinensis[11], canescens[12].

Ces azalées, dont toutes les fleurs présentent les nuances de blanc, de rouge, de jaune, produisent un charmant effet dans les massifs. Ils exigent une exposition sèche, ombragée, et la terre de bruyère pure, seulement purgée de ses parties ligneuses les plus grosses, et non tamisée. Un soin essentiel à prendre, quand on les plante en massifs, c'est de drainer le terrain, pour faciliter l'écoulement des eaux pluviales, car une humidité constante peut faire périr leurs racines, surtout pendant l'hiver.

On multiplie les azalées par leurs drageons, lorsqu'ils sont de franc pied ; par marcottes faites en avril ; par semis ou par la greffe faite soit en fente, soit par placage, soit par approche.

Baguenaudier commun (Colutea arborescens). Syn. : *B. ordinaire, faux-séné, arbre et séné aux vessies.* Indigène. —Tiges de 2 à 3^m, rameuses. —Feuilles ailées, à folioles impaires, échancrées au sommet. —Tout l'été, fleurs jaunes,

[1] *Visqueuse,* [2] *glauque,* [3] *hispide,* [4] *luisante,* [5] *arborée.*

[6] *A fleurs nues,* [7] *remarquable,* [8] *bicolore.* [9] *calendulacée,* [10] *pontique,* [11] *de la Chine,* [12] *grisâtre.*

en grappes, pédonculées, axillaires, auxquelles succèdent des gousses rougeâtres, en forme de vessie, pleines d'air, et qu'en s'amusant on presse pour les faire claquer. — Terre ordinaire ; demi-soleil.—Mult. de semences de drageons, de boutures.

Baguenaudier du Levant (C. ORIENTALIS). 1710.—Tiges de 100 à 150°,à rameaux glabres et anguleux.—Feuilles ailées avec impaires, à folioles obovales, échancrées, d'un vert argenté. — Fleurs d'un rouge-jaunâtre, marquées de deux taches jaunes à la base des pétales.—Même cult.

Bois-joli (DAPHNE MEZEREUM). SYN. : *B. gentil, laureole mézeréon, L. B. gentil, L. femelle, L. gentille*. Indigène. Charmant arbrisseau que l'on trouve souvent dans nos bois, et qui mérite son nom par ses branches couvertes pendant long-temps de jolies fleurs qui paraissent avant les feuilles. Il est rameux ; son écorce est grisâtre ; il s'élève de 60 à 80°.—Feuilles sessiles, éparses, oblongues-lancéolées, entières, glabres et peu longues.—Février-mars, quelquefois en décembre et janvier, fleurs roses ou blanches, selon la variété, petites, odorantes, en forme d'épi le long des rameaux, et auxquelles succèdent des baies d'un beau rouge.— Terre légère, un peu fraîche ; exposition un peu ombragée.— Mult. de graines semées avec leur pulpe, aussitôt leur maturité ; de marcottes, de bouture, même par la greffe sur la lauréole commune. Le jeune plant provenant de semis ne fleurit qu'au bout de cinq ou six ans.

Boule de neige (VIBURNUM OPULUS STERILIS). SYN. : *Rose de Gueldres, obier à fleurs doubles, obier stérile, pelote de neige, caillebote*. Cette jolie fleur. qne nous connaissons tous, n'est qu'une variété de la *viorne obier* ou *sureau d'eau*, dont les fleurs blanches, odorantes, sont disposées en corymbes. Les fleurs de la boule de neige sont d'une blancheur éclatante, en globes ou boules, stériles et non doubles, comme on le croit communément. Sa tige est rameuse et devient assez grosse ; ses feuilles, divisées en trois ou quatre lobes, ressemblent à celles de l'érable, sont d'un vert tendre et dentées sur leurs bords. Ses fleurs paraissent en mai et juin ; mêlées dans les parterres ou dans les bosquets aux autres fleurs du printemps, elles y produisent le plus brillant effet.— Terrain un peu frais, et mult. de drageons ou de boutures.

Bugrane frutescente (ONONIS FRUTICOSA). SYN. : *B. ligneuse*. France mérid., 1680. Arbuste de 40 à 50°, à rameaux nombreux et blanchâtres — Feuilles ailées, à trois folioles, petites, étroites, glabres, dentées, presque sessiles, d'un beau vert.—Mai-juin, fleurs couleur de rose, en grappes terminales.—Terrain plutôt sec que frais. —Mult. de graines semées sur place, ou d'éclats et de racines bouturés.

Buplèvre d'Étiopie (BUPLEVRUM FRUTICOSUM) SYN. : *Oreille de lièvre, herbe à gaîne, sèseli d'Etiopie*. France mérid.— Arbrisseau de 1 à 2^m. Rameaux nombreux, droits, cylindriques, formant un fort buisson.—Feuilles simples. alternes, ovales, entières, renversées, persistantes, d'un vert glauque.— Juin-août, fleurs petites, nombreuses, jaunes, en ombelles terminales.—Terre ordinaire, plutôt médiocre que bonne ; à bonne exposition, mais surtout à l'abri du vent du nord.

Calycanthe de la Caroline (CALYCANTHUS

floridus). Syn. : *Pompadoura, arbre aux anémones, arbre aux quatre épices, faux giroflier,*
basteria, *Butneria.* On cultive cet arbrisseau dans
quelques jardins, plutôt pour la singularité de
ses fleurs, et pour l'odeur de pomme de reinette
qu'elles répandent d'une manière assez prononcée, que pour leur beauté. Il fleurit pendant plusieurs mois ; demande un terrain frais et une
exposition un peu ombragée.

Clétra à feuilles d'aulne (Clethra alni-
folia). Syn. : *C. glabre.* Amérique septentrionale,
1731. Arbrisseau. — Tiges de 2^m, rameuses. —
Feuilles alternes, pétiolées, ovales, glabres en
dessus, pubescentes en dessous, dentées.—Août-
oct., fleurs nombreuses, petites, blanches, odorantes, en épis terminaux. — Terre de bruyère,
ombragée, tenue un peu fraîche, et de préférence
au nord.—Mult. de marcottes ou de rejetons,

Cléthra cotonneux (C. tomentosa). Syn. :
C. pubescent. Il ne diffère du précédent que par
le duvet blanchâtre qui couvre l'extrémité de
ses rameaux ainsi que le dessous de ses feuilles.
—Même culture.

Cléthra paniculé (C. paniculata). Feuilles
lancéolées, lisses des deux côtés.—Août, fleurs en
panicule.—*Idem.*

Cytise des Alpes (Cytisus laburnum). Syn. :
*Arbois, bois d'arc, faux ébénier, aubours, ébène
des Alpes.* 1596. Arbrisseau s'élevant de 3 à 4^m,
diffus, rameux. — Feuilles alternes, à trois folioles lancéolées, argentées en dessus, et longuement pétiolées. — Mai, jolies fleurs jaunes, en
grappes nombreuses, terminales, longues, pendantes et du plus gracieux effet.

Cytise velu (C. hirsutus). Syn. : *C. hérissé.*

Hongrie, 1789. Arbrisseau de 60 à 70ᶜ, formant buisson, bien garni de tiges et de rameaux droits, cylindriques.—Feuilles ternées, très-velues, ainsi que leurs pétioles.—Fleurs jaunes, à tête terminale.

Cytise des jardins (C. SESSIFOLIUS). SYN. : *C. à feuilles sessiles, trifolium des jardiniers, petit cytise.* Italie, 1629. — Arbrisseau de 2 à 3ᵐ, formant buisson. — Feuilles ternées, d'un vert clair.—Mai-juin, fleurs jaunes, sur des rameaux pendants.

Le *cytise en épis* ou le *cytise noirâtre* (C. NIGRICANS) a les fleurs jaunes, odorantes, en épis longs de 12 à 15ᶜ, droits et terminaux.

Cytise pourpré (C. PURPUREA). SYN. : *C. à fl. pourpres.* Autriche, 1792. — Arbrisseau d'un mètre, à tiges procombantes, effilées, presque simples. — Feuilles glabres, pétiolées, ternées, à folioles petites, lancéolées. — Mai-août, fleurs pourpres, grandes, latérales, solitaires, pédonculées, axillaires.

Ces cytises, mon aimable amie, font tous un charmant effet dans nos jardins ; sont assez rustiques ; se plaisent à peu près dans tous les terrains, excepté cependant les terrains marécageux et trop argileux.—Mult. de graines semées aussitôt leur maturité ; si on attend au printemps pour les mettre en terre, elles lèvent plus difficilement, et souvent même elles ne lèvent pas du tout.

Dierville jaune (DIERVILTA LUTEA). SYN. : *Chèvrefeuille d'Arabie.* Amérique du Nord, 1706. Arbrisseau de 60 à 90ᶜ, très-touffu ; tiges nombreuses, tétragones, peu ramifiées, répandant une odeur forte, surtout quand on les brise. —

Feuilles opposées-lancéolées, ovales, dentées en scie, acuminées. —Juillet-nov. fleurs jaunes, petites, légèrement odorantes, en grappes axillaires ou terminales. Ses racines étant très-traçantes, il est facile de le multiplier.

Deutzie rude (DEUTZIA SCABRA) 1833. Arbrisseau de près de deux mètres, rameux. — Feuilles assez grandes, opposées, ovales-oblongues, acuminées, dentées, rudes.—Mai-juin, fleurs élégantes, blanches, inodores, en grappes droites, un peu lâches.

Deutzie crénelée (D. CRENATA). 1833. Arbrisseau de 1 à 2^m, à rameaux effilés:— Feuilles brièvement pétiolées, ovales-oblongues, aigües, un peu acuminées, pubescentes —Mai-juillet, fleurs blanches, en thyrses, disposées en prnicules terminales.

Deutzie en corymbe (D. CORYMBOSA). SYN.: *D. à fleurs en corymbe.* 1837. — Feuilles ovales, dentées, glabres, acuminées.—Juin-juillet, fleurs blanches, en panicules corymbiformes.

Deutzie blanchâtre (D. CANESCENS). 1837. — Rameaux effilés, couverts d'un duvet blanchâtre.—Feuilles lancéolées-arrondies, mucronées au sommet, denticulées, rudes en dessus, pubescentes, blanchâtres en dessous.—Juin-juillet, fl. blanches, terminales, en thyrses.

Deutzie grêle (D. GRACILIS). SYN. : *D. à rameaux grêles.* Charmant arbrisseau, qui mérite le nom spécifique de *gracilis*, pour la disposition gracieuse de ses nombreuses fleurs blanches, et qui a été rapporté du Japon en 1833, par M. Siebold, dont le nom est si connu de tous les horticulteurs.—Tiges de 2 à 3^m, en pleine terre, mais si on le cultive en pots, il s'élève beaucoup moins.

Rameaux grêles, flexibles, généralement réfléchis.—Feuilles, ovales, lancéolées, pétiolées, acuminées, finement dentées. — Juin-juillet, fleurs nombreuses, en grappes, axillaires, très-gracieuses, formant d'élégantes panicules retombantes, d'un beau blanc de neige.

Ces deutzies, ma charmante amie, sont des arbrisseaux originaires du Japon, introduits depuis peu d'années dans nos jardins. Par leur port, leur feuillage, leurs fleurs, ils ont beaucoup de rapport avec les synisgats. Ce sont de jolis buissons rameux et touffus qui, pendant deux ou trois mois, ornent très-bien les parterres et les massifs. Ces arbrisseaux sont assez rustiques, peu sensibles au froid, et, une fois plantés, ils ne demandent aucun soin ; sont peu difficiles sur le terrain ; mais ils aiment une exposition ouverte et chaude. On les multiplie de marcottes qui s'enracinent facilement ; de boutures faites en mars avec du bois d'un an, ou en juin avec des boutures herbacées, faites sur couche et sous cloche. Ces arbrisseaux ayant une souche très-ligneuse, il est assez difficile de les multiplier par la séparation des pieds.

Edwarsie à grandes fleurs (EDWARSIA GRANDIFLORA). Nouvelle-Zélande, 1772.—Arbrisseau de 4 à 5^m.—Feuilles ailées avec impaire, de 16 à 20 folioles paires, ovales-lancéolées, velues. —Mai-avril, fleurs d'un beau jaune, grandes, en grappes pendantes. — Terre ordinaire, substantielle ; bonne exposition — Mult. de graines semées sur couche, au printemps, ou de marcottes par incision, mais qui reprennent difficilement. —Couverture l'hiver.

Epigée rampante (EPIGEA REPENS). SYN. :

Arbousier rampant. Canada, 1736. Arbuste toujours vert, de 15 à 20ᶜ, rameux, à tiges ligneuses, couchées.— Feuilles alternes cordiformes, veinées et coriaces.— Juillet, jolies fleurs monopétales, tubulées, blanches ou carnées, à lymbe ouvert et à cinq lobes ; très-odorantes, en grappes axillaires et terminales.—Terre de bruyère un peu fraîche ; exposition du levant ou un peu ombragée.—Mult. de boutures, plus facilement d'éclats de pieds ou de branches enracinées.

Fabiane imbriquée (FABIANA IMBRICATA). Charmant arbrisseau que nous ne connaissons en France que depuis 1832, et qui nous vient du Chili.—Tiges droites, de près de 2ᵐ, en pleine terre, mais moins élevée quand il est cultivé en pots ; rameuses, effilées, droites, fastigiées.— Feuilles petites, charnues, ovales, sessiles, concaves, imbriquées, couvrant les jeunes rameaux.— Juin-juillet, fleurs blanches, nombreuses, tubuleuses, axillaires et terminales.— Bonne terre légère et chaude, en plein midi. Couverture l'hiver, surtout dans notre province, et, par prudence, en conserver un pied en orangerie.—Mult. de boutures.

Genet d'Espagne (GENISTA JUNCEA). SYN. : *Joncier, spartianthe jonciforme.* 1548. Arbrisseau, de 2 à 3ᵐ, moins élevé quand on le laisse croître en buisson.—Tiges lisses, vertes, surtout quand il est jeune. Rameaux nombreux, droits, opposés, cylindriques, flexibles, pleins de moëlle, d'un beau vert, ayant l'apparence de certains joncs. — Feuilles sessiles, rares, éparses, alternes, petites, lancéolées. — Juillet-sept., Fleurs nombreuses, d'un beau jaune, d'une odeur très-agréable, en jolies grappes terminales.—Terre légère, exposition chaude ; se plaît surtout dans les lieux secs et sur les côteaux arides. Il périt quelque fois dans les hivers longs et rigoureux. — Mult. de semences mises en terre aussitôt leur maturité. Cet arbrisseau, ayant une racine pivotante, sans chevelu, supporte difficilement la transplantation, surtout quand le pied a quelques années.—Variété *à fleurs doubles*, inodores, plus délicat encore. On multiplie ce dernier par la greffe.

Genet multiflore (G. MULTIFLORA). SYN. : *G à fleurs blanches, cytise à fl. blanches, genet blanc.* Arbrisseau très-élégant, s'élevant de 1 à 2^m, à rameaux droits, nombreux, grêles, striés, cylindriques.—Feuilles petites, soyeuses, ovales, simples ou ternées, pointues. — Mai-juin, fleurs blanches le long des rameaux.— Même culture ; mais comme il est encore plus sensible au froid, il est prudent de le couvrir pendant l'hiver et de le rabattre au printemps.

Groseillier à fleurs rouges (RIBES SANGUINEUM). SYN. : *G. sanguin.* Charmant arbrisseau, originaire de l'Amérique du Nord, introduit dans nos jardins depuis une trentaine d'années ; s'élève à peu près à 1^m 50^c ; est d'une culture et d'une multiplication faciles.- Feuilles cordiformes, trilobées, dentées, glabres en dessus, pubescentes en dessous.—Avril-mai, fleurs d'un rose vif, en grappes lâches et pendantes.—Variété *à fleurs doubles.*

Groseillier à fleurs pourpres (R. ATROPURPUREUM). SYN. : *G. pourpre foncé.* Même port que le précédent.—Fleurs d'un rouge plus vif, presque pourpres, disposées aussi en grappes lâches et pendantes.

Groseillier doré (R. AUREUM) SYN. : *G. à fleurs jaunes.* Missouri, 1812.—Arbrisseau de

1ᵐ 50ᶜ à 2ᵐ, à rameaux effilés, droits, flexibles.
—Feuilles ovales, trilobées, dentées.—Avril-mai,
fleurs jaunes, disposées en grappes pendantes.

Groseillier odorant (R. PALMATUM). Port
du précédent , mais à rameaux divergents. —
Feuilles plus grandes, cunéiformes à la base. —
Avril, fleurs jaunes, odorantes, en grappes pendantes.

Groseillier de Paxton (R. ALBIDUM) SYN.:
G. à fleurs blanches. Très - belle variété obtenue
en Écosse, par l'horticulteur dont elle porte le
nom, et magnifique acquisition pour l'ornement
de nos parterres dans les premiers jours du printemps. Ses fleurs, d'un blanc de neige, à disque
rose, sont du plus bel effet.

Groseillier de Gordon (R. GORDONIACUM)
SYN. : *Hybride des ribes palmatum et sanguineum.*
A les fleurs couleur nankin et stériles.

Tous ces ribes, ma gracieuse amie, sont des
arbrisseaux rustiques, ne craignant pas le froid
de nos hivers, et faisant au printemps une des
plus charmantes parures de nos parterres. Ils
sont peu difficiles sur l'exposition et sur la nature
du terrain ; mais ils auront toujours une plus
belle végétation dans une terre substantielle et
légère. Il ne faut pas les tailler, si vous voulez
jouir de leurs fleurs ; car celles ci viennent toujours a l'extrémité des jeunes rameaux. Il faut
se contenter de les éplucher, c'est-à-dire de
retirer le bois mort. Cependant, lorsqu'on les
abandonne à eux-mêmes, souvent ils prennent
une mauvaise direction. On peut alors les tailler,
mais il faut avoir soin de le faire aussitôt qu'ils
sont défleuris, couper les branches près d'un œil
ou bourgeon sur le bois d'un an, et supprimer

celles sans vigueur ou confuses, qui ne font qu'altérer le sujet sans jamais donner de fleurs. — On multiplie facilement ces ribes de marcottes, de boutures faites en juin avec des rameaux demi-aoutés, ou des rejetons qui poussent quelquefois au pied.

Hortense du Japon (Hortensia opuloïdes). Syn. : *Rose du Japon, hortensia à feuilles d'obier, H. des jardins.* 1788.— Arbuste de 10 à 12 déc., souligneux, rameux dès la base, à rameaux cylindriques et blanchâtres, ce qui lui donne l'aspect et la forme d'un joli buisson.—Feuilles opposées , ovales, pétiolées, dentées, pointues et lisses sur les deux faces —Juin-nov., fleurs nombreuses, roses ou bleuâtres, mais passant au blanc sale ; ayant la forme et la disposition de celles de la boule de neige, mais plus grosses, inodores et se montrant à l'extrémité des rameaux, où elles forment, par leur réunion, des corymbes touffus et convexes d'une grande beauté. — Terre de bruyère un peu fraîche ; exposition du nord, ou ou moins à demi soleil ; couverture l'hiver, s'il est rigoureux. Cultivé en pots ou en caisse, l'hortensia doit être rentré en orangerie, et la terre renouvelée tous les ans.—Mult. de boutures ou de rejetons enracinés.

Jasmin jaune (Jasminum fruticans). Syn. : *J. à feuilles de cytise.* Indigène des parties méridionales de la France et de l'Europe.—Tiges de 10 à 12 déc., droites, menues, à rameaux grêles, verts, anguleux.—Feuilles nombreuses, petites, entières, persistantes, alternes, simples ou ternées.—Mai-oct., fleurs petites, jaunes, inodores, à l'extrémité des rameaux supérieurs.—Tout terrain, mais exposition chaude.—Mult. de rejetons enracinés, qu'il produit en grand nombre, ou par ses baies semées aussitôt leur maturité.

Kalmie à larges feuilles (KALMIA LATIFOLIA). Canada, 1734. — Arbrisseau de 1 à 2^m, très-rameux, formant buisson, à rameaux cylindriques et glabres.—Feuilles ovales, entières, alternes, pétiolées, planes, d'un vert luisant en dessus, d'un vert pâle en dessous, aigües et lisses.—Juin, fleurs roses, carnées ou blanches, selon la variété, d'une forme élégante et gracieuse, en larges corymbes terminaux. Refleurit quelquefois en septembre.

Kalmie à feuilles étroites (K. ANGUSTIFOLIA). Canada, 1734. Cet arbrisseau, très-rameux aussi, s'élève moins que le *latifolia*. Ses feuilles sont petites, lancéolées, étroites, coriaces, ternées, pétiolées, blanchâtres en dessous. — Mai-juin, fleurs petites, d'un rouge vif d'abord, mais prenant insensiblement la couleur des fleurs de pêcher, disposées, comme celles du *latifolia*, en corymbes terminaux.

Kalmie glauque (K. GLAUCA). SYN. : *K. à feuilles de romarin, K. à feuilles glauques*. Arbuste de 40 à 50^c, en buisson arrondi et bien garni.—Feuilles opposées, linéaires, lancéolées, glabres, glauques sur les deux faces, persistantes. —Mai, fleurs petites, d'un joli rose, en corymbes terminaux.

Les Kalmies, mon aimable Emma, sont de jolis et gracieux arbustes qui décorent très-bien les jardins, surtout quand ils sont en fleurs. Ils sont rustiques, toujours verts, et ne craignent pas le froid. Ils demandent la terre de bruyère un peu fraîche et une exposition un peu ombragée. Tous se multiplient de graines semées en terrine, sur couche chaude, par rejetons enracinés ou par marcottes faites à l'automne, avec les jeunes pousses, et qu'on ne sépare de la mère qu'après la deuxième année.

Ketmie des jardins (Hibiscus Siriacus).
Syn. : *K. d'Orient, mauve en arbre, althœa des jardiniers* ; généralement plus connue sous ce dernier nom que sous les autres. Syrie, 1596. Arbrisseau de 1^m 50 à 2^m 50, rameux.—Feuilles alternes, cunéiformes, trilobées, inégalement crénelées et dentées, glabres et vertes.—Août-sept., fleurs ressemblant beaucoup à celles des roses trémières, mais moins grandes, axillaires, solitaires, pédonculées. Selon les variétés, elles sont rouges, pourpre-violet, blanches, et l'onglet d'un rouge vif, à feuilles panachées, simples ou doubles, etc.—Terre franche, légère et fraîche ; exposition du midi. — Mult. de graines semées en avril, en terrine, sur couche tiède, de marcottes par incision, ou de boutures à l'étouffé, reprenant difficilement lorsqu'elles sont faites à l'air libre.

Laurier amandier (Cerasus lauro-cerasus). Syn. : *L. cerise, L. amandier, cerisier laurier cerise.* Levant, 1576. Arbrisseau très-connu, pouvant s'élever de 5 à 6^m, et cultivé dans les jardins et dans les parcs pour la beauté de son feuillage toujours vert.— Feuilles alternes, persistantes, grandes, ovales-allongées, aigües, coriaces, glabres, d'un vert jaunâtre et luisantes. — Avril-mai, fleurs blanches, d'un blanc peu éclatant, petites, odorantes, en grappes.— Terre franche et bonne exposition ; dans le nord de la France, il est prudent de l'abriter contre un mur, pour le préserver des grands froids.— Mult. de semences et de marcottes.

Ses fleurs et ses feuilles ont l'odeur et le goût des amandes amères, qu'elles doivent à l'acide hydro-cyanique qu'elles contiennent en assez grande quantité. Vous savez, mon amie, que l'on emploie souvent ses feuilles pour aromatiser les crèmes et beaucoup de mets apprêtés au lait. C'est un usage dangereux qui, malheureusement, a occasionné plus d'un empoisonnement. Je dois vous prévenir qu'une feuille ou deux suffisent pour aromatiser un litre de lait ; en mettre un plus grand nombre, c'est donc s'exposer à de graves accidents.

Le **laurier franc**, connu aussi sous les noms de *L. d'Apollon*, *L. commun*, *L. sauce*, ne présente pas les mêmes dangers, et peut être employé sans crainte dans l'art culinaire On le cultive aussi dans quelques jardins; mais comme il est très-sensible au froid, on le perd souvent pendant l'hiver, quoiqu'on ait l'habitude de l'abriter contre un mur, et qu'on ait l'attention de l'empailler.

Lavande commune (Lavandula spica). Syn. : *L. des jardins*, *L. officinale*, *aspic*. Cet arbuste, qui croît naturellement dans les contrées méridionales de l'Europe, même de la France, est très-répandu dans les jardins, et plaît généralement à tout le monde, pour l'odeur agréable et aromatique qu'exhalent ses fleurs fraîches ou sèches —Tige ligneuse à la base, de 60ᶜ, divisée au sommet en rameaux herbacés, nombreux, droits, grèles, tétragones, pubescents et blanchâtres.—Feuilles opposées, sessiles, lancéolées-linéaires, entières, aigües, pubescentes aussi, persistantes, d'un vert-cendré, à bords souvent repliés en dessous. —Juillet-sept., fleurs bleues, en épi simple, interrompu à sa base, terminal. —Peu difficile sur le terrain, mais cet arbuste se plaît mieux en terre légère, sèche, même un peu pierreuse, et à bonne exposition. — Mult. facile de graines, de boutures faites à l'ombre, ou d'éclats de pieds.

Lilas commun (SYRINGA VULGARIS). Perse, 1562. — Arbrisseau de 4 à 5^m, à rameaux nombreux. — Feuilles cordiformes-aigües, opposées, entières, pétiolées, d'un beau vert, lisses. — Avril-mai, fleurs petites, nombreuses, tubulées, à 4 lobes, lilas ou blanches, selon la variété, d'une odeur suave, en thyrse.

Lilas de Marly. Variété de l'espèce précédente ; s'élève moins haut ; fournit des thyrses plus épais, plus allongés, d'un violet-pourpre.

Le **lilas royal,** un des plus répandus aujourd'hui dans les jardins, est une sous-variété du lilas commun. Ses fleurs sont plus nombreuses, plus colorées ; elles forment un thyrse plus compacte. Ce lilas est fort joli.

Lilas de Perse. Même origine, et introduit dans nos jardins à la même époque que le lilas commun. Il est plus petit ; ses rameaux sont grêles, moins garnis de feuilles ; celles-ci sont plus petites ; ses thyrses sont plus lâches et allongés ; ses fleurs sont plus pâles et se montrent plus tard. Il est plus délicat ; il a une variété à *fleurs blanches,* plus délicate encore.

Lilas Varin (S. ROTHOMAGENSIS). SYN. : *L. de Rouen.* A été obtenu il y a à peu près une cinquantaine d'années, par Varin, jardinier en chef du Jardin-des-Plantes de Rouen. On le regarde comme un hybride du lilas commun et du lilas de Perse. — Feuilles plus petites que celles du lilas ordinaire ; thyrses très-allongés, et fournis de fleurs plus grosses et plus colorées que celles du lilas de Perse.

Le **lilas saugé** diffère du précédent par ses fleurs plus rouges et plus belles.

Lilas de Hongrie (S. JOSIKÆA). SYN.: *L.*

Josika. 1828. — Arbrisseau de 2 à 3ᵐ, très-rameux.— Feuilles ovales, oblongues, acuminées, légèrement ciliées, d'un vert foncé, glabres sur les deux faces, luisantes en dessus, blanches en dessous. — Fleurs d'un violet-bleuâtre, en panicule et non en thyrse. Encore très-peu répandu. Il fleurit quinze jours après les autres.

Tous les lilas, mon aimable amie, sont de pleine terre, se conviennent à peu près bien dans tous les terrains, mais ils se plaisent particulièrement dans une bonne terre franche. Ils sont rustiques et supportent très-bien les froids les plus rigoureux de nos hivers, si ce n'est cependant celui de Perse, plus délicat, et qui ne se convient bien que dans les terres légères. On les multiplie facilement : le lilas commun par semences ou par drageons, quand il est franc de pied ; les autres par boutures, marcottes, écussons, greffes. Pour que ces jolis arbrisseaux fleurissent bien chaque année, je dois vous recommander de couper les panicules de fleurs aussitôt qu'elles sont défleuries et avant qu'elles mûrissent leurs graines.

Mahonie rampante (MAHONIA REPTANS). Amérique du Nord, 1832. Petit arbuste de 70 à 80ᶜ, diffus —Feuilles persistantes, à 5-7 folioles ovales-arrondies, sessiles, épineuses, d'un vert foncé, pâles et réticulées en dessus. — Au printemps, fleurs jaunes, en épis droits et serrés; baies d'un noir-bleu.—Racines traçantes.— Terre de bruyère ou terre ordinaire un peu fraîche ; à demi-ombre. — Mult. de semences ou de rejets enracinés.

Mahonie à feuilles de houx (M. AQUIFOLIA). Nouvelle-Angleterre, 1833. Arbuste de 1 à 2ᵐ.—Feuilles persistantes, d'un vert brillant, à 5-9 folioles ovales-lancéolées, sessiles, pointues, épineuses, dentées peu profondément, un peu rouges en dessus. glabres sur les deux faces. — Avril-mai, fleurs d'un jaune-citron, en grappes droites, très-fournies, terminales.

Mahonie du Népaul (M. NEPAULENSIS). Arbuste rameux, de 1 à 2ᵐ.—Feuilles persistantes, de 11 à 13 folioles, luisantes, bordées de dents, presque épineuses, ovales-lancéolées. — Fleurs jaunes, d'un joli aspect, peu nombreuses, en grappes grêles, peu allongées. On cultive encore dans quelques jardins la *mahonie fasciculée*, la *mahonie à feuilles variables*, etc. Tous ces jolis arbustes, ma gracieuse Emma, sont de pleine terre et très-rustiques.

Pivoine en arbre (PŒNIA ARBOREA). SYN. : *P. moutan*. C'est à l'impératrice Joséphine que nous devons l'introduction en France de ce superbe arbuste, originaire de la Chine. Elle remonte en 1807, et on le vit pour la première fois en fleurs dans les jardins de la Malmaison, et en 1812 dans le Jardin-des-Plantes de Paris.

La pivoine en arbre s'élève à peu près à un mètre ; a un port gracieux, un beau feuillage, de très-jolies fleurs roses, très-larges, dont les pétales sont d'un rose vif à la base, plus pâles ou blanchâtres au sommet, paraissant d'avril en juin. On la multiplie de semences ; mais je dois vous prévenir que celles obtenues ainsi sont souvent sept à huit ans avant de fleurir. Les autres modes de multiplication sont les marcottes, boutures, la greffe en fente, ou à la pontoise. Cet arbuste demande une exposition demi-ombragée, mais chaude, et se convient très-bien en terre de bruyère pure ou mélangée avec de la terre à oranger. On doit lui donner beaucoup d'eau aux approches de la floraison, mais modérer les arrosements quand la végétation est suspendue.

Poirier du Japon (Cidonia japonica). Syn.: *Chénomelle du Japon, cognassier du Japon, buisson ardent.* Arbuste tortueux, diffus, un peu épineux, de 1^m à 1^m 50^c. — Feuilles ovales, oblongues, luisantes, glabres, crénelées, dentées, munies de stipules réniformes, dentelées. — Mars-juin, fleurs d'un rouge très-vif, presque sessiles, latérales, solitaires ou fasciculées.—Variété *à fleurs blanches,* moins belle.— Bonne terre franche légère et profonde, ou terre de bruyère, et de préférence l'exposition du levant ou du couchant.—Mult. de boutures ou de marcottes qui sont quelquefois deux ans à s'enraciner. Au printemps, cet arbuste fait un charmant effet dans les massifs ; mais quand il est palissadé contre un mur, et qu'il est couvert de fleurs, il produit vraiment un coup-d'œil enchanteur.

Potentille frutescente (Potentilla fructicosa). Syn. : *P. en arbre.* Nord de l'Europe.— Arbuste de 10 à 12 déc., très-rameux, à tiges diffuses et ligneuses.—Feuilles pennées à 5-7 folioles, étroites, entières, rapprochées, pointues, d'un vert blanchâtre, un peu velues.—Tout l'été, fleurs d'un beau jaune, disposées en bouquet au sommet des rameaux.—Très rustique ; peu difficile sur le terrain et sur l'exposition.—Mûrit rarement ses graines ; on le multiplie par drageons.

Robinier rose (Robinia hispida). Syn. : *Acacia hispide, A. rose, A. de la Chine.* Caroline, 1743. Originaire de l'Amérique du Nord, c'est

donc à tort qu'on lui donne le nom d'acacia de la
Chine. — Arbrisseau de 4 à 5^m, très-rameux, à
rameaux diffus, très-cassants, couverts de poils
hispides, rougeâtres. — Feuilles ailées, avec impaire. — Juin-sept., fleurs d'un joli rose, pédonculées, en grappes axillaires. — Peu difficile sur
le terrain, mais cependant préferant une terre
fraîche et légère. — On le multiplie par la greffe
en écusson faite en septembre, mais mieux par
la greffe en fente sur le robinier-faux-acacia, faite
en février ou mars. Cet arbrisseau étant très-
cassant, il lui faut toujours un tuteur, sans quoi
un coup de vent suffit souvent pour le briser en
plusieurs morceaux.

Rhododendron (Rhododendrum). Syn. :
Rosage. Les rhododendrons, ma gracieuse Emma,
sont de très-jolis arbrisseaux à feuilles persistantes, qui, par la beauté, la grandeur de leurs
fleurs, si variées de couleur, peuvent rivaliser
avec les pivoines en arbre. Leur culture est facile. Ils demandent la pleine terre de bruyère,
l'exposition du levant, mais de préférence celle
du nord. Plantés en terre ordinaire de jardin, et
placés au midi, leur végétation est languissante ;
on les voit même dépérir chaque année, et finir
par mourir. Ces arbrisseaux sont, dans les mois
de mai et de juin, l'un des plus beaux ornements de nos parterres. Ils ont le mérite, très-
précieux surtout pour les pays septentrionaux,
d'être très-rustiques et de conserver toute leur
verdure sous la neige et les frimats. Il me serait
beaucoup trop long de vous donner la description
de toutes les espèces et leurs variétés que nous
possédons, je me contenterai de vous indiquer
ceux que l'on rencontre le plus souvent dans
nos jardins.

R. pontique (R. ponticum). Fleurs d'un pourpre-violet. Il a de nombreuses variétés.

R. ferrugineux (R. ferrugineum). Fleurs d'un rouge vif.

R. ponctué (R. punctatum). Fleurs d'un rose vif, ou carnées, ou pâles, selon la variété.

R. d'Amérique (R. maximum). Fleurs en corymbe, roses ou plus ou moins rouges.

R. hérissé (R. hirsutum). Fleurs écarlates, en ombelles.

R. de la Daourie (R. Davuricum) Fl. pourpres

Romarin officinal (Rosmarinus). Syn. : *Rosée de mer, encensier, herbe aux couronnes.* Cet arbuste, connu depuis une haute antiquité, était en grande vénération dans les Gaules. Les druides avaient l'usage d'en planter autour des tombeaux, et de s'en servir aussi dans la plupart de leurs cérémonies religieuses. C'était chez les anciens une de leurs plantes coronnaires ; ils aimaient à s'en parer le front dans les fêtes solennelles. — Tige ligneuse de 1ᵐ à 1ᵐ 50ᶜ, droite, rameuse, à rameaux grêles, allongés, de couleur cendrée.— Feuilles persistantes, étroites, linéaires, fermes, épaisses, opposées, vertes en dessus, blanchâtres en dessous, roulées en leurs bords, obtuses au sommet, très-aromatiques.—Février-mai, fleurs petites, d'un bleu pâle, solitaires, axillaires ou terminales. — Terre légère, pierreuse et sèche ; bonne exposition.— Mult. de marcottes, de boutures ou d'éclats de pieds. Cet arbuste étant assez sensible au froid, surtout dans le nord de la France, il n'est pas prudent de le planter dans des situations ouvertes, mais bien au contraire contre un mur, au midi. Malgré cette précaution, il périt quelquefois dans les hivers rigoureux.

Rosier à cent feuilles. (ROSA CENTIFOLIA).
Depuis la plus haute antiquité, les rosiers, mon
aimable amie, sont connus de tout le monde ;
la rose doit être regardée comme une des plus
brillantes, des plus gracieuses productions du
règne végétal. Elle a été chantée par les poètes
de tous les âges comme la reine des fleurs, et
célébrée chez toutes les nations, comme l'emblême de la beauté et de la fraîcheur. Tout ce
qu'on peut imaginer de plus parfait dans les
formes, de plus suave dans les odeurs se trouve
réuni dans la rose à cent feuilles.

Gentil Bernard. épis des charmes de la rose,
lui dit dans un amoureux transport et dans l'impatience de la cueillir :

> Tendre fruit des pleurs de l'aurore,
> Objet des baisers du zéphir,
> Reine de l'empire de Flore,
> Hâte-toi de t'épanouir.
>
> Que dis-je, hélas ! diffère encore.
> Diffère un moment de l'ouvrir ;
> L'instant qui doit te faire éclore
> Est celui qui doit te flétrir.

Les rosiers, mon amie, sont des arbrisseaux
qui s'élèvent plus ou moins haut, selon l'espèce.
Il en existe qui ont à peine 8 à 10e de hauteur,
tels que les *laurences*, la *lilliputienne* le *pompon
bijou* etc. ; tandis que d'autres ont plusieurs
mètres et souvent plus. Ils sont indigènes ou exotiques, la plupart couverts d'aiguillons épars,
plus ou moins gros, plus ou moins piquants. Ils
sont tous à feuilles pennées avec impaire , accompagnées de stipules ordinairement foliacées, soudées à la base du pétiole commun. Leurs fleurs
varient de grandeur ; les unes ont à peine la

largeur d'une pièce de un franc ; d'autres, comme
celle de *la reine*, ont jusqu'à cinq ou six centimètres de diamètre ; elles sont terminales, simples ou plus ou moins pleines ; tantôt solitaires,
tantôt disposées en corymbes, inodores ou odorantes.

Pendant bien des siècles, le nombre des espèces
et leurs variétés était bien restreint ; mais aujourd'hui on les compte par milliers, nombre qui
augmentera encore, puisque l'on sème toujours.
Nous deviendrons si riches, que nous finirons
par être embarrassés de nos richesses. Il est vrai
que, parmi toutes ces variétés, il y en a beaucoup qui diffèrent si peu les unes des autres,
qu'il faut des yeux bien exercés pour voir les
différences qui existent entre elles. Cela n'empêche pas les horticulteurs marchands de leur
donner des noms bien pompeux, auxquels certains amateurs se laissent souvent prendre. Je
crois, mon amie, que, parmi nos plus belles variétés, il serait difficile d'en trouver seulement un
cent ou deux qui, par leur fraîcheur, leur éclat,
leur forme gracieuse, leur odeur suave, pussent
rivaliser avec notre belle rose à cent feuilles, et
celle des peintres, plus belle encore.

Le plus grand nombre des rosiers cultivés aujourd'hui sont sur églantiers. Si ce n'est les anciennes espèces et leurs variétés, on en voit bien
peu de francs de pied. Tous sont de pleine terre,
très-rustiques, et, sauf quelques exceptions, supportent très-bien les froids les plus rigoureux.
Les espèces sensibles au froid doivent être couvertes pendant l'hiver ou rentrées en orangerie ;
telles sont les *multiflores*, quelques variétés de *noisette*, les *muscates*, les *banks*, les *thés*, qui supportent difficilement plus de cinq à six degrés de froid.

Les rosiers aiment une terre franche, substantielle, légère et un peu fraîche. N'importe le terrain dans lequel on les cultive, il doit être amendé chaque année, ou au moins tous les deux ans, avec du bon terreau, ou à défaut, avec du fumier bien consommé. Le fumier long et chaud détermine souvent le blanc aux racines ; maladie qui finit par faire périr les individus qui en sont attaqués. Cet arbrisseau ne se plait pas dans un terrain argileux et compacte ; il y croît toujours mal, surtout les espèces délicates. Dans un sol humide, les fleurs des rosiers sont généralement moins odorantes. L'exposition qui leur convient le mieux est celle du levant ; ils y conservent plus longtemps la beauté et la fraîcheur de leurs fleurs. Au midi, celles-ci sont moins belles et durent à peine un jour. Quand on a des rosiers plantés à cette exposition, il faut d'abord les arroser fréquemment, et dans la saison d'été, couvrir celles-ci pendant la grande ardeur du soleil, c'est-à-dire depuis dix heures du matin jusqu'à trois ou quatre heures du soir.

Tous les rosiers aiment le plein air et à végéter en liberté. Ils réussissent toujours moins bien dans les petits jardins, surtout quand ceux-ci sont entourés de murs ou d'habitations. Quelques espèces, qui s'élèvent très-haut, aiment à être palissadées contre un mur.

Les rosiers se multiplient facilement par semis, par drageons pour ceux francs de pied, par par marcottes, par la greffe, soit en fente, soit en écusson ; la première peut se faire en janvier ou février, mais c'est la dernière que l'on emploie le plus souvent. On écussonne à œil poussant ou à œil dormant, c'est-à-dire au printemps ou à la fin de l'été. **Pour obtenir des francs de pied, on** bouture ; mais beaucoup d'espèces se refusent à ce genre de multiplication. La voie des semis est toujours fort longue et n'est employée que lors qu'on veut obtenir de nouvelles variétés. Aussi n'attend-on pas que les rosiers ainsi obtenus fleurissent , ce qui demande ordinairement quelques années ; on s'empresse d'en porter les écussons sur des églantiers, et souvent un ou deux mois après, l'on peut juger si la nouvelle rose obtenue mérite d'être conservée et de venir prendre place au sein de la belle et nombreuse famille.

Chaque année, les rosiers de franc pied doivent être rabattus à 30 ou 40° de terre. Pour ceux à tiges, on doit les tailler, et toujours de manière à leur former une tête bien faite, bien arrondie. On les taille alors à deux ou trois yeux, en supprimant aussi les branches mal placées ou mal faites, ainsi que tout le bois mort. Cette opération doit se faire plutôt au mois de mars qu'à l'automne, au moment où les bourgeons commencent à se montrer. Faites plutôt, il arrive souvent que les branches meurent à plusieurs centimètres audessous de l'œil où elles ont été coupées, ce qui oblige de les couper de nouveau.

Les fleurs étant toujours plus nombreuses, mais surtout plus belles sur le jeune bois que sur le vieux, voilà pourquoi, sauf cependant quelques exceptions, il faut tailler les rosiers tous les ans. D'un autre côté, comme l'on doit préférer la beauté à la quantité, il faut savoir faire des sacrifices, et supprimer plus ou moins de boutons, selon la force du sujet. On doit faire cette suppression de manière à en conserver quelques-uns des plus avancés, quelques autres ensuite de moindre force, et continuer ainsi jusqu'aux derniers qui commencent à paraître. Par ce moyen, ceux qui fleuriront donneront de plus belles fleurs.

Ces conseils, mon aimable amie, sont ceux que je crois devoir vous donner sur la culture des rosiers, et je les crois suffisants pour de simples amateurs.

Il n'y a pas de fleurs, ma bonne Emma, qui ait plus exercé la verve des poètes que la rose. On ferait un volume de tous les vers faits en son son honneur. Tout le monde connaît ceux de l'abbé Delille commençant par ce vers :

> Mais qui peut refuser un hommage à la rose ?

Permettez-moi, pour terminer cet article, de vous citer ceux de Lemière, moins connus :

> Rose de nos jardins, rose aux vives couleurs,
> Sois fière désormais d'être le prix des mœurs,
> Et de voir éclater tes beautés printanières
> Sur le front ingénu des modestes bergères.
>
> Sois plus flattée encor de servir, de nos jours,
> De couronne aux vertus que de lit aux amours ;
> LA POMME A LA PLUS BELLE, a dit l'antique adage ;
> Un plus heureux a dit : LA ROSE A LA PLUS SAGE.

Santoline commune (SANTOLINA CHAMOECYPARISSUS). SYN. : *S. cupressiforme, Aurone femelle, Citronelle, petit cyprès, garde-robe.* Arbuste de 40 à 60ᶜ, en buisson arrondi, croissant naturellement dans nos départements méridionaux, très-garni de rameaux droits. cylindriques. — Feuilles très-petites, linéaires, persistantes, tomenteuses, vertes, ressemblant un peu à celle du cyprès.—Juillet-août, fleurs d'un beau jaune, longuement pédonculées, solitaires, terminales et répendant une odeur assez forte, ainsi que les autres parties de la plante.—Terre sèche, légère, chaude, en plein midi.— **Mult.** de marcottes et de boutures. Dans les hivers rigoureux, il est prudent de couvrir cet arbuste et même d'en conserver quelques pieds à l'abri du froid.

Même culture pour la *S. à feuilles de romarin.*

Saule argenté (SALIX ARGENTEA). Amérique du Nord.— Arbuste de 60 à 90ᶜ, rameux, à rameaux courts et fermes.—Feuilles ovales-lancéolées, soyeuses et argentées des deux côtés.—Terrain frais, humide et ombragé. – Mult. facile de boutures.—Cultivé dans quelques jardins seulement pour son joli feuillage.

Spirée à feuilles de saule (SPIRÆA SALICIFOLIA). Sibérie. — Arbuste de 10 à 12 déc., rameux, à tiges glabres. — Feuilles ovales-lancéolées, dentées, ressemblant baecoup à celles du saule.—Juin-Juillet, fleurs blanches et couleur de chair, petites, nombreuses, en panicules terminales assez longues.

Spirée à feuilles d'obier (S. OPULIFOLIA). SYN. : *Bois à sept écorces.* Canada, 1690.—Arbrisseau de 2 à 3ᵐ, très-rameux.—Feuilles ovales-oblongues, pétiolées, alternes, trilobées, dentées. —Juin-juillet, fleurs blanches, pédonculées, nombreuses, en corymbe, arrondis et terminaux.

Spirée à feuilles d'orme (S. ULMIFOLIA). Hongrie, 1790.—Arbrisseau rameux, de 12 à 15 déc.—Feuilles ovales-oblongues, pointues, dentées.—Mai-juin, fleurs blanches, en corymbes terminaux presque hémisphériques.

Spirée à feuilles de millepertuis (S. HYPERICIFOLIA). Canada· 1640.—Arbrisseau de 1 à 2ᵐ, à rameaux grêles et arqués, rougeâtres, ainsi que la tige.—Feuilles nombreuses, sessiles, ovales, rétrécies à leur base, d'un vert foncé.

—Avril-mai, fleurs petites, blanches en petites ombelles très-nombreuses, axillaires, unilatérales.

Spirée à feuilles lisses (S. LOEVIGATA). Sibérie, 1774.—Arbuste très-rameux, de 10 à 12 déc. formant un épais et large buisson.— Feuilles lancéolées, sessiles, entières, d'un vert glauque.—Avril-mai, fleurs blanches, petites, en grappes serrées et terminales.

Spirée du Japon (S. JAPONICA). SYN. : *Corrête du Japon, corchorus, kerrie du Japon.* 1810. Cet arbrisseau, très-répandu aujourd'hui dans tous les jardins, a d'abord été cultivé lors de son introduction en France, en serre tempérée, culture qui ne lui convient nullement, puisqu'il est très-rustique, qu'il supporte les plus grands froids, et qu'il pousse avec beaucoup plus de vigueur en pleine terre qu'en pots.—Tiges grêles, flexibles, rameuses, diffuses. d'un très-beau vert, et s'élèvant de deux à trois mètres.— Feuilles ovales, alternes, crénelées.—Février-mars et souvent jusqu'à l'automne, fleurs très-doubles, d'un beau jaune, nombreuses, de la grandeur d'une rose pompon, produisant un bel effet.—Terre ordinaire un peu fraîche ; exposition à demi ombragée.—Mult. facile de boutures et plus facilement encore de drageons qu'il produit abondamment.

Spirée à feuilles de prunier (S. PRU-NIFOLIA). Japon. Cette spirée, une des plus belles du genre, n'a été introduite dans nos jardins que depuis une douzaine d'années à peu près.— Arbuste de 10 à 15 déc., à rameaux grêles, nombreux, serrés, droits.—Feuilles ovales, arrondies à la base, d'un vert luisant, alternes, pétiolées, très-finement dentées.—Au printemps, fleurs nombreuses, d'un beau blanc, ayant beaucoup de ressemblance avec celles de la renoncule à feuilles d'aconit (*bouton d'argent*) et durant assez longtemps.—Très-rustique. Terre légère et substantielle ; de préférence l'exposition du Nord.—Mult. de bouture des jeunes rameaux à froid, sous chassis ; plus surement sur couche tiède et sous cloche.

On cultive aussi dans quelques jardins, *les spirées à feuilles de germandrée, à feuilles lobées, trifoliée, florescente, à feuilles d'allouchier, de Douglas, à feuilles de sorbier*, etc.

Toutes ces spirées, mon aimable amie, et celles herbacées, dont je vous ai parlé à l'article des plantes de pleine terre, forment une jolie famille, d'autant plus intéressante, que les espèces qui la composent sont toutes rustiques et aussi faciles à cultiver qu'à multiplier. En général, ces arbrisseaux se plaisent beaucoup mieux dans les terrains ombragés et un peu humides que dans les terrains secs et exposés au soleil. On les multiplie facilement de drageons, de marcottes et de boutures.

Staphylier pinné (STAPHYLEA PINNATA) SYN.: *Staphylé à feuilles ailées, faux pistachier, nez coupé, patenôtrier*. Europe méridionale, 1560. Arbrisseau de 4 à 5^m, croissant volontiers en buisson, poussant rapidement, garni de tiges et de rameaux.— Feuilles ailées avec impaire, à 5 ou 7 folioles, ovales-oblongues, pointues· finement dentées, glabres, d'un beau vert.—Avril-juin, fleurs blanches, inodores, en grappes pendantes, auxquelles succèdent des capsules membraneuses contenant deux ou trois graines osseuses et colorées, avec lesquelles on faisait anciennement des chapelets ou patenôtres. — Arbrisseau rustique, s'accommodant de tous les terrains et de toutes les expositions, et qu'on multiplie de semences ou de rejetons.

Sumac des jardins (Rhus typhinum) Syn. : *S. de Virginie, S. amaranthe.* 1629. Arbrisseau pouvant s'élever à 4 ou 5^m, à rameaux tortueux, irréguliers, couverts de poils rouges, et doux au toucher. — Feuilles pinnées avec impaire, à 8 ou 10 folioles lancéolées, aigües, finement dentées en scie, cotonneuses en dessous, se teignant d'un beau rouge à l'automne. — juillet, fleurs rougeâtres, réunies en panicules serrées, axillaires, donnant naissance à des baies arrondies et pressées, et qui forment de beaux épis veloutés et rouges. A l'automne, les feuilles qui ont pris une belle teinte rouge et ces épis produisent un coup-d'œil charmant. — Cet arbrisseau est toujours tordu, mal fait, et il est impossible de lui faire prendre une belle forme. — Terre douce, d'un bon fond, légère et sèche. Comme ses racines tracent beaucoup, il est facile de le multiplier de drageons.

Syringat odorant (Philadelphus coronarius). Syn. : *S. des jardins.* Indigène. Arbrisseau de 2 à 3^m, très-rameux. à rameaux anguleux. — Feuilles ovales-acuminées, opposées, pétiolées, inégalement dentées, vertes et glabres. — En juin-juillet, fleurs polypétales, d'un blanc sale, très-odorantes, même d'une odeur si forte que plusieurs personnes ne peuvent la sentir sans en être incommodées. Variété à *feuilles panachées.*

Syringat inodore (P. inodorus). Caroline, 1738. Arbrisseau. — Même port, même feuillage. — Fleurs plus grandes, inodores, moins nombreuses.

Le **Syringat à grandes fleurs** (P. GRAN-
DIFLORUS). Caroline, 1811, et le **Syringat pubescent** (P. PUBESCENS). Amérique du Nord, 1820,
sont deux jolis arbrisseaux cultivés aussi dans
beaucoup de jardins ; leurs fleurs sont grandes et
inodores.

Les siringats se plaisent dans tous les terrains
et à toutes les expositions. On les multiplie de
graines, de rejetons ou de marcottes et de bou_
tures, faites en avril et mai, avec des rameaux
de l'année précédente.

Thym commun (THYMUS VULGARIS). SYN. :
T cultivé, T. vulgaire. Charmant petit arbuste
originaire des contrées méridionales de l'Europe, connu de tout le monde, et dont l'odeur aromatique plait au plus grand nombre.—Tige droite.
ligneuse, peu dressée, touffue, rameuse, de couleur cendrée ainsi que les rameaux. Feuilles
opposées, menues, droites, ovales-lancéolées, roulées en dessous sur les bords.—Mai-août, fleurs
petites, purpurines ou blanches, verticillées, en
épis terminaux.—Terre légère, chaude, sèche, au
midi.— Mult. de graines ou d'éclats de pieds. —
Variétés à *feuilles étroites,* à *larges feuilles,* à
odeur de citron, à *feuilles panachées.*

Weigelie à fleurs roses (WEIGELIA ROSEA).
SYN. : *Dierville du Japon.* Chine, 1845. Ce charmant arbrisseau, connu depuis 8 à 10 ans dans
nos jardins, a tout-à-fait le port du deutzia crenata, et quand ils ne sont pas en fleurs, on peut
prendre l'un pour l'autre. — Feuilles opposées,
presque sessiles, oblongues, aiguës, larges de 4 à
6ᶜ, longues de 8 à 10, glabres en dessus, dentées;
nervure médiane fortement prononcée, celles latérales très-marquées aussi. — Mai-juin, fleurs

nombreuses, roses, axillaires et terminales, au nombre de 3 ou 4 dans l'aisselle de chaque branche ou à l'extrémité des rameaux, à corolle monopétale, tubuleuse, limbé réfléchi, divisé en cinq segments. Le Weigelia est d'une culture facile ; il s'accommode de presque tous les terrains, si ce n'est ceux qui sont lourds, compactes ou trop secs. En peu d'années il forme un joli buisson, dont la magnificence se fait remarquer lorsqu'il est en pleines fleurs. On le multiplie facilement de boutures sur couche tiède au printemps, et sous cloche, ou à l'air libre dans le courant de l'été.

Nous arrivons à grands pas, ma charmante amie, au terme de notre voyage dans l'empire de Flore, voyage que j'ai été heureux d'entreprendre avec vous. Je n'ai donc plus à vous parler que de quelques plantes et arbustes d'orangerie, que pendant l'été nous plaçons dans nos parterres, mais que nous rentrons à l'entrée de l'hiver, pour les garantir du froid pendant toute la mauvaise saison.

Il n'est pas rigoureusement nécessaire d'avoir une orangerie proprement dite, pour conserver ces plantes ; il suffit de les rentrer dans un appartement bien éclairé, dans lequel le froid ne pénètre pas. D'ailleurs, la plupart peuvent supporter deux ou trois degrés de froid sans en souffrir beaucoup. Ces plantes ne demandent d'autres soins pendant l'hiver que de légers arrosements, quand la terre paraît trop sèche, et de les sortir à l'air libre toutes les fois que la température le permet, sans quoi elles s'étiolent et finissent quelquefois par mourir. Aussi, moins elles restent de temps enfermées, mieux elles se portent. Les plantes, il est vrai, végètent peu dans l'hiver, puisque c'est l'époque où la nature se repose, et que ce n'est qu'au retour du printemps que la végétation reprend peu à peu son cours ordinaire. Il faut les tenir dans un état continuel de propreté, en enlevant chaque jour les feuilles qui sont jaunes ou gâtées, aussi bien que le bois mort. Au surplus, mon amie, pour les soins à donner aux plantes d'orangerie, je vous engage à vous reporter à la lettre dans laquelle je vous ai indiqué ce que vous aviez à faire pour la culture des plantes en pots. Je ne pourrais que me répéter dans celle-ci.

Abutiton strié (Abutiton striatum). Brésil. —Arbrisseau de 12 à 15 déc., à rameaux glabres, effilés, lisses, d'un vert tendre.— Feuilles cordiformes à la base, à 3 lobes dentés, aigüs.—Tout l'été, fleurs solitaires, pendantes, en forme de cloche, d'un jaune doré, veinées de pourpre, portées sur des pédondules longs et grêles.— Mult. facile de boutures sur couche tiède. A la fin de l'automne, remettre en pots et rentrer en orangerie.

Agapanthe ombellifère (Agapanthus umbellatus). Syn. : *A. à ombelle, crinole d'Afrique, tubéreuse bleue.* Très-jolie plante, originaire d'Afrique.— Racine tubéreuse. — Feuilles très-longues, larges de 2 à 3ᶜ, planes, droites d'abord, ensuite couchées, épaisses.—Hampe de 60 à 90ᶜ, lisse, verte, un peu comprimée, et terminée en juillet par une belle ombelle, composée d'une vingtaine de jolies fleurs bleues, inodores, de la forme et du volume de celle de la tubéreuse.— Cultivée en pots, cette plante demande peu d'eau, surtout pendant l'hiver, mais beaucoup d'air. On peut la conserver en pleine terre, au moyen d'une forte couverture de litière pendant les grands froids, ou, quand ses fanes sont desséchées, traiter sa racine comme les tubercules de dalhia. —Mult. de graines, moyen très-long ; mieux par la séparation de sa racine entre deux boutons, au mois de mars.—Variété à *fleurs blanches.*

Alstroémère pélégrine (Alstroemeria

PELEGRINA). SYN. : *A. tachetée, A. à fl. tachetées, Pèlegrine, lis des Incas.*—Racine fasciculée, ayant quelque ressemblance avec les griffes d'asperges. —Tige de 40 à 60°, feuillée dans toute sa longueur. —Feuilles sessiles, lancéolées, aigües, très-lisses, un peu charnues.—Tout l'été, 3 ou 4 jolies fleurs fleurs à pétales ouverts, inégaux, blancs, rayés et lavés de rose foncé ; les intérieurs marqués à la base d'une tache jaune pointillée de pourpre. —Terre de bruyère ou terre légère, substantielle, sans engrais, et comme elle craint beaucoup l'humidité, arrosements modérés pendant l'été, et presque nuls pendant l'hiver.—Mult. de graines ou par la séparation des griffes tous les deux ou trois ans.

Angelone à feuilles de salicaire (AN-GELONIA SALICARIÆFOLIA). SYN. : *Angelonie à feuilles de salicaire.* Caracas, 1848.—Plante touffue, de 50 à 60°.— Feuilles opposées, lancéolées, dentées en scie.—Juin-sept., fleurs d'un lilas-bleuâtre, de moyenne grandeur, disposées en grappes terminales. --Pleine terre, avec couverture l'hiver, ou rentrer à l'automne.— Mult. d'éclats, de boutures ou de graines.

Arduinie à deux épines (ARDUINIA BISPI-NOSA). SYN. : *Calac d'Arduini.* Arabie, 1760. — Arbuste de 70 à 90°, à rameaux glabres, munis à leur base de deux épines bifurquées.—Feuilles ovales, persistantes.—Juin-juillet, fleurs blanches très-petites, répandant une odeur agréable. — Terre de bruyère mélangée de terre à orangers. —Mult. de semences, de marcottes, de boutures.

Bégonie discolore (BEGONIA DISCOLOR). SYN.: *B. à deux couleurs, bégone discolore.* Chine, 1804. —Racine tubéreuse.—Rameaux d'un carmin vif en dessous de chaque articulation.—Feuilles très-grandes, cordiformes, aigües, d'un beau rouge en dessous, à nervures très-prononcées.—Mai-sept., fleurs assez grandes, d'un rose tendre, très-jolies, plus pâles sur les bords ; pédoncules d'un rouge vif.—Terre légère, un peu humide, ou mieux, terre de bruyère.—Mult. par ses bulles axillaires, mises en terre aussitôt leur maturité.

Bruyère (Erica). Les bruyères, mon aimable amie, sont de charmants arbustes qui, pendant une partie de l'année, font la plus grande parure de nos serres et de nos appartements. Elles ont les feuilles persistantes, nombreuses, linéaires, d'un beau vert, alternes, opposées ou verticillées, selon les espèces. La plupart sont originaires du cap de Bonne-Espérance et de la Nouvelle-Hollande, quelques-unes de l'Europe. Toutes sont plus jolies les unes que les autres, et se font remarquer par l'élégance de leur feuillage, ainsi que par les formes et les couleurs extrêmement variées de leurs fleurs axillaires, terminales, si mignones et si gracieuses. L'on en compte aujourd'hui près de six cents espèces ou variétés.

Malheureusement, ces arbustes si jolis sont d'une culture et d'une conservation très-difficiles. N'ayant, pour ainsi dire, pour racine qu'un chevelu très-fin, le moindre oubli dans les soins de tous les jours qu'exige leur culture, suffit souvent pour les faire périr. S'ils manquent d'eau seulement pendant cinq ou six heures, leurs racines se dessèchent et meurent ; si, au contraire, celles-ci restent pendant quelques jours dans une humidité surabondante, elles pourrissent. Dans l'un ou l'autre cas, la plante meurt. Elles craignent pareillement la chaleur et le froid, c'est-à-dire la chaleur directe des rayons solaires. L'exposition du levant, même celle du nord sont donc celles qui leur conviennent le mieux pendant la belle saison. Ainsi, quand on les sort de la serre, il faut les placer dans un endroit ombragé, où elles puissent être préservées en même temps des grands vents et de l'ardeur dévorante du soleil.

La terre de bruyère sablonneuse, pure, non tourbeuse, est la seule qui convient à ces arbustes.

Comme ils l'épuisent assez promptement, il faut la renouveler deux fois par an, à l'automne et au printemps, à peu près quinze jours avant de les sortir de la serre et quinze jours avant de les y rentrer. Il faut toujours mettre au fond des pots quelques centimètres de gros gravier, pour faciliter l'écoulement de l'eau des arrosements.

On cultive les bruyères en bâche ou en serre non chauffée ; il suffit que le thermomètre ne descende pas au-dessous de zéro. Quelques-unes peuvent même supporter un ou deux degrés de froid sans en souffrir beaucoup. Seulement, la lumière et l'air sont indispensables à leur existence. C'est un des motifs qui font périr la plupart de celles conservées dans les appartements, où elles manquent souvent de l'un et de l'autre.

On multiplie les bruyères par semis, par marcottes, mais plus souvent par boutures. Celles-ci se font avec le jeune bois de l'année, sur couche tiède, depuis avril jusqu'en août. On les marcotte par strangulation ou par incision. Les semis doivent être faits aussitôt la maturité des graines.

Camellia du Japon (CAMELLIA JAPONICA). SYN. : *Camellier, camelli rose de la Chine, rose du Japon, Tsubari.* Arbrisseau de six à sept mètres dans son pays natal, mais ne s'élevant chez nous qu'à un ou deux mètres; remarquable par la beauté de son feuillage, par ses jolies fleurs, de couleurs si riches, si variées, et qui se montrent à une époque où Flore commence à être avare de ses dons.— Rameaux nombreux.— Feuilles persistantes, grandes, larges, lisses, alternes, coriaces, ovales-elliptiques, brièvement pétiolées, légèrement dentées, d'un beau vert luisant.—D'octobre en avril, grandes et belles fleurs simples, semi-doubles ou pleines, inodores, axillaires, terminales, blanches, carnées, rouges, roses ou panachées, selon les variétés.

On compte aujourd'hui six à sept cents variétés de camellia, toutes nommées , toutes plus ou moins belles, de toutes les nuances, excepté cependant le bleu et le jaune. Il n'est pas d'une culture difficile, ne demande rigoureusement que l'orangerie pendant l'hiver. Il peut même supporter quelques degrés de froid sans en souffrir.

Les camellia prospèrent très-bien dans la terre de bruyère pure ou mélangée avec une bonne terre franche, substantielle. Souvent ils perdent une partie de leurs boutons pendant l'hiver, ce qui ne peut être attribué qu'à une trop grande humidité ou à une trop grande variété dans la température. Il faut donc, autant que possible, la maintenir toujours égale , surtout pendant la nuit, et elle ne doit jamais dépasser ou être au-dessous de cinq à six degrés centigrades.

Pendant l'été, les camellia demandent à être arrosés souvent ; il faut aussi leur donner de l'eau au moment de la floraison. Autrement, quand la terre est trop sèche, l'on voit tomber une partie des boutons. Ils fleurissent généralement depuis le mois d'octobre jusqu'en avril, et ce n'est que lorsque la floraison est passée qu'ils commencent à donner de nouveaux bourgeons. Ces jolis arbrisseaux se plaisent dans les appartements ; mais pour les maintenir toujours en bonne santé, il faut les placer près des jours, les exposer souvent à l'air libre, et ne jamais les laisser manquer d'eau.

C'est au mois de juin ou de juillet qu'on sort les camellia pour les exposer à l'air. On doit les placer dans une situation fraîche et un peu ombragée. C'est pendant l'été qu'ils forment peu à peu leurs boutons à fleurs, pour l'hiver et le printemps suivant. On doit les rentrer avant les grandes pluiesde l'automne, et, pendant tout le temps de leur séjour dans la serre ou dans l'orangerie, il faut renouveler l'air toutes les fois que la température le permet, et tenir constamment la terre plutôt un peu fraîche que trop sèche.

Ordinairement, on rempote les camellia après la floraison ; mais ce rempotage ne doit avoir lieu que lorsque la force de l'arbuste exige qu'on lui donne des caisses ou des pots plus grands ; seulement, il faut renouveler la terre tous les ans, sans quoi ils languissent et végètent mal.

On multiplie les camellia de semis faits au printemps, de marcottes, de boutures faites sur couche et sous cloche, et par la greffe : ce dernier moyen est le plus souvent employé.

Cinéraire maritime (CINERARIA MARITIMA). SYN. : *Sèneçon cinéraire, Jacobée maritime.*—Tige de 60 à 70°, cylindrique, sousligneuse, velue, rameuse. — Feuilles pinnatifides, blanchâtres, sinuées, obtuses. — Tout l'été, fleurs d'un beau jaune, en corymbe paniculé, terminal. — Terre franche, substantielle.— Mult. de semences et de boutures.

Cinéraire à feuilles de peuplier (C. POPULIFOLIA). Syn. : *Sèneçon à feuilles de peuplier*. Canaries, 1780.—Tige de 10 à 12 déc.—Feuilles persistantes, cordiformes, aigües, cotonneuses et comme argentées en dessous, pétiolées.— Mars-avril, fleurs jaunes, grandes, disposées en corymbe. — Même culture.

Cinéraire à feuilles de tussillage (C. PETASILES). Syn. : *Sèneçon à feuilles de tussillage*. —Tige ligneuse, de 10 à 12 déc.—Feuilles grandes, lobées, cordiformes, épaisses, cotonneuses.—Mars-avril, fleurs jaunes en corymbe.—Même culture.

Cinéraire à fleurs bleues (C. AMELLOÏDES). Syn. : *Astère d'Afrique*. Du Cap.—Tiges en buisson, de 40 à 60°.—Feuilles ovales, opposées, persistantes, obtuses, entières, rudes.—Pendant plusieurs mois, fleurs à rayon d'un bleu céleste, à disque jaune, portées sur de longs pédoncules solitaires.— Même culture.

Cinéraire à oreille (C. AURITA). Canaries. —Tige cotonneuse, blanche, haute de 60 à 80°, rameuse.— Feuilles en cœur, à peine lobées, aigües, dentées, blanches et cotonneuses en dessous, petites, munies d'une oreille amplexicaule à la base.—Avril-mai, fleurs en corymbe, à disque violet et rayons blancs, d'une odeur douce (*B. Jard.*)

Cinéraire pourpre (C. CRUENTA). Syn. : *C. bicolore, sèneçon pourpre*.—Tiges de 30 à 90°. — Feuilles en cœur, dentées, d'un vert geai en dessus et pourpre en dessous. — Février-mars, fleurs en capitules, à rayons d'un pourpre clair, et à disque d'un pourpre foncé.

Les *cineraria aurita et cruenta* ont produit un grand nombre de variétés, à *fl. blanches, carmin,*

roses, *pourpres*, *bleu tendre*, *bleu d'azur*, *violettes*,
bicolores, et dans toutes les nuances de ces couleurs, variétés obtenues par les semis depuis une
vingtaine d'années.

Maintenant, mon amie, nous allons nous occuper de ces belles cinéraires qui, à la fin de
l'hiver et au printemps, se font remarquer par
leurs belles formes, la beauté et la fraîcheur de
leurs fleurs, qui ornent si gracieusement nos
serres et les jardinières de nos appartements.

J'emprunte en grande partie tout ce que je
vais vous dire sur leur culture, à la *Revue horti-*
cole; je ne puis vous donner de meilleurs
conseils.

C'est au mois de septembre, au moment où les
chaleurs commencent à diminuer, où les nuits
deviennent humides et froides, que la végétation
des cinéraires, jusqu'alors presqu'insensible,
prend tout-à-coup une nouvelle activité. Elles se
disposent à élever leurs tiges et à développer
leurs jolies fleurs.

Après leur floraison, la vie des cinéraires devient de moins en moins active; elles ne présentent plus que l'aspect de plantes languis-
santes. Mais à ce moment aussi, il se développe
au collet des racines plusieurs rejets qui fourni-
ront plus tard des moyens de conserver et de multiplier les belles variétés auxquelles l'on tient.

Les cinéraires, mon aimable Emma, perdent
leurs tiges quelque temps après qu'elles ont
amené leurs graines à maturité; ne sont vivaces
que par les drageons qu'elles produisent assez
facilement du collet des racines. Dès que ces productions nouvelles, destinées à remplacer les anciennes tiges, ont acquis quelques centimètres de

de longueur et développé quelques feuilles, la sève élaborée par ces dernières descend à la base des jeunes drageons et y provoque de nouvelles racines, que l'on voit même souvent poindre au-dessus du sol. Ces racines s'accroissent, s'implantent en terre, et bientôt la vieille plante languit et meurt.

Ces petits plants, enlevés avec précaution de la plante mère, doivent être mis dans des pots d'une grandeur proportionnée à la force de chaque individu, et dans une terre de bruyère ni trop sèche ni trop humide ; mais à défaut de cette terre, dans du bon terreau. Pour empêcher l'action directe de l'air, il faut recouvrir chaque plante avec une petite cloche en verre ; les placer dans une bâche, et pendant plusieurs jours, les garantir de l'action du soleil. Quand ces drageons sont enracinés et qu'ils commencent à pousser, on les met dans des pots un peu plus grands et dont on augmente la grandeur chaque fois que le volume de la plante l'exige Quand les jeunes plantes ont acquis une certaine force, on les met alors dans les pots où elles doivent grandir et fleurir.

On peut bouturer aussi les cinéraires, et ces boutures doivent se faire au printemps, lorsque les plantes ont encore toute leur vigueur. Celles-ci commencent ordinairement à montrer leurs boutons à fleurs en décembre ou janvier, mais il faut les supprimer, afin de forcer les plantes à pousser des jets formant buisson ; car les cinéraires n'ont tout leur mérite que lorsqu'elles se parent de nombreux rameaux fleuris.

Les cinéraires sont faciles à féconder, et elles donnent des graines en abondance, pourvu, toutefois, qu'on ait soin de les placer dans un endroit sec, bien aéré, et qu'on leur donne tous les jours de légers arrosements. Les graines doivent être semées aussitôt leur maturité, en terre de bruyère ou dans du terreau de feuilles mélangé avec du sablon; elles mettent ordinairement quinze jours à trois semaines à lever. Aussitôt que les jeunes plantes ont deux feuilles bien dessinées et que deux autres feuilles opposées commencent à se montrer, on les déplante et on les met en pépinière, sur une couche, sous chassis et sous cloche. Quand elles ont acquis une certaine force on les plante en pots et on les place en plein air, et, à l'automne, on les met dans l'orangerie et on les place près des jours.

Les cinéraires, pour obtenir les suffrages des amateurs, doivent présenter des tiges trapues, rameuses, garnies de larges feuilles, des capitules larges, courtement pédonculés, à rayons étoffés, arrondis, très-rapprochés. Le disque doit être proportionné à la dimension des rayons. A ces qualités, il faut qu'elles réunissent encore la beauté des nuances et la richesse des couleurs.

Coronille des jardins (CORONILLA EMERUS). SYN. : *Séné bâtard, baguenaudier des jardins, émérus, scorpion séné, sécuridaca des jardiniers.* Indigène.—Joli arbuste de 10 à 12 déc., à tige anguleuse, très-rameux et formant une belle touffe.—Feuilles cilées, à 7 ou 9 folioles, glabres, en cœur, petites, d'un vert foncé.— Avril-juin, fleurs d'un beau jaune, à étendard strié de pourpre, disposées en petites ombelles au sommet des pédoncules axillaires. Cet arbuste refleurit à l'automne, si on le tond aussitôt que la floraison est passée.

Coronille glauque (C. GLAUCA). Midi de la France.—Tige de 60 à 90ᶜ, à rameaux anguleux.—Feuilles alternes, persistantes, ailées, à sept folioles, obtuses, cunéiformes, d'un vert glauque.—Mai-juin, dix à douze fleurs, d'un beau jaune, en bouquets terminaux, portées par de longs pédoncules; odorantes pendant le jour, inodores pendant la nuit.

Coronille jonciforme (C. JUNCEA). Syn. : *C. à forme de jonc, C. joncée.* — Tiges de 60ᶜ, droites, à rameaux droits, effilés, verts, presque dépourvus de feuilles.— Feuilles à sept folioles, petites, oblongues.—Juin, fleurs d'un beau jaune, plus petites que celles de la coronille glauque, réunies en couronne, pédonculées, terminales.

Coronille couronnée (C. CORONATA). Espagne. — Tiges droites, de 40 à 50ᶜ, à rameaux glabres. — Feuilles ailées, à 7-9 folioles presque ovales, éloignées, les deux inférieures rapprochées de la tige.—Juillet, une vingtaine de fleurs jaunes disposées en couronne.

Les coronilles sont de jolis arbrisseaux, très-propres pendant l'été à l'ornement des jardins.

Toutes peuvent rigoureusement supporter la pleine terre avec une couverture l'hiver ; cependant, il est toujours prudent d'en rentrer quelques pieds en orangerie, surtout dans notre province.— Mult. de semences sur couche, au printemps ; de drageons, de boutures, de marcottes.—Terre ordinaire ; à bonne exposition.

Diosma odorant (DIOSMA ERICOÏDES). Syn. : *D. rouge, D. fausse bruyère, D. à feuilles de bruyère.* Cap, 1756.—Arbuste de 10 à 12 déc., très-rameux, à rameaux grêles et pendants, d'un rouge jaunâtre.—Feuilles éparses, linéaires, persistantes, mucronées, d'une odeur aromatique très-agréable.— Mai-juillet, fleurs blanches, petites, sessiles, ouvertes, en étoiles, au sommet des rameaux.

Diosma velu (D. HIRSUTA). Syn. : *D. hérissé, Spirée d'Afrique.* — Tige à rameaux grêles. — Feuilles nombreuses, rapprochées, étroites, sessiles, linéaires, pointues, couvertes de poils blancs.—Juillet, fleurs blanches, petites, en têtes terminales.

Diosma imbriqué (D. IMBRICATA). Syn. : *Agathome imbriqué.* Cap, 1774. Arbuste de 10 à 12 déc., rameux, à rameaux jaunâtres, droits, velus.—Feuilles ovales, acuminées, rapprochées, imbriquées, ponctuées, ciliées, d'un beau vert. —Juillet-août, fleurs purpurines, ou d'un pourpre pâle, en capitules.

Diosma élégant (D. PULCHELLA). Arbuste de 30 à 40°, d'un port gracieux.—Feuilles ovales, obtuses, ressemblant à celles du serpolet ; crénelées, glanduleuses.—Fleurs d'un violet-bleuâtre, géminées, axillaires.

Diosma uniflore (D. UNIFLORA). Syn. : *Adenandre uniflore.* Rameaux pubescents, d'un jaune pâle. — Feuilles oblongues-lancéolées, épaisses, glabres, ponctuées en dessous. — Mai, fleurs ciliées sur les bords, ouvertes en étoiles, blanches en dessus, d'un beau rose en dessous, avec une ligne pourpre au milieu des pétales.

On cultive, mon aimable amie, au moins une quarantaine d'espèces de diosma, la plupart du Cap, toutes aussi intéressantes les unes que les autres, mais il serait trop long de vous les décrire toutes. Ce sont de jolis arbustes, toujours verts, et dont beaucoup joignent à l'élégance de leur port et au nombre de leurs fleurs, une odeur aromatique très-agréable, odeur qui réside dans les points vésiculeux de leurs feuilles. Une ou deux espèces seulement répandent une odeur désagréable. Ces arbustes préfèrent les terres un peu consistantes, composées de moitié terre franche, un quart de terreau, un quart de sable, aux mélanges plus légers ou à la terre de bruyère. Cependant ils prospèrent aussi très-bien dans cette dernière. On les multiplie de marcottes et de boutures. Plusieurs espèces sont quelquefois deux ou trois ans sans s'enraciner.

Les fuchsias, ma bonne Emma, sont de charmants arbustes répandus aujourd'hui dans tous les jardins, et qui, bien certainement, en sont une des plus gracieuses parures C'est l'arbuste des fenêtres, des balcons, des jardinières. Son port élégant, son feuillage persistant, ses fleurs nombreuses, successives, pendantes, si gracieuses, si variées de formes, de grandeur, de couleurs; sa culture et sa multiplication si faciles, les font rechercher par tous ceux qui ont le goût des fleurs.

L'introduction en France des fuchsias ne date que de la fin du siècle dernier, même celle des plus belles espèces ne remonte pas à plus d'une vingtaine d'années. C'est dans les lieux ombragés et humides, au milieu des forêts et sur les hautes montagnes du Mexique, du Chili et du Pérou, qu'on trouve ces charmants arbustes.

On compte à peu près une cinquantaine d'espèces bien différentes les unes des autres, par leur port, leur feuillage et leurs fleurs. Si on ne consultait pas leurs caractères botaniques, bien certainement on ne se douterait pas que le le *coccinea*, le *microphylla*, le *splendens*, le *serratifolia*, appartiennent à la même famille.

Les variétés et les hybrides obtenus par les semis s'élèvent aujourd'hui à plus de six à sept cents, parmi lesquels il y en a vraiment d'une beauté remarquable. Pour leur description, mon amie, je dois vous renvoyer à l'excellente monographie du fuchsia, par M. Porcher, président de la Société d'horticulture d'Orléans. C'est un excellent ouvrage, que tous les amateurs de ce joli arbuste doivent avoir en leur possession.

Quant aux qualités que doit réunir un fuchsia pour être digne d'un amateur, le paragraphe suivant que j'emprunte à M. Porcher, vous les indiquera mieux que je ne pourrais le faire moi-même.

« Le Fuchsia devra présenter un port agréable ; sans proscrire les hybrides élevés, on doit accorder la préférence aux plantes buissonnantes ou d'une taille moyenne, qui généralement sont plus florifères. Le pédoncule sera allongé de manière à ce que la fleur ait une tenue gracieuse ; le tube calicinal devra être bien proportionné dans toutes ses parties ; s'il était trop mince, ce serait un défaut capital ; les segments du calice seront larges, réfléchis, ou tout au moins assez écartés pour dégager la corolle, alors qu'ils sont longs et étroits ; ils donnent à la fleur un aspect peu gracieux ; aux pétales de la corolle, il faut de l'ampleur et une bonne disposition ; quant au coloris, si des règles invariables ne peuvent être posées, cependant on ne doit admettre que des couleurs vives, éclatantes, et rejeter les nuances ternes, fausses et d'un effet médiocre. Ce que l'on exigera surtout, c'est que le coloris de la corolle soit en opposition avec celui du calice, de telle sorte que l'un et l'autre se fassent mutuellement ressortir.

» Telles sont les conditions de beauté qu'on est

en droit d'exiger pour qu'un Fuchsia puisse être considéré comme une perfection ; rarement elles se trouveront réunis, aussi les variétés qui s'en rapprocheront le plus ne seront-elles pas sans mérite ; c'est un choix à faire. »

Cultivés en pots, les fuchsias viennent très-bien en terre de bruyère pure, mais mieux encore lorsqu'elle est mélangée à partie égale avec de la bonne terre franche. Pendant l'été, ils demandent de fréquents arrosements, très-peu pendant l'hiver. Si l'on veut leur voir déployer une plus belle végétation encore, il faut les arroser de temps en temps avec de l'eau de purin, ou mettre une petite quantité de poudrette ou de guano dans celle qu'on leur donne tous les jours. On doit tous les ans ou tous les deux ans, au plus, renouveler la terre des pots et augmenter leur grandeur, selon la force de l'individu. Ce rempotage doit être fait dans le mois de mars, époque où ces arbustes commencent à entrer en végétation.

En pleine terre, les fuchsias prennent un plus grand développement que lorsqu'ils sont cultivés en pots. Ils donnent de plus fortes fleurs, en plus grand nombre, mais elles prennent souvent un coloris uniforme et des nuances plus vives. Cette différence de coloris provient de la plus grande vigueur des plantes, de leur exposition et de l'époque où elles ont été placées à l'air libre.

Avant les premières gelées, il faut les remettre en pots et les rentrer en orangerie. Comme c'est le moment où la végétation commence à se ralentir, c'est celui qu'il faut choisir pour les tailler et leur faire prendre la forme qu'on desire leur donner.

Beaucoup de variétés, plus rustiques que les

autres, peuvent être conservées en pleine terre ; mais il faut alors les butter, pour empêcher les eaux pluviales de pourrir les racines, et les couvrir d'une forte litière. Au printemps, on coupe jusqu'au vif les branches gelées ou atteintes par la pourriture, et quelques semaines après on voit ces fuschias pousser avec une grande vigueur.

Les fuchsias se multiplient facilement de boutures faites à l'étouffé et même à l'air libre, ou de rejetons qui poussent souvent au pied. Comme ils mûrissent très-bien leurs graines, on peut employer aussi la voie du semis, mais il est bien rare qu'on obtienne la même variété que celle sur laquelle on a récolté les semences. On obtient quelquefois beaucoup plus beau, mais le plus souvent on n'obtient rien de bien. Les fuchsias obtenus de semis fleurissent la seconde année.

Germaine à feuilles d'ortie (GERMANEA URTICOEFOLIA). Syn. . *G. en buisson, basi'ic de la Chine.* Cap, 1775.—Tige droite, de 60 à 80°, branchue, à rameaux tétragones, herbacée, d'un gris cendré,—Feuilles opposées, pétiolées, assez grandes, rugueuses, cordiformes, dentées en scie, pointues, d'un vert foncé, persistantes.—Juin-sept., fleurs en grappes, petites, unilatérales, très-odorantes, d'un bleu clair teint de violâtre, éperonnées.—Terre légère ; à bonne exposition ; peu d'arrosements. — Mult. de boutures en été, ou de semences sur couche tiède et sous chassis.

Héliotrope du Pérou (HELIOTROPIUM PERUVIANUM). Syn. : *Herbe de vanille, fleur des dames.* —Petit arbrisseau découvert au milieu du siècle dernier, dans les vallées des Cordillières, par Joseph Jussieu, et répandu aujourd'hui dans toute l'Europe. C'est aussi une des fleurs chéries des femmes, à cause de la douce odeur de vanille que répandent ses fleurs, odeur si aimée de tout le monde.— Dans son pays natal, l'héliotrope atteint au moins deux mètres, mais en France, il ne s'élève pas à plus de 60 à 70°. — Tige cylindrique, d'abord herbacée, puis ligneuse, se divisant en rameaux nombreux, longs, diffus, légèrement velus.— Feuilles persistantes, ovales-lancéolées, velues, ridées, d'un vert foncé en dessus, brièvement pétiolées. — Juin-oct., fleurs petites, sessiles, bleuâtres, d'abord en espèces de corymbe, mais qui bientôt s'allongent en épis unilatéraux et roulés, très-odorantes.

Héliotrope Voltaire (H. Voltairianum). Très-jolie variété obtenue en 1846, par M. Lemaire, au château de Châtenay, lieu célèbre par la naissance de Voltaire, motif pour lequel on lui a donné son nom. Ses feuilles sont d'un vert noir ; ses tiges sont plus hautes, plus fortes ; ses corymbes plus fournis de fleurs, d'un bleu plus foncé, et plus odorantes.

Il existe encore quelques autres variétés, telles que : *le triomphe de Liege, madame Vatri, péridès* ; l'héliotrope *Grisau*, obtenu en 1847, etc., variétés qui, chacune ont leur mérite, mais jusqu'à présent très-peu répandues chez les amateurs.

Terre franche, légère et un peu sèche ; exposition chaude, un peu ombragée. L'humidité et le froid font périr ses tiges, mais on les coupe, et si la souche n'est pas gelée, elle en reproduit de nouvelles au printemps. Arrosements modérés en été, très-rares en hiver. Si on le cultive en pleine terre, il pousse beaucoup plus vigoureusement et donne aussi beaucoup plus de fleurs que lorsqu'on le cultive en pot. Mult. facile de semences et de boutures.

L'héliotrope se conservant très-bien pendant l'hiver dans les appartements habités, on le voit souvent garnir les jardinières et orner les cheminées.

Hémithome arbrisseau (HEMITHOMUS FRUCTICOSUS). SYN. : *H. écarlate, alonzoa frutescent, alonzoa à feuilles linéaires.* Pérou, 1790. — Joli arbuste de 60°, très-rameux, à rameaux grêles et raides. — Feuilles persistantes, longues, linéaires, aigües, dentelées, verticillées par trois, garnies à leurs aisselles d'un faisceau d'autres feuilles plus petites et plus étroites.—Juillet-oct., fleurs solitaires, pédonculées, d'un bel écarlate, brunes au centre et marquées de cinq raies vertes, disposées en longs épis lâches et terminaux.

Hémithome à feuilles d'ortie (H. URTICOEFOLIA). SYN. : *Alonzoa à feuilles incisées, A. à feuilles d'ortie.* Amérique australe, 1795.—Arbuste de 60°, rameux dès la base, à tige et à rameaux tétragones.—Feuilles persistantes, pétiolées, alternes dans le haut, opposées dans le bas, lancéolées-aigües, dentées en scie, à nervures saillantes en dessous. — Juillet-oct., fleurs écarlates, plus petites et d'une couleur plus vive que celles de l'espèce précédente.—Terre de bruyère pure ou mélangée à partie égale de terre franche; à bonne exposition, et arrosements pendant la végétation.—Mult. de graines au printemps, et de boutures en été, à l'étouffé.

Laurier rose (NERIUM OLEANDER), SYN. : *L. d'Europe, laurose, nérion-laurier rose, nérion lauriforme.* Europe méridionale. 1596. — Très-joli arbrisseau de 2 à 3m, croissant naturellement en 'buisson et, dans son pays natal, dans les terrains humides et marécageux. — Tiges et rameaux longs, droits, flexibles, verts ou bruns.—Feuilles opposées, la plupart ternées, lancéolées, longues, aigües, épaisses, d'un vert foncé un peu jaunâtre, persistantes.—Juin-oct., fleurs nombreuses, monopétales, grandes, d'un rose carné, inodores, en corymbes terminaux.—Variétés *à fl. doubles,* *à fl. blanches, à fl. panachées.*—En été, beaucoup d'eau et en plein midi, si on veut obtenir des fleurs, car, sans une forte chaleur, les boutons languissent et ne profitent pas. Le rentrer l'hiver, pour le préserver de la gelée ; il demande alors beaucoup d'air et quelques arrosements, autrement ses feuilles languissent et tombent.—Mult. de marcottes par strangulation, ou de boutures faites tout simplement dans un bocal plein d'eau et exposé à l'air et à la chaleur.

Laurier rose odorant (L. ODORATUM). SYN.: *L. des Indes.*—Même port, mais moins élevé ; les tiges moins fortes, plus élancées. — Feuilles linéaires-lancéolées, entières, ternées, d'un vert clair, persistantes.—Juin-sept., fleurs simples ou doubles, variant du rose au blanc, en bouquets terminaux, très-odorantes.—Même culture.

Laurier-tin (VIBURNUM TINUS). SYN. : *Viorne-laurier-tin.* — Très-bel arbrisseau toujours vert, originaire d'Espagne et s'élevant à un ou deux mètres.— Rameaux nombreux.—Feuilles pétiolées, opposées en croix, ovales-aigües, entières, d'un vert foncé, luisantes, persistantes.—Pendant une partie de l'hiver et du printemps, il se couvre de nombreux corymbes de petites fleurs, très-gracieuses, rouges en dehors, blanches en dedans. — Placé à une bonne exposition, surtout

contre un mur, cet arbrisseau supporte assez bien
le froid des hivers ordinaires, mais quand ceux-ci
sont rigoureux, il périt presque toujours. Il est
donc prudent d'en conserver quelques pieds en
orangerie. Généralement les lauriers-tins sont
plutôt cultivés en pots et en caisse qu'en pleine
terre.

Lobelie cardinale (LOBELIA CÁRDINALIS).
SYN. : *Cardinale des jardins, lobelle cardinale.*
Très-jolie plante orignaire de la Caroline et
connue en France depuis 1629.— Tiges de 80 à
90°, droites, légèrement pubescentes.— Feuilles
ovales-lancéolées , éparses , dentées, alternes ,
molles, d'un vert foncé.—Juin-sept., grandes et
belles fleurs, d'un rouge écarlate très-vif, disposées en grappes allongées, presque unilatérales,
—Variété à *fleurs roses.*

Lobelie brillante (L. FULGENS). Mexique,
1818.—Tige de 80 à 90°. — Feuilles linéaires-
oblongues, très-légèrement dentées, veloutées sur
les deux faces, quelquefois rouges sur les bords.
— Août-sept., fleurs plus grandes, d'un rouge
plus beau et plus vif que celles de la lobelie cardinale.

Lobelie éclatante (L. SPLENDENS). Pérou,
1814.—Tige d'un m , glabre, cylindrique, rougeâtre.—Feuilles lancéolées, glabres à leurs extrémités, vertes, quelquefois d'un rouge-vineux
foncé.—Août-oct., fleurs plus jolies, plus grandes,
plus larges que celles de la fulgens, d'un rouge
plus vif encore et tellement éclatant, que beaucoup de personnes ne peuvent regarder longtemps
ces fleurs sans avoir la vue fatiguée.

Ces lobelies, ma gracieuse amie, sont toutes
les trois de fort jolies plantes d'ornement, qui se

font remarquer dans les parterres par l'éclat de leurs fleurs, surtout quand les plantes sont fortes et qu'il y en a un certain nombre. Les lobelies se plaisent en terre de bruyère ou dans une terre légère un peu ombragée, et demandent de fréquents arrosements pendant les chaleurs de l'été. On peut rigoureusement conserver la première en pleine terre, avec une bonne couverture, surtout si l'hiver n'est pas rigoureux ; mais il est de la prudence d'en conserver quelques pieds en orangerie. Les lobelies *splendens* et *fulgens* étant plus délicates, il faut les rentrer à l'automne. Toutes se multiplient de graines, semées aussitôt leur maturité, sur couche tiède, en terre de bruyère et sous chassis, ou de boutures faites au printemps, ou encore par l'éclat des pieds à la fin de l'été, plus sûrement au mois de mars.

Les lobelies *syphilitique*, *rameuse*, *céleste*, toutes les trois à fleurs bleues, se cultivent de même. La *lobelia ignea*, ainsi nommée parce que ses fleurs sont couleur de feu, est aussi une très-jolie espèce qui nous vient du Brésil, mais encore peu répandue chez les amateurs.

Mimule musqué (MIMULUS MOSCHATUS). Colombie, 1826.—Petite plante basse, étalée, radicante, velue, visqueuse. — Feuilles ovales, aigües, brièvement pétiolées, dentées.—Tout l'été, fleurs jaunes, de peu d'apparence, répandant, ainsi que toute la plante, une forte odeur de muse, qui ne plait pas à tout le monde.—Couverture l'hiver ou orangerie.—Se multiplie lui-même de graines ou par ses tiges qui s'enracinent de place en place.

Mimule rose (M. ROSEUS). Nouvelle-Californie, 1831. — Tiges de 40 à 50^c, rameuses, visqueuses et pubescentes.—Feuilles sessiles, ovales ou lancéolées, dentées à la partie supérieure, ailées, marquées de cinq nervures longitudinales, d'un vert foncé en dessus, pâle en dessous. —Tout l'été, fleurs axillaires, pédonculées, d'un beau rose vif en dehors et en dedans, pointillées de pourpre sur la partie inférieure du tube.

Mimule ponctué (M. GUTTATUS). SYN. : *M. jaune, M. tacheté.* Californie, 1812.—Tiges de 25 à 30°, radicantes à la base.—Feuilles ovales, arrondies, à pétioles auriculés.—Mai-août, grandes fleurs axillaires, d'un beau jaune ponctué de rouge.

Mimule varié (M. VARIEGATUS). SYN. : *M. panaché.* Celui-ci est une variété du mimule ponctué, mais plus jolie, en ce que ses fleurs sont plus grandes et que les cinq divisions du limbe ont chacune une grande tache pourpre, et que le reste est pointillé de la même couleur. Une seconde variété, le *mimule de Smith,* très-belle aussi, a les fleurs jaunes maculées.

Mimule visqueux (M. GLUTINOSUS). SYN. : *Diplac glutineux, diplac visqueux.* Californie, 1837. — Sous-arbrisseau de 50 à 60°, à rameaux pubescents.— Feuilles oblongues-lancléoées, obtuses, dentées en scie, visqueuses, rétrécies à la base, persistantes, glabres en dessus, plus ou moins tomenteuses en dessous,—Juin–oct., fleurs grandes, solitaires, d'un jaune pâle et d'un jaune orangé, un peu odorantes.

Mimule pourpre (M. PUNICENS). SYN. : *Diplac pourpre.* Ce mimule, dont les feuilles sont plus étroites, les fleurs plus longues et d'un pourpre foncé, paraît être une variété du précédent.

Mimule cardinal (M. CARDINALIS). SYN. : *Diplac écarlate, érytranthe cardinal.* Californie,

1835.— Tige de 8 à 10°, rameuse, à rameaux opposés, cruciés, divergents. — Feuilles opposées, les caulinaires longues, sessiles, ovales, oblongues, dentées ou insisées, ailées, nervures très-saillantes en dessous ; les raméales plus étroites et plus courtes que les caulinaires. — Tout l'été, fleurs grandes, axillaires, solitaires, pédonculées, tubuleuses, d'un bel écarlate.—Très-jolies variétés, *atrosanguineus*, à fleurs d'un écarlate velouté et très-foncé, — *roseus violaceus*, à fleurs d'un rose plus ou moins foncé.

Généralement, les mimules aiment une terre franche, douce, mélangée par parties égales de terre de bruyère, ou, à défaut, une terre légère, un peu humide et ombragée. Quelques-uns, placés au pied d'un mur, et avec une bonne couverture, pourraient peut-être passer l'hiver en pleine terre, mais il vaut mieux, pour en obtenir une belle floraison, leur faire passer la mauvaise saison en orangerie, et les remettre en pleine terre au printemps. On les multiplie parfaitement de graines semées aussitôt leur maturité, parce qu'elles perdent très-promptement leurs facultés germinatives. On les multiplie aussi par boutures faites dans le courant de l'été, et par la séparation des pieds, la plupart ayant des tiges radicantes.

Myrte commun (Mirthus communis). Vous savez, mon amie, que les anciens avaient consacré ce charmant arbrisseau à Vénus et à l'amour. C'est la preuve qu'il est connu depuis une haute antiquité. C'était aussi dans ces temps reculés le symbole des plaisirs dans les festins publics. De nos jours, on le voit encore figurer très-souvent au nombre des fleurs, des arbustes offerts en cadeaux dans les fêtes patronales et de famille. Originaire de l'Asie et de l'Afrique; il est depuis fort longtemps naturalisé dans les pays méridionaux de l'Europe, où il croît naturellement ; mais dans notre contrée, il lui faut l'orangerie l'hiver. — Port très-gracieux ; odeur suave ; toujours vert et touffus.— Feuilles entières, persistantes, opposées, lancéolées-aigües, coriaces, lisses, luisantes, portées sur un pétiole très-court. — Juillet-août, fleurs solitaires, opposées, simples ou doubles, selon les variétés, nombreuses. d'une odeur très- agréable, portées sur de longs pédoncules cylindriques. — Terre substantielle ; fréquents arrosements pendant l'été, modérés pendant l'hiver, suffisants cependant pour entretenir la terre légèrement humide : trop sèche, les feuilles meurent, tombent, et l'arbuste est exposé à périr aussi. Dans l'orangerie ou dans les appartements, il faut toujours placer les myrtes le plus près possible des jours, et en renouveler l'air très-souvent.—Mult. par semences, marcottes ou boutures. Le moyen des semis étant très long, est peu employé. Les boutures doivent se faire au moment de la sève, avec des pousses de l'année précédente.

Pétunie odorante (Petunia nyctaginiflora). Syn. : *P. à fleurs de nictago.* Amérique méridionale, 1824. — Tiges de 60 à 80°, très-rameuses, diffuses, visqueuses, frutiqueuses à la base.—Feuilles vertes, oblongues, entières, trinervées, pubescentes — Juin-oct., fleurs monopétales, infundibuliformes, blanches, grandes, pédonculées, axillaires, terminales, les deux lobes inférieurs plus grands que les autres.

La **Pétunie à fleurs violettes** (P. vio-

LACEA), la **Pétunie à fleurs pourpres** P. PHŒNICEA), ont à peu près le même port, le même feuillage ; seulement la couleur des fleurs est différente.

Ces trois pétunies et leurs variétés, assez nombreuses, dont quelques-unes peut-être plus jolies et remarquables par leur coloris et leur grandeur, sont cultivées dans tous les jardins d'amateurs. On en forme des massifs, des corbeilles, et quand les variétés sont bien mélangées, elles produisent beaucoup d'effet pendant tout l'été et une grande partie de l'automne, souvent même jusqu'aux premières gelées. Leurs tiges flexibles permettent de leur donner la forme qu'on désire leur faire prendre. Ces plantes sont peu difficiles sur la nature du terrain ; cependant, elles auront toujours une plus belle végétation dans une terre légère, substantielle, bien fumée, mais plutôt avec un engrais végétal qu'avec un engrais animal ; elles redoutent surtout le fumier de vache.

Les pétunies, quoique de serre tempérée, peuvent cependant supporter, sans en souffrir beaucoup, 4 à 5 degrés cent. de froid. C'est dans le courant de l'automne qu'on doit les rentrer. Une fois rentrées en orangerie, on doit leur donner une position bien aérée, modérer les arrosements pendant l'hiver, et les entretenir toujours dans un grand état de propreté, en supprimant toutes les feuilles gâtées.

Semées en mars ou avril, les pétunies commencent à fleurir en juillet ou août ; il est donc plus commode de les traiter comme plantes annuelles, avec d'autant de raison que les fleurs sont toujours plus belles sur les jeunes pieds que sur les vieux. Je vous engage donc, mon amie, à ne bouturer que les belles variétés que vous désirez conserver. Ces boutures reprennent facilement. On doit les faire en août ou en septembre, au plus tard, soit en terreau soit en terre bien meuble sous chassis ou sous cloche, et même à l'air libre; mais il faut alors, pendant une quinzaine de jours, les abriter contre l'ardeur du soleil.

Soit que vous semiez, soit que vous bouturiez, quand vos plantes ont acquis 18 à 20° de hauteur, je vous engage aussi à les couper à 6 ou 8° du sol, pour les forcer à se ramifier. C'est le moyen d'avoir de fortes plantes, bien trapues. Vous pouvez vous servir de ces branches pour faire de nouvelles boutures et augmenter ainsi vos richesses.

Quand vos plantes sont très-fortes, je vous conseille de les palissader contre un petit treillage que vous faites au pied même de la plante. Ainsi palissadées, vous jouirez beaucoup mieux de la beauté de leurs fleurs, et vous faciliterez en même temps la maturité des graines.

Lorsque vous faites un semis de pétunie, leurs graines étant très-fines, il ne faut pas les recouvrir, mais vous contenter de les répandre sur du terreau ou sur de la terre bien meuble.

Le soir, les pétunies exhalent un parfum des plus doux et des plus suaves. Aussi sont-elles au nombre des fleurs que l'on cultive en pots, et que l'on voit souvent orner les fenêtres et les balcons des appartements. Ces plantes acquièrent en pots un développement proportionné à la grandeur des vases dans lesquels elles sont. Cultivées ainsi, je dois vous recommander de les rempoter au moins une fois dans le courant de l'été, et de leur donner une terre nouvelle.

Pittospore à feuilles épaisses (Pittos-
porum coriaceum). Syn. : *P. coriace.* Madère, 1787.
—Tige de 1 à 2ᵐ, à rameaux verticillés. — Feuilles
persistantes, pétiolées, coriaces, larges, ovales,
obtuses, entières, d'un beau vert, plus pâles en
dessous, nervure médiane très-prononcée.—Mai-
juin, ombelles de fleurs blanches, à odeur de jasmin.—Terre franche, substantielle, légère ; bonne
exposition. — Mult. de graines semées aussitôt
mûres ; de marcottes et de boutures.

Pittospore ondulé (P. undulatum). Nouvelle-Hollande, 1789. — Arbrisseau de 12 à 15ᵈ,
à rameaux nombreux, glabres, souvent verticillés.— Feuilles verticillées et alternes, pétiolées,
ovales-lancéolées, pointues, à bords ondulés, à
odeur aromatique quand on les froisse ; d'un vert
lisse en dessus, pâle en dessous. — Février-juin,
fleurs blanches, disposées en bouquets courts et
terminaux, à odeur de muguet.—Même culture.

Primevère de la Chine (Primula sinensis). Syn. : *P. candélabre, primulide de la Chine.*
1820. Charmante petite plante qui, pendant une
grande partie de l'année, fait l'une des plus gracieuses parures des serres, des jardins d'hiver,
des appartements.— Feuilles longuement pétiolées, d'un beau vert en dessus, d'un vert pâle en
dessous, et légèrement velues, cordiformes, arrondies, à 7 ou 9 lobes obtus, incisés-dentés. —
Hampes charnues de 20 à 25ᶜ, axillaires, à 2 ou
3 articulations et autant de girandoles composées
chacune de 8 à 12 fleurs monopétales, d'un rose
tendre, à disque jaune.— Variétés *à fl. blanches,*
—*à fl. doubles roses ou blanches,— à corolles découpées et frangées* (P. fimbricata). — Terre de
bruyère mélangée de terreau, ou terre légère de

jardin. — Mult. facile de semences, d'éclats de pieds et de boutures. Je dois vous prévenir, mon amie, que les plantes provenant de semences sont toujours plus fortes et les fleurs plus belles.

Sauge cardinale (SALVIA COCCINEA). Floride, 1774. — Tiges de 1^m à 1^m 50^c, ligneuses, tétragones, droites, velues. — Feuilles cordiformes, aigües, persistantes, pubescentes en dessus, blanchâtres-tomenteuses en dessous, douces au toucher. — Avril-oct., fleurs grandes, d'un écarlate vif, verticillées au sommet des tiges.

Sauge éclatante (S. SPLENDENS). Mexique, 1827.—Tiges de 10 à 12^d, rameuses, quadrangulaires. — Feuilles ovales-acuminées, dentées, cordiformes à la base, pubescentes en dessus, blanchâtres en dessous.— Juillet-oct., très-jolies fleurs grandes en longs épis, à pédoncules, calice, bractées et corolle d'un rouge ponceau éclatant.

Sauge de Graham (S. GRAHAMI). Mexique, 1829. Arbuste toujours vert, de 10 à 12^d, à rameaux grêles.—Feuilles ovales, cordiformes, petites, finement ponctuées en dessus, persistantes, luisantes. — Juillet-sept., fleurs géminées, d'un pourpre violacé, en grappe grêle, de 30^c de long. —Variété *à fleurs coccinées*.

Sauge élégante (S. FORMOSA). Pérou.—Arbuste de 80 à 90^c, branchu. — Feuilles persistantes, cordiformes, crénelées, d'un beau vert, fermes ; les supérieures ovales.—Tout l'été, fleurs axillaires, grandes, d'un beau rouge écarlate, à lèvre supérieure velue.

Sauge lavanduloïde (S. LAVANDULOÏDES). SYN.: S. *à feuilles de lavande, S. lavanduliforme.* Nouvelle-Espagne, 1844. — Tiges herbacées, à rameaux droits, pubescents. — Feuilles caulinaires, oblongues, lancéolées, aigües, crénelées, pubescentes en dessus, plus blanches en dessous, brièvement petiolées ; feuilles florales longuement subulées et plus courtes que les autres.—Mars, fleurs disposées en épi simple, terminal, d'un très-beau bleu.

Sauge étalée (S. PATENS). SYN. : *S. à fleurs larges*. Mexique, 1837.—Tiges de 10 a 12^d, rameuses, légèrement poilues.—Feuilles inférieures pétiolées, sagittées ; les intermédiaires cordiformes, les supérieures sessiles et ovales.—Tout l'été, fleurs très-grandes, d'un très-beau bleu, à long épi terminal, à lèvre inférieure très-large.

Sauge paniculée (S. PANICULATA). Cap, 1758.—Arbuste de 80 à 90^c, rameux.—Feuilles ovales, cunéiformes, d'un beau vert, pétiolées, persistantes, denticulées, scabres en dessous.— Juin-sept. fleurs grandes, d'un bleu clair, formant des grappes paniculées rameuses.

Sauge dorée (S. AUREA). Cap, 1731. Arbrisseau de 1 à 2^m, à rameaux blanchâtres, tomenteux.— Feuilles ovales, presque arrondies dentées, tronquées à la base, d'un blanc argenté.— mai, grandes fleurs, d'abord d'un beau jaune doré, se changeant insensiblement en couleur de rouille ; formant des grappes serrées, tronquées, presque rameuses.

Ces sauges, ma gracieuse Emma, sont toutes fort jolies, et font, pendant une partie de l'année, l'ornement de nos parterres. Toutes sont de serre ou d'orangerie ; cependant, dans le courant du mois d'avril, vous pouvez, sans aucun danger, les mettre en pleine terre. Elles poussent alors vigoureusement et se couvrent d'une grande quantité de fleurs. Généralement ces plantes, comme toutes celles des labiées, famille à laquelle elles appartiennent, aiment une exposition chaude, un terrain léger, sec. Elles ne se conviennent nullement dans les terres lourdes, compactes, humides, ombragées ; leur végétation y est languissante et comme maladive. En serre ou en orangerie, vous devez les placer auprès des jours, leur donner souvent de l'eau pendant l'été et très-peu dans l'hiver.—On multiplie les sauges de graines semées sur couche ou en pots dans du terreau sous cloche ; de rejetons ou de boutures faites au printemps. Celles-ci reprennent facilement, et elles fleurissent souvent à la fin de la saison. C'est à l'automne, avant les premières gelées, que vous devez rentrer ces plantes en orangerie, même dans un simple appartement où le froid ne pénètre pas, mais mieux encore, quand on le peut en serre tempérée. Je vous conseille, toutes les fois que la température le permet, de les sortir à l'air; c'est le moyen de les conserver en bon état jusqu'au retour du printemps.

Comme les plantes qui ont passé l'été en pleine terre sont souvent devenues très-fortes, je vous engage à ne rentrer que les boutures de l'année qui tiendront beaucoup mois de place, et qui, d'ailleurs, vous donneront de plus belles fleurs.

Sensitive commune (ACACIA PUDICA). SYN. *Acacia pudique, mimosa pudique.* Brésil, 1638. Toutes les personnes, mon aimable amie, qui s'occupent de fleurs, connaissent l'extrême sensibilité de cette plante, qui, au moindre attouchement, rapproche ses feuilles, et dont les pétioles articulés fléchissent aussi au même instant; mais quelques instants après, ceux-ci se redressent

et les feuilles reprennent leur situation.—Tiges de
40 à 50°, cylindriques, verdâtres ou purpurines,
garnies d'aiguillons épars et crochus. — Feuilles
pétiolées, deux fois ailées, à pinnules composées
chacunes de 15 à 20 paires de folioles, petites,
oblongues, étroites et lisses, légèrement velues
sur les bords, posées parallèlement de chaque
côté.—En été, des aisselles des fleurs sortent des
pédoncules, portant chacun un bouquet de fleurs
très-petites, blanchâtres ou couleur de chair.—
Mult. de graines ou de boutures ; mais je dois
vous dire qu'elle ne mûrit ses graines que lorsqu'on la tient en serre chaude.—Terre franche,
légère, ou terre de bruyère à mi-soleil.

L'abbé Delille, en parlant de cette plante dans
son poème des *Trois Règnes*, la décrit ainsi :

Qui ne croit reconnaître une vierge craintive
Dans cette délicate et tendre sensitive,
Qui, courbant sous nos mains son feuillage honteux,
De la douce pudeur offre l'emblème heureux.

Castel, en parlant de la sensitive a dit aussi :

Une plante, ô prodige ! à l'éclat de ses charmes
Unit de la pudeur les timides alarmes.
Si d'un doigt indiscret vous osez la toucher,
Tout s'agite, la feuille est prompte à se cacher,
Et la branche mobile, aux mêmes lois fidelle,
S'incline vers la tige, et se range auprès d'elle.

Véronique perfoliée (VERONICA PERFO-
LIATA). Nouvelle-Hollande, 1815.—Tige de 60 à
90°, grêles, flexueuses. — Feuilles nombreuses,
ovales, entières, opposées, sessiles, glauques. —
Juillet-sept., fleurs d'un bleu tendre, en grappes
longues de 20 à 30°.—Terre de bruyère ou terre
légère. — Mult. de marcottes, de boutures ou de
graines.

Véronique remarquable (V. SPECIOSA).

Syn. : *V. éclatante.* Nouvelle-Zélande, 1835. Cette véronique, mon aimable amie, est bien certainement l'une des plus belles du genre, et mérite toute la faveur dont elle jouit auprès des amateurs. — Tige ligneuse de 80 à 90°, d'un vert pâle, glabre. — Feuilles opposées, presque sessiles, ob-ovales, épaisses, luisantes, marginées, d'une teinte violacée et répandant une odeur assez désagréable quand on les froisse. — Août-déc., fleurs nombreuses, en épis axillaires, serrés, por-tés sur des pédoncules forts et courts, d'abord d'un bleu-violacé ou d'un rouge amarante, et passant presqu'au blanc en vieillissant. — Même culture. Cette jolie plante peut supporter quel-ques degrés de froid, puisqu'un pot oublié sous un hangard, placé au midi, il est vrai, a passé une grande partie de l'hiver de 1853 à 1854, sans en souffrir aucunement; en septembre, la plante était couverte de fleurs. Cependant, mon amie, comme un fait isolé ne prouve rien, je vous en-gage tous les ans à la rentrér avant les premières gelées.

Verveine odorante (Verbena triphylla). Syn. : *V. citronelle, V. à trois feuilles, Lippi à odeur de citron, aloysie citronelle.* Pérou, 1784. — Sous-arbrisseau de 1 à 2^m, rameux, à rameaux dif-fus et lisses. — Feuilles ternées, lancéolées, poin-tues, brièvement pétiolées, vertes en dessus, blan-châtres en dessous, répandant ainsi que les fleurs, surtout lorsqu'on les froisse, une odeur de citron très-agréable. — Juillet-sept., fleurs petites, nom-breuses, blanches en dehors et d'un joli bleu purpu-rin en dedans. - Terre franche, légère; en été, bonne exposition et arrosements pendant la végétation; la rentrér à l'automne. — Mult. de marcottes ou de boutures, faites en mars et avril sur couche chaude.

Les verveines à *feuilles de véronique* (V. VERONICÆFOLIA), *à feuilles de germandrie* (V. TEUCRIOÏDES), par une fécondation croisée et les nombreux semis que l'on fait encore tous les jours, nous ont donné ces charmantes variétés que nous possédons depuis une vingtaine d'années.

Ces verveines, ma bonne Emma, sont des plantes herbacées, formant de fortes et larges touffes, s'étalant à terre, si on ne leur donne des tuteurs, et dont les fleurs sont on ne peut plus mignonnes, on ne peut plus gracieuses. Nous en possédons aujourd'hui au moins 50 à 60 variétés, toutes nommées, toutes fort jolies, et dont quelques-unes se font remarquer par une grande beauté. Plantées en massifs et en grand nombre, elles font depuis le mois de mai jusqu'aux gelées les plus gracieuses corbeilles que l'on puisse voir. Quoique d'orangerie, leur culture est bien facile, puisqu'elles ne demandent qu'à être préservées des grands froids. Elles aiment la terre de bruyère ou une terre légère, une exposition à demi-ombre, un air pur et beaucoup d'arrosements pendant leur végétation. Au midi, leurs fleurs durent moins longtemps, mais leurs graines mûrissent mieux. On les relève à la fin de l'automne, pour les mettre en serre ou en orangerie ; on les place le plus près possible des jours, et on ne leur donne de l'eau que lorsque la terre commence à devenir sèche.

On multiplie facilement les verveines de semences et de boutures, mais presque toujours leurs tiges s'étalant sur la terre, s'enracinent ; elles se multiplient ainsi d'elles-mêmes, car chaque branche enracinée donne autant de plantes nouvelles que l'on rentre en orangerie, laissant les vieux pieds périr dans le jardin. Ces jeunes plantes sont mieux faites, sont plus agréables à la vue, donnent de plus belles fleurs et tiennent moins de place.

Je termine ici, mon aimable amie, tout ce que j'avais à vous dire sur les plantes d'orangerie. Toutes celles dont je vous ai parlé peuvent orner les jardins pendant la belle saison, et se conservent très-bien placées l'hiver en orangerie, ou à défaut de celle-ci, dans les appartements habités, pourvu toutefois qu'on ait le soin de les exposer à la lumière, et de temps en temps au soleil et à l'air. Quelques-unes fleurissent aussi en hiver; si on veut avoir des fleurs dans cette saison, il faut les rentrer en serre chaude ou au moins en serre tempérée. Mais sur cent personnes qui cultivent les fleurs, il n'y en a peut-être pas deux qui peuvent se donner cette satisfaction.

Lettre Quatorzième,

Cette lettre, ma gracieuse Emma, sera entièrement consacrée à vous faire connaître les divers moyens employés par la nature ou par l'homme pour la reproduction des végétaux. Les moyens naturels sont les semences, et pour quelques plantes, outre celles-ci, les stolons, les drageons, les rejetons enracinés, et les œilletons.

L'homme qui, tous les jours, tend à s'immiscer dans les secrets de la nature, est enfin parvenu, à force de l'étudier, à force de soins, de persévérance, à multiplier aussi beaucoup de végétaux par d'autres moyens que par celui des semences; c'est donc à l'art que nous devons la greffe, la marcotte, l'écusson, la bouture, par lesquels nous multiplions et conservons les variétés obtenues par les semences.

Les semences pouvant seules régénérer les espèces et produire des variétés, je dois avant tout entrer dans quelques développements, pour vous faire bien connaître ce que c'est qu'une semence; quels sont les éléments qui la constituent ; quels phénomènes se passent au moment de la germination.

Cette voie de multiplication étant la seule qui puisse donner naissance à de nouveaux individus et en nombre indéterminé, c'est donc la plus naturelle, la plus certaine, et celle suivie le plus généralement. Les végétaux qui proviennent de semis sont toujours d'une plus belle venue, croissent plus vite, sont d'une santé plus robuste, ont une plus longue durée que ceux obtenus par tout autre mode de multiplication.

Toute graine, vous le savez maintenant, mon amie, provient d'un ovule fécondé. Toute graine fécondée est propre à la germination, et renferme l'embryon d'une plante semblable à celle qui l'a produite elle-même.

Les botanistes comparent la graine avant la germination, à l'œuf avant l'incubation ; c'est pour eux un œuf végétal.

Une graine parfaite, c'est-à-dire une graine fécondée, est formée d'une ou de plusieurs enveloppes extérieures, recouvrant l'embryon, accompagné de l'albumen, première nourriture de la jeune plante.

L'*albumen*, nommé par les botanistes modernes : *endosperme*, *périsperme*, est la partie de l'amende d'une graine, offrant un corps charnu, farineux, mucilagineux, corné, quelquefois osseux, qui enveloppe plus ou moins l'embryon. Ce corps, presque toujours en contact avec lui, a pour mission de protéger le jeune embryon, auquel il sert d'aliment lors de la végétation.

Une graine se compose donc toujours de deux parties distinctes : d'une membrane ou tégument propre et d'une amende placée dans ce tégument, si petite que soit la graine. Toute graine contient un embryon.

L'*embryon* ou la *plantule* est la partie essentielle de la graine ; il est le but et la fin de toutes les fonctions du végétal ; c'est un être distinct déja organisé, qui n'attend, pour se développer, que de se trouver placé dans des conditions favorables. Il contient la plupart des organes qui constituent un végétal parfait, seulement ils y sont encore à l'état rudimentaire. Ces organes sont : la radicule, les corps cotylédonaires, la tigelle, la gémmule.

La *radicule* constitue l'extrémité inférieure de l'embryon. C'est elle qui, par la germination, donne naissance à la racine. Elle tend constamment à se diriger vers le centre de la terre ; elle s'allonge insensiblement et se change bientôt en racine, par l'effet du développement que la germination lui fait acquérir. Sa végétation est beaucoup plus rapide que celle des autres parties de l'embryon, parce que le premier soin de la nature est et doit être de fixer les jeunes végétaux au sol qui doit les nourrir.

La *gemmule*, que les botanistes nomment aussi *plumule*, est le rudiment de toutes les parties qui, en se développant, doivent donner plus tard naissance à la tige et aux rameaux.

On peut supprimer la gemmule sans crainte que la radicule meure. Il naît plusieurs plantes au lieu d'une seule, comme on voit plusieurs jets naître de la souche d'un arbre que l'on coupe rez de terre. Si, au contraire, on retranche la radicule, ou qu'elle se trouve rompue par accident, la gemmule ne tarde pas à mourir, parce que aucun végétal ne peut vivre sans racines.

La *tigelle* est la tige naissante dans une graine en germination ; c'est elle qui, plus tard, devient tige dans les plantes, et tronc dans les arbres.

Le *corps cotylédonaire* est formé par un seul ou deux cotylédons ou lobes seminaux. Les plantes dont l'embryon n'offre qu'un seul lobe seminal forment la division des végétaux *monocotylédones* ; quand il en offre deux, il donne naissance aux plantes de la seconde division, très-nombreuses et désignées sous le nom de *dicotylédones*.

Toutes les plantes monocotylédones naissent

avec une seule feuille seminale ; c'est un de leurs caractères distinctifs. Semez du *blé*, de l'*avoine*, des *lis*, des *tulipes*, vous verrez que toutes ces plantes n'ont qu'une feuille en sortant de terre.

Les plantes dicotylédones naissent toujours avec deux feuilles seminales. Les *giroflées*, le *réséda*, les *pensées*, les *balsamines*, les *reines-marguerites*, etc., etc., appartiennent à cette grande division.

La germination est l'acte par lequel l'embryon se débarrasse de ses téguments et se suffit à lui-même, en prenant sa nourriture dans la terre.

Le premier signe de la végétation est le gonflement plus ou moins prononcé de la graine, qui précède toujours la germination.

Au moment de la germination, c'est la radicule qui s'allonge la première, s'enfonce dans le sol, et prend racine. Peu de temps après, la gemmule commence à sortir de terre, soulève avec elle l'enveloppe des cotylédons, et s'en débarrasse ensuite en donnant naissance à une ou deux feuilles seminales. Leur fonction principale consiste à nourrir la gemmule jusqu'à ce qu'elle ait acquis assez de force pour pouvoir se suffire à elle-même, en tirant sa substance des racines. Vous devez bien, mon amie, vous garder de les enlever avant cette époque, ainsi qu'on le fait quelquefois à tort ; ces enveloppes se dessèchent et disparaissent d'elles-mêmes quand elles ne sont plus utiles.

Brisseau Mirbel, dans sa *Physiologie végétale*, en parlant de la germination des graines, dit : « Les cotylédons gonflés par l'humidité pressent les téguments de la graine et les déchirent. La radicule, nourrie par le lait de l'albumen et le recevant plus directement que la plumule, croît et s'allonge la première ; devenue plus vigoureuse, elle commence à pomper les sucs de la terre. La plumule nourrie à son tour par la radicule, ne tarde pas à prendre de l'accroissement ; les lobes seminaux s'écartent et favorisent son ascension en repoussant la terre qui les environne. Le sommet de la plumule, retenu durant quelque temps, n'empêche pas l'allongement de la tige ; elle est d'abord courbée en arc, mais enfin elle se redresse et montre à la surface de la terre son sommet terminé par un bourgeon de petites feuilles pâles, molles et pliées les unes sur les autres. »

La chaleur n'est pas moins nécessaire à la germination que l'air et l'humidité. Son influence est en effet très-marquée sur tous les phénomènes de la végétation. Jamais une graine mise en terre ne lève lorsque la température est descendue au-dessous de zéro ; il ne s'opère chez elle aucun développement. Sa faculté germinative reste suspendue ; elle est comme engourdie ; mais aussitôt qu'une douce chaleur commence à se faire sentir ; que la terre elle-même sort peu à peu de l'espèce d'engourdissement dans lequel elle est plongée depuis plus ou moins de temps, vous verrez alors, ma charmante amie, commencer le phénomène de la végétation.

L'air est aussi utile aux végétaux pour germer et croître, qu'il est indispensable aux animaux pour respirer et pour vivre. N'oubliez pas, je vous prie, que la lumière, l'air, la chaleur, sont indispensables à la vie végétale. Toute plante qui en est privée s'étiole, blanchit et meurt. Toute graine privée de leur contact, ne pouvant germer, ne lève jamais. C'est ce qui arrive pour toutes celles trop profondément enfoncées dans la terre. Ces semences peuvent s'y conserver en bon état bien des années, bien des siècles même ; mais elles ne germent que lorsque, par une circonstance quelconque, elles sont ramenées à sa surface. L'on en a des milliers d'exemples. C'est pourquoi, quand on fait un semis, plus la semence est fine, moins il faut la recouvrir ; il vaut même mieux la semer sur terre, mais il ne faut faire ce semis que sur une terre bien terreautée, surtout bien meuble, sans quoi les graines ne lèveraient pas, puisque la radicule ne pourrait se développer dans un terrain lourd et compact.

Maintenant, mon amie, que vous connaissez les organes qui constituent les semences, ainsi que les fonctions qu'ils sont appelés à remplir par la nature, dans les premières phases de la vie végétale, il est temps de nous occuper des semis en général.

Les semis, surtout pour les plantes annuelles, se font ordinairement sur couche ; mais, à défaut de couche, on peut les faire sur du terreau, sous cloche ou sous chassis, et même, pour beaucoup de plantes moins délicates, à l'air libre, sur une terre meuble, bien amendée et à l'abri d'un mur. Seulement, ces semis seront un peu plus longtemps à lever, et dans les premiers temps, ils pousseront moins vite que s'ils avaient été faits sur une couche chaude.

Non seulement le terreau sur lequel on fait les semis doit être passé à la claie, mais si les semences sont très-fines, il faut le passer à travers un tamis de toile métallique. Pour les semences de plantes délicates, il vaut toujours mieux les semer en terrine et en terre de bruyère. La terre doit être toujours entretenue dans un léger état d'humidité, autrement les semences seraient très-longtemps à lever ; si elle était trop sèche, elles ne lèveraient pas du tout.

Quand on sème au printemps, surtout en pots, il faut plutôt semer trop clair que trop dru, parce que, en poussant, les jeunes plantes étant trop tassées croissent faiblement, se nuisent et s'étouffent mutuellement. Je sais bien qu'on peut éclaircir le plant ; mais ce moyen a quelquefois l'inconvénient de soulever de terre les jeunes plantes que l'on veut conserver, et de retarder ainsi leur végétation.

Votre semis une fois levé demande beaucoup de soins. Vous devez d'abord le soustraire à la voracité des insectes, surtout à celle des limaces, qui dans une nuit peuvent vous le dévorer en entier. Souvent une seule suffit pour faire beaucoup de dégâts et donner bien des regrets. Vous devez donc, mon amie, plusieurs fois dans la journée, mais surtout le soir, visiter vos semis avec la plus grande attention, et tuer sans pitié les limaces et les limaçons qui vous tombent sous la main. Vous devez aussi faire la chasse aux araignées de terre, qui ne laissent pas de faire quelquefois beaucoup de dégâts, principalement dans les premiers jours ; quand le jeune plant commence à prendre un peu de force, ces insectes ne sont plus à craindre.

Vous devez aussi avoir le soin, tous les soirs, de fermer vos chassis ou de remettre les cloches sur vos pots, autrement le froid souvent glacial des nuits de printemps peut retarder la germination des graines, ou, si elles sont levées, faire périr le jeune semis. Si c'est dans l'été que vous semez, cette précaution devient inutile, à moins cependant que vous ne prévoyiez l'orage ; non pas que ce temps soit préjudiciable à la végétation, bien au contraire, mais quand la pluie tombe fortement, elle tasse la terre et brise les jeunes plantes. Le dégât est encore beaucoup plus grand quand c'est de la grêle qui tombe.

Tant que votre semis n'a encore que des feuilles seminales, je vous engage à ne pas donner trop d'eau à la terre, car la gemmule commençant à se développer, s'allonge alors trop vivement, s'énerve, s'étiole et meurt. D'un autre côté, trop de sécheresse pouvant la faire périr aussi, il faut donc rester dans un juste milieu en maintenant la terre ni trop sèche ni trop humide. Comme une chaleur trop vive peut en quelques instants brûler ces jeunes plantes, vous devez, pendant la grande ardeur du soleil, couvrir vos chassis et vos cloches avec des paillassons. Si votre semis a été fait en pleine terre, il supportera mieux une vive chaleur ; mais il est toujours plus prudent de l'ombrager pendant tout le temps que le soleil est dans sa force. Tous ces petits soins, ma charmante amie, peuvent vous paraître bien minutieux ; mais soyez bien convaincue qu'en fait de jardinage, comme en beaucoup d'autres choses, il n'y a jamais de précautions inutiles.

Pour beaucoup de plantes annuelles semées à l'automne, les unes se développent immédiatement ; les autres passent l'hiver en terre sans germer, mais elles lèvent aussitôt que les froids sont passés. Celles qui ont levé, étant surprises par les premières gelées, et ne végétant plus, attendent avec impatience le retour du printemps, qui vient ranimer leur sève engourdie et languissante.

Les plantes annuelles semées à l'automne sont toujours plus vigoureuses ; leurs fleurs sont plus grandes, leurs couleurs plus vives, leur floraison plus précoce que les mêmes plantes semées au printemps. C'est généralement au mois d'octobre qu'il faut faire ces semis.

Pour les plantes bisannuelles, il vaut mieux faire les semis en juin ou juillet. Quand on sème au commencement du printemps, on s'expose à voir ces plantes donner des fleurs médiocres sur l'arrière saison, fleurs qui fatiguent le pied, l'épuisent et l'exposent même à périr pendant l'hiver.

Les graines nouvelles donnent généralement des sujets plus vigoureux ; mais les anciennes, pourvu toutefois qu'elles aient conservé leur propriété germinative, produisent de plus belles fleurs et aussi plus de fleurs pleines. Ce fait est reconnu depuis longtemps, surtout pour les *giroflées*, les *balsamines*, les *reines-marguerites*, etc.

Par les semis, la nature reproduit toujours les espèces, mais bien rarement les variétés ; parce que ces dernières, ainsi que je vous l'ai dit, sont dues à des circonstances particulières qui ne se rencontrent pas toujonrs. Ainsi, mon amie, lorsque nous semons des *pensées*, des *reines-marguerites*, des *pétunias*, des *balsamines*, des *primevères*, nous obtenons ces plantes, mais peut-être pas une seule des variétés sur lesquelles nous avons récolté les graines.

C'est pourquoi, lorsque vous voudrez conserver et multiplier une belle variété d'une plante vivace, il ne faut pas en semer la graine, mais bouturer la plante.

Généralement, les semences ne demandent pas

à être beaucoup enterrées ; lorsqu'il en est ainsi, elles ne lèvent pas ou elles lèvent difficilement. Pour celles qui sont très-fines, telles que celles de *calcéolaires*, de *cinéraires*, et beaucoup d'autres encore, vous devez vous contenter de les répandre sur terre. Si ce sont des semences de plantes délicates, il vaut mieux les semer en terrine, en terre de bruyère ou sur terreau bien consommé, et recouvrir d'une cloche. Au contraire, les *pois*, les *haricots*, les *belles de nuit*, les *ricins*, peuvent être recouverts d'un centimètre de terre, plus ou moins, selon leur volume.

Vous savez, mon amie, que beaucoup de plantes ont des semences velues, à aigrettes cotonneuses. Ces espèces de graines se pelotant, il est assez difficile de les répartir également et de faire un semis régulier. On remédie facilement à cet inconvénient en mélangeant ces semences avec des cendres ou du sablon bien sec, et en les frottant pendant quelques instants dans les mains. Comme elles sont alors très-divisées, il est facile de faire le semis aussi régulièrement qu'on le désire. Je vous engage à employer le même moyen pour les semences très-fines, comme sont, par exemple, celles des *calcéolaires*, à peine visibles.

On ne doit jamais, mon amie, toucher aux racines des végétaux lorsqu'on les transplante, mais seulement retrancher celles qui sont brisées ou écorchées. Vous devez donc bien vous garder de couper l'extrémité des radicelles des jeunes plantes que vous repiquez, ainsi que le font beaucoup de personnes, sous le prétexte de rafraîchir les racines. Agir ainsi, c'est exposer leur reprise et retarder leur végétation, puisque c'est par leurs spongioles qu'elles puisent dans la terre les sucs nourriciers dont elles ont besoin pour croître.

Une chose très-essentielle à s'assurer avant de faire un semis, c'est bien certainement le choix des graines : les bonnes semences pouvant seules donner de bons individus et récompenser ainsi les soins de l'amateur. A la simple inspection, vous devez choisir celles qui sont les plus lourdes, les plus grosses, bien nourries, et qui ont conservé leurs formes ordinaires, comme ayant été les mieux fécondées. Quelques personnes ont la bonne habitude d'essayer leurs graines en les faisant tremper pendant cinq ou six minutes dans de l'eau ; de ne semer que celles qui vont au fond du vase, et de rejeter celles qui surnagent l'eau.

Beaucoup de graines veulent être semées aussitôt leur maturité, autrement elles ne lèvent pas ou lèvent très-difficilement. Parmi ces semences, je puis vous citer celles du *morina longiflora*, de la *campanule à feuilles de pêcher*, des diverses *digitales*, de la *filipendule*, des *potentilles*, de la *croix de Jérusalem*, du *trollius*, des *stramoniums*, des *phlox*, des *fraxinelles*, de l'*alysse saxatile*, etc.

Les graines conservent pendant un temps plus ou moins long leur propriété germinative. Pour le plus grand nombre, c'est d'un à trois ans ; pour quelques-unes, quelques années de plus, mais bien rarement plus de huit à dix. Cependant celles de la famille des légumineuses font exception à cette règle. On a plusieurs exemples que des haricots récoltés depuis plus de quarante ans ont germé et poussé avec une grande vigueur. Le *Bon Jardinier* rapporte même que des haricots pris dans l'herbier de Tournefort, et qui avaient à peu près un siècle de conservation, plantés au Jardin-des-Plantes, ont très-bien germé.

On lit dans les actes de la Société linnéenne de Bordeaux, que des graines trouvées dans des tombeaux gallo-romains ont germé, quoiqu'elles eussent quatorze à quinze cents ans d'existence. Il est fâcheux que cette société n'ait pas donné le nom des plantes auxquelles appartenaient ces graines.

J'ai lu aussi dans la *Gazette littéraire*, du 11 novembre 1855, un fait encore plus extraordinaire. Je copie textuellement l'article :

« En faisant au Caire l'ouverture d'un ancien sarcophage égyptien, on a trouvé, à côté de la momie, une certaine quantité d'épis de froment. Neuf des grains provenant de ces épis furent donnés à un professeur d'agriculture, qui, à tout hasard, s'empressa de les confier à la terre. Ces grains étaient tellement réduits et déformés, qu'il était assez difficile de reconnaître leur caractère, plus difficile encore de supposer qu'ils pussent germer, après trente siècles peut-être d'existence. Ce phénomène cependant s'est accompli sous les yeux d'un membre de la Société d'agriculture de Compiègne, qui l'a rapporté. Malgré un tel intervalle, ces chétifs grains n'avaient pas perdu leur puissance de germination ; ils présentèrent, au contraire une végétation surprenante. Les branches qui sortirent avaient la grosseur d'un roseau ; elles étaient accompagnées de feuilles de trois centimètres de largeur et surmontés d'épis parfaitement conformés, au nombre de vingt par pied, réunissant sur quatre rangs jusqu'à cent grains d'une singulière grosseur, de sorte que plusieurs des grains primitifs s'étaient multipliés jusqu'à deux mille fois. Un échantillon de ce blé, contemporain peut-être de Sésostris ou tout au moins de Cléopâtre, vient d'être présenté à cette société, ainsi que de belles touffes sur pied ayant deux mètres de hauteur. »

Ces deux derniers faits, mon aimable amie,

pourront vous paraître extraordinaires ; cependant on peut les expliquer facilement, en ce que ces graines ont été pendant ce grand laps de temps privées du contact de l'air et de la lumière, agents qui détruisent la faculté germinative des semences. C'est pourquoi on recommande toujours de conserver, autant que possible, toutes les grainesdans leurs enveloppes naturelles, ainsi que je vais vous le recommander moi-même un peu plus bas.

Un fait bien étonnant, cité par le docteur Bixio, prouve combien l'embryon a de vitalité dans de certaines semences. Voici ce qu'il dit : « Nous pourrions citer encore d'autres faits du même genre, mais il nous suffira de rappeler un des plus extraordinaires, celui de la germination parfaite de graines de framboisier retirées d'une bassine de confitures, et qui devaient, par conséquent, avoir été exposées à une température d'environ 110 degrés centigrades, point de l'ébullition du sirop. On ne conçoit guère comment un corps doué de vie a pu résister à une chaleur aussi violente ; mais le fait est certain. »

Les graines, ainsi que je vous l'ai dit, sont le principal moyen employé par la nature pour la reproduction des espèces ; mais pour que celle-ci ait lieu, il faut qu'elles aient été bien fécondées, et de plus qu'elles aient conservé leur propriété germinative, sans quoi il n'y a pas de reproduction possible.

Il existe plusieurs moyens pour hâter la germination des graines. On connaît maintenant celui de rendre cette faculté à celles qui l'ont perdue. Pour hâter et développer leur germination, il suffit de les faire tremper pendant quinze à dix-huit heures dans de l'eau ordinaire. Cette simple opération facilite beaucoup la germination de l'embryon. On obtient le même résultat en les laissant plus ou moins de temps sur des éponges mouillées, ou en les enveloppant dans des morceaux d'étoffe imbibés d'eau.

Quant aux semences osseuses, telles que les noix, les avelines, les noyaux de pèches, d'abricots, de prunes, etc., on emploie un autre moyen, celui de la *stratification*. Stratifier une semence, c'est, à l'automne, de mettre successivement dans un vase quelconque un lit de sable humide et un lit de noyaux, de bien fermer ce vase et de le laisser pendant l'hiver à la cave ou dans un lieu frais. Elles germent pendant l'hiver, et, au commencement du printemps, on retire ces noyaux et on les plante en pleine terre. Ainsi, vous voyez que la stratification est un semis artificiel et provisoire, au moyen duquel on conserve pendant l'hiver leur propriété germinative aux semences osseuses, et dont on hâte en même temps la végétation.

Depuis quelques années, on connaît divers moyens pour rendre aux semences leur faculté germinative, quand elles l'ont perdue par vétusté. C'est à la chimie que nous devons cette précieuse découverte. On sait maintenant que toutes les substances oxigénées ont cette propriété. Il y a plus de trente ans que, pour la première fois, on est parvenu à faire germer de très-vieilles graines, en les semant dans de la terre mélangée avec une petite quantité d'oxide de manganèse et tenue un peu humide.

Aujourd'hui, on emploie d'autres moyens pour arriver au même but. Quand on craint que des graines trop anciennes ne lèvent pas, on les fait macérer pendant sept à huit heures dans de l'eau légèrement chlorurée. Le chlorure rend aux semences la faculté de germer, en cédant une partie de son oxigène, qui s'empare du carbone qu'elles contiennent, et forme avec lui de l'acide carbonique qui se dégage. Trois ou quatre grammes de chlorure de chaux ou d'oxyde de sodium, par litre d'eau, sont suffisants pour obtenir ce résultat.

Généralement, mon aimable amie, toutes les substances qui peuvent céder à l'eau une partie de leur oxigène, ont la même propriété de hâter et de déterminer la germination des graines. Cependant, ma bonne Emma, je dois vous dire que, lorsque vous emploierez ce moyen, vous devez agir avec la plus grande prudence, surtout quand l'embryon commence à se développer ; car, lorsque l'oxigène est en trop grande quantité, son germe s'épuise et il ne tarde pas à périr.

Ainsi, les eaux acidulées ou iodurées ont la même propriété que le chlore. Les alcalis, au contraire, produisent un effet tout opposé. L'acide oxalique est celui dont on paraît se servir le plus ordinairement et avec le plus de succès.

En parlant de l'emploi de cet acide, le docteur Bixio , dans son *Almanach du Bon Jardinier,* année 1849, rapporte le fait suivant : « Entre autres faits qui confirment l'efficacité de l'acide oxalique dans la germination des vieilles graines, nous nous bornerons à en citer un. M. Otto a vu lever des graines qui avaient trente et quarante ans, tandis que d'autres pareilles, semées à la manière ordinaire, ne levèrent pas du tout. »

Toute graine privée du contact de l'air ne peut pas germer. Il est bien reconnu aujourd'hui que l'oxigène seul est indispensable pour déterminer la germination. Des graines mises en contact avec d'autres gaz ne germent pas plus que si elles étaient dans le vide. Cependant, mon amie, il ne faut pas croire que l'oxigène soit préférable à l'air atmosphérique, ce serait une grande erreur ; car ce gaz, après avoir accéléré le développement du germe, ne tarderait pas à le détruire, parce qu'il communiquerait une trop grande activité à sa puissance végétative.

Ainsi, les seuls agents indispensables à la germination, sont : l'eau, la chaleur et l'air.

Le seul moyen, mon amie, d'être certaine de vos graines, c'est de les recueillir vous-même, toujours sur les plus beaux individus, ainsi que sur les premières fleurs , et lorsqu'elles ont acquis toute leur maturité. Pour ne pas vous tromper, il faut avoir le soin de marquer avec une ficelle la branche sur laquelle vous voulez prendre vos graines. Pour le plus grand nombre, la récolte est facile à faire ; mais il en est quelques-unes qui offrent plus de difficultés, telles sont, par exemple, celles de la *pensée*, de la *balsamine*, de la *violette*, etc. ; pour celles-ci, il faut les récolter avant leur entière maturité, parce que, étant renfermées dans des péricarpes dont les valves sont élastiques, aussitôt que leurs graines sont mûres, elles se trouvent lancées à des distances plus ou moins éloignées, et se trouvent ainsi perdues.

Celles renfermées dans des siliques doivent être récoltées aussi avant leur entière maturité, sans quoi, les siliques s'ouvrant spontanément, il arrive presque toujours que ces graines se trouvent perdues aux pieds des plantes. Un peu d'expérience nous apprend facilement à saisir le moment propice pour les récolter.

Vous devez toujours choisir un beau temps et un beau soleil, pour faire la récolte de vos graines. Vous devez aussi les faire sécher à l'ombre, et les conserver ensuite dans un endroit sec, bien aéré, mais à l'abri du soleil, car l'humidité ou une trop grande chaleur sont également nuisibles à leur conservation et peuvent leur faire perdre la faculté de germer. Pour toutes celles à siliques ou à capsules, il faut les laisser dans leurs enveloppes naturelles, jusqu'au moment de faire vos semis. Une bien mauvaise manière, c'est de les enfermer dans du papier. Beaucoup de personnes ont l'habitude de les conserver dans des petits sacs en toile serrée et de suspendre ces sacs au plancher : cette manière est bonne.

La nature, mon amie, emploie encore d'autres moyens pour la reproduction de certains végétaux, moyens que je dois vous faire connaître aussi. Beaucoup de plantes tracent, c'est-à-dire que leurs racines poussant horizontalement sous terre, donnent ainsi naissance à de nouvelles plantes. La *réglisse*, l'*hélianthe traçant* (H. ATRORUBENS), l'*alkekenge* la *lysimachie verticillée*, la *saponaire*, le *tussillage odorant*, etc., sont des végétaux très-traçants, et, sous ce rapport, quelquefois très-gênants dans un jardin.

D'autres végétaux se reproduisent par des *stolons, coulants ou filets*. Ce sont des jets longs et grêles, qui, traînant sur le sol, y implantent de distance en distance des rosettes de feuilles qui, prenant racine, deviennent aussi de nouvelles plantes. Par exemple, les *fraisiers*, la *violette*, la *saxifrage stolonifère*, etc.

Les *œilletons* sont des espèces de rejets enracinés qui apparaissent au collet ou sur les racines de la plante mère de certaines plantes, et que l'on enlève au printemps. Les *artichauts*, les *ananas*, les *yuccas*, etc., se multiplient généralement de cette manière. Nos jardiniers donnent le nom de *radons* aux œilletons des artichauts.

On donne particulièrement le nom de *réjetons* aux jeunes pousses de certains végétaux, produites par leurs racines, plus ou moins loin de la tige, comme nous le voyons souvent pour les *pruniers*, les *cerisiers*, les *rosiers*, etc.

L'on multiplie aussi beaucoup de plantes par la séparation des pieds. Cette opération doit se faire à la fin de l'automne ou au commencement du printemps. On l'emploie surtout pour des plantes peu délicates, telles que les *astères*, les *phlox*, les *pivoines*, les *asphodèles*, les *pigamons*, les *ancolies*, toutes plantes vivaces qui perdent leurs tiges pendant l'hiver. Les racines de ces plantes, quand le pied est un peu fort, se divisent en plusieurs têtes terminées chacune par un bouton ou gemme, que quelques horticulteurs appellent *turions*. Quand on sépare ces plantes, il faut que les parties séparées aient au moins chacune un ou deux de ces boutons ; autrement les plantes ne reprendraient pas.

Je dois vous dire encore, mon aimable amie, que la nature, cette mère si prévoyante, se sert aussi de trois grands semeurs pour conserver et perpétuer les espèces. Ces semeurs, que nous connaissons tous, mais auxquels nous faisons généralement peu d'attention, sont les eaux, les vents, les oiseaux.

Les eaux entraînent souvent avec elles, à

des distances quelquefois considérables, des graines mûries dans des contrées étrangères, et les déposent sur les rivages qu'elles arrosent sur leur route. Ces rivages s'enrichissent ainsi de nouvelles plantes, dont quelques-unes finissent, avec le temps, par s'acclimater et par se répandre de proche en proche.

Pour les semences ailées ou à aigrettes, telles que celles du *pissenlit*, du *salsifis*, des *chardons*, des *crépides*, etc., ce sont presque toujours les vents qui les transportent d'un lieu à un autre, et souvent bien loin de celui où ces plantes ont poussé. Dans certains jours de l'été, lorsque l'air est plus ou moins agité, l'on voit quelquefois ces semences voler en grande quantité. En vous promenant dans la campagne, vous avez dû remarquer ce fait plus d'une fois.

Quant aux oiseaux, ceux désignés en histoire naturelle sous le nom de *granivores*, emportent souvent avec eux, à des distances plus ou moins éloignées, les graines dont ils se nourrissent. Toutes n'étant pas digérées dans leur estomac, beaucoup conservent alors leurs propriétés germinatives, et peuvent plus tard donner naissance à de nouveaux individus. Voilà pourquoi nous voyons assez souvent, dans le voisinage des fleuves, dans nos prairies, dans nos champs, dans nos jardins, pousser des plantes que nous n'y avons pas semées.

DE LA GREFFE.

L'opération de la greffe, ma charmante amie, remonte à une haute antiquité. Virgile, qui vivait sous l'empereur Auguste, l'a décrite en très-beaux vers latins dans ses *Georgiques*, dont l'abbé

Delille nous a donné une très-bonne traduction
en vers français. C'est le triomphe de l'art sur
la nature, dans le règne végétal. Par son moyen,
on peut changer à volonté un arbre d'espèce,
de sexe, de tête, et obtenir même sur des sauva-
geons les fruits les plus beaux, les plus savoureux.

L'usage de la greffe est bien certainement ce
qu'il y a de plus ingénieux, de plus agréable,
mais surtout de plus utile dans le vaste champ
de l'arboriculture et de l'horticulture.

La greffe consiste à appliquer un œil ou plutôt
un rameau contenant plusieurs yeux, d'un végétal sur un autre végétal, de manière que leur
sève puisse se mettre promptement en commu-
nication, et que celle du sujet passe facilement
dans le rameau greffé pour le nourrir. Je dois
vous dire que, pour réussir, cette opération ne peut
avoir lieu que sur des arbres ou des arbustes
ayant une grande analogie entre eux. Ainsi, le
poirier et le pommier ne peuvent être greffés
l'un sur l'autre ; encore moins un fruit à pépins
sur un fruit à noyaux ; des lilas sur des lauriers,
etc.

On connaît et on pratique un grand nombre
de manières de greffer ; mais celles que l'on emploie le plus souvent portent les noms de greffe
par *approche, en fente, en couronne, à la Pontoise,
en flûte*. Comme les dames n'ont pas l'usage de
greffer, je crois inutile de vous donner de plus
grands détails sur ce mode de reproduction, qui,
généralement, n'est pratiqué que par des jardiniers de profession, si ce n'est cependant la *greffe
en écusson*, dont elles s'acquittent généralement
très-bien, et dont je vais vous parler.

DE L'ÉCUSSON.

Ecussonner, mon aimable amie, est une opération très-facile à faire, puisque, pour y réussir
parfaitement, il ne faut qu'un peu d'habitude,
de bons yeux et une main légère. On doit la pratiquer au moment de la plus grande sève, soit au
printemps, soit à l'automne, lorsque l'écorce se
détache facilement de l'aubier. On coupe, sur les
arbres ou sur les arbustes que l'on veut multiplier, une branche de l'année précédente, garnie
de plusieurs yeux bien formés, mais cependant
pas trop avancés ; on les détache avec précaution,
à l'aide d'un instrument bien tranchant, en
ayant soin d'y laisser un peu de bois ou plutôt
d'aubier, et on leur donne la forme d'un écusson
ou bouclier de nos anciens paladins. On fait, sur
l'écorce du sujet que l'on veut écussonner, une
incision en forme de T ; l'écorce se sépare de
l'aubier ; la soulevant alors de chaque côté avec
l'écussonnoir, on y insinue l'écusson de haut en
bas, et lorsqu'on est certain qu'il y est bien ap-
pliqué, qu'aucun de ses bords ou de ses angles
n'est replié, l'on rabat de chaque côté les lèvres
de l'incision, pour leur faire bien rencontrer l'é-
cusson, afin qu'elles ne laissent de passage qu'à
l'œil qui, seul, doit être libre. Ensuite, avec de
la laine ou de la filasse, on fait une ligature
dans toute la longueur de l'écusson, de manière
que l'œil seul reste découvert.

Lorsqu'on écussonne au printemps, depuis le
mois d'avril jusqu'à la fin de juin et même quelquefois en juillet, on appelle l'écusson à *œil poussant*, parce que, s'il prend bien, le bouton se
développe au bout de douze à quinze jours. Si, par

exemple, c'est un rosier que vous avez écussonné, vous aurez presque toujours des roses la même année. Si, au contraire, vous écussonnez à la fin de l'été, ou au commencement de l'automne, on nomme alors l'écusson à *œil dormant*, parce que l'œil ne se développe qu'au printemps suivant.

Vous le voyez, ma bonne Emma, rien n'est plus facile que d'écussonner. Oui, avec une main légère comme la vôtre, de l'adresse comme vous en avez dans vos jolis doigts, deux bons et beaux yeux comme ceux que vous avez le bonheur d'avoir, vous écussonnerez très-bien quand vous voudrez vous donner la peine de vous en occuper.

BOUTURES.

L'art de faire des boutures est très-ancien. Ainsi qu'un grand nombre de découvertes utiles, il paraît être dû au hasard. Cet art, il faut en convenir, est resté bien longtemps dans l'enfance ; mais depuis une vingtaine d'années surtout, il a fait, grâce aux travaux de nos plus habiles horticulteurs, des progrès immenses. Aujourd'hui, l'on parvient même à bouturer des tronçons de racines, de simples feuilles.

Une bouture, ma gracieuse Emma, est une partie détachée d'un végétal, que l'on met en terre, pour qu'elle produise d'abord des racines, et plus tard un individu en tout semblable à celui auquel on l'a emprunté.

Les végétaux qui ont beaucoup de tissu cellulaire, tels que le *saule*, le *peuplier*, le *corchorus*, le *jasmin*, le *groseiller*, le *chèvrefeuille*. etc., reprennent beaucoup plus facilement de bouture que ceux qui ont le bois dur et sec.

Ainsi, quand vous voudrez faire une bouture, vous détacherez de la plante ou de l'arbuste que vous voulez multiplier une petite branche de l'année précédente, et, autant que possible, avec un peu de talon, ou, à défaut, vous couperez le rameau au-dessous d'un œil. Vous planterez ce rameau dans un petit pot plein de terre de bruyère ou de terreau très-fin, et toujours d'une grandeur proportionnée à la force du sujet. Vous l'enfoncerez d'un à deux yeux, suivant sa longueur, et avec vos jolis doigts, sauf à les salir pour un moment, vous tasserez la terre autour, en la pressant légèrement, et ensuite vous la mouillerez un peu.

Beaucoup de plantes peuvent être bouturées en pleine terre et à l'air libre, mais toutefois à l'abri des ardeurs du soleil, et dans une terre bien meuble et bien terreautée. Cependant je dois vous dire que les boutures d'arbres verts réussissent rarement bien, lorsqu'on les fait ainsi; il faut les faire sous cloche et sous chassis

Quelques végétaux produisent plus promptement et plus sûrement des racines sur du bois de deux à trois ans que sur celui de l'année précédente ; tels sont, par exemple, les *groseilliers* et quelques espèces de *rosiers*. Généralement, ces derniers sont assez longtemps à reprendre, et donnent rarement de forts individus.

Il y a aussi un grand nombre de végétaux dont les boutures reprennent très-difficilement, à moins qu'elles ne soient faites dans de très-petits pots, en serre et dans la tannée, ou tout au moins sous bâche et sur couche tiède. Beaucoup aussi se font sous cloches ; c'est ce que l'on appelle *boutures à l'étouffé*. Celles-ci demandent une légère humidité et une chaleur toujours égale. Quelques boutures ne reprennent même bien, que lorsqu'elles sont faites dans du sable très-fin, légèrement humide et sous cloche ; telles sont, par exemple, celles des *bruyères du Cap.*

MARCOTTES.

Les marcottes, mon amie, diffèrent des boutures en ce que celles-ci sont des branches séparées de la plante à laquelle elles appartiennent ; tandis que les premières sont ces mêmes branches mises en terre pendant qu'elles tiennent encore à l'individu dont elles font partie. Ainsi, marcotter une plante, c'est, à proprement parler, forcer une ou plusieurs branches à produire des racines, pendant qu'elles tiennent encore à la tige-mère.

Il existe plusieurs procédés pour marcotter. Le plus simple consiste à coucher en terre, à huit ou dix centimètres de profondeur, une branche plus ou moins longue, que l'on y fixe au moyen de petits crochets en bois ou en gros fil de fer. Il faut toujours avoir soin d'effeuiller la partie de la branche mise en terre. Ce genre de marcottes, le plus simple de tous, est principalement employé pour la *vigne*, les *chèvrefeuilles*, les *jasmins*, même pour certaines variétés de *rosiers*, qu'on désire avoir de francs pieds, et qui s'enracinent très-bien de cette manière.

La marcotte par strangulation se fait en serrant fortement la branche au-dessous d'un œil avec un fil de fer, pour provoquer un bourrelet d'écorce d'où sortiront les jeunes racines, et forcer ainsi la marcotte à émettre plus promptement ces racines. Quelquefois, on se contente de tordre

la branche à l'endroit où l'on veut qu'elle s'enra-
cine ; c'est alors la *marcotte par torsion*. Ces deux
moyens sont employés pour empêcher la marche
de la sève, et la forcer ainsi à s'arrêter à la partie
de la branche où l'on veut obtenir des racines.

La *marcotte par incision* est celle que l'on emploie le plus généralement. Elle consiste à fendre
la branche dans le milieu, dans un nœud, et à
mettre entre les deux parties un corps étranger
pour les tenir écartées l'une de l'autre. Ensuite, on
assujettit la branche avec un petit crochet, et on
la recouvre de quelques centimètres de terre.

J'aurais pu, mon aimable amie, vous donner
beaucoup plus de détails sur la manière d'écussonner, de faire les marcottes et les boutures ;
mais ce que je vous en ai dit doit vous suffire pour
vous en donner au moins une idée. Maintenant,
un peu de pratique, un peu d'observation vous
en apprendront beaucoup plus que tout ce que
je pourrais vous dire à ce sujet.

Ici, ma bonne et gracieuse Emma, je termine
les conseils que j'ai pensé devoir vous donner sur
la culture des fleurs. Le champ de l'horticulture
est vaste, et s'agrandit encore tous les jours. Pour
le parcourir avec succès, il faut à une bonne
théorie joindre une longue expérience et une
grande pratique. L'une et l'autre, vous le savez,
ne peuvent s'acquérir qu'avec le temps.

VOCABULAIRE EXPLICATIF

DE

QUELQUES TERMES DE BOTANIQUE EMPLOYÉS DANS LA DESCRIPTION DES PLANTES

Dont l'explication ne se trouve pas dans le cours de l'ouvrage.

ACÉRÉ, ACÉREUSE. On donne ce nom à des feuilles cylindriques, raides, pointues et piquantes.

ACUMINÉE. Feuille dont le sommet s'amincit brusquement pour se terminer en pointe.

ADNÉ. Ce qui est attaché latéralement, dans toute sa longueur, à une autre partie.

AIGUILLONS. Piquants appliqués sur l'écorce, et que l'on peut détacher sans endommager cette dernière, comme dans les rosiers, ce qui les distingue des épines.

AILÉE. Une feuille est dite AILÉE, quand elle est composée de plusieurs petites feuilles ou folioles disposées des deux côtés d'un pétiole commun, comme les barbes d'une plume. Un PÉTIOLE EST AILÉ, quand les deux côtés opposés sont garnis d'appendices en forme d'aile, comme dans la feuille de l'oranger ; SEMENCES AILÉES, celles dont l'enveloppe s'étend et s'élargit en membrane.

ALPINES. Plantes qui croissent naturellement sur les hautes montagnes, principalement sur les Alpes.

ARTICULÉE. Tige munie de nœuds, comme le chaume des graminées.

AXILLAIRE. Fleurs qui partent de l'aisselle des rameaux

BIFIDE, TRIFIDE. Division en deux ou trois parties d'un pétale, plus profonde qu'une dentelure, mais n'allant pas jusqu'à la base.

BIFURQUÉE. Tige, branche qui se divise en deux. BIFURCATION, le point où commencent ces divisions.

BIPENNATIFIDE. Deux fois pennatifide. Divisions du pétiole, qui, elles-mêmes, sont pinnatifides.

BIPENNÉ, TRIPENNÉ. Deux, trois fois penné.

BITERNÉES, TRITERNÉES. Feuilles dont le pétiole commun se divise en deux ou trois pétioles, lesquels se subdivisent encore en deux ou trois autres.

CAMPANULÉES. Fleurs ayant à peu près la forme d'une cloche, comme celles des CAMPANULES.

CANALICULÉE. Tige, feuille canaliculée, dont la superficie est marquée de rainures longitudinales creusées en gouttières.

Ciliées. Bordé de quelques poils comme des cils. Se dit des feuilles et des pétales.

Circinées. Feuilles roulées en crosse avant leur épanouissement : la FOUGÈRE.

Coadnée, Coaddunée, Connée. Deux feuilles soudées en une seule, comme dans quelques CHÈVREFEUILLES, le CHARDON A FOULON.

Crénelées. Feuilles dont les bords sont garnis de dents larges et arrondies.

Cylindrique. Se dit des tiges et des feuilles rondes, sans saillies ni angles : le JONC, la JONQUILLE, le MUSCARI A GRAPPES.

Deltoïde. Feuille qui, par sa forme triangulaire, approche de la figure d'un DELTA grec.

Dense. Se dit des feuilles ou des fleurs qui sont nombreuses et serrées.

Dichotome. Tige qui se partage en deux branches, dont chacune se bifurque en deux rameaux.

Diffus. Se dit d'une plante dont les branches et les rameaux lâches, étalés horizontalement, ne gardent entre eux aucun ordre.

Disque. Milieu des feuilles à bords sinueux, frisés et découpés. — Centre des fleurs composées, occupé par les fleurons, autour desquels sont rangés les rayons ou demi-fleurons.

Distique. Un épi est distique quand les fleurs sont sur deux rangs opposés. Il en est de même pour les rameaux, les feuilles, lorsque ces organes sont disposés de même.

Divariqué. Rameaux qui, en s'allongeant, s'écartent et divergent dans toutes les directions, a partir du point de leur insertion.

Dressé. Se dit des tiges et des rameaux qui s'élèvent verticalement.

Erigé. Droit, perpendiculaire.

Fasciculée. Réunion de racines, de feuilles ou de fleurs, partant d'un même point et réunies en faisceaux.

Fastigié. Se dit des rameaux ou des fleurs qui, partant d'une branche ou d'un pédoncule commun, se terminent à la même hauteur, et dont les sommets forment un plan horizontal.

Flexueux. Tiges qui font des sinuosités et vont en zig-zag : elles sont TORTUEUSES, lorsqu'elles ne sont que courbées inégalement en plusieurs sens.

Fistuleux. Tige cylindrique et creuse, comme celle des ROSEAUX, des GRAMINÉES, de l'OIGNON, etc., etc.

Frangé. Bordé de découpures fines.

Frutescent. On dit qu'une tige est frutescente lorsque, sans être décidément ligneuse, elle persiste, au moins par sa base, pendant quelques années

Glabre. Sans poils : opposé à velu.

GLAUQUE. Se dit des tiges et des feuilles d'une couleur vert-bleuâtre et comme farineuses.

GLOMÉRULÉE. Fruits ou fleurs agglomérés irrégulièrement en forme de tête, à l'extrémité d'un pédoncule commun.

HÉRISSÉ, HISPIDE. Garni de poils rudes et cassants.

HÉTÉROPHYLLE. Se dit des plantes qui ont des feuilles de différentes sortes.

HIBRIDES. Plantes produites par le pollen de plantes, de variétés, d'espèces, même quelquefois de genres différents : c'est un véritable adultère végétal.

IMBRIQUÉ. Se dit des feuilles, écailles, pétales, etc., arrangés et posés les uns sur les autres, comme des tuiles sur un toit.

INERMES, Sans épines.

INFUNDIBULIFORME. En forme d'entonnoir ; ne se dit que des fleurs.

INVOLUTÉ. Pétales, feuilles, sépales, dont les bords sont roulés en dedans.

LACINIÉ. Découpé en forme de lanières ; se dit principalement des feuilles et des fleurs.

LANUGINEUX. Synonyme de laineux.

LIGULÉE. En forme de petites languettes.

LOBES. Parties saillantes qui se trouvent entre les échancrures des feuilles, des pétales. Ces lobes sont quelquefois crénelés ou dentés eux-mêmes.

MACULÉ. Taché d'une autre couleur que celle du fond.

MARESCENTE. Corolle ou calice qui se dessèche sans tomber : les CAMPANULES, les MAUVES.

MARGINÉ. Synonyme de bordé.

MÉRITHALE. Portion de tige comprise entre deux nœuds ou deux insertions de feuilles.

MUCRONÉ. Terminé par une pointe aiguë et courte.

MULTICAULE. Qui a plusieurs tiges.

OBCORDÉ. En cœur renversé, c'est-à-dire en forme de cœur dont la pointe est en bas.

OBOVALE, OBOVÉ. En forme d'œuf retourné ; ayant la partie la plus large au sommet.

ONDULÉ, ONDULEUX. Se dit d'une feuille ou d'un pétale marqué de sinuosités arrondies. Quand ces sinuosités sont petites et multipliées, on dit que la feuille est crépue ou frisée.

OVOÏDE. Organe qui a la forme d'un œuf.

PALMATIFIDE. Feuilles dont les divisions offrant une disposition palmée, ne se prolongent pas jusqu'à la partie moyenne. Ces divisions prennent le nom de FISSURES.

PALMATISÉQUÉ. Se dit des feuilles laciniées, dont les segments ou divisions principales sont palmées.

PÉDALÉES, PÉDÉES. Feuilles dont le pétiole se divise à son extrémité en deux parties divergentes.

Penné ou **Pinné**. Synonyme de ailé.

Pennatifide. Feuilles dont les découpures ne sont pas fendues jusqu'à la nervure médiane, et sont disposées comme les barbes d'une plume. Telles sont les feuilles de fougères de camomille, de scabieuse des jardins.

Pennatipartite. Feuilles simples, divisées latéralement en plusieurs partitions qui se prolongent à peu près jusqu'à la nervure médiane. On appelle partitions les divisions des feuilles partagées ou partites.

Pennatiséqué. Feuilles simples, dont les divisions ou segments sont disposés de chaque côté de la nervure médiane.

Penninervées. Feuilles dont les nervures sont pennées, c'est-à-dire disposées comme les barbes d'une plume.

Pinnules. Nom que l'on donne quelquefois aux folioles des feuilles composées.

Révoluté. Pétales, feuilles, sépales dont les bords sont roulés en dehors ; opposé d'involuté.

Roncinées. Feuilles oblongues et pennatifides, dont les divisions sont dirigées vers la base, comme dans celles du pissenlit.

Scabre. Feuilles, tiges chargées d'aspérités rudes au toucher : toute la plante de la bourrache.

Segments. On nomme ainsi les divisions qui atteignent la nervure médiane des feuilles.

Sinuées. Feuilles dont les bords ont de larges échancrures arrondies, peu profondes et plus ou moins inégales.

Subulé. En forme d'alène.

Suffrutescent. Synonyme de sous-arbrisseau.

Tomenteux. Se dit des tiges et des feuilles chargées de poils serrés et entrelacés, qui leur donne un aspect blanchâtre et cotonneux.

Tricothome. Tige se divisant en ramifications divisées trois par trois, comme dans celle de la belle de nuit.

OUVRAGES CONSULTÉS PAR L'AUTEUR

Pour écrire les Conseils à Emma.

Le *Jardin de Hollande, planté et garni de fleurs, de fruits et d'orangers*, par Duvivier, 1714.

Traité de la culture des Renoncules, des Œillets, des Auricules, des Tulipes, par le P. d'Argenne, 1754.

Tableau du règne végétal, par Ventenat.

Traité de la culture des arbres fruitiers, par Forsyth, traduction de Pictet-Mallet, 1803.

Instruction sur le Jardinage, par Wenkeler, 1767.

Le *Bon Jardinier*, années 1788, 1793, 1811, 1815, 1820, 1840, 1845, 1847, 1855.

Philibert, *Exercices de Botanique*. 1801.

Le *Botaniste-Cultivateur*, par Dumont-Courset, 1802.

Nouveau Dictionnaire d'Histoire naturelle, 1803.

Dictionnaire raisonné et abrégé d'Histoire naturelle, 1807.

Histoire naturelle générale et particulière des Plantes, par Brisseau-Mirbel

Abrégé du Traité des Jardins, ou petit Traité de la Quintinie, 1807.

Observations sur la Culture des Fleurs, par François Termier, 1816.

Flore de Rouen, par Turquier de Longchamp, 1816.

Manuel du Jardinier, par un anonyme, 1821.

Nouveaux éléments de Botanique, par Richard, 1828.

Traité élémentaire de Botanique, par Pouchet, 1836.

Le *Nouveau parfait Jardinier*, par Loizelier, 1836.

Nouveau parfait Jardinier, par Bailly, 1838.

Revue horticole, depuis sa création.

Flore des serres et des jardins de l'Europe, par Vanhoute.

Botanique ou Histoire naturelle des Plantes, par Rendu, 1838.

Le *Jardinier des fenêtres, etc.*, par Mme ***.

Iconographie végétale, par Richard, 1841.

Traité sur la culture des Œillets, par Ragonot-Godefroy, 1842.

Le *Petit Guide-Manuel du Jardinier-Fleuriste*, par Ragonot-Godefroy, 1842.

Essai sur l'Histoire et la Culture des Plantes bulbeuses, par Ch. Lemaire, 1843.

Art de cultiver les Jardins, par un jardinier-agronome, 1842.

Histoire et Culture du Dalhia, par Augustin Legrand, 1843.

Traité sur la Culture des Géranium. des Calcéolaires, dés Verveines, et des Cinéraires, par Lemaire et Chauvière, 1843.

Notions sur l'art de faire des boutures, par Neuman, 1844.

Manuel général des Plantes, Arbres et Arbustes, par Jacques et Hérincq (En cours de publ.).

Des genres Camellia, Rhododendrum, Azalés, etc., par Charles Lemaire, 1844.

Histoire naturelle, par Bouchardat, 1844.

Du Fuchsia, son histoire et sa culture , par Porcher, 1844.

La Pensée, la Violette, l'Auricule, la Primevère, histoire et culture, 1844.

Le Porte-Feuille des Horticulteurs.

Annuaire de l'Horticulteur, par Bixio (Plusieurs années).

Le Parfait Jardinier moderne, 1846.

Almanach du Jardinier, par les rédacteurs de la *Maison rustique du XIXe siècle*, 1855.

Nouveau manuel complet des Jardiniers, ou Art de cultiver les Jardins, par un jardinier-agronome, 1843.

Album du jeune Botaniste, 1850.

Instructions pour les Semences de fleurs de pleine terre, par Vilmorin, 1851.

Botanique et Physiologie végétale, par Jehan, 1847.

Culture du Chrysanthème des Indes, par Lebois.

Histoire et Culture de la Reine-Marguerite, par Bossin (sans millésime).

Manuel du Jardinier-Fleuriste, par Nicolas, 1854.

Traité de la culture des fleurs et arbustes d'agrément, par Bréant et Boitard, 1855.

Almanach horticole, par Victor Paquet (Plusieurs années).

Les Mois, poème, par Roucher.

Les Jardins, les Trois-Règnes, poèmes, par Delille.

Les Fleurs, poème, par Parny.

Les Plantes, poème, par Richard Castel.

Le Petit Almanach du Jardinier-Fleuriste, 1856.

TABLE SOMMAIRE DES MATIÈRES.

ERRATA.

PAGES.	LIGNES.		LISEZ :
116	33	feuilles,	fleurs.
175	14	VIRGINICA,	ERECTA.
193	2	*hélianthème*,	*hélianthe*.
261	35	terreau,	tessons.
336	25	DELPHINUM,	DELPHINIUM.
363	12	droites,	étroites.
373	16	*Lymachus*	*Lysimachus*
392	10, après *en terrine*. ajoutez *soit*.		
394	6	*graiceux*,	*gracieux*.
422	26	*tencriette*,	*teucriette*.
446	10	*clétra*,	*cléthra*.
475	6	*abutiton*,	*abutilon*.
550	2	237	235
551	2	175	348
—	3 après *tétraptère*, ajoutez *id*.		
—	28	311	351
552	1	352	286

Darnétal Imprimerie de Fruchart.

SUPPLÉMENT

AUX

CONSEILS A EMMA,

SUR LA CULTURE DES FLEURS.

~~~~~~~~~~

Pour répondre au désir qui m'a été manifesté par plusieurs personnes, je me suis empressé de donner PAR FAMILLE les plantes décrites dans les *Conseils à Emma*, et de publier ce supplément, qui, en effet, complétera ce petit ouvrage.

J'ai adopté, sauf quelques légères modifications, la classification suivie par MM. Bréant et Boitard, dans leur *Traité de la culture des fleurs*, ouvrage publié en 1855.

Première Division.

Classe Ire

MONOCOTYLÉDONES APÉTALES, ÉTAMINES SOUS LE PISTIL.

Famille des Aroïdées.

Gouet attrape-mouche.	Gouet serpentaire.

Classe II.

MONOCOTYLÉDONES APÉTALES, A ÉTAMINES ATTACHÉES AU CALICE.

Famille des Asparaginées.	Colchique d'automne.
Dianelle bleue.	— d'Orient.
Muguet de mai.	— panaché.
Sceau de Salomon anguleux.	Hélonias rose.
— verticillé.	Varaire blanc.
Famille des Commelinacées.	— noir.
Commeline céleste.	*Famille des Tulipacées.*
— commune.	Couronne impériale.
— tubéreuse.	Erithrone dent-de-chien.
— de Virginie.	Fritillaire damier.
Éphémère de Virginie.	— de Perse.
Éphémérine droite.	Lis blanc.
— ondulée.	— bulbifère.
Famille des Butomées.	— du Canada.
Butome en ombelle.	— de la Caroline.
Famille des Colchicacées.	— de Chalcédoine.
Bulbocode printanier.	— concolor.
~~~~~~~~~~

Lis magnifique.
— martagon.
— orangé.
— pompone.
— superbe.
— tigré.
Tulipe de Cels.
— du duc de Thol.
— de l'Ecluse.
— des fleuristes.
— œil du soleil.
Yucca filamenteux.
— magnifique.
Famille des Asphodelées.
Agapante à ombelle.
Ail azuré.
— molly.
— d'ours.
— penché.
— rose.
Asphodèle blanc.
— jaune.
Hémérocale bleue.
— fauve.
— du Japon.
— jaune.
Jacinthe améthyste.
— Bothryde.
— étalée.
— des fleuristes.
— de mai.
Ornithogale à ombelle.
— pyramidale.
— des pyrénées.
Phalangère fleur de lis.
— rameuse.
— de Saint-Bruno.
Scille à deux feuilles.
— d'Italie.
— des jardins.
— maritime.
— du Pérou.

Scille printanière.
Famille des Narcissées.
Alstroémère pélegrine.
Narcisse biflore.
— à bouquet.
— à deux fleurs.
— fausse jonquille.
— jonquille.
— d'Orient.
— odorant.
— des poètes.
— des prés.
Famille des Amarillidées.
Amaryllis belladone.
— blanche.
— de Guernesey.
— jaune.
Galanthine.
Nivéole d'été.
— printanière.
Famille des Iridées.
Bermudienne à petites fleurs.
Glaïeul cardinal.
— changeant.
— commun.
— de Constantinople.
— flatteur.
— de Gand.
— magnifique.
— perroquet.
— quadrangulaire.
— triste.
— velu.
Iris fétide.
— germanique.
— naine.
— de Sibérie.
— Xiphion.
— xiphioïde.
Safran oriental.
— printanier.
Tigridie queue de paon.

Classe III.

MONOCOTYLÉDONES APÉTALES, A ÉTAMINES ATTACHÉES SUR LE PISTIL.

Famille des Cannacées.
Balisier d'Inde.

Famille des Orchidées.
Cypripède élégant.
— sabot de Vénus.

Deuxième division.

Classe IV.

DICOTYLÉDONES APÉTALES, A ÉTAMINES INSÉRÉES SUR LE PISTIL.

Famille des Aristolochées.
Aristoloche siphon.

Asaret du Canada.
— d'Europe.
— de Virginie.

Classe V.

DICOTYLÉDONES APÉTALES, A ÉTAMINES ATTACHÉES AU CALICE.

Famille des Thymélées.
Daphné bois gentil.
— paniculé.
Famille des Laurinées.
Laurier commun.

Famille des Polygonées.
Persicaire orientale.
Famille des Chénopodées.
Blête en tête.

Classe VI.

DICOTYLÉDONES APÉTALES, A ÉTAMINES ATTACHÉES SOUS LE PISTIL.

Famille des amarantacées.
Amaranthe élégante.
— A fleurs en queue.
— globuleuse.
— des jardiniers.
— sanguine.
— tricolore.

Amaranthine globuleuse.
Famille des Nictaginées.
Belle de nuit dichotome.
— à longues fleurs.
— ordinaire.
Famille des plombaginées.
Gazon d'Olympe.

Classe VII.

DICOTYLÉDONES MONOPÉTALES A COROLLE HYPOGINE.

Famille des primulacées.
Cortuse de Mathiole.
Cyclame d'Europe.
Dodécathéon gyroselle.
Lysimachie ciliée.
— commune.
— à feuilles de saule.
— thyrsiflore.
— verticillée.
Oreille d'ours.
Primevère de la Chine.
— commune.
— à feuilles de cortuse.
— officinale.

Famille des Scrophularinées.
Tribu des Verbascées.
Hémithome arbrisseau.
— à feuilles d'ortie.
Molène purpurine.
Tribu des hémiméridées.
Angélonie à feuilles de salicaire.
Némésie à fl. nombreuses.
Tribu des Anthirhinées.
Collinsie bicolore.
Linaire à fleur d'orchis.
— à grosses fleurs.
— réticulée.
Lophosperme à fleurs roses.

Maurandie de Barclay.
— à fleurs de muflier.
— sarmenteuse.
Mufliers des jardins.

Tribu des Salpiglossidées.
Broualle élevée.
— à grandes fleurs.
— à tige tombante.
Salpiglosse sinué.
Schysanthe émoussé.
— à feuilles ailées.
— de Graham.

Tribu des Digitalées.
Digitale ferrugineuse.
— jaune.
— pourprée.
Galane barbue.
— campanulée.
— à épi.
— à grandes fleurs.
Pentstemon campanulé.
— élégant.
— à feuilles de gentiane.
— à fleurs de digitale.

Tribu des Gratiolées.
Erine des Alpes.
Mimule cardinal.
— musqué.
— ponctué.
— pourpre.
— rosé.
— varié.
— visqueux.

Tribu des Buchnérées.
Chenostome à fl. nombreuses.
Lipérie violacée.

Tribu des Véronicées.
Véronique éclatante.
— à épi.
— à feuilles de gentiane.
— maritime.
— perfoliée.
— remarquable.
— teucriette.

Tribu des Rhinanthées.
Bartzie à fleurs pâles.

Famille des solanacées.
Fabiane imbriquée.
Morelle ovigère.
Pétunies.
Stramoine blanche.
— cornue.
— Fastueuse.
— à fleurs violettes.
Tabac de Virginie.

Famille des Acanthacées.
Acanthe épineuse.
— sans épine.
Carmantine ciliée.

Famille des Verbénacées.
Aloysie citronelle.
Camara à feuilles de mélisse.
Verveine odorante.
— de Miquelon.

Famille des Labiées.
Tribu des Ocymoïdées.
Basilic commun.
Germaine à feuilles d'ortie.
Lavande des jardins.
Tribu des Menthoïdées.
Lycope pinnatifide.
Tribu des Monardées.
Monarde à fleurs rouges.
— fistuleuse.
— ponctuée.
Romarin officinal.
Sauge cardinale.
— dorée.
— éclatante.
— élégante.
— étalée.
— de Graham.
— lavanduloïde.
— paniculée.
Tribu des Satureïnées.
Marjolaine cultivée.
Thym commun.
— à odeur de citron.
Tribu des Mélissinées.
Clinopode blanchâtre.
Mélisse officinale.
Tribu des Scutellarinées.
Brunelle à grandes fleurs.

Brunelle à feuilles d'hyssope.
Cléonie de Portugal.
— rose.
Scutellaire à grandes fleurs.
Tribu des Népétées.
Dracocéphale d'Autriche.
— de Moldavie.
Tribu des Stachydées.
Galéopside versicolore.
Lamier orvale.
Phlomide d'Ibérie.
— laciniée.
Tribu des Ajugoïdées.
Améthyste bleue.
Famille des Borraginées.
Consoude rugueuse.
Cynoglosse argentée.
— à feuilles de lin.
— printanière.
Héliothrope du Pérou.
— Voltaire.
Myosote des marais.
Famille des Hydrophyllées.
Cosmanthe frangé.
— à petites fleurs.
— visqueux.
Ellise de Virginie.
Eutoque de Menziès.
— multiflore.
— de Wrangel.
Némophyle auriculaire.
— maculé.
— phacéloïde.
— à petites fleurs.
— ponctué.
— remarquable.
Phacélie bidivisée.
— à feuilles de tanaisie.
— à feuilles serrées.
Famille des Convolvulacées.
Belle de jour.
Volubilis des jardiniers.
Quamoclit écarlate.
Nolane couché.
— élégant.
— à feuilles d'arroche.

Famille des Polémoniacées.
Cantua piqueté.
Collomie écarlate.
— à grandes fleurs.
— grêle.
Cobée grimpante.
Gilie androsace.
— à feuilles d'achyllée.
— à fleurs en tête.
— laciniée.
— tricolore.
Ipomopside élégante.
Leptosiphon androsace.
— à fleurs denses.
Les Phlox.
Polémoine bleue.
— rampante.
Famille des Bignonacées.
Bignone de Virginie.
Gelsemier brillant.
Famille des Sésamées.
Craniolaire odorante.
Martynie anguleuse.
— à grandes cornes.
— pourpre odorante.
Sésame du Brésil.
Famille des Gentianées.
Gentiane ciliée.
— croisette.
— jaune.
— pourprée.
— printanière.
— sans tiges.
— de Virginie.
Famille des Apocynées.
Amsonie à feuilles étroites.
— à larges feuilles.
— à feuilles de saule.
Apocin chanvrin.
— gobe-mouche.
— maritime.
Arduinie à deux épines.
Laurier rose.
Laurier rose odorant.
Pervenche commune.

Pervenche à grandes fleurs.
— de Madagascar.

Famille des Asclépiadées.
Asclépiade de Douglas.
— élégante.
— incarnate.
— à la ouate.
— tubéreuse.

Famille des Jasminées.
Jasmin blanc.

Jasmin jaune.

Famille des Oléacées.
Lilas commun.
— de Hongrie.
— de Marly.
— de Perse.
— royal.
— saugé.
— Varin.

Classe VIII.

DICOTYLÉDONES MONOPÉTALES, A COROLLE ATTACHÉE AU CALICE.

Famille des Ericacées.
Tribu des Ericées.
Bruyères.
Tribu des Andromédées.
Cléthra cotonneux.
— à feuilles d'aune.
— paniculé.
Tribu des Rhodorées.
Azalées.
Kalmie à feuilles étroites.
— glauque.
— à larges feuilles.
Rhododendrons.
Tribu des Pyrolées.
Pyrole à feuilles rondes.
— petite.

Famille des Campanulacées.
Adénophore commune.
Campanules.
Jasione des montagnes.
Michauxie campanuloïde.
Platycodon à grandes fleurs.
Famille des Lobéliacées.
Clintonie élégante.
— gracieuse.
Isotome axillaire.
— de Brow.
Lobélie brillante.
— éclatante.
— érine.
— hétérophylle.

Classe IX.

DICOTYLÉDONES MONOPÉTALES, A COROLLE SUR LE PISTIL ; ANTHÈRES RÉUNIES

Famille des Composées.
Tribu des Chicoracées.
Cupidone bleue.
Crépide rose.
Drépanie barbue.
Epervière laineuse.
— orangée.
— remarquable.
— safrané.
Laitron à grandes fleurs.
Pigridie tingitane.
Tribu des Centaurées.
Barbeau des blés.
Centaurée d'Amérique.
— mignonne.

Centaurée musquée.
— du Nil.
— odorante.
Cyanopside radiée.
Plectocéphale d'Amérique.
Zoégée à fleurs jaunes.
— à fleurs pourpres.
Tribu des Carduinées.
Carthame des teinturiers.
Chardon Marie.
Jurine ailée.
— remarquable.
Tribu des Echinopodées.
Echinope azurée.
— à grosse tête.

Tribu des Arctotidées.
Arctotide fastueuse.
Tribu des Calendulées.
Souci à bouquets.
— des jardins.
— pluvial.
— de la reine.
Tribu des Tagétinées.
Œillet d'Inde.
Rose d'Inde.
Tithonie à fleurs de tagètes.
Tribu des Hélianthées.
Tinacide de Drummond.
Coréopside auriculée.
— à couronne.
— élégante.
— à feuilles de pied d'alouette
— précoce.
— trifoliée
— verticillée.
Cosmos élégant.
Dalhia des jardins.
Dracopide amplexicaule.
Échinacée pourpre.
— tardive.
Gaillarde aristée.
— peinte.
— vivace.
Madarie élégante.
Rudbecke laciniée.
— à fleurs pourpres.
Silphide à feuilles en cœur.
— à feuilles laciniées.
— perfoliée.
Soleil à grandes fleurs.
— nain.
— vivace.
Ximenie à feuilles d'encelie.
Zinnia élégant.
— à fleurs rares.
— multiflore.
— roulé.
Tribu des Anthémidées.
Les achyllées.
Camomille odorante.

Chrysanthème caréné.
— des Indes.
Cladanthe prolifère.
Gnaphale oriental.
Immortelle annuelle.
— à bractées.
Matricaire commune.
— mandiane.
Oxiure faux chrysanthème.
Podolépis grêle.
Santoline commune.
Tribu des Astérées.
Les astères.
Biotie à grandes fleurs.
Boltonia à fleurs d'astère.
Chariéide hétérophylle.
Chrysocome à feuilles de lin.
Félicie délicate.
Pâquerette vivace.
Reine-marguerite.
Famille des Sénécionées.
Cinéraires.
Doronic à feuilles en cœur.
Cacalie écarlate.
— coccinée.
— à feuilles de laitron.
Sénéçon élégant.
— à feuilles d'adonide.
Famille des Tussilaginées.
Tussilage odorant.
Famille des Eupatoriées.
Agérate à fleurs bleues.
Agératine aromatique.
Eupatoire commun.
— d'Avicenne.
Liatride élégante.
— à épi.
— odorante.
— raboteuse.
— scarieuse.
Stévie dentée.
— pétalée.
— pourpre.

Classe X.

DICOTYLÉDONES MONOPÉTALES, A COROLLE SUR LE PISTIL, A ANTHÈRES DISTINCTES.

Famille des Dipsacées.
Morine à longues feuilles.
— de Perse.
Scabieuse des Alpes.
— du Caucase.
— étoilée.
— des jardins.
Famille des Valérianées.
Centranthe valériane rouge.
Valériane des jardins.
— des Pyrénées.
Famille des Rubiacées.
Aspérule odorante.
Croisette à longs styles.
Mitchelle rampante.

Famille des viburnées.
Boule de neige.
Laurier-tin.
Famille des Caprifoliacées.
Chamécérisier des jardins.
Chèvrefeuille des bois.
— des jardins.
— de Virginie.
Dierville jaune.
Weigélie rose.
Famille des Araliacées.
Tribu des Cornacées.
Aucuba du Japon.
Tribu des Araliacées.
Aralie épineuse.

Classe XI.

DICOTYLÉDONES POLYPÉTALES, A ÉTAMINES SUR LE PISTIL.

Famille des Ombellifères.
Angélique.
Astrance hétérophylle.
— à larges feuilles.

Astrance à petites fleurs.
Buplèvre d'Etiopie.
Hugélie bleue.

Classe XII.

DICOTYLÉDONES POLYPÉTALES, A ÉTAMINES ATTACHÉES SOUS LE PISTIL.

Famille des Renonculacées.
Actée à épi.
— à grappes.
Adonide d'été.
— de printemps.
Anémone calcédoine.
— à feuilles de pigamon.
— des fleuristes.
— œil-de-paon.
— en ombelle.
— pulsatille.
— sylvie.
Anémonelle faux pigamon.
Atragène des Alpes.
— de l'Inde.
Clématite aristée.
— droite.
— à feuilles entières.

Clématite à fleurs bleues.
— à feuilles simples.
— des haies.
— odorantes.
— à vrilles.
Hépatique des jardins.
Pigamon à feuilles d'ancolie.
— jaune.
Renoncule âcre.
— asiatique.
— bulbeuse.
— à feuilles d'aconit.
— rampante.
Tribu des Helléboracées.
Ancolie des jardins.
Aconits.
Dauphinelle des Alpes.
— azurée.

Dauphinelle de Barlow.
— élevée.
— à grandes fleurs.
Pied d'alouette pyramidal.
Pivoine en arbre.
— de la Chine.
— commune.
— corail.
— à fleurs blanches.
— à petites feuilles.
   Famille des Papavéracées.
Argémone à grandes fleurs.
— du Mexique.
Escholzie de Californie.
— à fleurs safranées.
Glaucienne corniculée.
— glauque.
— de Perse.
Pavot blanc.
— coq.
— des jardins.
— de Tournefort.
Platystigma à feuill. linéaires.
Platystémon de Californie.
   Famille des Fumariées.
Diélytre brillant.
— distingué.
— remarquable.
Fumeterre bulbeuse.
— du Canada.
— odorante.
— jaune.
   Famille des Crucifères.
Alysse argenté.
— à fleurs de Julienne.
— saxatile.
Arabette printanière.
Aubriétie à fleurs roses.
— multiflore.
Barbarée vélar.
Cardamine des prés.
Drave des Pyrénées.
Giroflée des jardins.
— jaune.
— Kéris.

Giroflée de Mahon.
Grande lunaire.
Ibéride ombelliforme.
— de Perse.
— vivace.
   Famille des Capparidées.
Cléome piquante.
Gynandropside à 5 feuilles.
   Famille des Résédacées.
Réséda odorant.
   Famille des Hypéricinées.
Millepertuis duveté.
— élégant.
— élevé.
— à grandes fleurs.
— à odeur de bouc.
— perfolié.
— pyramidal.
   Famille des Caméliacées.
Comellia du Japon.
   Famille des Sarmentacées.
Vigne-vierge.
   Famille des Génériacées.
Géranium des prés.
— à grosses racines. — strié.
Pélargonium.
   Famille des Tropæolées.
Capucine commune.
— naine.
— laciniée.
   Famille des Balsaminées.
Balsamine des bois.
— candide.
— écarlate.
— glandulifère.
— des jardins.
— de Perse.
— à trois cornes.
   Famille des Malvacées.
Abutilon strié.
Alcée de la Chine.
— rose.
Ketmie des jardiniers.
Lavatère à fleurs roses.
Malope à grandes fleurs.
— à trois lobes.

Mauve musquée.
Famille des Dombéyacées.
Pentapètes écarlate.
Famille des Berbéridées.
Mahonie à feuilles de houx.
— du Népaul.
— rampante.
Épimède des Alpes.
Famille des Cistacées.
Ciste hélianthème
Famille des Violariées.
Pensée des jardins.
Les violettes.
Famille des Zygophillées.
Fagabelle commune.
Famille des Diosmées.
Adénandre uniflore.
Agathome imbriqué.
Fraxinelle d'Europe.
Famille des Silénées.
Coquelourde rose du ciel.
Lychnide brillante.
— croix-de-Jérusalem.
— dioïque.
— fleur de Jupiter.
— à grandes fleurs.
— laciniée.

Lychnide visqueuse.
OEillet de la Chine.
— des Chartreux.
— des fleuristes.
— mignardise.
— de poète.
Saponaire officinale.
Silène attrape-mouche.
— compacte.
— élégant.
— fasciculé
— nocturne.
— panaché.
— rameux.
— rose.
Stellaire némorale.
Famille des Linées.
Lin campanulé.
— à grandes fleurs.
— maritime.
— de Narbonne.
— à petites fleurs.
— à trois styles.
— visqueux.
Famille des Pittosporées.
Pittospore à feuilles épaisses
— ondulé.

Classe XIII.

DICOTYLÉDONES POLYPÉTALES, A ÉTAMINES ATTACHÉES AU CALICE.

Famille des Crassulacées.
Joubarbe arachnoïde.
— des toits.
Sédon à fleurs roses.
— odorant.
— orpin.
— de Siébold.
Famille des Saxifragées.
Hoteia du Japon.
Saxifrage à feuilles rondes.
— granulée.
— mousseuse.
— ombreuse.
— pyramidale.
— sarmenteuse.

Saxifrage de Sibérie.
Famille des Cunoniacées.
Décumaire sarmenteuse.
Deutzie blanchâtre.
— crénelée.
— en corymbe.
— grêle.
— rude.
Hortensia des jardins,
Syringat à grandes fleurs.
— inodore.
— odorant.
— pubescent.
Famille des Grossulariées.
Groseillier doré.

roseillier à fleurs pourpres.
— à fleurs rouges.
— de Gordon.
— odorant.
— de Paxton.
Famille des Portulacées.
Calandrine élégante.
— gracieuse.
— à grandes fleurs.
Pourpier à grandes fleurs.
Famille des Loasées.
Bartonie élégante.
Famille des Onagraires.
Clarkie élégante.
— jolie.
Œnothère du Chili.
— à feuilles de lin.
— de Fraser.
— à longues fleurs.
— odorante.
— pourpre.
— rose.
— de Romangzoff.
— tétraptère.
Épilobe à épi.
— à feuilles étroites.
Fuchsias.
Gaura bisannuel.
— de Landheimeri.
Godétie gracieuse.
— de Lindley.
— rubiconde.
Famille des rosacées.
Rosiers.
Tribu des Dryadées.
Benoîte écarlate.
Fraisier de l'inde.
Potentilles.
Tribu des Pomacées.
Néflier-aubépine.
Poirier du Japon.
Pommier à bouquet.
Famille des Spiracées.
Kerrie du Japon.
Spirée barbe de chèvre.
— à feuilles lisses.

Spirée à feuilles lobées.
— à feuilles de millepertuis.
— à feuilles d'obier.
— à feuilles d'orme.
— à feuilles de saule.
— filipendule.
— ulmaire.
Famille des Amygdalées.
Amandier nain.
Laurier-cerise.
Famille des Calycanthées.
Calycanthe de la Caroline.
Famille des Papillonacées.
Tribu des Sophorées.
Edwarsie à grandes fleurs.
Thermopside à folioles lancéolées.
Baptisie australe.
— à fleurs blanches.
Tribu des Genistées.
Bugrane des Alpes.
— élevée.
— à feuilles rondes.
— frutescente.
— pubescente.
— de Sicile.
— à stipules blanches.
Cytise à fleurs blanches.
Genêt d'Espagne.
Lotier odorant.
— de Saint-Jacques.
Mélilot bleu.
Tétragonolobe pourpre.
Tribu des Galégées.
Baguenaudier commun.
— des jardins.
— du Levant.
Daléa à fleurs pourpres.
Galéga commun.
— d'Orient.
Tribu des Hédysarées.
Coronille glauque.
— des jardins.
— jonciforme.
Sainfoin à bouquet.
— capitulé.
— d'Espagne.

Tribu des Viciées.

Gesse d'Abyssinie.
— odorante.
— de Tanger.
— tubéreuse.
Orobe printanier.
— versicolore.
Pois à fleurs vivace.

Tribu des Phaséolées.

Glycine de la Chine.
— frutescente.
— tubéreuse.
Haricot d'Espagne.
Lupin blanc.

Lupin bleu.
— changeant.
— jaune.
— du Mexique
— polyphyle.
— soyeux argenté.
— rivulaire.
Famille des Mimosées.
Robinier rose.
Sensitive commune.
Famille des Staphyléacées
Staphilier pinné.
Famille des Célastinées.
Célastre grimpant.

Classe XIV.

DICOTYLÉDONES APÉTALES, FLEURS UNISEXUELLES.

Famille des Euphorbiacées.
Ricin commun.
Famille des Bégoniacées.
Bégonie discolore.

Famille des Passiflorées.
Grenadille bleue.
— incarnate.

DESCRIPTION DE QUELQUES PLANTES

OMISES DANS LES *CONSEILS A EMMA.*

PLANTES ANNUELLES.

Agérate bleu (AGERATUM COERULEUM). SYN. : *A. à fl. bleues* ; *agérat bleu.* Amér. mérid.— Tige de 40 à 60ᶜ, rameuse. — Feuilles cordiformes, crénelées. — Tout l'été, fl. d'un bleu céleste, en corymbe terminal. — Terre légère ; à bonne exposition ; arrosements fréquents ; mult. de graines, semées en mars sur couche chaude ; repiquer en place, autant que possible avec la motte.

Argémone du Mexique (ARGEMONE MEXICANA). SYN. : *Pavot épineux.* — Tiges de 30 à 40ᶜ, rameuses. — Feuilles grandes, roncinées, anguleuses, épineuses ainsi que la tige. —Juillet, fl. jaunes, assez grandes, solitaires, terminales.

Argémone à grandes fleurs (A. GRANDIFLORA). Méxique, 1827.—Tige de 70 à 90ᶜ, rameuse, glauque, teintée de violet. — Feuilles grandes, pinnatifides, un peu épineuses. — Juillet-août, fl. terminales, blanches, larges de 7 à 8ᶜ.— Ces deux plantes viennent très-bien en terre ordinaire, et se multiplient de graines semées au printemps en place.

Emilie écarlate (EMILIA FLAMMEA). SYN. : *Cacalie coccinée.* Des Mollusques, 1823. — Tiges de 40 à 60ᶜ, dressées, peu rameuses, presque nues au sommet. — Feuilles ovales-lancéolées, les inférieures spatulées, finement dentées.—Tout l'été, fleurs écarlates. Toutes les parties de cette plante sont plus ou moins couvertes d'un léger duvet. — Pleine terre légère , à exposition chaude ; mult. de graines semées en place en avril.

Hugélie bleue (HUGELIA COERULEA). Très-jolie plante de la Nouvelle-Orléans, connue en France seulement depuis 1827.— Tige de 50 à 60ᶜ, velue, rameuse. — Feuilles trifides, à lobes incisés, un peu charnues. — Juin-sept., fl. en ombelles, simples, d'un bleu clair. — Semer en place en avril ou mai, en terre légère, bien terrautée, au levant.

Lopezie à grappes (LOPEZIA RACEMOSA). Mexique, 1792.— Tige de 40 à 50ᶜ, glabre, rougeâtre, rameuse. —

Feuilles alternes, ovales-lancéolées, à bords ondulés. — Mai-oct., fl. petites, nombreuses, d'un rose purpurin, en grappes axillaires. — Terre légère; exposition du midi. — Mult. de graines semées en mars, sur couche chaude, et repiquer en place quand le jeune plant est assez fort.

Mélilot bleu (MELILOTUS CŒRULEA). SYN. : *Lotier odorant, baumier, faux baume du Pérou, trèfle musqué.* — Tige de 60 à 80°, fistuleuse, droite, cylindrique, striée, rameuse. — Feuilles longuement pétiolées, à trois folioles ovales-lancéolées, d'un vert pâle. — Juillet-août, fl. bleues, en grappes axillaires, répandant, ainsi que les autres parties de la plante, une odeur forte et agréable, odeur plus prononcée encore lorsque la plante est desséchée. — Exposition chaude; terre légère, et mult. de graines.

Nolane couché (NOLANA PROSTRATA). Pérou, 1761. — Tiges couchées, étalées, rameuses. — Feuilles ovales-oblongues. — Juin-sept., fleurs nombreuses, grandes, axillaires, d'un bleu-violet.

Nolane à feuilles d'arroche (N. ATRIPLICIFOLIA). Chili, 1834. — Tiges couchées, très-rameuses, légèrement pubescentes. — Feuilles ovales, épaisses, charnues. — Juin-sept., fl. axillaires, grandes, à limbe bleu, gorge et tube jaune.

Nolane élégant (N. TENELLA). Chili, 1827. — Tiges et rameaux grêles. — Feuilles ovales-oblongues. — Tout l'été, fleurs d'un beau bleu.

Les nolanes sont de très-jolies plantes d'ornement. Ils ont beaucoup d'analogie avec les liserons, et forment dans nos parterres de très-belles touffes émaillées d'élégantes fleurs bleues. Semer en mars, sur couche tiède, et repiquer en terre légère, et à bonne exposition.

Sauge hormin (SALVIA HORMINUM). SYN. : *Feuille à fleur, fleurs-feuille, prudhomme.* Italie, 1596. — Tige de 60 à 70°, quadrangulaire. — Feuilles pétiolées, ovales-oblongues, arrondies à la base, crénelées, vert-foncé. — Juillet, fl. en épi terminal, roses, à bractées d'un rose tendre; variétés à bractées rouges ou violettes. — Terre légère, sèche; exposition chaude. — Mult. de graines semées au printemps, en place.

Sauge argentée (S. ARGENTEA). Ile de Crète. 1759. — Tige de 70 à 80°, dressée, velue. — Feuilles oblongues, laineuses, argentées. — Mai-août, fl. blanches, verticillées. — même culture.

Scabieuse étoilée (SCABIOSA STELLATA). Du midi de la France. — Tiges de 60°, rameuses, velues. — Feuilles pinnatifides à leur base, incisées et élargies au sommet, blanchâtres. — Juillet-août, fl. blanches, assez grandes, disposées en capitules, longuement pédonculées. — Terre franche, légère ; bonne exposition. — Semer en place à l'automne, et couvrir le jeune plant l'hiver. — Les semences de cette plante sont fort singulières : elles sont aigrettées en cloche, au milieu de laquelle on voit une étoile pédiculée et noire.

Tétragonolobe pourpre (TETRAGONOLOBUS PURPUREUS). SYN. : *T. rouge, T. de Sicile, lotier cultivé.* Europe mérid., 1796. — Tiges de 30 à 40°, ordinairement couchées. — Feuilles ailées, à trois folioles obovales, entières, d'un beau vert. — Juin-juillet, fl. pourpre-brun. — Terre légère, exposition chaude ; semer en avril.

PLANTES BISANNUELLES.

Gaura bisannuel (GAURA BIENNIS). Très-jolie plante originaire de la Virginie, et que nous cultivons en France depuis 1762. — Tige de 100 à 120°, droite, peu rameuse, légèrement velue. — Feuilles opposées, sessiles, lancéolées, d'un vert foncé, avec une nervure blanche. — Juillet-sept., fleurs grandes, à calice rouge ; corolle d'abord rouge, puis blanche lorsqu'elle est entièrement épanouie. — Terre légère, un peu fraîche ; bonne exposition. — Mult. de semences. Même culture pour le *Gaura changeant* et le *Gaura cocciné.*

Lotier de Saint-Jacques (LOTUS JACOBOEUS). Ile du cap Vert, 1717. — Tige de 60 à 80°, droite, lisse, grêle, rameuse. — Feuilles sessiles, persistantes, à folioles linéaires et blanchâtres. — Tout l'été, fl. d'un brun foncé. — Terre légère ; exposition chaude ; orangerie l'hiver. — Mult. de graines semées en avril sur couche, ou en place en mai.

Molène purpurine (VERBASCUM PHOENICEUM). SYN. : *M. bleue.* Europe méridionale, 1796. — Tige de 60 à 80°, verte, nue, glabre ou faiblement pubescente. — Feuilles radicales-ovales, crénelées ; les caulinaires peu nombreuses, plus petites. — Mai juin, fl. d'un pourpre-bleuâtre, disposées en grappes. — Terre médiocre, graveleuse. Exposition du levant. Mult. de graines semées sur couche aussitôt leur maturité. — Variétés à *fl. roses,* à *fl. pâles.*

Verveine de Miquelon (VERBENA AUBLETIA). SYN. : *V. à bouquets* ; *V. d'Aublet*. Canada, 1770. Charmante petite plante basse, formant buisson, et qui, pendant tout l'été fait une des plus gracieuses parures de nos parterres. — Tiges de 30°. presque quadrangulaires, un peu velues, les unes droites, les autres couchées et prenant racine à l'endroit où elles touchent la terre, mais se redressant à leur extrémité.— Feuilles opposées, quelques-unes pinnatifides, les autres lancéolées-aigües, à bords incisés en scie, d'un vert foncé, quelquefois teintes de rouge brun en dessous. — Depuis juin jusqu'au mois de novembre, la première année, et depuis avril jusqu'en août, la seconde, on voit se succéder ses jolies fleurs d'un beau rouge-laque, en épis qui s'allongent beaucoup pendant la floraison. — Pleine terre franche, bien terreautée, à exposition chaude et sèche. En orangerie, elle vit deux ans et fleurit deux fois, ce que font bien rarement les plantes bisannuelles. Semée et cultivée comme plante annuelle, elle est beaucoup plus jolie, donne des fleurs plus belles et plus nombreuses. L'on peut, si on le veut, en faire une plante vivace, en plantant chaque année ses tiges enracinées, ou en la bouturant et en la plaçant l'hiver à l'abri du froid.

PLANTES VIVACES.

Adénophore commune (ADENOPHORA LILIFOLIA). SYN. : *A. à feuilles de lis*. Sibérie, 1784. — Tiges de 60 à 80°. droites. — Feuilles alternes, les radicales pétiolées, cordiformes, les caulinaires sessiles, ovales-lancéolées, dentées. — Mai-sept., fl. d'un bleu plus ou moins foncé, en panicules pyramidales. — Terre légère, substantielle, un peu fraîche, à-demi ombragée. — Mult. de graines à l'automne.

Arum gobe-mouche (ARUM MUSCIVORUM). SYN. : *Gouet attrappe-mouche* ; *gobe-mouche*. 1785. Originaire des îles Baléares, cet arum est une très-jolie plante très-curieuse par la conformation de sa fleur. Malheureusement, elle exhale une odeur cadavéreuse, on ne peut plus désagréable. Cette plante attire, même de fort loin, les mouches qui, une fois entrées dans la cavité de la fleur, n'en peuvent plus sortir, à cause des poils dirigés de bas en haut qui en ferment l'orifice. C'est ce qui a fait donner à cet arum le nom spécifique d'*attrapé-mouche.* — Tige de 50 à 60°, marbrée, creuse, transparente. — Feuilles pédiaires, grandes, engaînantes, luisantes. — En mai ou juin, fleur centrale, arquée, longue de 30°, maculée de vert en dehors.—Terre douce et fraîche ; arrosements fréquents ; rentrer l'hiver ; mult. de graines ou par la séparation des bulbes.

Arum serpentaire (A. DRACUNCULUS). SYN. : *Serpentin ; targon.* Indigène.—Tiges et feuilles à peu près comme celles de l'arum gobe-mouche. — Juillet-aout, fl. droite, lisse, très-grande, d'un violet-pourpre foncé en dehors, verte à l'intérieur, répandant aussi une odeur fort désagréable, surtout quand il fait chaud. — Baies d'un beau rouge, comme celles de *l'arum pied de veau,* assez jolie plante aussi, qui croît naturellement dans les lieux ombragés et humides. — Mult. de graines, mais souvent par la séparation des tubercules qui sont ronds, applatis en dessus.

Bermudienne à petites fleurs (SISYRINCHIUM BERMUDIANA). SYN. : *B. à feuilles d'iris ; B. graminée.* Jolie petite plante, originaire de la Virginie et du Canada, avec laquelle on fait de charmantes bordures. — Tiges de 15 à 25°, comprimées rameuses.— Feuilles étroites, linéaires, ensiformes. — Juin-juillet, fleurs bleues, polypétales, mucronées. — Terre ordinaire, un peu ombrée ; arrosements fréquents pendant l'été. — Mult. de graines ou par éclat des pieds à l'automne. Couverture dans les grands froids.

Biotie à grandes feuilles (BIOTIA MACROPHYLLA). SYN. : *Astère à grandes feuilles.* Amérique sept. — Tiges raides, de 60 à 75°, rameuses, plus ou moins velues. — Feuilles radicales, pétiolées, en forme de cœur ; les caulinaires ovales, toutes un peu scabres, acuminées, dentées. — Août-oct., capitules de fleurs blanches ou lilas. Terre ordinaire ; mult. de semences ; plus certaine par la séparation des touffes.

Chamecerisier de Tartarie (LEONICERA TARTARICA). SYN. : *C. des jardiniers ; cerisier nain ; chèvrefeuille de Tartarie.* Cet arbrisseau, connu en France depuis 1712, est très-répandu dans les jardins. — Tige de 2 à 3ᵐ, glabre. — Feuilles ovales-cordiformes, d'un vert-bleuâtre.—Marsavril, fl. petites, roses en dehors, blanches en dedans. — Baies ressemblant à de petites cerises. — Tout terrain ; toute exposition. Mult. de graines et de drageons.

Cladanthe prolifère (CLADANTHUS ARABICUS). Algérie. Jolie plante. Tiges de 30 à 60°, un peu couchées. — Feuilles alternes, bipennées, linéaires.— Juillet-sept., fl. d'un beau jaune-orangé. — Terre légère et chaude. — Mult. de graines semées au printemps, sur couche ; repiquer en place avec la motte (Bréant).

Clinopode blanchâtre (CLINOPODIUM INCANUM). Syn. : *Pycnanthémum*. Amérique sept., 1732. Tige d'un mètre, blanchâtre, ainsi que toute la plante. — Feuilles ovales-oblongues, dentées. — Juillet-oct.. fl. petites, purpurines, disposées en faux verticilles au sommet des rameaux. — Terre légère et chaude ; mult. de graines et d'éclats de pieds.

Erine des Alpes (ERINUS ALPINUS). Très-jolie petite plante basse, qui croît naturellement sur les Alpes, et très-propre à orner les rocailles des jardins paysagers. 1739. — Tiges simples, de 15 à 20°, formant touffes. — Feuilles oblongues, spatulées, crénelées, en rosettes, velues, ainsi que les tiges. — Mai-juin, fl. nombreuses, d'un rose-pourpre, formant de jolies grappes. — Terre franche, légère, ombragée. — Mult. de semences et d'éclats de pieds.

Hotela du Japon (HOTEIA JAPONICA). Très-jolie plante d'ornement, appartenant à la famille des saxifragées, introduite en France en 1835, et qui, depuis quelques années, commence à se répandre dans tous les jardins. Tige de 50 à 60°, herbacée, rameuse, cylindrique. — Feuilles alternes, triternées, à folioles elliptiques, oblongues, profondément dentées. — Juin-juillet, grande panicule droite de fleurs blanches, petites, nombreuses, inodores, d'un charmant effet. — Terre de bruyère, ou terre bien meuble, un peu fraîche. — Mult. au printemps ou à l'automne, par la séparation des touffes.

Ibéride de Perse (IBERIS SEMPER FLORENS). Syn. : *Ibéride toujours fleurie; thaspi vivace des jardiniers*. Sicile, 1679. Plante de 40 à 50°, à tige et rameaux ligneux, formant de jolies touffes. — Feuilles persistantes, éparses, charnues, obtuses, entières, glabres, d'un beau vert foncé, spatulées. — D'octobre en mars, fl. blanches en corymbes terminaux, d'un gracieux effet. Terre franche, légère ; bonne exposition ; orangerie l'hiver. — Mult. facile de boutures et de marcottes pendant l'été.

Ibéride vivace (I. SEMPER VIRENS). Syn. : *I. toujours verte*. Candie, 1731. — Tiges de 15 à 20°, éparses, très-rameuses, striées. — Feuilles persistantes, linéaires, très-entières, un peu aigues, glabres, d'un beau vert. — Avril-juin, fl. blanches, nombreuses, en longues grappes corymbiformes. — Terre franche, légère, et bonne exposition. — Mult. facile de semences, de boutures, d'éclats de pieds.

Lycope pinnatifide (Lycopus exaltatus). Syn. : *L. élevé* ; *pied de loup.* France mérid. — Tige de 1 à 2 m., dressée, rameuse.—Feuilles ovales-oblongues, pennatifides, —Juillet-août, fl. blanches, petites, ponctuées de rouge, de peu d'effet.— Exposition chaude ; terrain humide, ou arrosements fréquents pendant l'été. — Mult. par la séparation des pieds.

Mitchelle rampante (Mitchella repens). Virginie, 1761.—Tiges grêles, de 8 à 10°, rampantes, articulées, radicantes. — Feuilles petites, opposées, ovales, entières, glabres, persistantes. — Mai-juin, fl. blanches, géminées, terminales, rarement axillaires, d'une odeur suave.—Demi-ombre, et terre de bruyère humide ; mult. de boutures ou de branches enracinées.

Pélargonium. Ces charmantes plantes, que l'usage et la pratique désignent toujours sous le nom de *géranium*, sont presque toutes originaires du cap de Bonne-Espérance. Les géranium sont indigènes à l'europe et ont une tige, herbacée.

Pour le botaniste, les géranium ont les feuilles alternes, des fleurs régulières, et dix étamines. Les pélargonium ont des feuilles opposées, les fleurs irrégulières, à pétales inégaux, les supérieurs, plus grands, n'ont que sept étamines fertiles, et ont les tiges ligneuses.

Les pelargonium sont des plantes assez rustiques, et d'une culture facile. Pour les conserver dans l'hiver, ils demandent, il est vrai, la serre tempérée, ou au moins une bonne orangerie, bien éclairée. On doit les placer le plus près des jours possible ; ménager les arrosements, sans quoi ils s'étiolent et pourrissent. Il faut avoir le soin de leur donner de l'air, toutes les fois que le temps et la température le permettent, et avoir soin aussi de les tenir toujours dans un grand état de propreté, en supprimant les feuilles gâtées et en coupant les branches qui, attaquées de moisissure, commencent à noircir.

On sort ordinairement les pélargonium dans le mois de mai ou de juin, et, pendant les grandes chaleurs de l'été, on doit les arroser fréquemment. En août on les taille, ce qui consiste à supprimer les branches faibles ou mal placées, puis à couper toutes celles de l'année, à deux ou trois yeux au-dessus de leur insertion, pour leur former une tête bien faite, et les maintenir, autant que possible, à la même hauteur.

C'est en août que l'on doit faire le rempotage des pélargonium, pour renouveler la terre et donner des vases plus grands à ceux qui en ont besoin.

Les pélargonium aiment une terre franche, légère, douce, amendée avec du terreau de couche bien consommé. On les multiplie de boutures et de semences. Les boutures faites en juillet ou août, sous chassis ou sur couche, reprennent facilement, et souvent elles sont enracinées au bout de trois semaines ou un mois. On peut les faire aussi à l'air libre; mais elles mettent alors plus de temps à s'enraciner.

Salpiglosse sinué (SALPIGLOSSUS SINUATA). SYN. : *S. sinueux; S. pourpe.* Chili, 1824. — Tige de 50 à 70ᶜ, rameuse, visqueuse, légèrement pubescente. — Feuilles inférieures pétiolées, oblongues, spatulées, obtuses, les supérieures sessiles, lancéolées-oblongues. — Juin-août, fl. infundibuliformes, de couleur très-variable, pourpre foncé, violet, bleu, rouge, jaune et souvent panachées ou veinées d'une de ces couleurs. Cette plante est vivace, mais comme elle mûrit facilement ses graines dans l'année, on peut la cultiver comme plante annuelle. Dans ce cas, semer en place aussitôt la maturité des graines. — Même culture pour le *Salpiglosse doré*, dont les fleurs sont d'un très-beau jaune d'or, sans aucune strie ou nervure.

Scutellaire à grandes fleurs (SCUTELLARIA MACRANTHA). SYN. : *Toque à grandes fleurs.* Orient, 1827. — Tige de 20 à 30ᶜ. — Feuilles ovales, lancéolées, d'un vert foncé en dessus, d'un vert pâle en dessous. — Juin-juillet, grandes et belles fleurs d'un joli bleu, disposées en épi. — Terre légère, un peu sablonneuse ; arrosements fréquents en été. — Mult. d'éclats, de graines ou de boutures.

Thermopside lancéolée (THERMOPSIS LANCEOLATA). SYN. : *T. à feuilles lancéolées.* Sibérie, 1776. — Tiges de 60 à 80ᶜ, dressées, peu rameuses. — Feuilles trifoliées, à folioles oblongues, glabres en dessus, soyeuses en dessous. — Juin-août, fl. jaunes, géminées, disposées en grappes. — Terre légère, à bonne exposition. Mult. de rejetons, de graines ou d'éclats.

Valériane rouge (VALERIANA RUBRA). SYN. : *V. des parterres ; centranthe valériane rouge.* Indigène. Plante très-rustique, ne craignant ni la sécheresse ni le froid le plus rigoureux, venant dans tous les terrains, souvent même sur les vieux murs, sur les décombres, et produisant partout un bel effet par ses jolies fleurs en panicules. — Tiges de 60 à 80ᶜ, lisses, rameuses, fistuleuses. — Feuilles lancéolées-entières, glauques. — Mai-oct., fl. en panicules rouges, pourpres ou blanches, selon la variété.

Valériane des Jardiniers (V. PHU). SYN. : *V. phu*; *V. franche*; *grande valériane*. Cette plante croît naturellement en Allemagne, dans les Alpes, sur les hautes montagnes. — Tiges de 100 à 120°, lisses, cylindriques, rameuses. — Feuilles radicales entières, quelquefois lyrées ; les caulinaires pinnées. — Mai-juin, fl. blanches ou purpurines, petites, nombreuses, disposées en corymbes-panicules, d'une odeur agréable.

Valériane des Pyrénées (V. PYRENÆICA). — Tiges de 60 à 70°, cylindriques, légèrement striées, fistuleuses.— Feuilles radicales-cordiformes ; les supérieures à trois folioles, dentées, d'un beau vert, à nervures saillantes. — Mai-juin, fl. purpurines nombreuses, réunies en une espèce de panicule, d'un assez bel effet. — Terre légère ; exposition ombragée, un peu humide. — Les valérianes se multiplient de semences, se ressèment presque toujours d'elles-mêmes, et, comme c'est le vent qui se charge de ce soin, souvent à une grande distance des plantes qui ont donné la graine.

ADDITIONS & CORRECTIONS A LA TABLE.

9 782014 445732